土建类专业适用

画 法 几 何

钱 燕 黄文华 主编

重庆大学出版社

内 容 提 要

本书是根据国家教委于2001年批准印发的高等学校工科本科画法几何及土木建筑制图教学基本要求(土建、水利专业适用)中画法几何部分和现行的有关技术制图国家标准编写的。

本书内容包括:绪言、点、直线、平面、直线与平面、平面与平面的相对位置、投影变换、曲线、曲面及曲面立体、平面立体、轴测投影、立体表面展开、标高投影共十章。其中第1章绪言和第8章曲线、曲面及曲面立体由黄文华编写,第2章点和直线由吴书霞编写,第3章平面由郑旭编写,第4章直线与平面、平面与平面的相对位置和第9章立体表面展开由叶晓芹编写,第5章投影变换和第8章轴测投影由钱燕编写。第6章的第1,2和6节由李一编写,第3,4,5节由姚纪编写。第10章标高投影由朱建国编写。

本书可作为高等学校工科本科建筑、土建类各专业的教材,也可供其他类型学校,如职工大学、函授大学、电视大学有关专业选用。

图书在版编目(CIP)数据

画法几何/钱燕,黄文华主编.—重庆:重庆大学出版社,
2005.9(2023.7重印)
ISBN 978-7-5624-2546-5

Ⅰ.画… Ⅱ.钱… Ⅲ.画法几何—高等学校—教材 Ⅳ.0185.2

中国版本图书馆CIP数据核字(2005)第076267号

画法几何
钱 燕 黄文华 主 编
责任编辑:彭 宁 版式设计:彭 宁
责任校对:李定群 责任印制:张 策
*
重庆大学出版社出版发行
出版人:饶帮华
社址:重庆市沙坪坝区大学城西路21号
邮编:401331
电话:(023) 88617190 88617185(中小学)
传真:(023) 88617186 88617166
网址:http://www.cqup.com.cn
邮箱:fxk@cqup.com.cn (营销中心)
全国新华书店经销
POD:重庆新生代彩印技术有限公司
*
开本:787mm×1092mm 1/16 印张:14.5 字数:362千
2005年9月第1版 2023年7月第16次印刷
印数:35 230— 36 329
ISBN 978-7-5624-2546-5 定价:42.00元

学习方法指导

1. 曾经有不少学生认为：只有具备了较好的空间想像能力，才有可能学好画法几何学。而事实上，这门课程本身就是为了培养学生的空间想像能力。所以，具有较好的空间想像能力是学习画法几何的结果，而不是学习前必须具备的条件。学习本门课程应该具有的条件是：学生应具备初等几何，特别是初等立体几何的知识。因此，在学习过程中如果能经常地把初等几何知识与画法几何原理相结合，便会取得较好的结果。

2. 本门课程主要研究的是：空间几何问题在平面上的"图示法"以及在平面图样上解决空间几何问题的"图解法"。因此，在学习的过程中应经常注意空间几何关系的分析以及空间几何问题与平面图样间的对应，这种从空间到平面，再由平面到空间的反复推敲和思维的过程，就是学习好本门课程的最好方法，只有这样，才可能保证我们的空间想像能力得到较好的培养。而这一反复推敲和思维的过程是通过课堂讲授、书本学习和习题演练来进行的。如果忽视分析空间几何关系与平面图样之间的对应关系，只是试图用书本上的某些结论去解决问题；或者只注意空间几何关系，而抛开书本上已经归纳出来的投影规律；或者试图凭自己用模型比拟空间情况来直接获得答案；更有甚者用初等几何知识中三角函数的计算方法来获得答案。这都会给本门课程的学习带来困难。

3. 由于本门课程是一门技术基础课，因此它的实践意义十分重要。在初等几何的学习里，是在已经有的公理和定理的基础上论证解题的一般方法。而在画法几何的学习中，解决问题就必须精确地把求解过程用图样画出来。如果学生只能从理论上叙述和证明问题而不能绘出图样来，仍然意味着问题没有得到解决。因此，在整个学习过程中：必须着重研究各种图例，课后的复习不能单纯地停留在书本的阅读上。而是在阅读的同时，用绘图工具在图纸上绘制出解题过程（即是做习题的过程）。只有这样，不但易于了解本门课程中的内容，而且确实能够掌握画法几何的投影原理及其具体的应用；必须经常地进行系统的（即每一章）小结，同时还必须完成一定数量的习题来巩固所学的内容；必须有意识地培养耐心、细致和踏实的学习作风，养成绘图精确、图面整洁和字体工整的作图习惯。

目录

绪 言

无论是建造房屋或是制造机器、设备等，通常都需要先将设计意图画成工程图样，然后按照图样进行施工或制作。因此，工程图样是工程建设中的重要技术文件，是工程技术人员进行技术交流必不可少的工具，是工程界共同的技术语言。

然而，任何建筑物或机器、设备等都是由各种不同形状的空间形体构成的，如何在一个平面上（例如在图纸上）准确地表达出具有长、宽、高三个尺度的空间形体，是绘制工程图样需要解决的根本问题。画法几何正是研究在平面上如何表示空间形体的理论和方法的一门学科，它的主要任务是：

①研究空间几何要素（点、线、面）和几何形体在二维平面上的表示方法，即所谓图示法。

②阐述在二维平面上利用图形来解答空间几何问题的方法，即所谓图解法。

此外，在建筑设计中，为了更直观、更形象地表达所设计的对象，常常需要画出建筑物的立面渲染图或透视渲染图，并在所画的渲染图上绘制出建筑物在一定光线照射下的阴影。因此，建筑阴影及透视的绘制原理和方法也是画法几何这门学科所要讨论的重要内容。

由于画法几何所研究的是空间形体与它在平面上的图形之间的关系，因而在学习图示法和图解法的过程中，可以逐步培养我们的空间想像力和空间分析能力。不断提高这种空间思维能力，不仅有助于我们学好建筑制图及其他后续课程，而且对今后从事工程设计、施工和进行科学研究是大有裨益的。

画法几何是一门既有系统理论又具有较强实践性的基础技术学科，必须坚持理论联系实际的学风。首先要认真学好投影的基本理论和基本概念，熟练掌握一些最基本的作图方法。其次要通过大量的练习，不断训练自己的空间分析能力，搞清空间几何元素或空间形体与平面图形之间的对应关系。只有经常通过从形体画投影图，再从投影图想像形体的反复实践，才能巩固所学理论和提高空间思维能力。

第 1 章 投影

1.1 投影概念及投影法的分类

人们在日常生活中所见到的物体都有一定的长度、宽度和高度(或厚度),要在一个只有长、宽尺度的平面上(如一张纸上)表达出物体的形状和大小,可以采用投射的方法。

例如,要在平面 P 上画出一长方形物体的图形,可在该物体的前面设一光源 S,在光线的照射下,物体将在平面 P 上落下一个多边形的影;当光线的照射角度或距离改变时,影子的位置及形状将随之改变,但是这个影子只反映出物体的轮廓,却表达不出物体的形状,如图 1.1(a)所示。如果假设光线能够透过物体,而将长方体的各个顶点和各条棱边都在平面 P 上落下影,则这些点和线的影就将组成一个能反映物体形状的图形,这个图形就称为物体的投

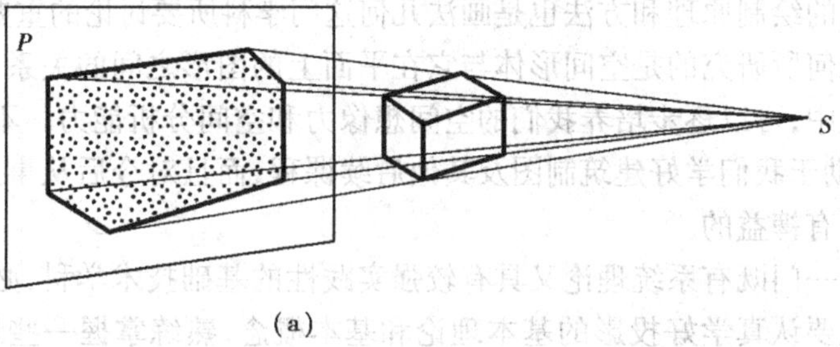

(a)

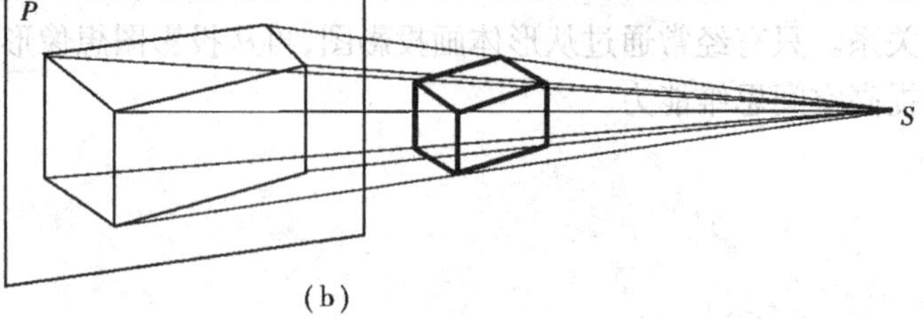

(b)

图 1.1 影与投影

影,如图1.1(b)所示。光源 S 称为投射中心,连接投射中心与物体上的点的直线称为投射线,落影平面 P 称为投影面。投射线通过物体,向选定的面投射,并在该面上得到图形的方法叫投影法。

根据投射中心与投影面的相对位置,投影法可分为两大类:

1.1.1 中心投影

当投射中心 S 与投影面 P 的距离为有限远时,所有投射线均从投射中心放射,用这种投射线作出的形体投影称为中心投影,作出中心投影的方法称为中心投影法,如图1.2所示。中心投影具有如下两个基本性质:

1)直线的投影,在一般情况下仍为直线(若空间直线通过投影中心,其投影积聚为一点);

2)属于直线的点,则该点的投影必属于该直线的投影(所属性),如图1.2所示。

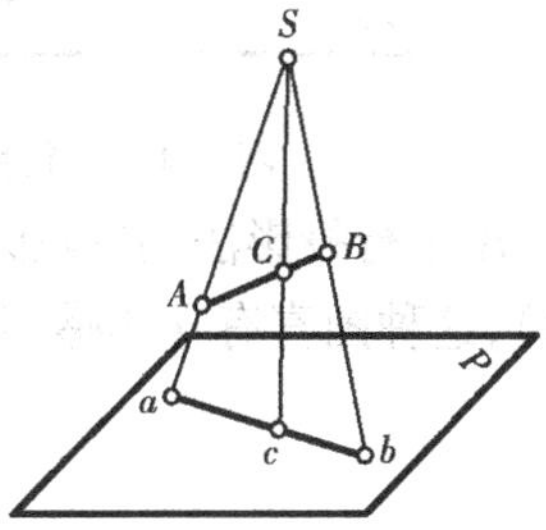

图1.2 中心投影

1.1.2 平行投影

当投射中心 S 与投影面 P 相距无限远时,可视投射线相互平行,用平行投射线作出的形体投影称为平行投影,作出平行投影的方法称为平行投影法,如图1.3所示。

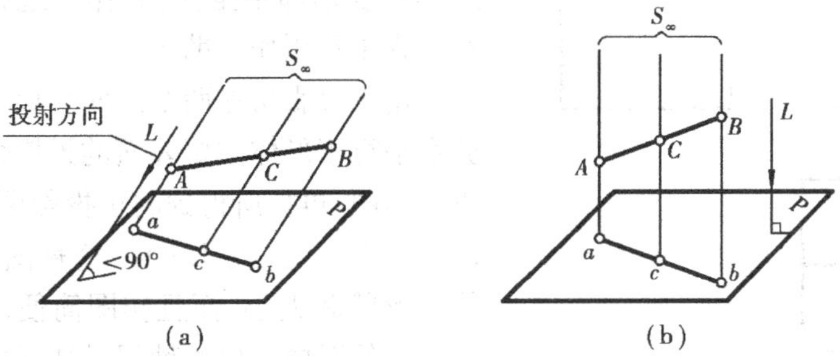

图1.3 平行投影

平行于投射线的方向叫做投射方向。根据投射方向的不同,平行投影又分为斜投影和正投影两种,前者投射方向倾斜于投影面,如图1.3(a)所示,后者投射方向垂直于投影面,如图1.3(b)所示。

由于平行投影是中心投影的特殊情况,所以它不仅具有前述中心投影的特性外,还具有如下特性:

1)点分直线段成某一比例,则该点的投影也分该线段的投影成相同比例(定比性),如图1.3所示;

2)互相平行的直线,其投影仍然互相平行(平行性),见图1.4;

3)平行二直线段的真长比,等于此二直线段的投影长度比(平行定比性),见图1.5。

用中心投影法可在一个投影面上绘出形体的透视图(图1.6),这种图和用眼睛看到的形象一样,显得十分逼真,但各部分的真实形状和大小都不能在图中直接量度,其作图过程又很繁杂,在建筑设计中常用来研究房屋的造型和空间处理。

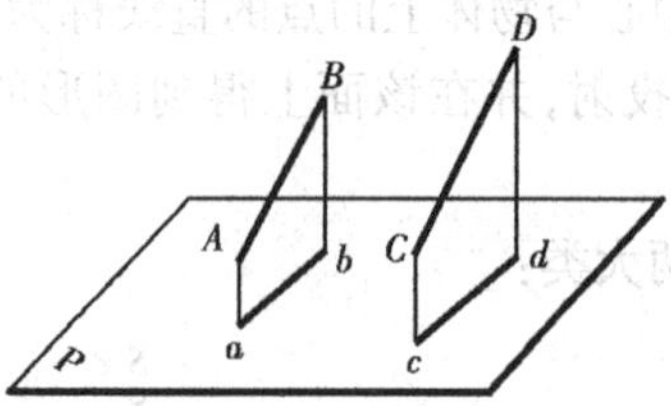

图 1.4　平行性

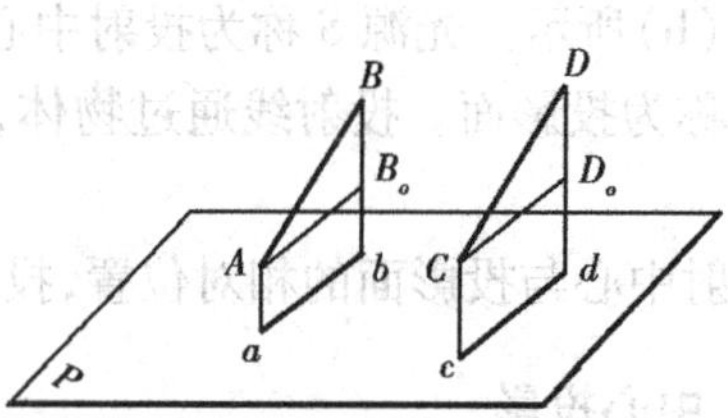

图 1.5　平行定比性

用平行投影法(斜投影和正投影)可以在一个投影面上绘出形体的轴测投影图(图 1.7、图 1.8),这种图富有立体感,但不如透视图自然、逼真,作图过程较透视图简便。

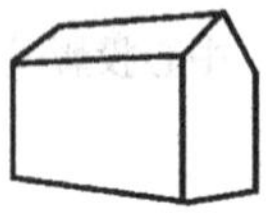

图 1.6　透视图

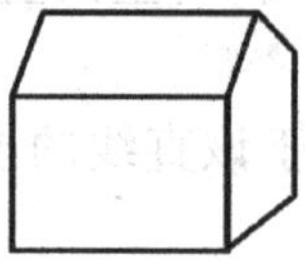

图 1.7　斜轴测图

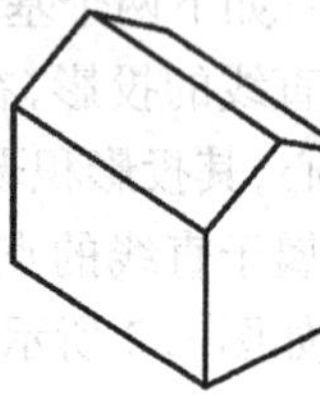

图 1.8　正轴测图

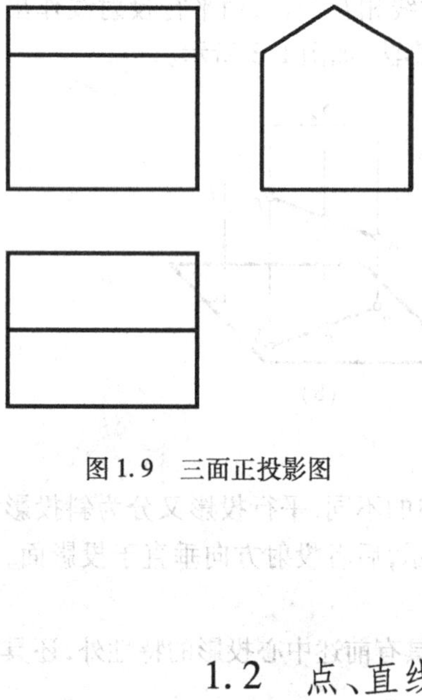

图 1.9　三面正投影图

透视图和轴测图都是单面投影图,与人们看实际形体时所得到的印象比较一致,容易看懂,但对形体的表达却不全面,其作图过程又较麻烦,因此在工程中只用作辅助图样。

用正投影法在两个或两个以上相互垂直的、并分别平行于形体主要表面的投影面上,绘出形体的正投影图,再把所得到的正投影图按一定规则画在同一个平面上(图 1.9)。这种图能如实地表示形体的形状和大小,而且作图简便,所以他是工程中最主要的图样。但这种图样缺乏立体感,需要经过一定的训练才能看懂。

1.2　点、直线、平面正投影的基本性质

任何形体都是由点、线、面所组成,要认识和掌握形体正投影规律,就得先了解点、线、面正投影的基本性质。点、直线、平面的正投影除了具有平行投影的特性外,还具有下述投影特性:

1. 类似性

点的正投影仍是点(如图 1.10(a)所示)。

直线的正投影在一般情况下仍旧是直线;当直线倾斜于投影面,其投影短于实长(图 1.10(b))。

平面的正投影在一般情况下仍旧是平面；当平面倾斜于投影面，其投影小于实形，其投影图形和空间平面图形类似(图1.10(c))。

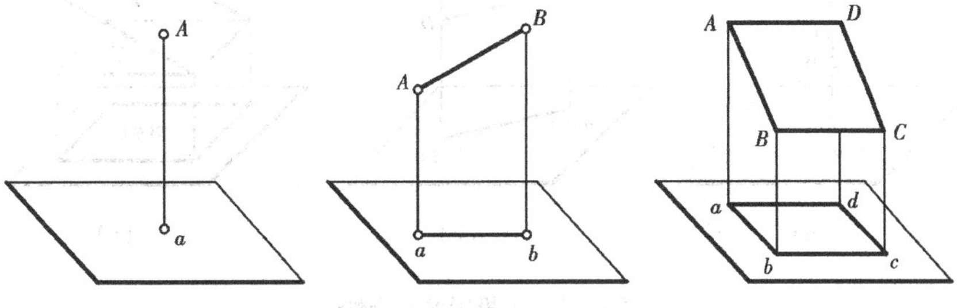

(a)　　(b)　　(c)

图1.10　正投影的类似性

2. **全等性**

直线平行于投影面，其投影反映实长(图1.11(a))。

平面平行于投影面，其投影反映实形(图1.11(b))。

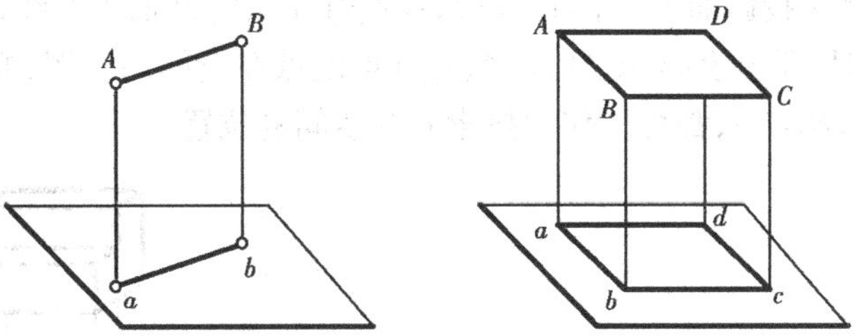

(a)　　(b)

图1.11　平行投影的全等性

3. **积聚性**

直线垂直于投影面，其投影积聚为一点(图1.12(a))；属于直线的任一点的投影也积聚在这一点上(图1.12(b))。

平面垂直于投影面，其投影积聚为一直线(图1.12(c))；属于平面的任一点，任一直线或任一图形的投影也都积聚在这一直线上(1.12(d))。

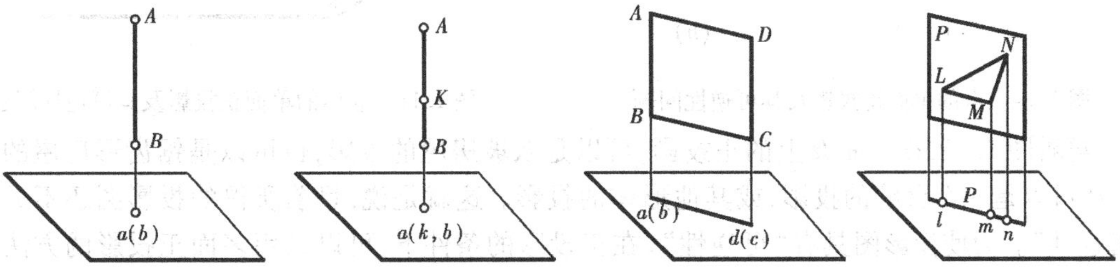

(a)　　(b)　　(c)　　(d)

图1.12　正投影的积聚性

4. **重合性**

两个或两个以上的点、线、面具有同一投影时，则称它们的投影重合(图1.13(a)、(b)、(c))。

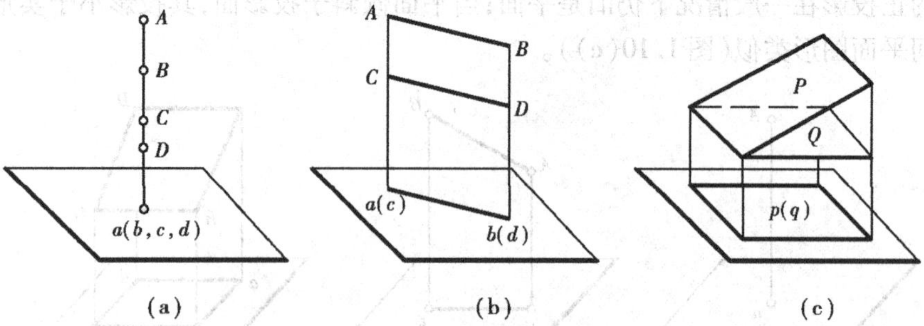

图1.13　正投影的重合性

积聚性和类似性是两个很重要的性质，前者能帮助我们确定属于平面的点的投影及想出平面的空间位置；后者能帮助我们预见平面的投影形状，避免在作图时发生差错。

以上讨论说明，当给定投影条件，在投影面上，总是可以作出已知形体惟一确定的投影，并且知道形体的哪些几何性质在投影图上保持不变，而哪些是改变的。但是反过来由投影重定点、线、面的原形和空间位置，答案则不是惟一的。试看图1.14给出空间一点A(图1.14(a))，为作出A点在水平投影面H上的正投影，我们过A点向H面引垂线，所得垂足a，即是A点的正投影。相反，如果要由投影a(图1.14(b))重定点在空间的位置，则不可能。因为，投射线上的所有点，如A、B、C…，都可以作为投影a在空间的位置。

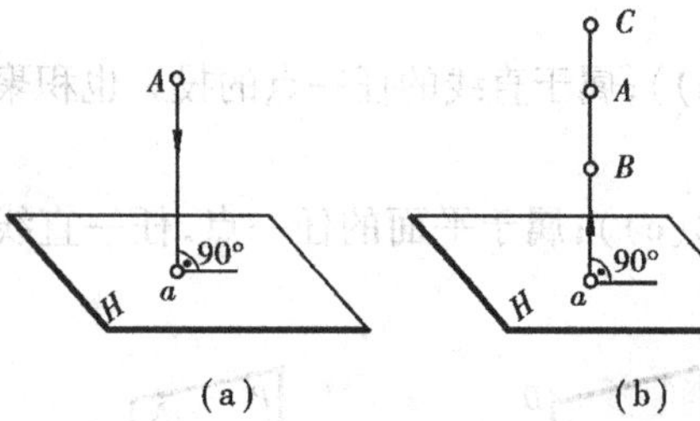

图1.14　点的单面正投影及其可逆性问题

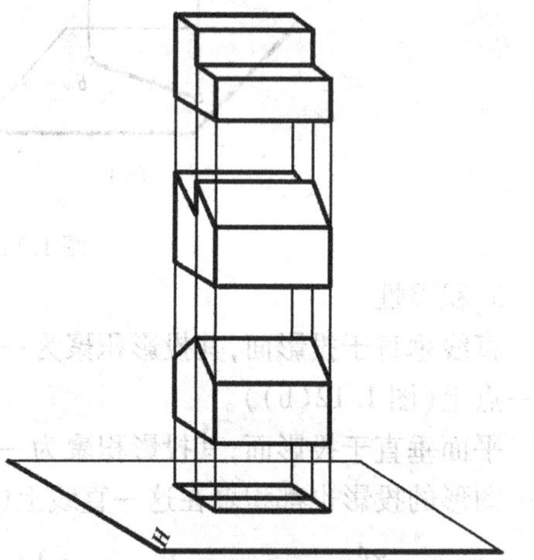

图1.15　立体的单面正投影及其可逆性问题

再看图1.15，投影面H上的正投影，可以是双坡房屋的投影，也可以是锯齿形房屋的投影，还可以是一个台阶的投影，或其他形体的投影。这就是说，目前所得的投影图还不具有“可逆性”。为使投影图具有“可逆性”，在正投影的条件下，可以采用多面正投影的方法来解决。

为叙述简单起见，以后除特别指明外，正投影一律简称投影，直线段或平面图形简称直线或平面。

为了便于教和学，便于校对，特作出约定符号：

空间点用大写字母A、B、C…(或Ⅰ、Ⅱ、Ⅲ…)标志，其在水平投影面上的投影用小写字母

a、b、c…(或1、2、3…)标志。

空间平面用大写字母 P、Q、R…标志,其在水平投影面上的投影用小写字母 p、q、r…标志。

1.3 立体的三面投影图

具有可逆性的投影图,在工程实践中被广泛应用的是物体的三面投影图。物体的三面投影图是利用平行投影中的正投影法画出来的。

试把一长方体(四棱柱)如图1.16放在水平投影面 H 的上方,并使长方体的上、下底和 H 面平行。然后,用正投影法将长方体向 H 面投射,得到长方体的水平投影为一矩形,该矩形即为长方体的水平投影图。它是长方体上、下底投影的重合。矩形的四条边又分别为长方体正、背面和左、右侧面投影的积聚。由于长方体的上、下底平行于 H 面,所以它又反映了长方体上、下底的真实形状以及长方体的长度和宽度。但是,却反映不出长方体的高度。即不能由一个投影反过来确定上、下底的空间位置。

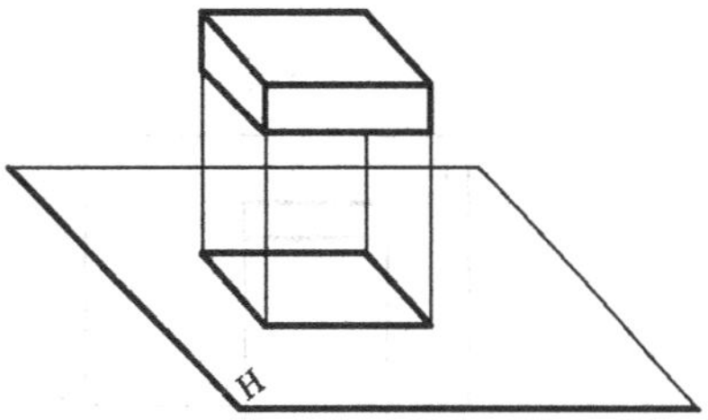

图1.16 长方体的 H 面投影

因此,再设一个和水平投影面 H 垂直,并与长方体的正、背面平行的正立投影面 V。V 面和 H 面相交于 OX 直线,叫做投影轴 X 轴。再用正投影法将长方体向 V 面投射,得到长方体的正面投影也为一矩形,此矩形即为长方体的正面投影图。它是长方体正、背面投影的重合。矩形的四条边又分别为长方体上、下底和左、右侧面投影的积聚。由于长方体的正、背面平行于 V 面,所以它又反映出长方体正、背面的真实形状以及长方体的长度和高度(图1.17(a))。

在长方体的正面投影图和水平投影图中,长方体的上、下底面和正、背面的真实形状以及长方体的长度、宽度和高度都反映出来了(图1.17(b))。但是,如此用相互垂直的两个平面上的图形来表达形体的空间存在,是不适应于科研、生产要求的。我们必须在只有两个向度的图纸上来表达出具有三个向度的形体。因此,我们设想 V 面不动,将 H 面绕 OX 轴向下旋转90°,于是 H 面和 V 面就展开到一个平面上了(图1.17(c))。这样展开到一个平面上的两个投影图,叫做二面正投影图(我们简称为二面投影图)。这种用两个相互垂直的投影面所组成的投影面体系,叫做二投影面体系。

我们注意到,正面投影图和水平投影图是上下对正的。两个投影图之间的联线,称为联系线,它是垂直于 X 轴的。

既然已知正面投影图和水平投影图是上下对正的,两个投影图之间的联系线是垂直于 X 轴的,而投影面的大小又是任意的,故在投影图中,投影面的边框和轴以及投影图间的联系线都没有必要画出来了(图1.17(d))。

以上是说明将物体用二面正投影图来表达的过程,是制图的过程,是从物到图的过程。我们识图的时候,一般情况下实物并不存在,就要从图到物,根据投影图来想像它们表达的是什么形状的物体。

我们看二面投影图时,不要仅仅分别看成是具有长度、宽度的矩形或具有高度、长度的矩

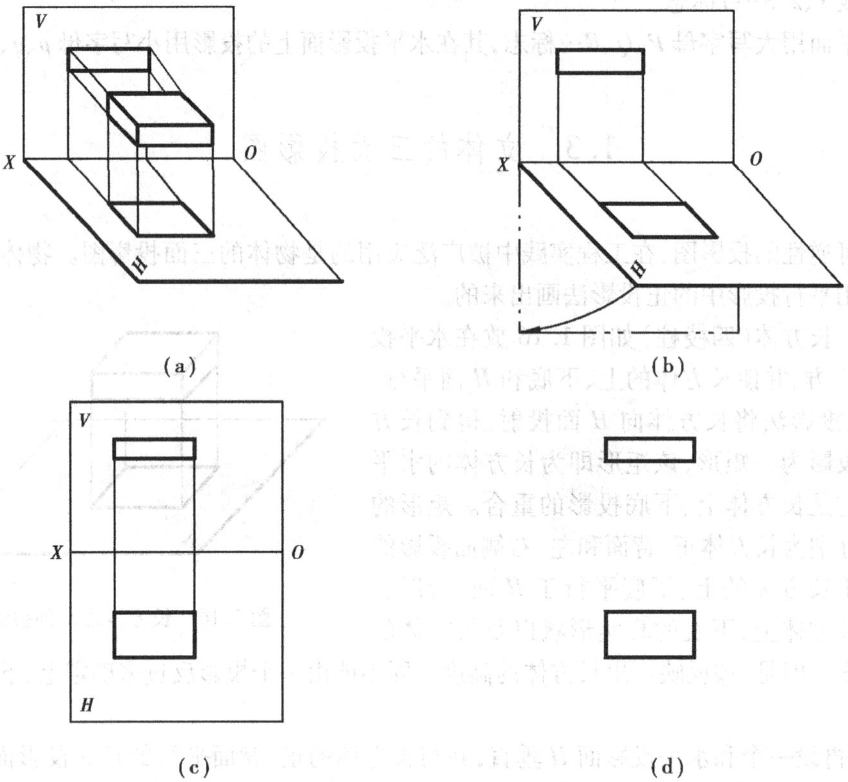

图 1.17　长方体的二面正投影图的形成及展开

形。而是要运用正投影的基本性质,参照两个投影图,来确定几何元素的空间位置及其几何性质,揣摩其构成,进而想像形体的空间状况。

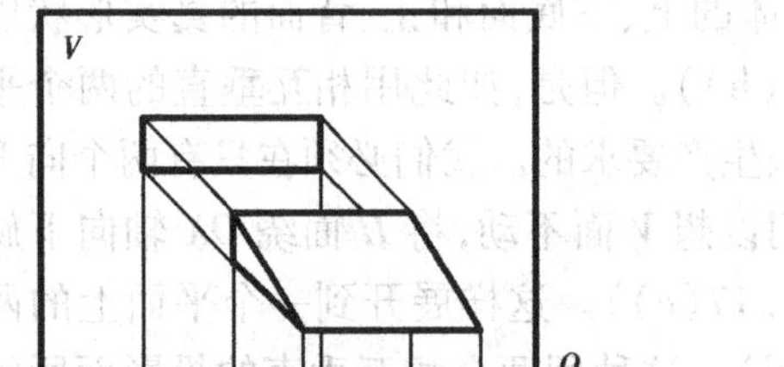

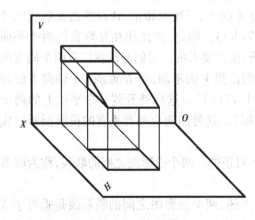

图 1.18　三棱柱的三面投影

读上述的二面正投影图,我们一般可能把它们所表达的形体想像为一长方体。但是,把它想像成如图 1.18 所示形体也是正确的。我们还可以想出其他的形象和情况来。因为图 1.17 的二面投影的两个矩形,是同时平行于各自投影面的相互平行二平面的投影的重合;而图 1.18 的二面投影的两个矩形,则是一个倾斜于投影面的平面与平行于各自投影面的平面的投影的重合。因此,图 1.17、图 1.18 的投影图虽同,却来自两个不一样的形体。

于是,我们在上述包含有 H 面和 V 面两个投影面的二投影面体系的基础上,增设第三投影面 W,把它叫做侧立投影面,并使 W 面同时垂直于 H 面和 V 面。W 面与 H 面相交于 OY 直线叫 Y 轴,与 V 面相交于 OZ 直线叫 Z 轴。这三个相互垂直的投影面的交线 X 轴、Y 轴和 Z 轴,相交于一点 O,称为原点。

我们已使长方体上、下底平行于 H 面;正、背面平行于 V 面。由于所设 W 面与 H 面、V 面相互垂直，故长方体的左、右侧面必平行于 W 面。再用正投影法将长方体向 W 面投射，得到长方体的侧面投影也为一矩形，该矩形即为长方体的侧面投影图。它是长方体左、右侧面投影的重合。矩形的四条边又分别为长方体上、下底面和正、背面投影的积聚。由于长方体的左、右侧面平行于 W 面，所以它又反映出长方体左、右侧面的真实形状以及长方体的宽度和高度（图1.19(a)）。

还须指出，我们是以观察者面对形体和投影面体系。而以观察者自身的左、右来命名其左、右的。按照这个规定，右侧立投影面上得出的是形体的左侧面图形。

我们同样设想 V 面不动，把 H 面和 W 面沿 OY 轴分开，并分别绕 OX 轴、OZ 轴向下、向右后旋转90°，使三个投影图展开到一个平面上（图1.19(b)）。这样展开到一个平面上的三个投影图（图1.19(c)），就是在科研、生产实践中常用的三面正投影图（我们简称为三面投影图）。这种用三个相互垂直的投影面所组成的投影面体系，叫做三投影面体系。

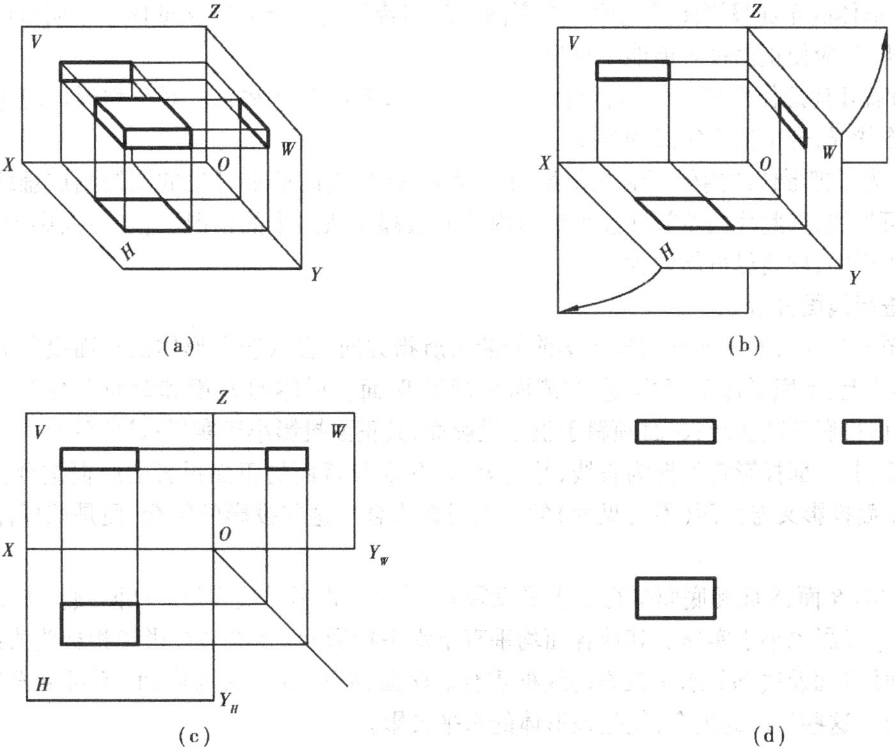

图1.19 长方体的三面投影图的形成及展开

我们同样注意到，在三面正投影图中，三个投影图两两之间的联系线分别垂直于它们相应的投影轴。正面投影图和水平投影图的长度是上下对正的，正面投影图和侧面投影图的高度是左右平齐的，水平投影图和侧面投影图的宽度展开前后是相等的。这种“长对正、高平齐、宽相等”的现象，称之为“三等”关系。

同样，在投影图中，投影面的边框和轴以及投影图间的联系线都没有必要画出来（图1.19(d)）。

还须强调指出，当确定形体在投影面体系中的空间位置时，要尽可能使其主要面分别平行于各投影面，使它们在投影图中能反映出真实形状和大小。

例 1.1 根据形体的轴测投影图(或模型)画其三面投影图(图 1.20)。

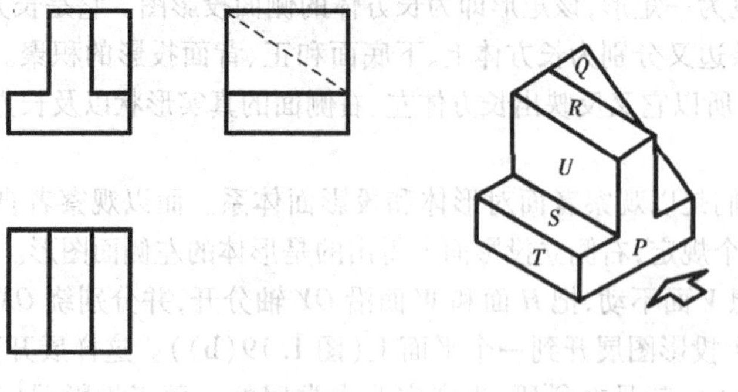

图 1.20 由轴测图画三面正投影图

1. 选择形体方位

(1)形体的正面投影图是主要的投影图。我们希望它能给人以该形体一个明显的印象或概貌。所以,应使正面投影最能呈现形体的特征。

(2)就几何形体而言,其空间位置,应按其习惯,务使合乎常态。对工程形体应考虑其加工和工作状况,合乎生产实践的需要。

(3)为了把形体的内外部形状都反映在投影图中,我们把不可见的图线画成虚线。虚线既是不可见线,因此我们希望在能把形体内外形状都反映出来的情况下,在各投影图中,尤其是正面投影中,虚线尽可能地少。

2. 进行线面分析

在图 1.20 中,形体的轴测投影图前的箭头所指方向,表示选定形体的正面投射方向。由此,该形体上、下底平行于 H 面,左右侧面平行于 W 面。形体的 P 面和背面平行于正立投影面,其正面投影反映实形;Q 面倾斜于正立投影面,其正面投影小于实形;其他各面均垂直于正立投影面,其正面投影皆积聚为直线,并与 P 面、Q 面及背面的正面投影的线框重合。P 面和 Q 面的正面投影又与背面(不可见面)的正面投影重合。这些投影的组合,便是该形体的正面投影。

形体的 R 面、S 面和底面平行于水平投影面,其水平投影反映实形。Q 面倾斜于水平投影面,其水平投影也小于实形。其他各面均垂直于水平投影面,其水平投影皆积聚为直线,并与 Q 面、R 面、S 面及底部的水平投影的线框重合。Q 面、R 面、S 面又与底面(不可见面)的水平投影重合。这些投影的组合,便是该形体的水平投影。

形体的 T 面、U 面及另二侧面平行于右侧立投影面,其侧面投影反映实形。其他各面均垂直于右侧立投影面,其侧面投影皆积聚为直线,并与 T 面、U 面及另二平行于侧立投影面的侧面的投影线框重合。T 面、U 面又与平行于侧立投影面的另二不可见侧面的侧面投影重合。这些投影的组合,便是该形体的侧面投影。同时,在这侧面投影中,Q 面为不可见,应积聚为虚线。

3. 绘三面投影图

三面投影图的绘制见图 1.20 的左方。三面投影图的形状、大小、位置,以轴测图(或模型)所示为准。并应注意三面投影图间的位置关系及其投影的“三等”关系。

例 1.2 读形体的三面投影图,想像其空间形状(图 1.21)。

试看图 1.21 的三面投影图,可见其正面投影能反映形体的前后面形状及上下、左右各面的相对位置,却不能显示出前后面的相对位置(约定离观察者近者为前,远者为后);水平投影

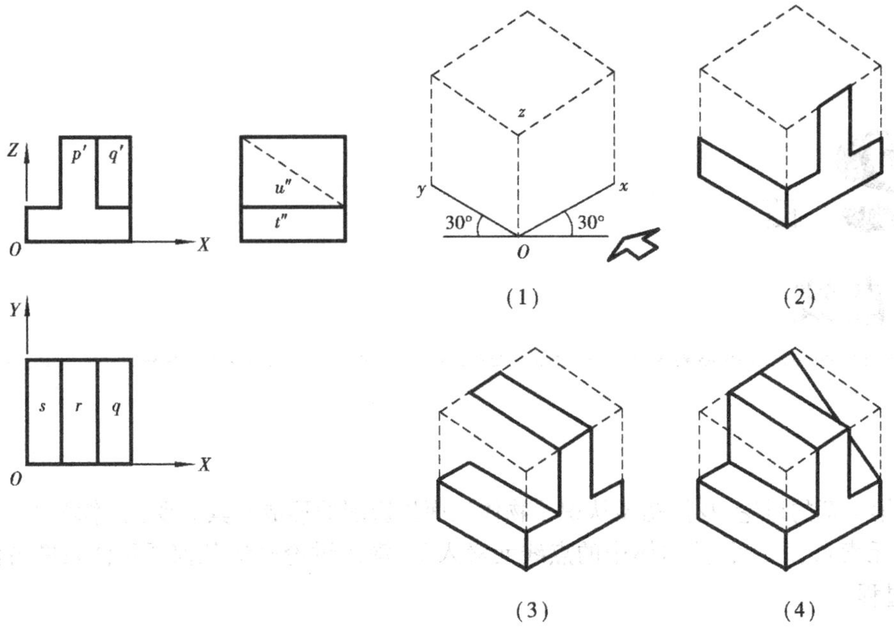

图1.21 由三面投影图想像形体的空间形状

能反映形体的上下面的形状及前后、左右各面的相对位置，却不能显示出上下面的相对位置；侧面投影能反映形体的左右面的形状及上下、前后各面的相对位置，却不能显示出左右面的相对位置。

这里，再约定：标志空间的点或面的大写字母，在正面投影中用小写加一撇，在侧面投影中用小写加两撇来区分。

为了使图形清晰起见，在图1.21的三面投影图中，没有注出积聚投影的标志。

现在，运用"三等"关系和正投影的基本性质，结合各投影图中反映出的上下、左右、前后面的位置情况，可以看出 *P* 面在 *H* 面和 *W* 面的投影积聚为直线，二积聚投影分别平行于相应的投影轴，可以想像 *P* 面是平行于 *V* 面的，在 *V* 面上的投影反映实形，并知道其位置在最前。同样，可以读出背面也平行于 *V* 面，其在 *V* 面上的投影也反映实形，并在最后。

可以看出 *R* 面、*S* 面和底面在 *V* 面和 *W* 面的投影积聚为直线。从其积聚投影分别平行于相应的投影轴，可以想像 *R* 面、*S* 面和底面是平行于 *H* 面的，它们的 *H* 面投影反映实形；并知道 *R* 面在最上，底面在最下，*S* 面在 *R* 面之下、底面之上。

可以看出 *T* 面、*U* 面及另二侧面皆平行于 *W* 面，其 *W* 面投影皆反映实形。并知 *T* 面在最左，*U* 面在 *T* 面右，另二侧面依次更右。因为 *Q* 面在 *H* 面、*V* 面的投影形状类似而大小不等，其 *W* 面投影积聚为倾斜于投影轴的直线，故知 *Q* 面倾斜于 *V*、*H* 面，而垂直于 *W* 面。

先画出一个以三面投影反映出的该形体的总长、总宽、总高六面体的立体图（轴测图），其 *X* 向、*Y* 向、*Z* 向如图1.21所示。再运用平行投影的特性之一"互相平行的直线其投影仍然平行"，结合形体上各面在空间的上下、左右、前后的不同位置，按图1.21所示程序来想像形体的空间形象。

根据线、面的投影特点，从投影图上的线段、线框（一个线框反映一个面）来确定线、面的空间位置和形状及其在形体上的相对位置，从而确定其总的形状。这种方法叫做线面分析法。

第2章

点和直线

通过第1章的讨论，我们初步认识了物体三面投影图的形成及其必要性，本章将从构成物体的基本元素点、线、面、基本体中的点线元素入手，深入讨论画法几何图示法及图解法的原理、作图过程。

2.1 点的二面及三面投影

点是构成空间形体的最基本的元素，因此，研究空间点的图示法是画法几何学中首先要研究的问题。画法几何学中的点是抽象的概念，没有大小，只有空间位置。

2.1.1 点的两面投影

根据初等数学的概念我们知道，两个坐标不能确定空间点的位置，因此，点在一个投影面上的投影，不能确定该点的空间位置，即一个单一投影面上的投影，可以对应无数的空间点。我们需设置两个互相垂直的正立投影面 V 和水平投影面 H（图2.1），两面的交线 OX 称投影轴，构成一个两面投影体系。两投影面将空间划分为四个区域，每个区域称为分角，按反时针的顺序称之为第一、二、三、四分角，在图中用罗马字母Ⅰ、Ⅱ、Ⅲ、Ⅳ来表示。

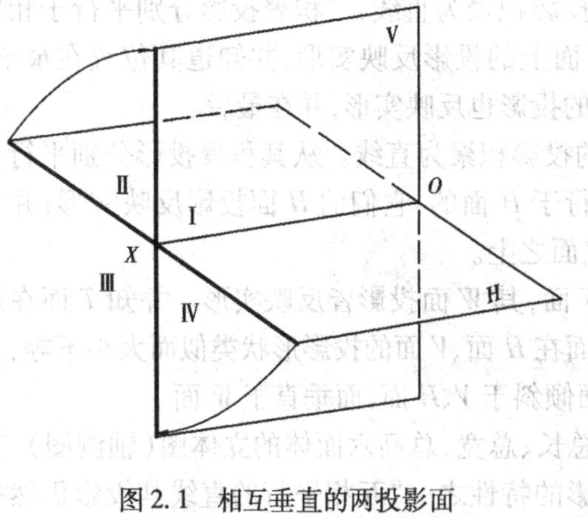

图2.1 相互垂直的两投影面

1. 点在第一分角的投影

（1）点的两面投影

我国工程制图标准规定，物体的图样，应按平行正投影法绘制，并采用第一分角画法。因此，我们将重点讨论点在第一分角中投影的画法。

如图2.2(a)所示，过点 A 分别向投影面 V、H 作垂线，即投射线，与 V、H 面分别交于 a'、a，a' 称为空间点 A 的正面投影，简称 V 面投影，a 称为空间点 A 的水平投影，简称 H 面投影。

$Aa'a$构成的平面与 OX 轴的交点为 a_x。

前面所描述的点以及投影仍然是在三维空间中，而图纸是二维空间（即平面），为将空间两面投影表示在同一平面上，需要将 V/H 投影体系展开，方法是将 V 面保持不动，使 H 面绕投影轴 OX 向下旋转 90°，与 V 面形成同一个平面，去掉空间点及投射线，即得到空间点 A 的两面投影图，如图 2.2(b)所示，投影面没有边界，a_x的大小并没有什么意义，因此再去掉投影面的边框，如图 2.2(c)所示，这就是我们通常所用的点的两面投影图。

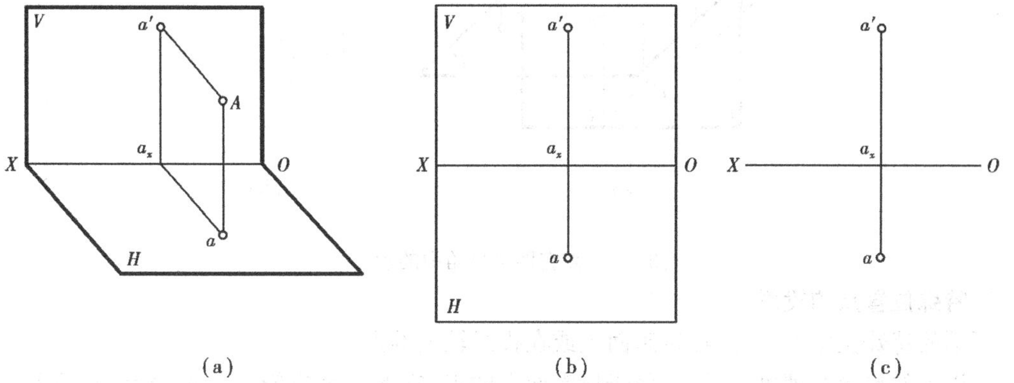

图 2.2　点的两面投影

(2)点的两面投影特性

从图 2.2(a)中可知，$Aa \perp H$ 面，$Aa' \perp V$ 面，则平面 $Aa'a_xa \perp H$、V 面，也垂直于投影轴 OX。展开后的投影图上 a、a_x、a' 三点成为一条垂直于 OX 的直线。由于 $Aa'a_xa$ 是个矩形，$aa_x = Aa'$，$a'a_x = Aa$。由此可以得出点在两面投影体系中的投影特性：

①点的正面投影和水平投影的连线，垂直于相应的投影轴（$aa' \perp OX$）；

②点的正面投影到投影轴 OX 的距离等于空间点到水平投影面 H 的距离；

③点的水平投影到投影轴 OX 的距离等于空间点到正投影面 V 的距离（$a'a_x = Aa$，$aa_x = Aa'$）。

以上特性适合于其他分角中的点。

该投影规律正是我们在作点的投影图中的一个基本原理和方法。

2. 点在其他分角中的投影

在实际的工程制图中，通常都把空间形体放在第一分角中进行投影，但在画法几何学中应用图解法时，常常会遇到需要把线或面等几何要素延长或扩大的情况，因此就很难使它们始终都在第一分角内。在这里我们简单地讨论点在其他分角的投影情况。

图 2.3 所图示的是点在第一、二、三、四个分角内的投影情况。投影的原理以及投影特性与前面所讲述的点在第一分角的投影完全一样，投影面的展开也与前面所讲的一样，得到的两面投影图对于各分角的点的区别如下：A 点在第一分角中，其正面投影和水平投影分别在 OX 轴的上方和下方；B 点是属于第二分角中的点，其正面投影和水平投影均在 OX 轴的上方；D 点在第三分角中，其情况与第一分角正好相反，正面投影在 OX 轴的下方，水平投影在 OX 轴的上方；而第四分角的点 C，则与第二分角的点 B 相反，两个投影均在 OX 轴的下方。显然，两个投影均在投影轴一侧，对于完整清晰的表达物体是不利的，因此，我国和一些东欧国家多采用

第一角投影的制图标准，美国、英国以及一些西欧国家采用了第三角投影制图标准。

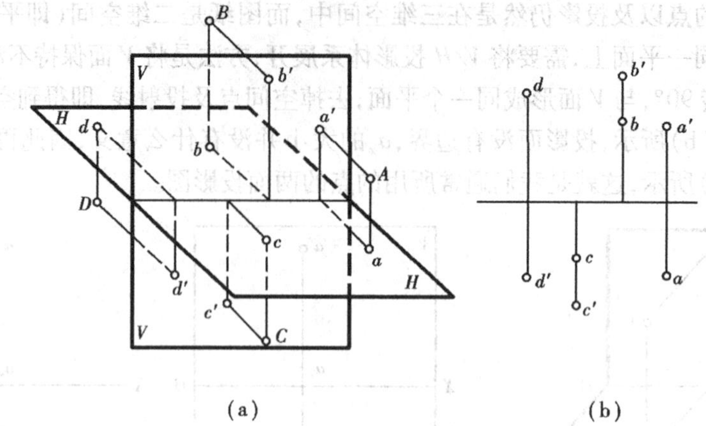

图 2.3　点在四个分角中的投影

3. 特殊位置点的投影

所谓的特殊位置点，就是在投影面上或在投影轴上的点。

从以上的投影原理可以看出，属于投影面上的点，它的一个投影与它本身重合，而另一个投影在投影轴上，如图 2.4 中的 A、B、D、E 点。其中 A、E 点均属于水平面 H，其 V 面投影在 OX 轴上（a'、e'在 OX 轴上），A 点属于第一分角，其 H 面投影 a 在 OX 轴的下方，E 点属于第二分角，其 H 面投影 e 在 OX 轴的上方；B、D 点属于正平面 V，其 H 面投影在 OX 轴上（b、d 在 OX 轴上），而由于两者所处的分角不同，b'在 OX 轴的上方，d'在 OX 轴的下方。

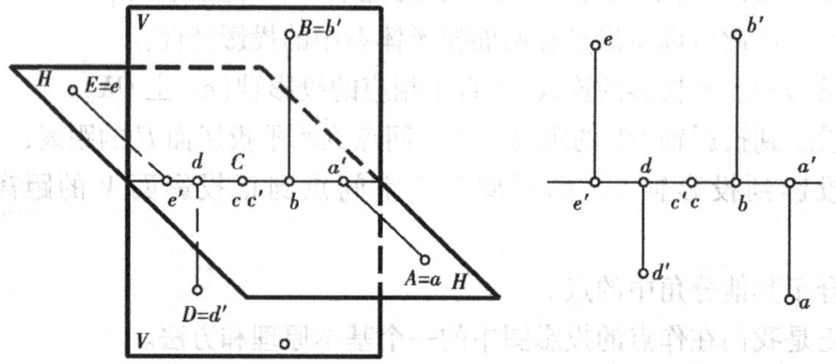

图 2.4　特殊点的投影

注：A 点在第一分角的 H 面上，B 点在第一分角的 V 面上，C 点在第二分角的 H 面上，D 点在第四分角的 V 面上，E 点在 OX 轴上

属于投影轴的点，它的两个投影都在投影轴上，并与该点重合，如图 2.4 中的 C 点。

2.1.2　点的三面投影

虽然两面投影已经可以确定空间点的位置，但在表达有些形体时，只有用三面投影才能表达清楚。因此，我们在这里讨论点的三面投影。三面投影体系是在两面投影体系的基础上，加上一个与 H、V 面均垂直的第三个投影面 W，称侧立投影面，简称侧投影面或 W 投影面，如图 2.5(a)，V、H、W 三面构成三面投影体系。

三个投影面彼此垂直相交，它们的交线统称为投影轴，实际上，每两个投影面均可构成两面投影体系。V面和H面的交线为OX轴，H面和W面的交线为OY轴，V面和W面的交线为OZ轴，投影轴OX、OY、OZ互相垂直交于点O，称为原点。

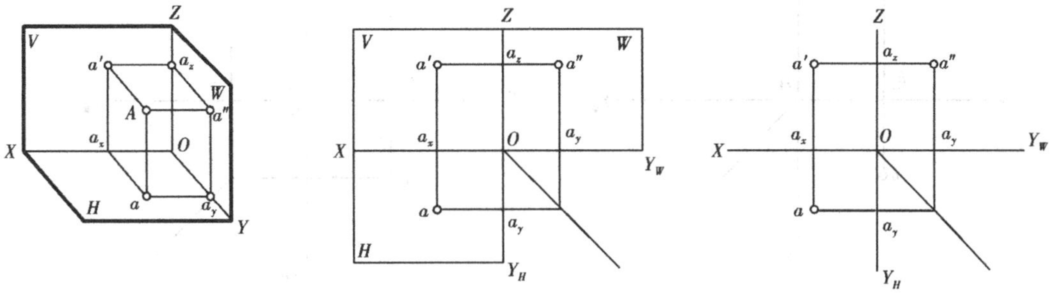

图2.5 点的三面投影

如图2.5(a)，由空间点A分别向V、H、W面进行正投影，得到A点在各投影面上的投影a、a'、a''，a''是空间点A的侧面投影。投射线Aa、Aa'、Aa''分别组成三个平面：aAa'、aAa''和$a'Aa''$，它们与投影轴OX、OY和OZ分别相交于a_x、a_y、a_z。这些点和点及其投影a、a'、a''的连线组成一个长方体。则有以下等式成立：

$$Aa = a'a_x = a''a_y = a_zO$$

$$Aa' = a''a_z = aa_x = a_yO$$

$$Aa'' = aa_y = a'a_z = a_xO$$

为了把三个投影a、a'、a''表示在一个平面上，仍将V面保持不动，将H面绕OX轴向下旋转90°与V面重合，W面绕OZ轴向右旋转90°也与V面重合，此时，Y轴被分成两根，我们把H面上的OY轴用OY_H表示，简称Y_H，W面上的OH轴用OY_W表示，简称Y_W，但从空间上两根轴线的含义一样。这样，就得到了A点的三面投影图，如图2.5(b)，同样可得到2.5(c)。其投影特性如下：

①点的正面投影和水平投影的连线垂直于OX轴($a'a \perp OX$)。

②点的正面投影和侧面投影的连线垂直于OZ轴($a'a'' \perp OZ$)。

③点的侧面投影到OX轴的距离等于点的水平投影到OX轴的距离($a''a_z = aa_x$)。

这三条投影特性，是形体的三面投影之所以成为“长对正、高平齐、宽相等”的理论依据。这也说明，在三面投影体系中，每两个投影都有内在的联系，只要给出一个点的任何两个投影，就可以求出其第三个投影。图2.5(c)中的45°线是为了保证“宽相等”而作的辅助线，也可用四分之一个圆来代替。

例2.1 如图2.6，已知空间点B的水平投影b和正面投影b'，求该点的侧面投影b''。如图2.7，已知空间点C的正面投影c'和侧面投影c''，求该点的水平投影c。

解：过b'引OZ轴的垂线$b'b_z$，在$b'b_z$的延长线上截取$b''b_z = bb_x$，b''即为所求。

过c'引OX轴的垂线$c'c_x$，在$c'c_x$的延长线上截取$cc_x = c''c_z$，c即为所求。

作法如图中的箭头所示。

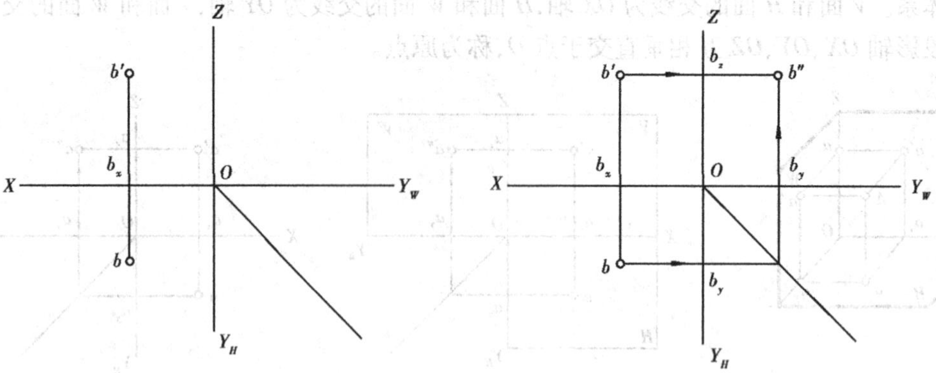

(a) (b)

图 2.6 已知点的正面和水平投影求侧面投影

(a)题目 (b)结果

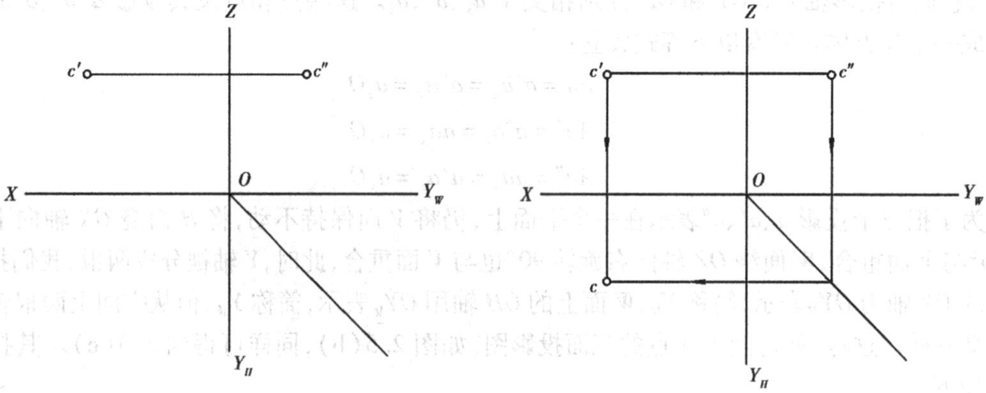

(a) (b)

图 2.7 已知点的正面和侧面投影求水平投影

(a)题目 (b)结果

2.2 点的投影与直角坐标的关系

从前面讲的三面投影体系中我们可以知道,三根投影轴 OX、OY、OZ 所构成的就是直角坐标(笛卡儿坐标)体系。在三面投影体系中,这三个坐标值代表了空间点到三个投影面的距离,这三个距离或者说这三个坐标值就决定了空间点的位置。

如图 2.8 所示:

A 点到 W 面的距离(Aa'') $=A$ 点的 x 坐标值(Oa_x)

A 点到 V 面的距离(Aa') $=A$ 点的 y 坐标值(Oa_y)

A 点到 H 面的距离(Aa) $=A$ 点的 z 坐标值(Oa_z)

当三个投影面展开重合为一个平面时,如图 2.8(b),这些表示点的三个坐标的线段(Oa_x、

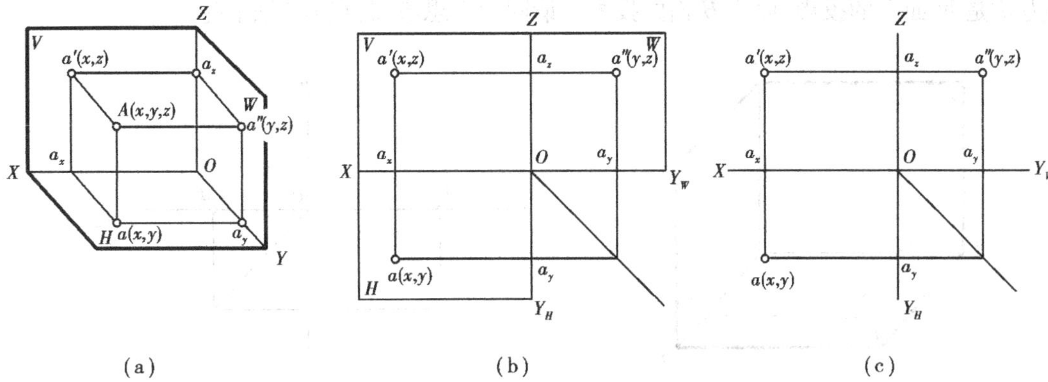

图2.8　三面投影体系中点的投影与坐标的关系

Oa_y、Oa_z)仍留在投影图上。从图中可以看出:由 A 点的 x、y 坐标可以决定 A 点的水平投影 a;由 A 点的 x、z 坐标可以决定 A 点的正面投影 a′;由 A 点的 y、z 坐标可以决定 A 点的侧面投影 a″。这样,得出以下结论:

已知一个点的三面投影,就可以量出该点的三个坐标;相反的,已知一点的三个坐标,就可以求出该点的三面投影。每个投影都由两个坐标值确定,实际上,已知点的两个投影,便可以知道点的三个坐标值,就可以求出点的第三个投影。

例 2.2　已知空间点的坐标:$x=15$ mm、$y=10$ mm、$z=20$ mm,试作出 A 点的三面投影图。

解:①在图纸上作一条水平线和铅垂线,两线交点为坐标原点 O,其左为 X 轴,上为 Z 轴,右为 Y_W,下为 Y_H;

②在 X 轴上取 $a_x=15$ mm;过 a_x点作 O 轴的垂线,在这条垂线上自 a_x向下截取

$aa_y=10$ mm 和向上截取 $a'a_z=20$ mm,得水平投影 a 和正面投影 a′;如图 2.9(a),(b)所示。

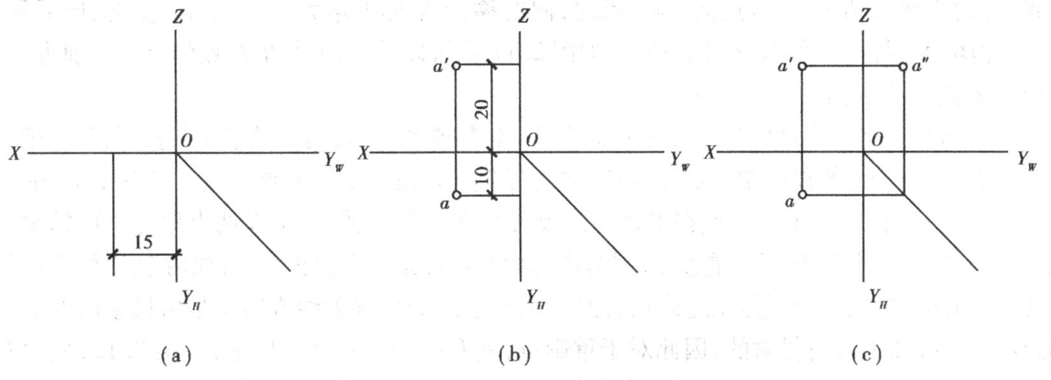

图2.9　已知空间点的坐标,求其三面投影

③由 a′向 OZ 轴引垂线,在所引垂线上截取 $a''a_z=10$ mm,得侧面投影 a″。

作法如图 2.9(c)所示。

当空间点为某个特殊位置时,则至少有一个坐标为零。如图 2.10 所示,空间点 D 属于 H 面,则 $z=0$,因此,D 点的 V 面、W 面投影分别在 OX 轴和 OY_W轴上(d′在 OX 轴上,d″在 OY_W轴上),而 H 面的投影(即 d″)与空间 D 点本身重合。此时应注意 d″应在 OY_W上,而不在 OY_H上,

因为 d'' 是 W 面上的投影，而非 H 面的投影。请同学们思考，若点 OZ 轴上呢？

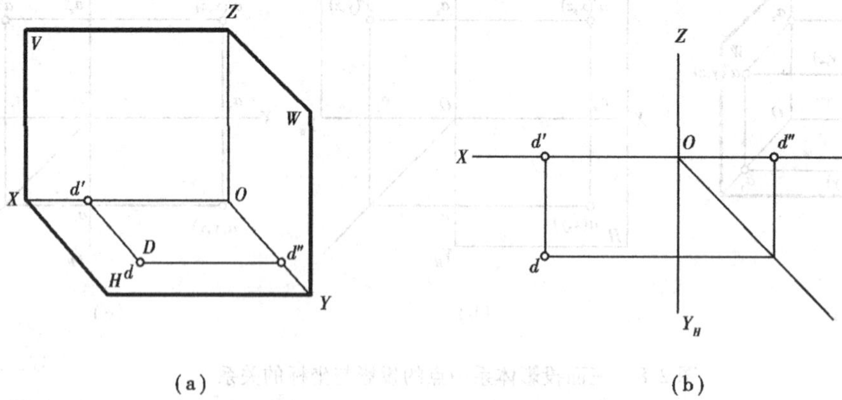

图2.10　属于投影面上的点

2.3　两点的相对位置

实际上，单纯讨论某点在空间的位置是没有实际意义的，因为整个投影面体系都是可以移动的，即投影轴与点之间的位置可以随坐标体系的移动而发生变化。真正有意义的是讨论两个空间点之间的相对位置。

两点之间的相对位置，可以用两点之间的坐标差来表示，即两点距投影面 W、V、H 的距离差，如图2.11中 X_A-X_B、Y_A-Y_B、Z_A-Z_B。因此，已知两点的坐标差，能确定两点的相对位置，或者已知两点相对位置以及其中一个点的投影，可以求出另一个点的投影。按投影特性我们知道，点的 X 坐标值增大，该点向左移，反之，向右移；Y 坐标值增大，点向前移，反之，向后移；Z 坐标值增大，点向上移，反之，向下移。如图2.11中可以看出，A 点在 B 点的上、左、前方，也可以说 B 点在 A 点的下、右、后方。

如果两个点相对位置相对于某投影面处于比较特殊的位置，两点处于一条投射线上，则在该投影面上，两个点的投影相互重合，我们称这两个点为该投影面的重影点。如图2.12中，A 点在 C 点的正前方，则 A、C 两点在 V 面上的投影相互重合，我们把 A、C 两点称为 V 面的重影点。同理，如两个点为 H 面的重影点，则两点的相对位置是正上或正下方；如两个点为 W 面的重影点，则两点的相对位置是正左或正右方。按照前面所述，投射线方向总是由投影面的远处通过物体向投影面进行投射的，因此对于重影点，就有一个可见性的问题，如图2.12，显然对于 V 面来说，A 点的投影 a' 可见，而 C 点的投影 c' 不可见，为了表示可见性，在不可见投影的符号上加上括号( )，如(c')。判别可见性的原则是：前可见后不可见、上可见下不可见、左可见右不可见。总的说来是坐标值大的，遮坐标值小的，即相对于两点来说距投影面远的可见，距投影面近的不可见。从直角坐标关系来看，重影点实际上是有两组坐标相等，如2.12图，A、C 两点的 X、Z 坐标相等，只有在 Y 方向有坐标差。

例2.3　已知 A 点的坐标为(10,10,20)；B 点距 W 面、V 面、H 面的距离分别为20,5,10；C 点在 A 点的正下方10，求 A、B、C 三点的投影，并判别可见性。

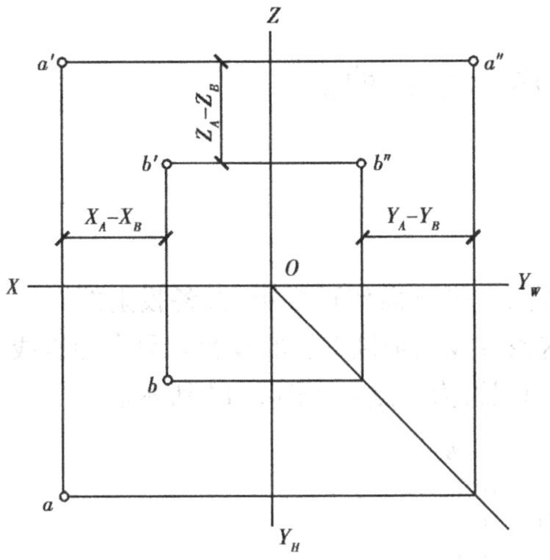

图2.11　两点的相对位置

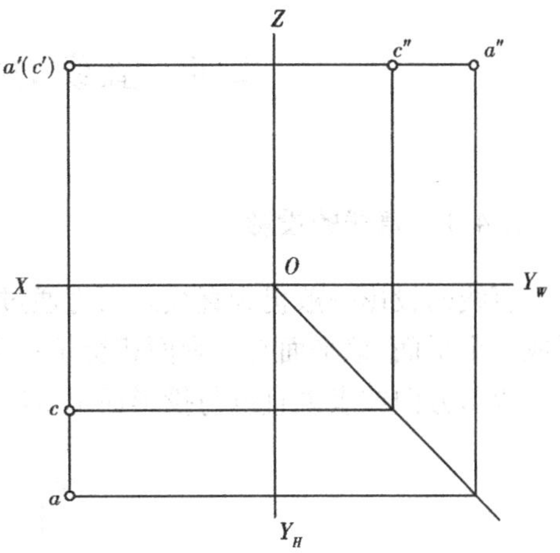

图2.12　V面的重影点

解:(1)分析:A、B、C点分别以坐标位置、距投影面距离以及两点之间的相对位置来确定空间位置,根据已知条件可以很容易的作出投影。

(2)作图:

①由A点的坐标求出A点的三面投影;

②根据B点相对于投影面的距离,实际上是给出了B点的坐标,求出B点的三面投影;

③根据C点处于A点的正下方,可以求出C点的三面投影,A、C两点为H面的重影点(如图2.13所示)。

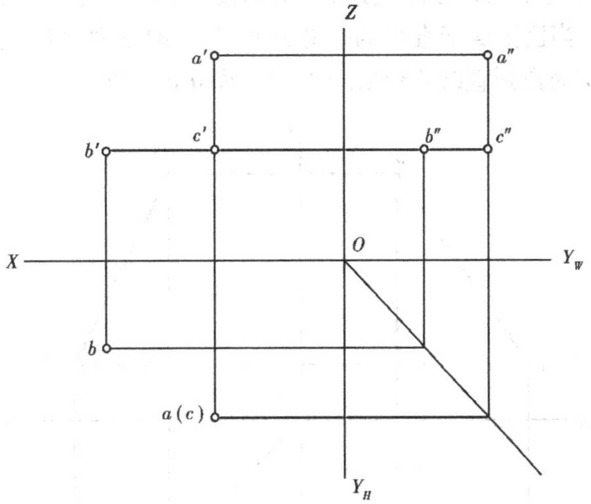

图2.13　例题2.3

2.4 直线的投影和属于直线的点

2.4.1 直线的投影

直线的投影一般仍为直线。因为通过直线上各点向投影面作正投影时，各投射线在空间形成一个平面，该平面与投影面相交于一条直线，这条直线就是该直线的投影。只有当直线平行于投影方向或者说直线与投影面垂直时，其投影则积聚为一点。如图 2.14 所示。

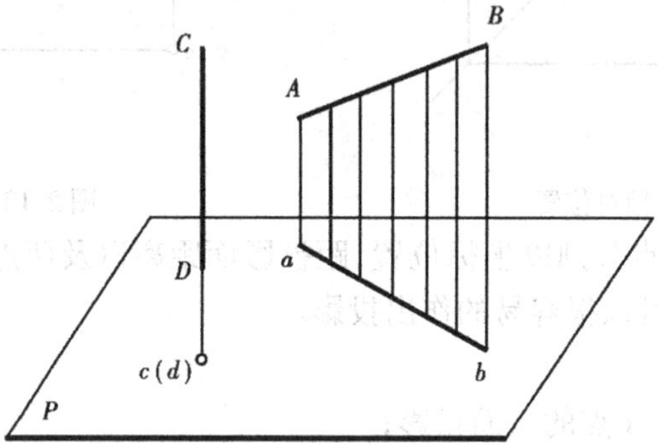

图 2.14 直线投影

从几何学中我们知道，空间直线的位置可以由属于直线上的两点来决定，即两点决定一直线。因此，在画法几何学中，直线在某一投影面上的投影由属于直线的任意两点的同面投影来决定。如图 2.15 所示，当已知属于直线的任意两点 A、B 的三面投影，连接两点的同面投影，即连接 a、b；a'、b'；a''、b''而得到直线 AB 的三面投影 ab、$a'b'$、$a''b''$。

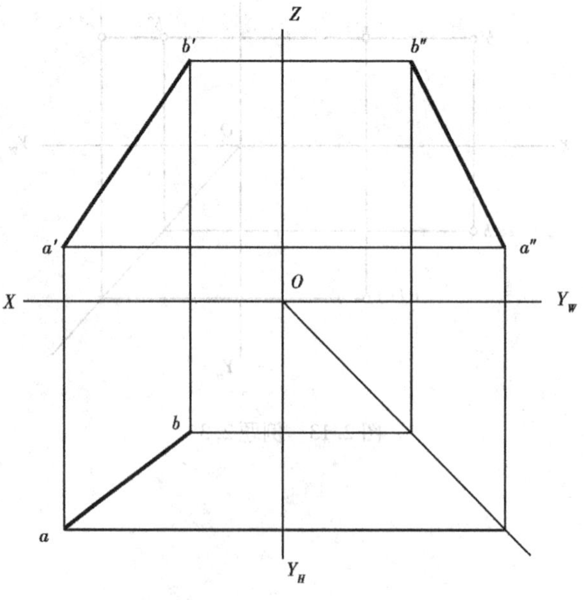

图 2.15 直线的三面投影

2.4.2　属于直线的点的投影

空间点与直线的关系有两种情况：点属于直线；点不属于直线。当点属于直线时，则有以下投影特性，如图2.16所示：

①该点的各投影一定属于这条直线的各同面投影；

②点将直线段分成一定的比例，则该点的各投影将直线段的各同面投影分成相同的比例，这条特性称为定比特性。

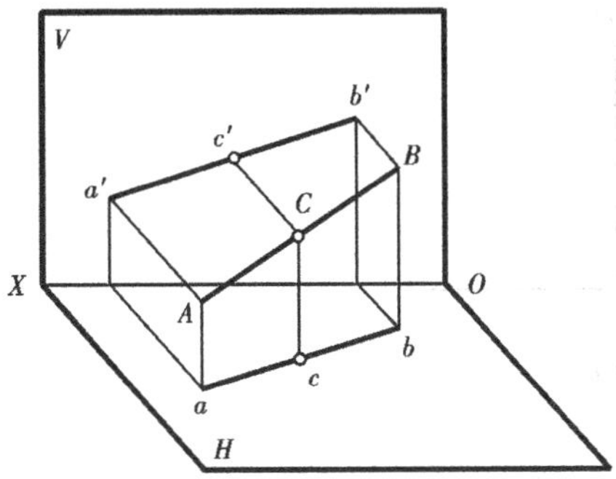

图2.16　属于直线的点

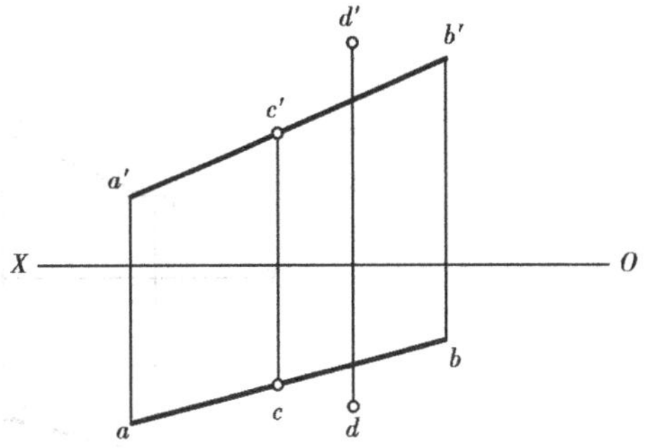

图2.17　*C*点属于直线，*D*点不属于直线

一般来说，判断点是否属于直线，只需观察两面投影就可以了。例如图2.17中的直线*AB*和两点*C*、*D*，点*C*属于直线*AB*，而点*D*就不属于直线*AB*；但对于一些特殊位置直线，则一般应该观察第三面投影才能决定，如图2.18中的侧平线*CD*和点*E*，虽然*e*在*cd*上，*e*′在*c*′*d*′上，但当求出

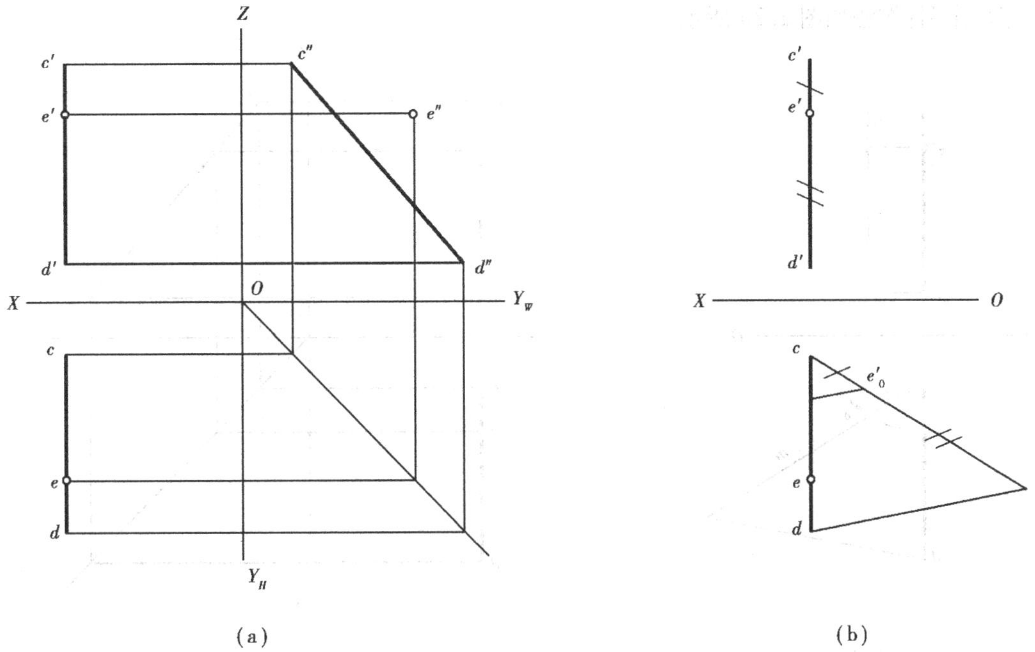

图2.18　特殊位置直线点的从属性判断

(a)用第三投影作图　(b)用定比性作图

它的 W 面投影 e''以后,e''不在 $c''d''$上,所以点 E 不属于直线 CD。也可以通过定比性来判断,如图 2.18(b)。当然从 2.18 中也可以看出,显然 $e'c' : e'd' \neq ec : ed$,则 E 点不在 CD 上。

例 2.4 在线段 AB 上求一点 C,C 点将 AB 线段分成 $AC : CB = 3 : 4$。

解:作法如图 2.19 所示。

①过投影 a 作任意方向的辅助线 ab_0,将之七等分,使 $ac_0 : c_0b_0 = 3 : 4$;得 c_0、b_0;

②连接 b、b_0,再过 c_0 作辅助线平行于 b_0b;

③在水平投影 ab 上得 C 点的水平投影 c,再由 c 向上作铅垂线,交 AB 的正面投影 $a'b'$于 c'。

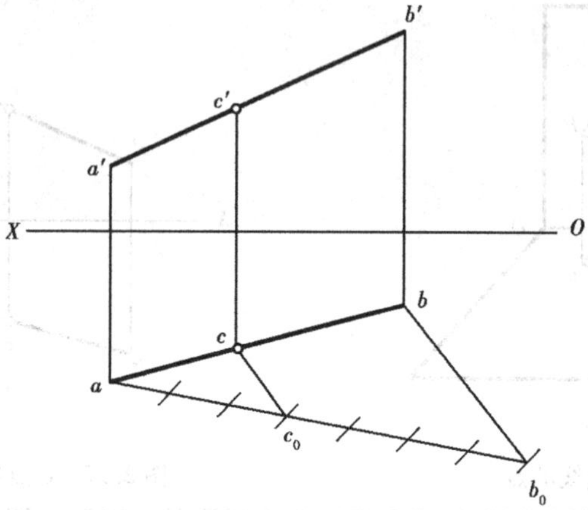

图 2.19 例题 2.4 直线上的定比点

例 2.5 已知属于侧平线 CD 的点 E 的正面投影 e',请作出 E 点的水平投影 e。

解:作图:作法如图 2.20 所示。

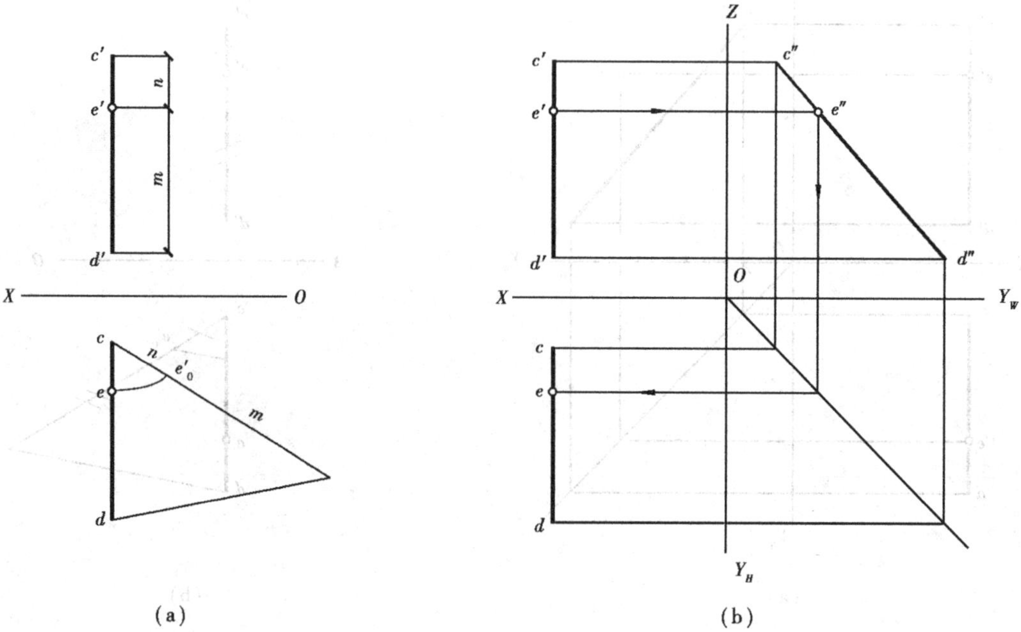

图 2.20 例题 2.5 侧平线上的点
(a)用定比性求作 (b)用第三投影求作

本题有两种作法：

①把正面投影 e'所分 $c'd'$的比例 $m:n$ 移到 cd 上面作出 e，如图 2.20(a)所示；

②先作出 CD 的侧面投影 $c''d''$，再在 $c''d''$上作出 e''，最后在 cd 上找到 e，如图 2.20(b)所示。

2.4.3　直线的迹点

将直线延长，一直到与投影面相交，该交点叫做直线的迹点，其中与 H 面的交点叫做水平迹点，与 V 面的交点叫做正面迹点，与 W 面的交点叫做侧面迹点。

如图 2.21 所示，给出线段 AB，延长 AB 与 H 面相交，得水平迹点 M；与 V 面相交，得正面迹点 N。因为迹点是直线和投影面的公共点，所以它的投影具有两重性：

①属于投影面的点，则它在该投影面上的投影必与它本身重合，而另一个投影必属于投影轴。

②属于直线的点，则它的各个投影必属于该直线的同面投影。

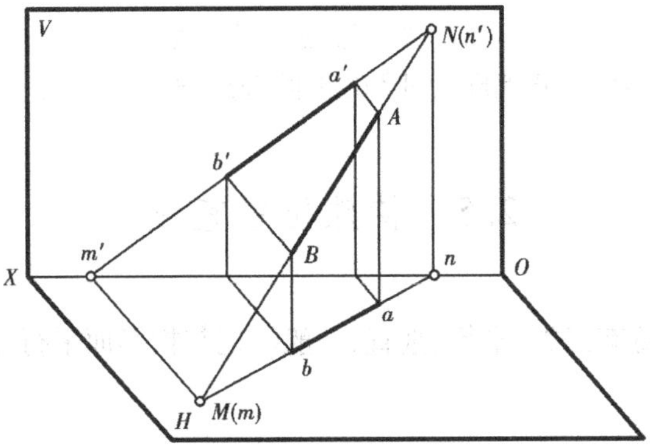

图 2.21　直线的迹点

由此可知：正面迹点 N 的正面投影 n'与迹点本身重合，而且落在 AB 的正面投影 $a'b'$的延长线上；其水平投影 n 则是 AB 的水平投影 ab 与 OX 轴的交点。同样，水平迹点 M 的水平投影 m 与迹点本身重合，且落在 AB 的水平投影 ab 的延长线上；其正面投影 m'则是 AB 的正面投影 $a'b'$与 OX 轴的交点。

这样，就得到在两面投影体系中，根据直线的投影求其迹点的作图方法：

①为求直线的水平迹点，应当延长直线的正面投影与 OX 轴相交，即得水平迹点 M 的正面投影 m'，再从 m'作 OX 的垂线与直线的水平投影相交，交点就是水平迹点 M 的水平投影 m，M 与 m 重合。

②为求直线的正面迹点，应当延长直线的水平投影与 OX 轴相交，得正面迹点 N 的水平投影 n，再从 n 作 OX 轴的垂线与直线的正面投影相交，交点就是正面迹点 N 的正面投影 n'，N 与 n'重合。

例 2.6　求作直线 AB 的水平迹点和正面迹点。

解：作法如图 2.22 所示。

①延长 $a'b'$与 OX 轴相交，得水平迹点的正面投影 m'，再从 m'向下作 OX 轴的垂线与 ab 相交，得水平迹点的水平投影 m，此点即为 AB 的水平迹点 M；

②延长 ab 与 OX 轴相交，得正面迹点的水平投影 n，再从 n 向上作 OX 轴的垂线与 $a'b'$相

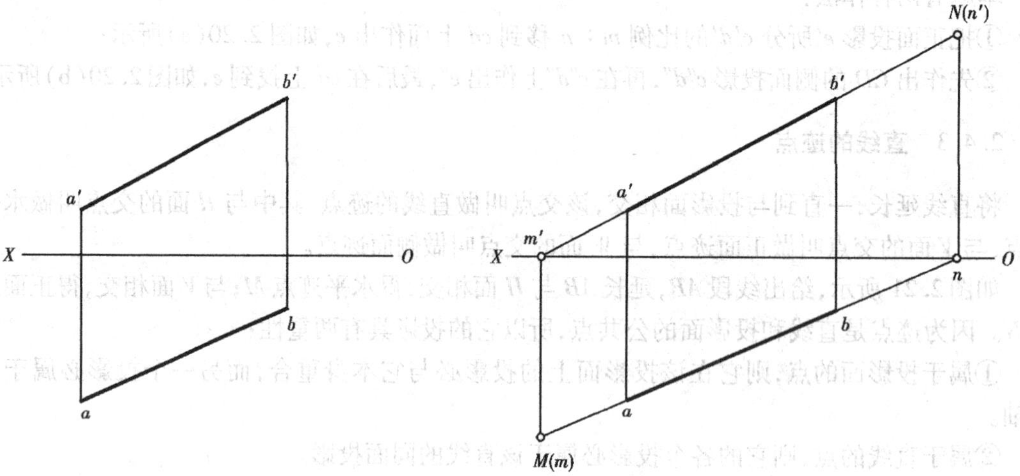

图 2.22　直线迹点的求法

交,得正面迹点的正面投影 n',此点即为 AB 的正面迹点 N。

2.5　特殊位置直线

直线与投影面的位置有三类:平行、垂直、一般。把与投影面平行或者垂直的直线,叫做特殊位置直线。

2.5.1　投影面的平行线

平行于某一投影面而倾斜于其余两个投影面的直线,称为投影面平行线,投影面平行线的所有点的某一个坐标值相等。其中,平行于水平投影面的直线称水平线,Z 坐标相等;平行于正立投影面的直线称正平线,Y 坐标相等;平行于侧立投影面的直线称侧平线,X 坐标相等。

表 2.1 列出了这三种直线的三面投影。

表 2.1　投影面平行线

直线位置	直观图	投影图	投影特征
水平线 //H 面	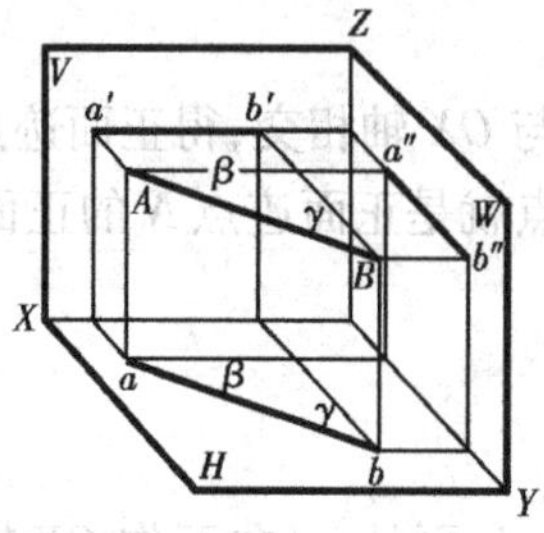	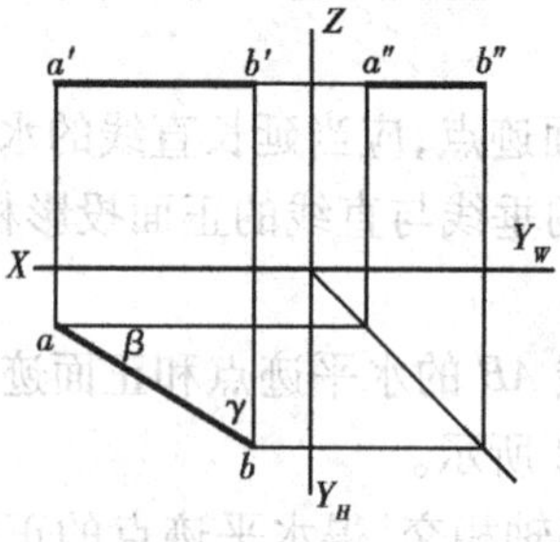	1. $a'b'$ // OX $a''b''$ // OY_W 2. $ab = AB$ 3. 反映 β、γ 实角

续表

直线位置	直观图	投影图	投影特征
正平线 $//V$ 面	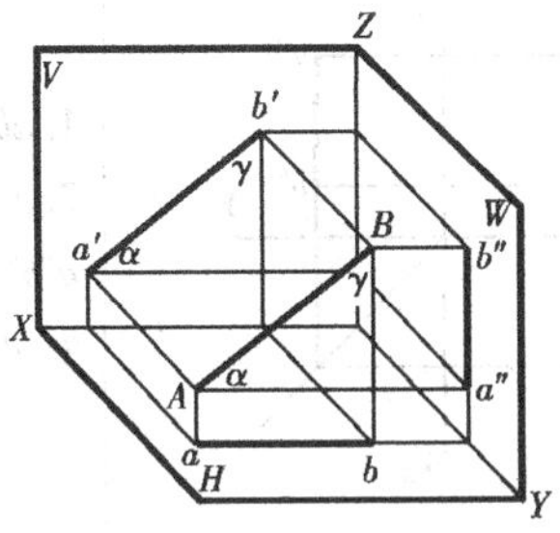	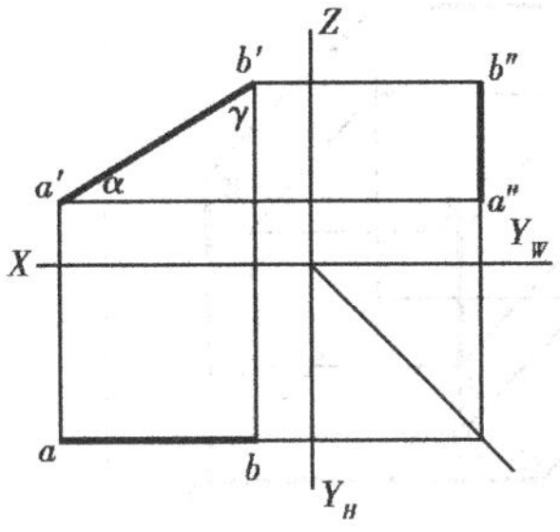	1. $ab // OX$ $a''b'' // OZ$ 2. $a'b' = AB$ 3. 反映 α、γ 实角
侧平线 $//W$ 面	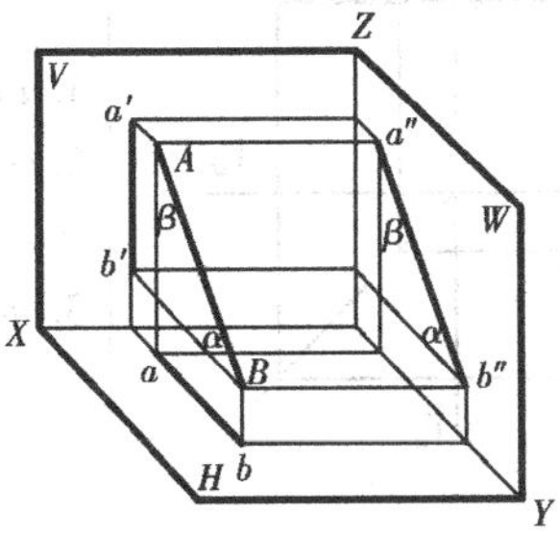	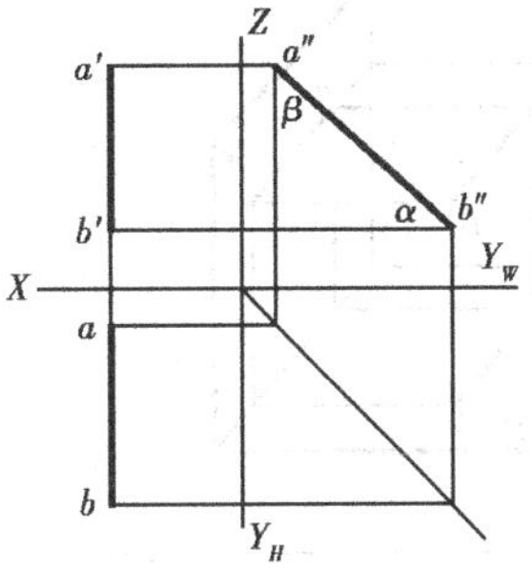	1. $a'b' // OZ$ $ab // OY_H$ 2. $a''b'' = AB$ 3. 反映 α、β 实角

表中 α 表示直线对 H 面的倾角；β 表示直线对 V 面的倾角；γ 表示直线对 W 面的倾角。

分析上表，可以归纳出投影面平行线的投影特性：

（1）直线在它所平行的投影面上的投影反映实长（即有全等性），并且这个投影与投影轴的夹角等于空间直线对相应投影面的倾角；

（2）其他两个投影都小于实长，并且平行于相应的投影轴。

2.5.2　投影面的垂直线

垂直于某一投影面的直线，称为投影面垂直线，投影面垂直线上的所有点有两个坐标值相等。显然，当直线垂直于某一投影面时，必然平行于另两个投影面。其中，垂直于水平投影面的直线叫做铅垂线；垂直于正立投影面的直线叫做正垂线；垂直于侧立投影面的直线叫做侧垂线。

表 2.2 列出了这三种直线的三面投影。

表 2.2 投影面垂直线

直线位置	直观图	投影图	投影特征
铅垂线 ⊥*H* 面	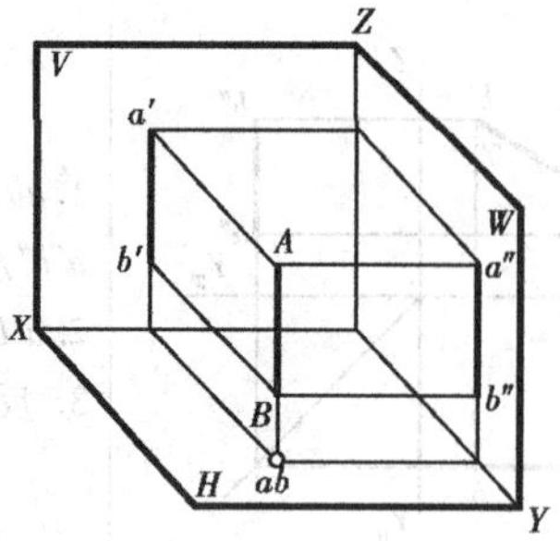	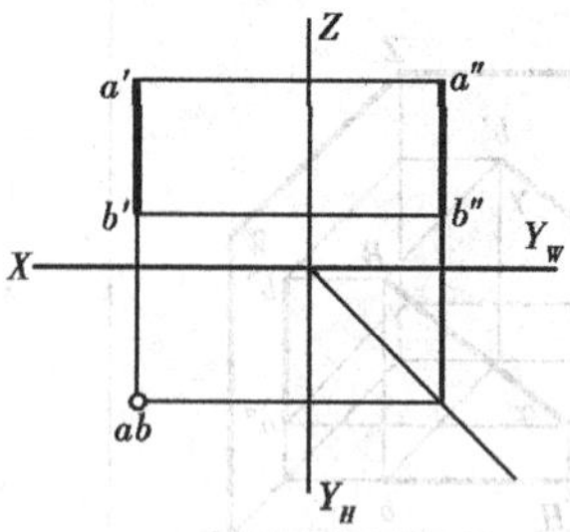	1. ab 积聚成一点 2. $a'b' \perp OX$ $a''b'' \perp OY_W$ 3. $a'b' = a''b'' = AB$
正垂线 ⊥*V* 面	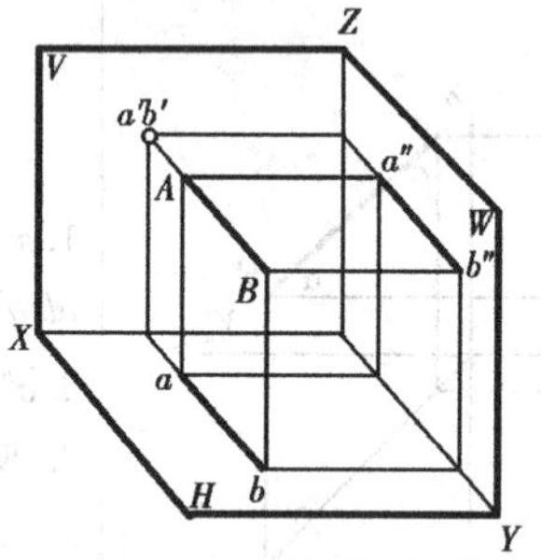	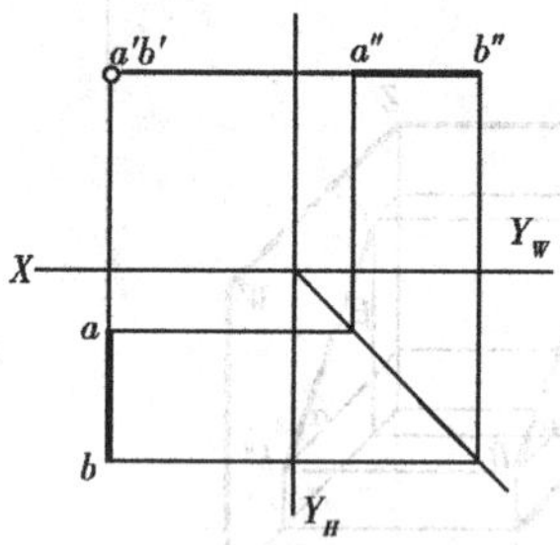	1. $a'b'$积聚成一点 2. $ab \perp OX$ $a''b'' \perp OZ$ 3. $ab = a''b'' = AB$
侧垂线 ⊥*W* 面	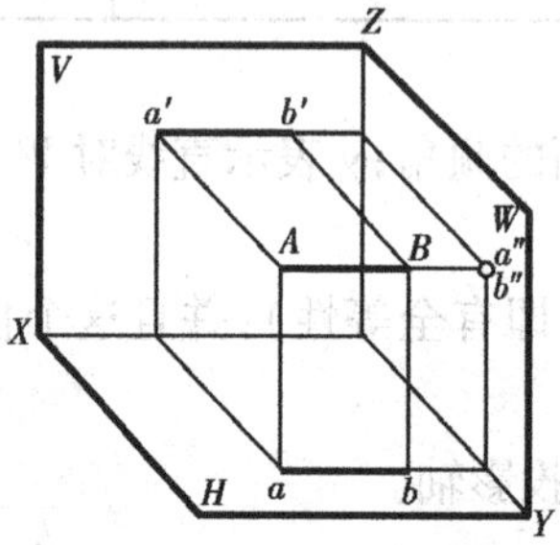	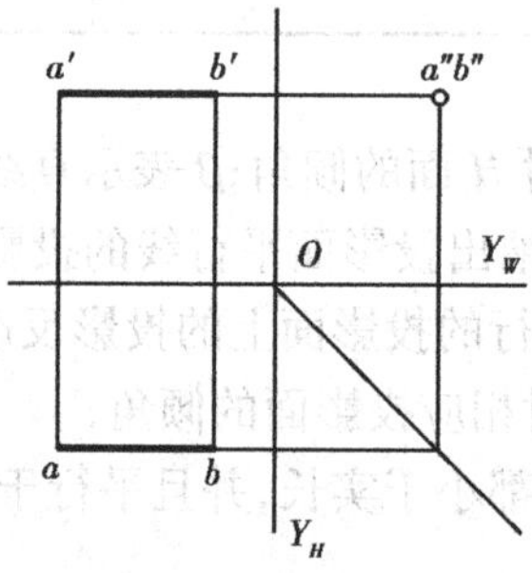	1. $a''b''$积聚成一点 2. $ab \perp OY_H$ $a'b' \perp OZ$ 3. $ab = a'b' = AB$

分析上表，可以归纳出投影面垂直线的投影特性：

(1)直线在它所垂直的投影面上的投影成为一点(积聚性)；

(2)其他两个投影垂直于相应的投影轴，并且反映实长(显实性)。

2.6 一般位置直线的实长及其对投影面的倾角

对各投影面均成倾斜的直线叫做一般位置直线。对于一条一般位置的直线段，它的各个投影的长度均小于线段本身的实长。

如图 2.23 所示，设线段 AB 与投影面 H、V 和 W 的倾角分别为 α、β 和 γ。由于通过 A、B 两

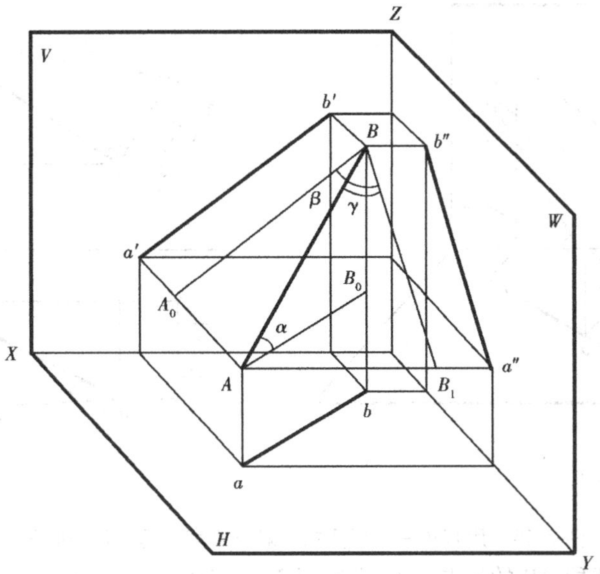

图2.23 直线的倾角

点的投影线 Aa、Bb 垂直于 H 面，所以：

$$ab = AB \cdot \cos\alpha;$$

$$a'b' = AB \cdot \cos\beta;$$

$$a''b'' = AB \cdot \cos\gamma。$$

因为夹角 α、β 和 γ 都不等于零，也不等于 90°，所以 $\cos\alpha$、$\cos\beta$ 和 $\cos\gamma$ 都小于1。这就证明：一般位置线段的三个投影都小于线段本身的实长。

如何根据一般位置直线的投影来求出它的实长与倾角呢？我们先从立体图中来分析这个问题的解法。

2.6.1 直线与 H 投影面的倾角 α

在图2.24(a)中，过空间直线的端点 A 作直线 $AB_0 /\!/ ab$，得直角三角形 AB_0B，$\angle BAB_0$ 就是直线 AB 与 H 面的倾角 α，AB 是它的斜边，其中一条直角边 $AB_0 = ab$，而另一条直角边 $BB_0 = Bb - Aa = Z_B - Z_A$，$Z_A$、$Z_B$ 即为 A、B 两点的高度坐标，$Z_B - Z_A$ 为 A、B 两点的高度差。

根据立体图的分析可以得知，在直线的投影图上，我们可以作出与 $\triangle AB_0B$ 全等的一个直角三角形，从而求得直线段的实长及其与投影面的倾角。其作图方法如图2.24(b)所示：

①过水平投影 ab 的端点 b 作 ab 的垂线；

②在所作垂线上截取 bb_0 等于正面投影 $a'b'$ 两端到 OX 轴的距离差 $Z_B - Z_A$，得 b_0 点；

③用直线连接 a 和 b_0，得直角三角形 abb_0，此时，$ab_0 = AB$，$\angle bab_0 = \angle\alpha$。

2.6.2 直线与 V 投影面的倾角 β

在图2.24(a)上过 B 点作直线 $BA_0 /\!/ a'b'$，A_0 点在投影线 Aa' 上，$\triangle ABA_0$ 为直角三角形，AB 是它的斜边，AA_0 和 BA_0 是它的两条直角边。此时，$BA_0 = a'b'$；而 $AA_0 = Aa' - Bb' = Y_A - Y_B$，即等于水平投影 ab 的两端到 OX 轴的距离差 $Y_A - Y_B$。因此，用 $a'b'$ 及距离差 $Y_A - Y_B$ 为直角边作直

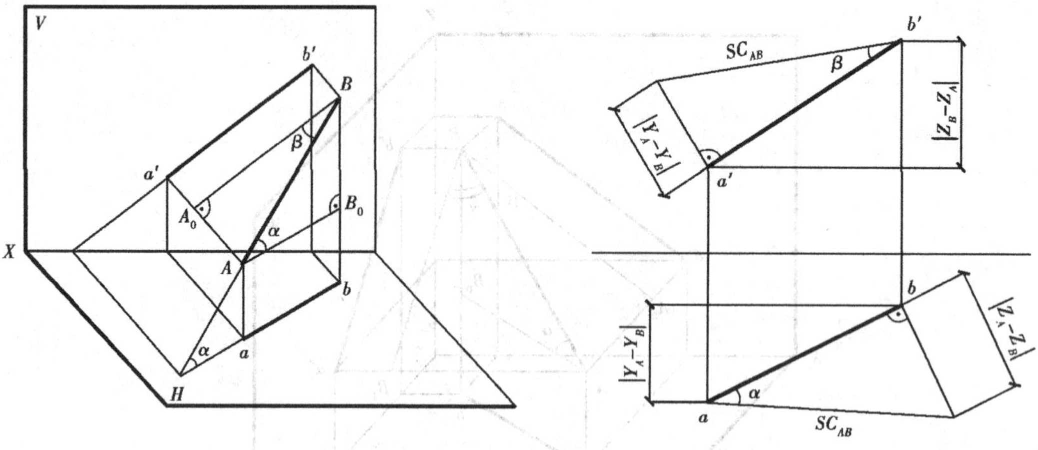

(a)　　　　　　　　　　　　　　　　(b)

图 2.24　用直角三角形法求一般位置直线的实长与倾角

角三角形，也能求出线段 AB 的实长。作法如图 2.24(b)所示。所得的 $\triangle a'b'a_0'$ 的斜边 $b'a_0'$ 等于线段 AB 的实长，但 $b'a_0'$ 与正面投影 $a'b'$ 的夹角等于线段 AB 与 V 面的倾角 β。

2.6.3　直线与 W 投影面的倾角 γ

γ 角的求法与上面所述一样，如 2.23 中，作 $BB_1 /\!/ a''b''$，在直角三角形 ABB_1 中，AB_1 为 A、B 两点之间的 X 坐标差，BB_1 的长度等于 AB 在 W 面上投影的长度，即 $a''b''$，$\angle ABB_1 = \gamma$。同样的道理，该直角三角形可以在投影图上表达出来。

综上所述，在投影图上求线段实长的方法是：以线段在某个投影面上的投影为一直角边，以线段的两端点到这个投影面的距离差为另一直角边，作一个直角三角形，此直角三角形的斜边就是所求线段的实长，而且此斜边和投影的夹角，就等于线段对该投影面的倾角。

从以上的分析和作图可以看出：我们采用的是通过作直角三角形的方法来求线段的实长、倾角，故此法称为直角三角形法。在直角三角形中的实长、距离差、投影长、倾角四者任知其中两者，便可以求出其余两者。而距离差、投影长、倾角三者均是相对于同一投影面而言。例如，我们要求某线段对 H 面的倾角、实长，应该知道该线段的 H 面投影以及线段两端点对 H 面距离差（坐标差），即 Z 坐标差。

值得注意的是，直角三角形法是一种在平面图上模拟空间的作图法，因此，可以在任何地方表达所需的直角三角形。

例 2.7　试用直角三角形法确定直线 CD 的实长及对投影面 V 的倾角 β。

解：(1)分析：此题要求直线 CD 对 V 面的倾角，所以必须以 CD 的正面投影 $c'd'$ 为一直角边。另一直角边则应是水平投影 cd 两端点到 OX 轴的距离差（Y 坐标差）。

(2)作图：

①过水平投影 c 作 X 轴的平行线，与 $d'd$ 交于 d_0，并延长该线；

②取 $d_0c_0 = c'd'$，将 c_0 与 d 相连；

③此时，$c_0d = CD$，$\angle c_0 = \beta$。见图 2.25。

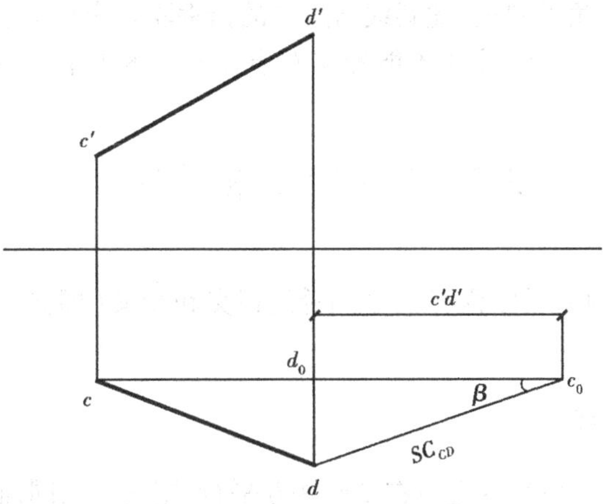

图2.25　例题2.7求直线的实长和倾角

例2.8　已知直线 CD 对投影面 H 的倾角 $\alpha=30°$，试补全正面投影 $c'd'$，如图2.26(a)所示。

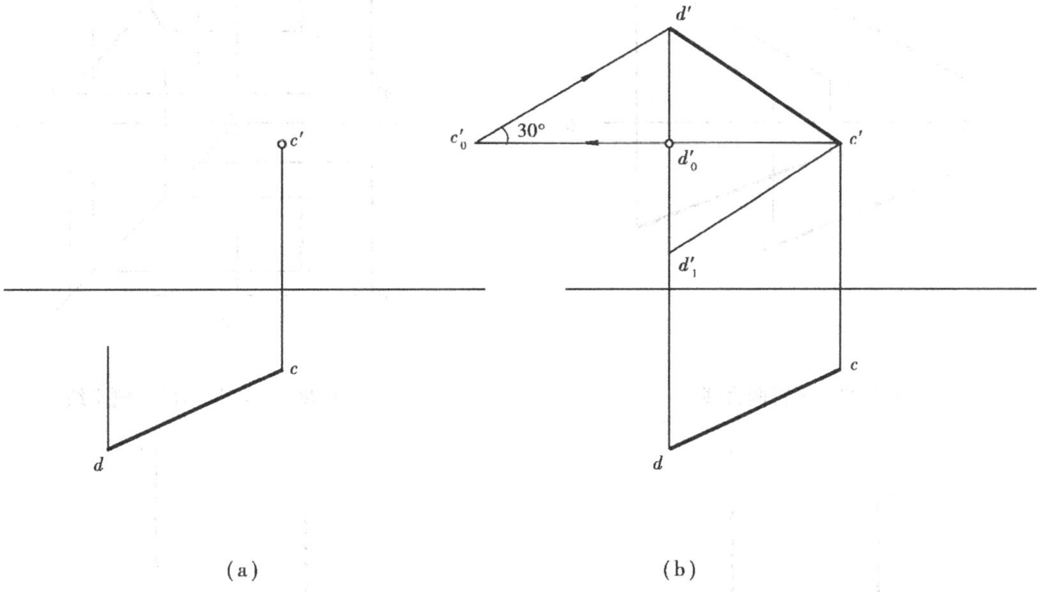

图2.26　例题2.8已知 $\alpha=30°$求直线的投影

(a)题目　(b)求解

解：(1)分析：这是与前一例题性质相反的问题，给出倾角作投影。应该注意：如果要求直线 CD 对 H 面的倾角 α，那么必须以水平投影 cd 为直角边，以正面投影 $c'd'$ 两端的高度差为另一直角边，作直角三角形。虽然题中 d' 没有给出，但已知 $\alpha=30°$。所以这个直角三角形也可以作出(因为一个直角三角形可以由它的一条直角边及一个锐角所确定)。因此，就能确定 $c'd'$ 两端的高度差，从而补全 CD 的正面投影。

(2)作图：

①过 c' 引 OX 轴的平行线，与过 d 向上作出的铅垂联系线相交，得 d'_0，并延长至 c'_0，使 $c'_0d'_0=cd$；

②自 c_0'对 $c_0'd_0'$作 30°角得斜线，此斜线与过 d 的铅垂联系线相交于 d'；

③c'和 d'，得正面投影 $c'd'$(由于不能确定 D 点在 C 点的上下方，所以该题有两解)。

2.7 两直线的相对位置

两直线在空间所处的相对位置有三种：平行、相交和相叉(即异面)。以下分别讨论它们的投影特性。

2.7.1 平行的两直线

根据平行投影的特性可知：两直线在空间相互平行，则它们的同面投影也相互平行。

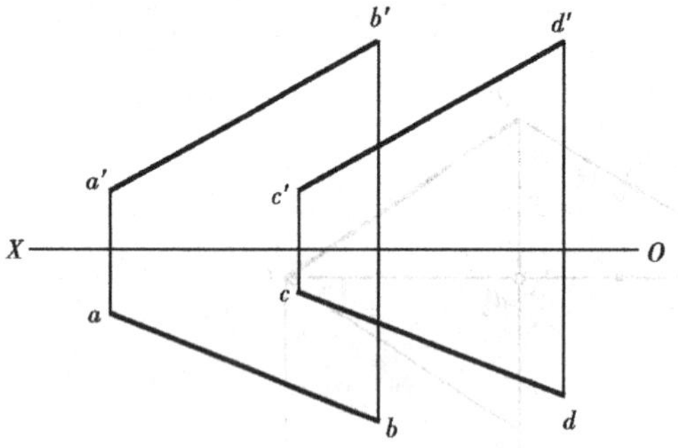

图 2.27 平行两直线

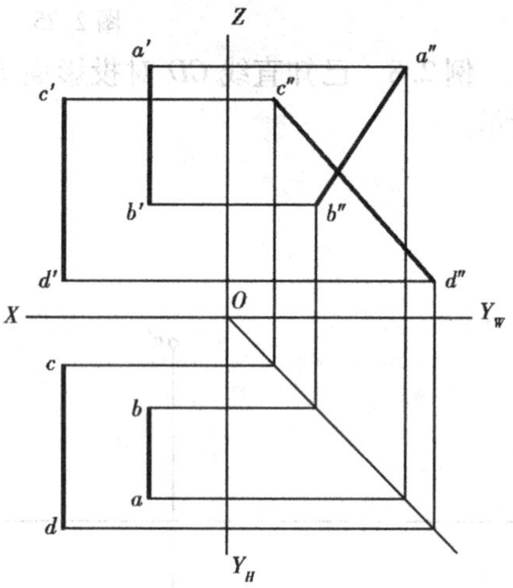

图 2.28 不相平行的两侧平线

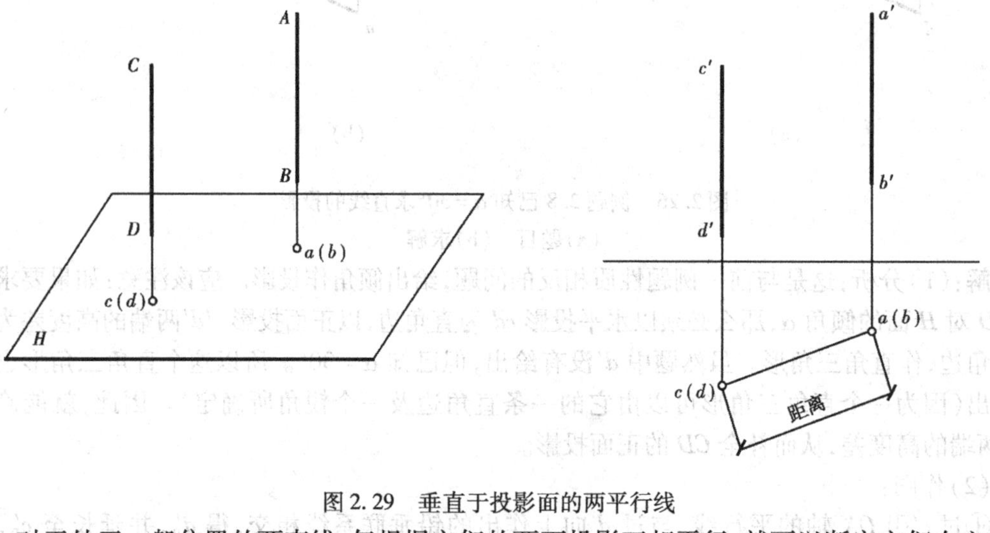

图 2.29 垂直于投影面的两平行线

对于处于一般位置的两直线，仅根据它们的两面投影互相平行，就可以断定它们在空间也相互平行,见图2.27。但对于特殊位置直线,有时则需要画出它们的第三面投影,来判断它们在空间的相对位置,见图2.28给出的两条侧平线 AB 和 CD,因为它们的侧面投影并不相互平行,所以在空间里这两条线是不平行的。

如果相互平行的两直线都垂直于某一投影面,见图2.29,则在该投影面上的投影(都积聚为两点),两点之间的距离反映出两条平行线在空间的真实距离。

2.7.2　相交的两直线

所有的相交问题都是一个共有的问题,因此,两直线相交必有一个公共点即交点。由此可知:两直线在空间相交,则它们的同面投影也相交,而且交点符合空间一点的投影特性。

同平行的两直线一样,对于一般位置的两直线,只要根据两面投影的相对位置,就可以判别它们在空间是否相交。如图2.30所示的两直线是相交的,而图2.31中的两直线就不相交。但是,当其中一条是投影面的平行线时,有时就需要看一看它们的第三面投影或通过直线上点的定比性来判断。

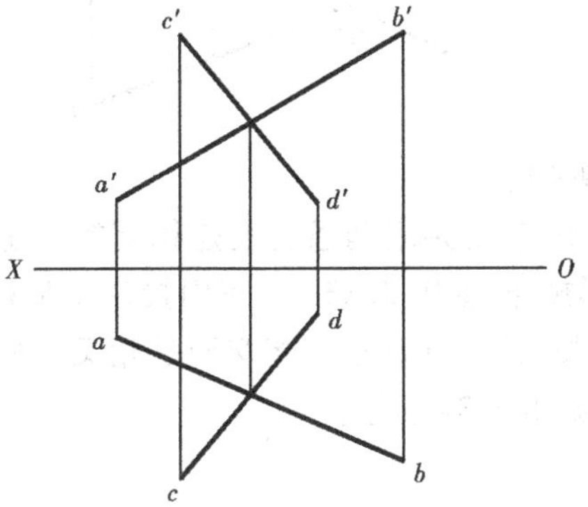

图2.30　相交两直线

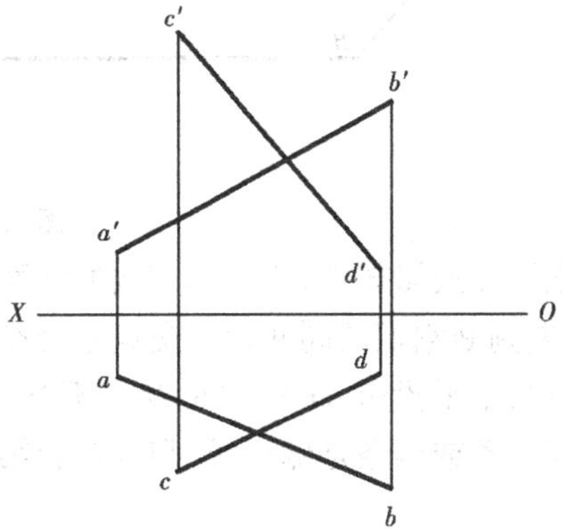

图2.31　不相交的两直线

当两相交直线都平行于某投影面时,该相交直线的夹角在投影面上的投影反映出夹角的真实大小,如图2.32所示。

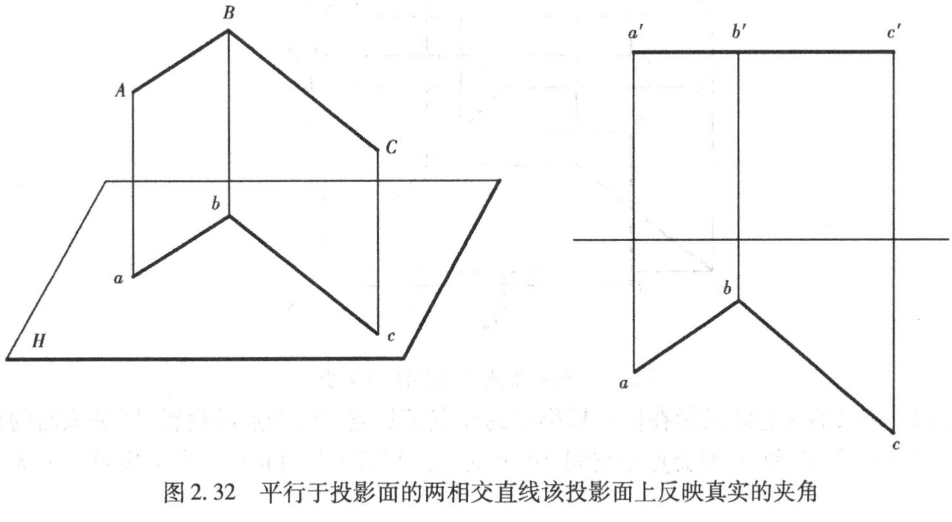

图2.32　平行于投影面的两相交直线该投影面上反映真实的夹角

2.7.3 相叉的两直线

如图2.33所示,在空间里既不平行也不相交的两直线,就是相叉的两直线。由于这种直线不能同属于一个平面,所以在立体几何中把这种直线叫做异面直线。

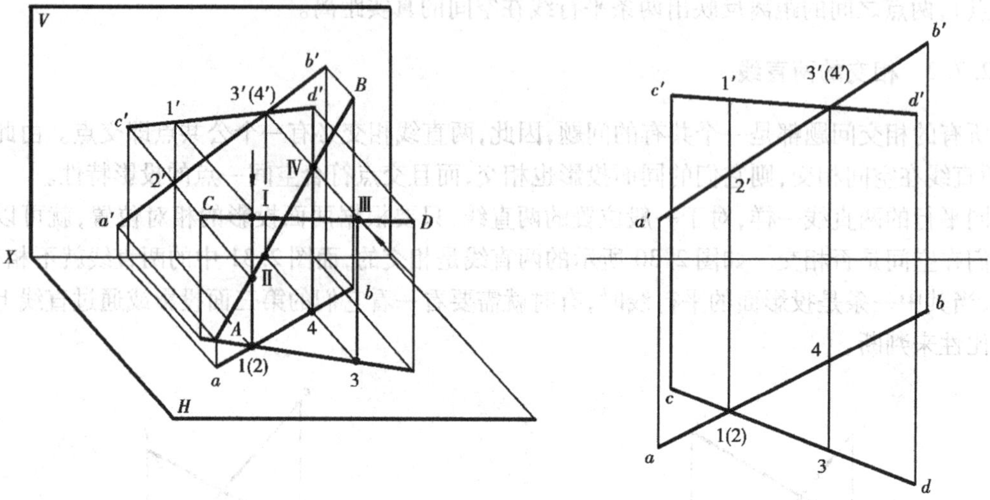

图2.33 相叉的两直线

在两面投影图中,相叉两直线的同面投影,可能相交,要判断两条直线是相交的还是相叉的,就要判断它们的同面投影交点是否符合点的投影规律,如图2.33中,正面投影 $a'b'$ 和 $c'd'$ 的交点与水平投影 ab 和 cd 的交点不符合投影规律,则 AB 与 CD 没有相交而是相叉。如果两线中有一条或两条是侧平线,则需要看第三面投影,见图2.34所示。

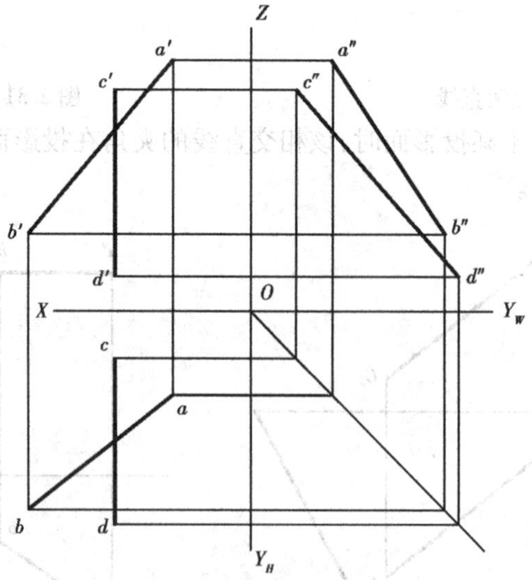

图2.34 有一条侧平线的两相叉线

事实上,相叉的两直线投影在同一投影面的交点都是空间两个点的投影,即是该面的重影点。如图2.33中,ab 和 cd 的交点是空间 AB 上的Ⅰ点和 CD 上的Ⅱ点的水平投影。因为Ⅰ和

Ⅱ处在同一条铅垂线上,所以,水平投影1重合于2,用符号1(2)表示。同样的,$a'b'$和$c'd'$的交点是空间CD上的Ⅲ点和AB上的Ⅳ点的正面投影。因为Ⅲ和Ⅳ处在同一条正垂线上,所以,正面投影$3'$重合于$4'$,用符号$3'(4')$表示,根据可见性把不可见点用括号括起来。

例2.9　判别图2.35给出的两相叉直线AB和CD上重影点的可见性。

解:如图2.35所示。从侧面投影的交点$1''(2'')$向左作水平的联系线,与$c'd'$相交于$2'$,与$a'b'$相交于$1'$,因为$1'$左于$2'$,所以AB上的Ⅰ点在CD上的Ⅱ点的左方,由重影点特性左可见右不可见可1可见,2不可见,在侧面投影上$2''$打上括号。同理,从正面投影的交点$3'(4')$,向右作水平联系线,与$a''b''$相交于$4''$点,与$c''d''$相交于$3''$点,因为$3''$前于$4''$,所以CD上的Ⅲ点看得见,而AB上的Ⅳ点不可见,这说明:直线CD在Ⅲ点处前于直线AB,则$3''$可见,$4''$不可见,在正面投影上将$4''$打上括号。

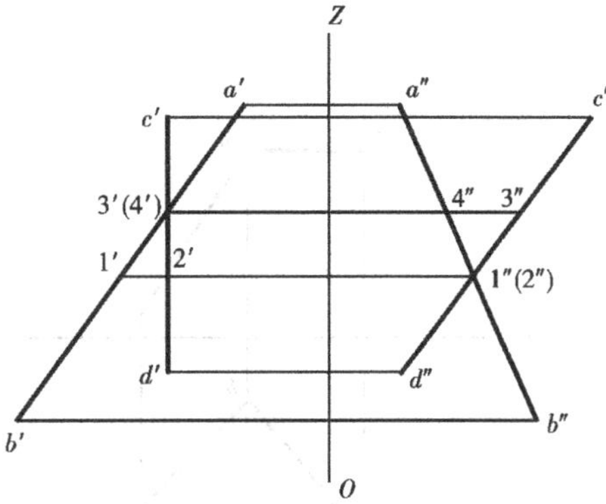

图2.35　例题2.9判别相叉直线的可见性

2.8　一边平行于投影面的直角的投影

两相交直线(或两相叉直线)之间的夹角,可以是锐角,也可以是钝角或直角。一般说来,要使一个角不变形地投射在某一投影面上,必须使此角的两边都平行于该投影面,否则,通常情况下,空间直角的投影并不是直角,反之,两条直线的投影夹角为直角的空间直线之间的夹角一般也不是直角。但是,对于直角,只要有一边平行于某投影面,则此直角在该投影面上的投影仍旧是直角。

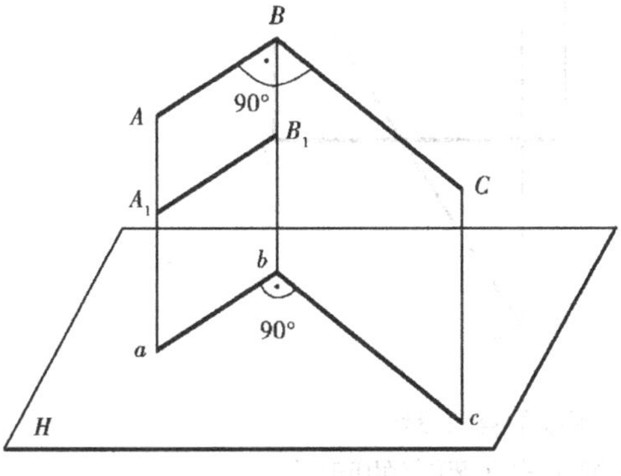

图2.36　一条边平行于投影面的直角的投影

如图2.36,设空间直角ABC的一边AB平行于H面,而另一边BC与H面倾斜。因为AB既垂直于BC,又垂直于Bb,所以AB垂直于投射面$BCcb$。又知AB和它的投影ab是相互平行的,所以ab也同样垂直于投射面$BCcb$。由此证得$ab \perp bc$,即$\angle abc = 90°$(该直角ABC在V面的投影$\angle a'b'c' \neq 90°$)。

由此得出结论:两条相互垂直的直线,如果其中有一条是水平线,那么它们的水平投影必相互垂直。同理,两条相互垂直的直线,如果其中有一条是正平线(或侧平线),则它们的正面投影(或侧面投影)必相互垂直。

上述结论既适用于相互垂直的相交两直线,又适用于相互垂直的相叉两直线,如图2.36

中 A_1B_1 与 CB。

图 2.37 中的相交两直线 AB 和 BC 及相叉两直线 MN 和 EF，由于它们的水平投影相互垂直，并且其中有一条为水平线，所以它们在空间也是相互垂直的。同样，图 2.38 所示的相交两直线及相叉两直线，也是相互垂直的，因为它们的正面投影相互垂直，并且其中有一条为正平线。

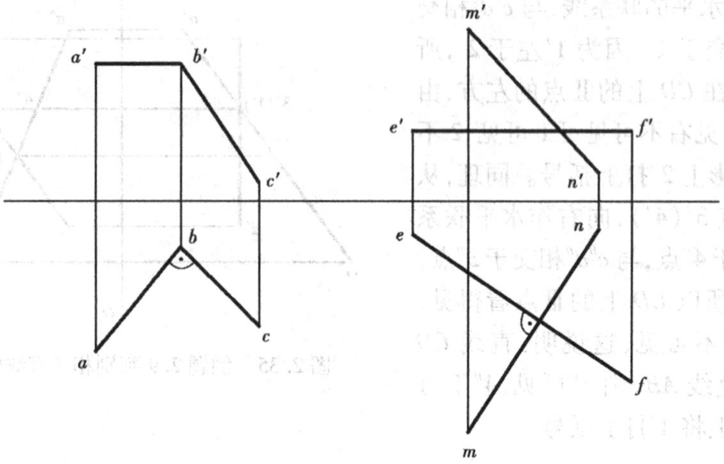

图 2.37　一条边为水平线的直角投影

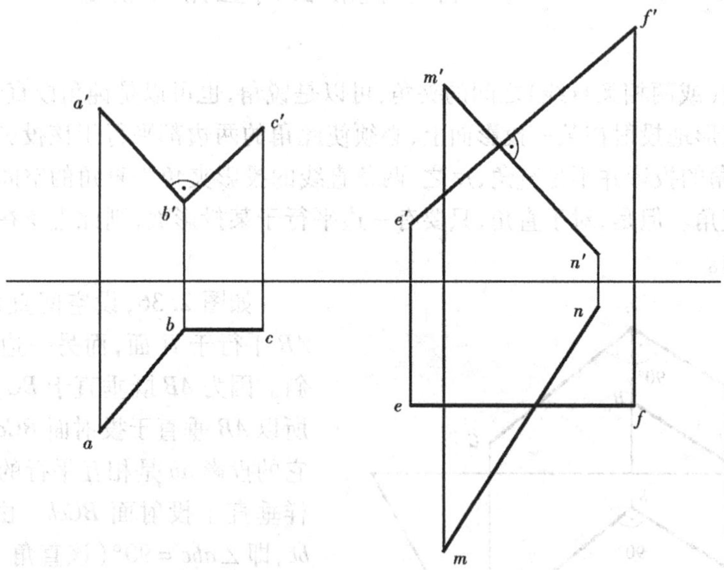

图 2.38　一条边为正平线的直角投影

直角投影的这种特性，常常用来在投影图上解决有关距离的问题。

例 2.10　确定点 A 到铅垂线 CD 的距离，如图 2.39 所示。

解：(1)分析：点到直线的距离，是通过点向直线所引的垂线来确定的。由于所给的直线 CD 是铅垂线，所以它的垂线 AB 一定是一条水平线，它的水平投影反映实长。

(2)作图：如图 2.39 所示。

例2.11　确定点 A 到正平线 CD 的距离,如图2.40所示。

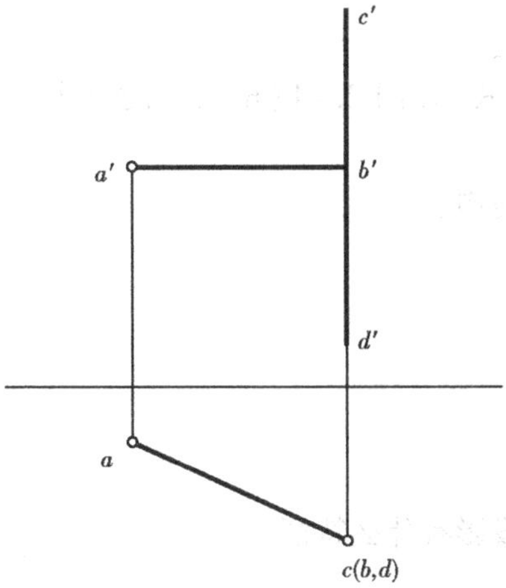

图2.39　例题2.10点到铅垂线的距离

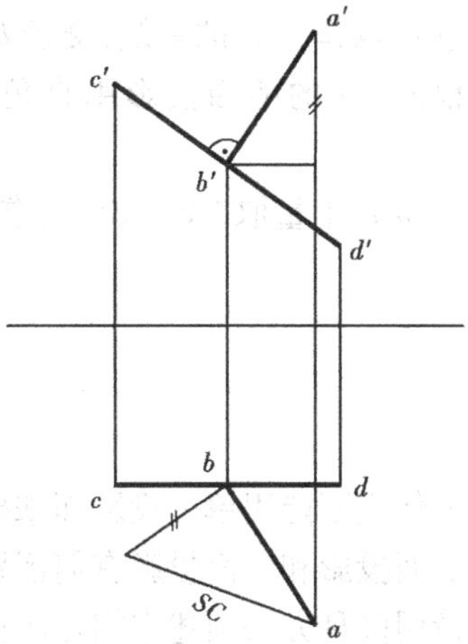

图2.40　例题2.11点到正平线的距离

解:(1)分析:从图中可知,直线 CD 为正平线,通过 A 点向 CD 所引的垂线 AB 是一般位置直线,但根据直角的投影特性可知:$a'b' \perp c'd'$。

(2)作图:

①过 a' 作投影 $a'b' \perp c'd'$,得交点 b';

②由 b' 向下作垂线,在 cd 上得到 b;连 a 和 b,得到投影 ab;

③用直角三角形法,作出垂线 AB 的实长 ab_0。

例2.12　已知 MN 为正平线,作等腰直角三角形$\triangle ABC$,且 BC 为直角边属于 MN。

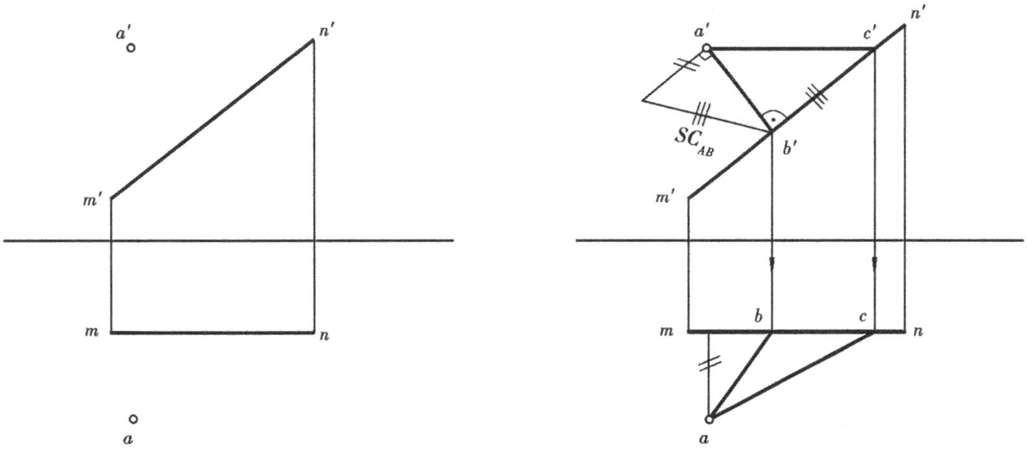

(a)　　(b)

图2.41　例题2.12综合题

(a)题目　(b)解题

解:(1)分析:$\triangle ABC$ 为直角三角形,BC 为直角边,则 $AB \perp BC$,$AB = BC$;因为 MN 为正平线,根据直角定理可求出 B 点的投影。根据直角三角形法求出 AB 实长,BC 属于 MN,在 $m'n'$

上反映 BC 实长求得 C 点的投影。

(2)作图：

①过 a' 点作 $m'n'$ 的垂线，交于 b' 点。$b' \to b$。

②根据 AB 的两面投影用直角三角形法求 AB 实长，如图 2.41(b)采用 $\triangle Y$ 与 $a'b'$ 求出 SC_{AB}

③在 $m'n'$ 上量取 $b'c' = SC_{AB}$，求出 c'，$c' \to c$。加深线型。

复习思考题

1. 为什么不能用单一投影面来确定空间点的位置？
2. 二面投影和三面投影有何区别与联系？他们的投影有什么特征？
3. 请用多种方法描述空间点的位置。
4. 什么叫特殊位置点，其投影有什么特点？举例说明。
5. 什么叫重影点？如何判别其可见性？
6. 空间直线有哪些基本位置？
7. 如何判别空间相叉的两条直线的位置？
8. 投影面的平行线和投影面的垂直线，哪一种更特殊一点，为什么？
9. 讨论一边平行于投影面的直角的投影定理有什么意义？为什么？

第3章 平面

3.1 平面的表示法

平面的投影法表示有两种:一种是用点、线和平面的几何图形的投影来表示,称之为平面的几何元素表示法;另一种是用平面与投影面的交线来表示,称之为迹线表示法。

3.1.1 用几何元素表示平面

根据初等几何可以知道,决定一个平面的最基本的几何要素是在同一直线上的三点。因此,在投影图中,可以利用这一组几何元素的组合的投影来表示平面的空间位置(图3.1)。

(1)不属于同一直线的三点(图3.1(a));

(2)一条直线和该直线外的一点(图3.1(b));

(3)相交二直线(图3.1(c));

(4)平行二直线(图3.1(d));

(5)任意平面图形(图3.1(e))。

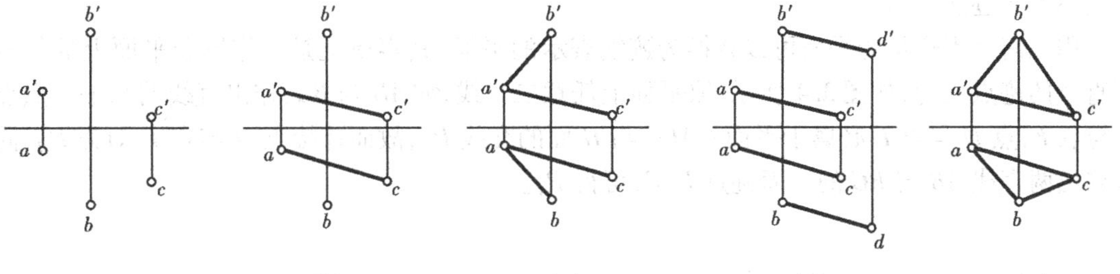

(a) (b) (c) (d) (e)

图3.1 几何元素表示平面

如图3.1所示,欲在投影图上确定出一个平面,只需给出上述各组元素中任何一组投影就可以了。显然,上述各组元素是可以相互转换的,例如,将图3.1(a)的 A、C 两点连接起来便可以换为图3.1(b)的形式,连接图3.1(b)的A、B两点便又将其转换为图3.1(c)的形式了。但无论怎样转换,所转换的平面在转换前后都是同一平面,只是形式不同而已。

3.1.2 用平面的迹线表示平面

从开篇的讲述可知,一条直线与投影面的交点称为迹点。一平面与投影面相交,其交线称为平面的迹线。平面P与V面相交的交线叫正面迹线,与H面相交的交线叫水平迹线,与W面相交的交线叫侧面迹线,并以P_V表示正面迹线、以P_H表示水平迹线、以P_W表示侧面迹线。相邻投影面的迹线交投影轴于一点,此点称为迹线的集合点,分别用P_X、P_Y、P_Z表示(图3.2)。迹线通常用细实线表示。

从图3.2中可以看出,在三面投影体系中,P_V为V面上的直线,其正面投影与迹线本身重合,而其水平投影及侧面投影分别重合于OX轴与OZ轴。习惯上,采用迹线本身作标记,而不必再用符号标出它的其他二面投影,水平迹线P_H与侧面迹线P_W与此相同。

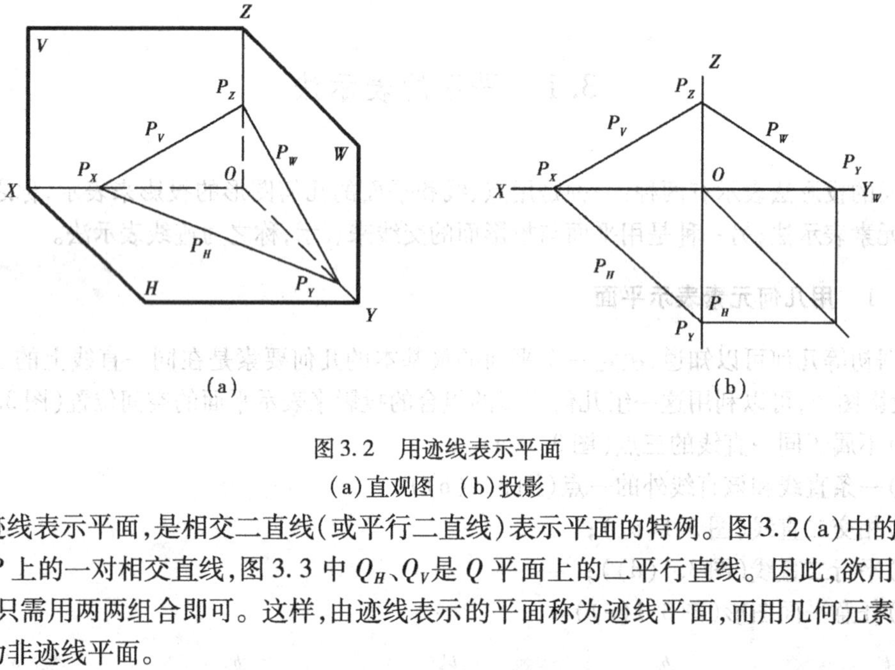

图3.2 用迹线表示平面
(a)直观图 (b)投影

用迹线表示平面,是相交二直线(或平行二直线)表示平面的特例。图3.2(a)中的P_H、P_V是平面P上的一对相交直线,图3.3中Q_H、Q_V是Q平面上的二平行直线。因此,欲用迹线表示平面,只需用两两组合即可。这样,由迹线表示的平面称为迹线平面,而用几何元素表示的平面称为非迹线平面。

用几何元素表示的平面可以转换为迹线表示的平面,其实质就是求作属于平面上的任意两直线的迹点问题,如图3.4所示,取平面上任意二直线,如AB与BC,作出直线的水平迹点点D与点F,点D与点F必属于平面$\triangle ABC$与H面的交线P_H,故而连接点D与点F即为P_H,同理求出两直线AB与BC的正面迹点E、G,可得P_V。

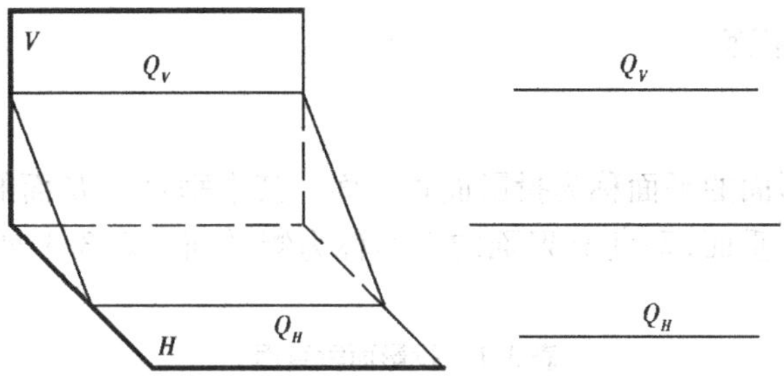

(a) (b)

图 3.3 相互平行的两迹线表示平面
(a)直观图 (b)投影

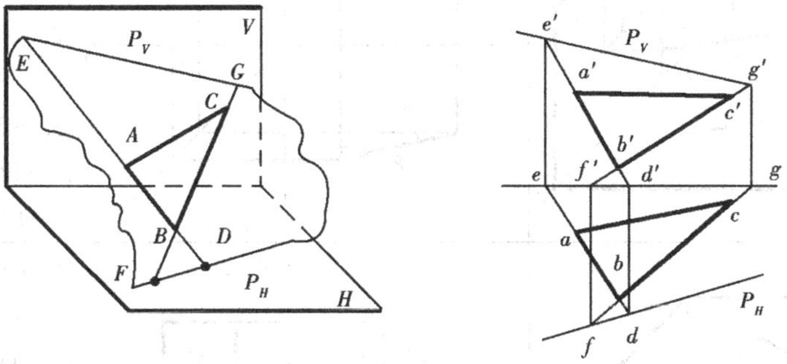

(a) (b)

图 3.4 非迹线平面转换为迹线平面
(a)直观图 (b)投影

3.2 各种位置的平面

空间平面与投影面的相对位置,可分为特殊位置与一般位置两类共七种,即:

1. 特殊位置平面

对一个投影面平行或者垂直的平面为特殊位置平面,简称特殊面。

①空间平面与投影面之一垂直称为投影面垂直面,分别有正垂面、铅垂面、侧垂面。这类平面在某一投影面上的投影符合第1章中所述的积聚性。

②空间平面与投影面之一平行称为投影面平行面,分别有正平面、水平面、侧平面。这类平面在某一投影面上的投影符合第1章中所述的全等性。

2. 一般位置平面

空间平面既不垂直又不平行任一投影面,与投影面处于倾斜状态,称为一般位置平面。这种平面在各投影面的投影符合第1章中所述的类似性。

3.2.1 特殊位置平面

1. 投影面垂直面

垂直于某一个投影面的平面称为投影面垂直面。其中垂直于 H 面的平面称为铅垂面；垂直于 V 面的平面称为正垂面；垂直于 W 面的平面称为侧平面。表 3.1 列出这三种平面(用矩形表示)的三面投影。

表 3.1 投影面垂直面

名称	直观图	投 影	投影特性
铅垂面 $P\perp H$	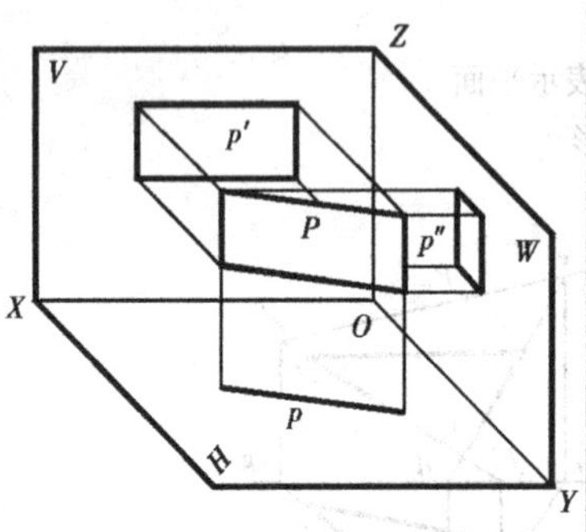	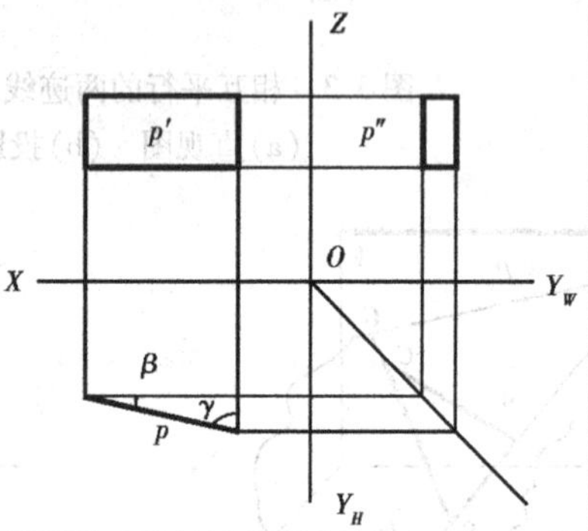	1. 水平投影 p 积聚为一直线，直线与 OX 轴夹角反映，与 OY_H 轴夹角反映； 2. 水平投影 p' 与水平迹线 P_H 相重合； 3. 正面投影 p' 与侧面投影 p'' 的图形类似，面积缩小了。
正垂面 $P\perp V$	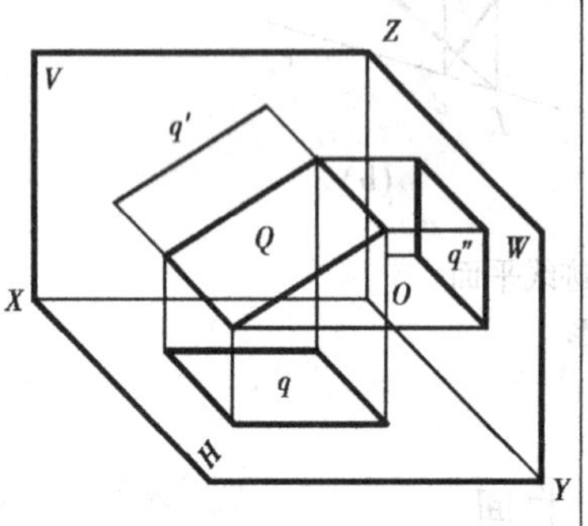	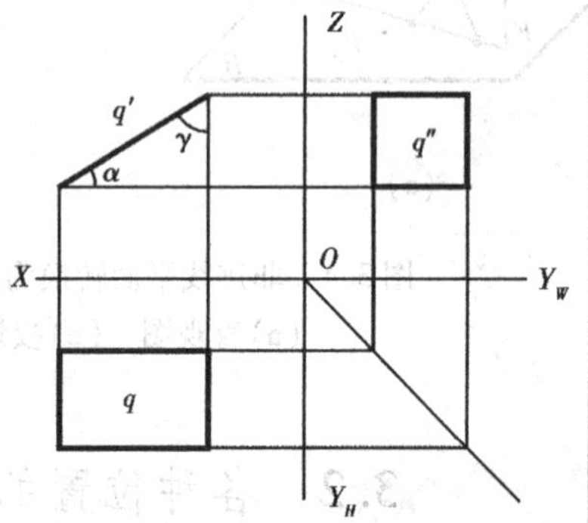	1. 正面投影 p' 积聚为一直线，直线与 OX 轴夹角反映，与 OZ 轴夹角反映； 2. 正面投影 p' 与正面迹线 P_V 相重合； 3. 水平投影 p 与侧面投影 p'' 的图形类似，面积缩小了。
侧垂面 $P\perp W$	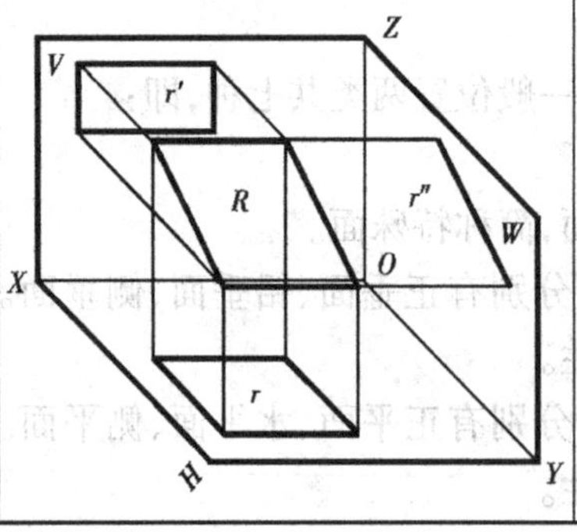	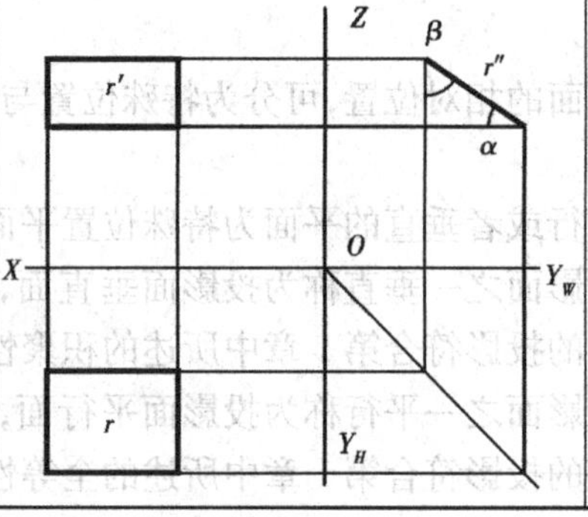	1. 侧面投影 p'' 积聚为一直线，直线与 OZ 轴夹角反映，与 OY_W 轴夹角反映； 2. 侧面投影 p'' 与侧面迹线 P_W 相重合； 3. 正面投影 p' 与水平投影 p 的图形类似，面积缩小了。

分析表 3.1，可以归纳出投影面垂直面的投影特性：

①平面在所垂直的投影面上积聚为直线，此直线与投影轴夹角，即为空间平面与同轴的另一个投影面的夹角；

②平面在所垂直的投影面上的投影与它的同面迹线重合；

③平面在另两个投影面上的投影是小于实形的类似形，相应的两条迹线分别垂直于所垂直的投影面的两个投影轴。

2. 投影面平行面

平行于某一个投影面的平面称为投影面平行面。其中平行于 H 面的平面称为水平面；平行于 V 面的平面称为正平面；平行于 W 面的平面称为侧平面。表 3.2 列出了这三种平面（平面用矩形表示）的三面投影。

分析表 3.2，可以归纳出投影面平行面的投影特性：

①平面在其所平行的投影面上的投影反映实形（即显实性）；

②平面在另两投影面上的投影积聚为直线，即有积聚性，直线分别平行于相应的投影轴。

表 3.2 投影面平行面

名称	直观图	投 影	投影特性
水平面 $P/\!/H$	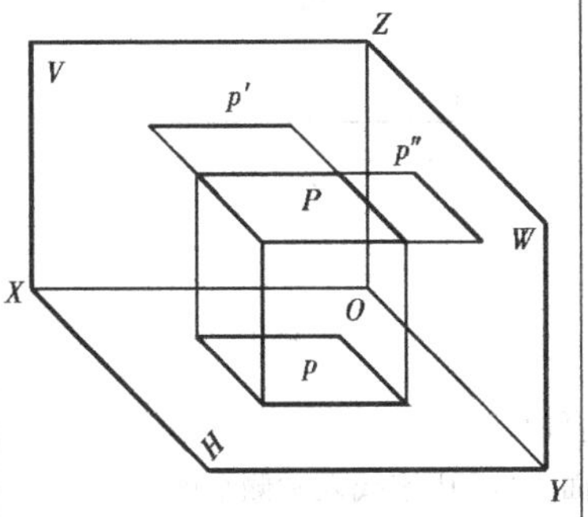	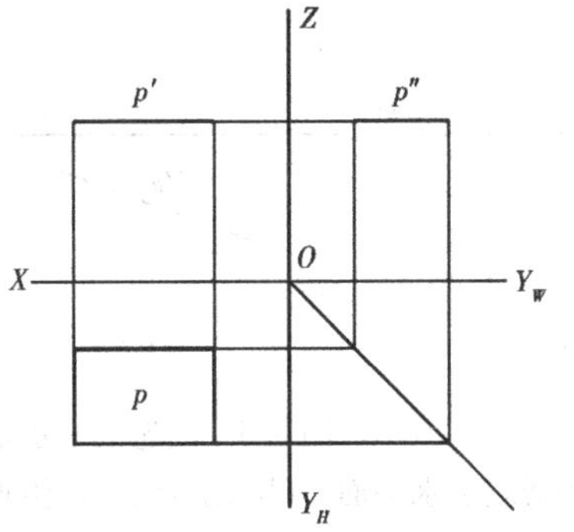	1. 水平投影 p 反映实形； 2. 正面投影 p' 具有积聚性，$p' /\!/ OX$ 轴；侧面投影有积聚性，$p'' /\!/ OY_H$ 轴。
正平面 $P/\!/V$	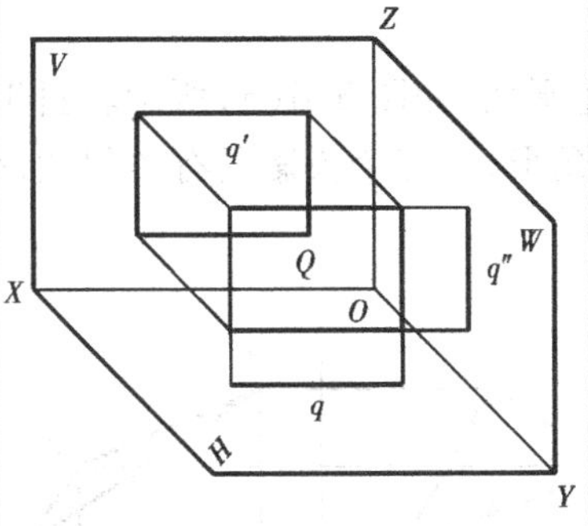	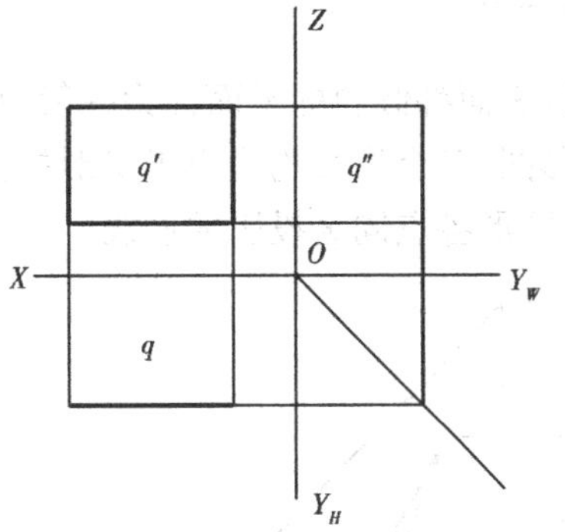	1. 正面投影 p' 反映实形； 2. 水平投影 p 有积聚性，且 $p' /\!/ OX$ 轴；侧面投影 p'' 有积聚性，且 $p'' /\!/ OZ$ 轴。
侧平面 $P/\!/W$	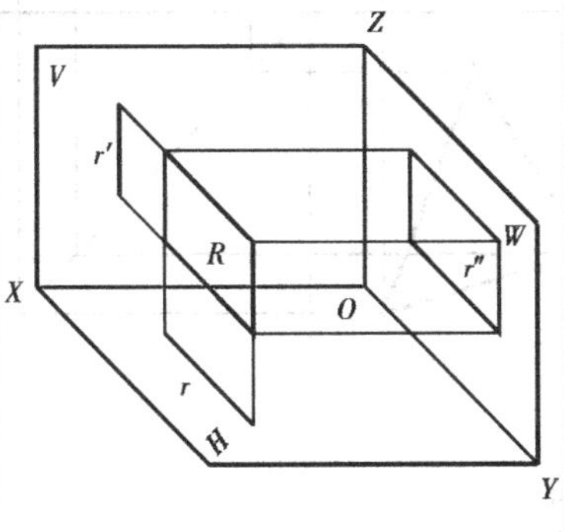	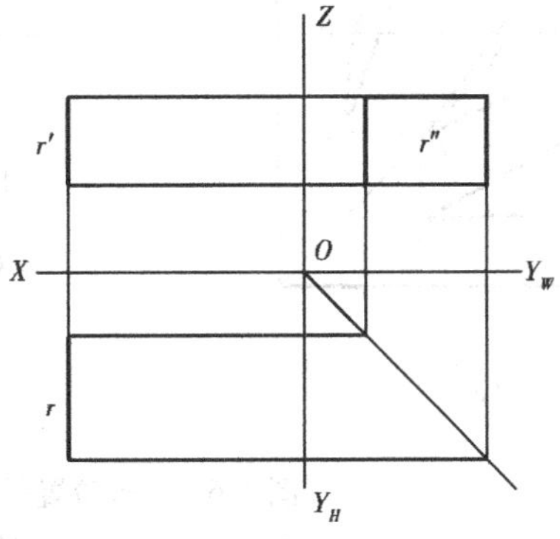	1. 侧面投影 p'' 反映实形； 2. 正面投影 p' 有积聚性，且 $p' /\!/ OZ$ 轴；水平投影有积聚性，且 $p /\!/ OY_W$。

3. **投影具有积聚性平面的迹线表示法**

由投影面平行面的投影特性②可知，投影面平行面可视为一种投影面垂直面的特殊情况，那么，特殊位置平面可均称为投影面的垂直面。如何在投影图中表示投影面的垂直面，在今后常常用到的（如后面章节运用到的辅助平面法）。如果不考虑垂直面的几何形状，只考虑其在空间的位置，则在投影图中，仅用垂直面有积聚性的那个投影（是一条直线），即可以充分表示该平面。事实上，垂直面扩大后，它与所垂直的投影面的迹线和该直线（即该平面的积聚投影）重合。

如图 3.5(a)所示，用 P_V标记的这条迹线（平行于 OX 轴）表明了一个水平面 P，脚标字母 V 表示平面垂直于 V 面；再如图 3.5(b)用 Q_H标记的一条迹线（倾斜于 OX 轴）表示一个铅垂面，脚标字母 H 说明 Q 面垂直于 H 面。

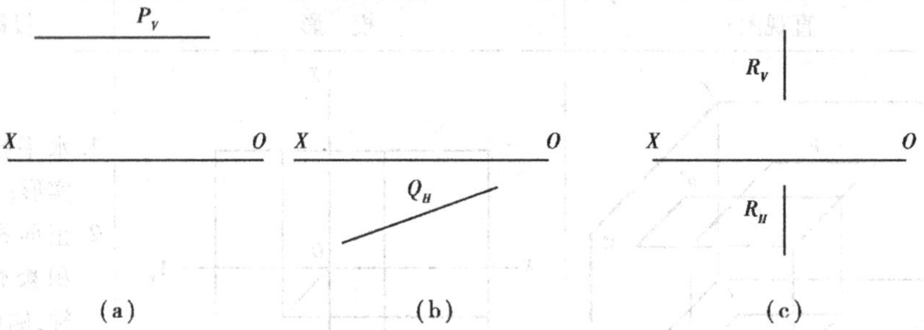

图 3.5 用迹线表示垂直面

(a)用迹线表示水平面 (b)用迹线表示铅垂面 (c)用迹线表示侧平面

3.2.2 一般位置平面

空间平面对三个投影面都倾斜的平面称为一般位置平面，如图 3.6(a)所示。图 3.6(b)为一般位置平面的投影图，三个投影均为小于实形的三角形，即三个投影具有类似性，平面图形的投影图，是该平面图形各点同名投影的连线。

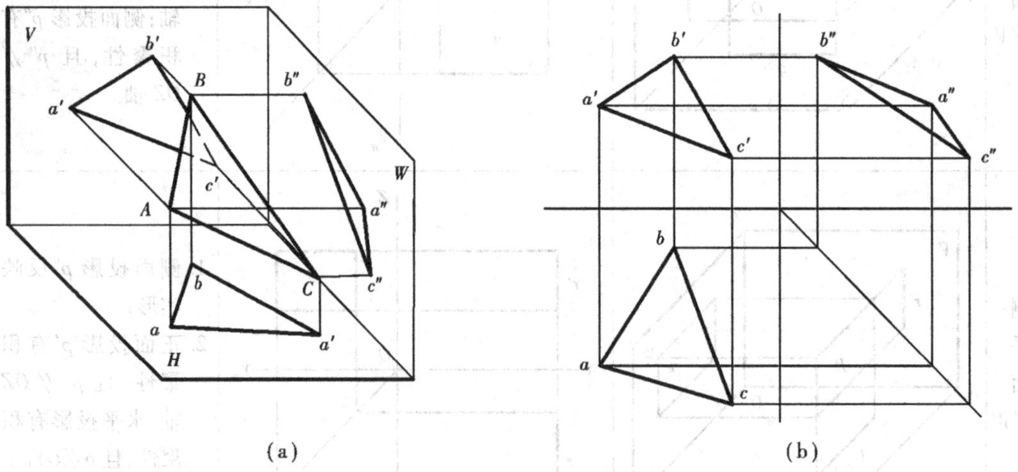

图 3.6 一般位置平面

(a)直观图 (b)投影

若用迹线表示一般位置平面，则平面各条迹线必与相应的投影轴倾斜，迹线虽在投影图的位置形象地反映此平面在空间与投影面的倾斜情况，但各迹线与投影轴的夹角并不反映平面与投影面的倾角，且相邻投影面的迹线相交于相应投影轴的同一点，如图3.2(b)所示。

3.3 平面上的直线和点

3.3.1 属于一般位置平面的直线和点

1. 取属于平面的直线

由初等几何可知，一直线若过平面上的两点，则此直线属于该平面，而这样的点，必是平面与直线的共有点，将这两个共有点的同名投影连线即为平面上的直线的正投影；或者一直线若过平面上的一点且平行于平面上的一条直线，此直线必在平面上，在正投影中，这两条直线同名投影相互平行，如图3.7(b)所示的 *AB*、*ED* 直线。平面上的直线的迹点，一定在该平面上的同名迹线上。如图3.7(c)所示。

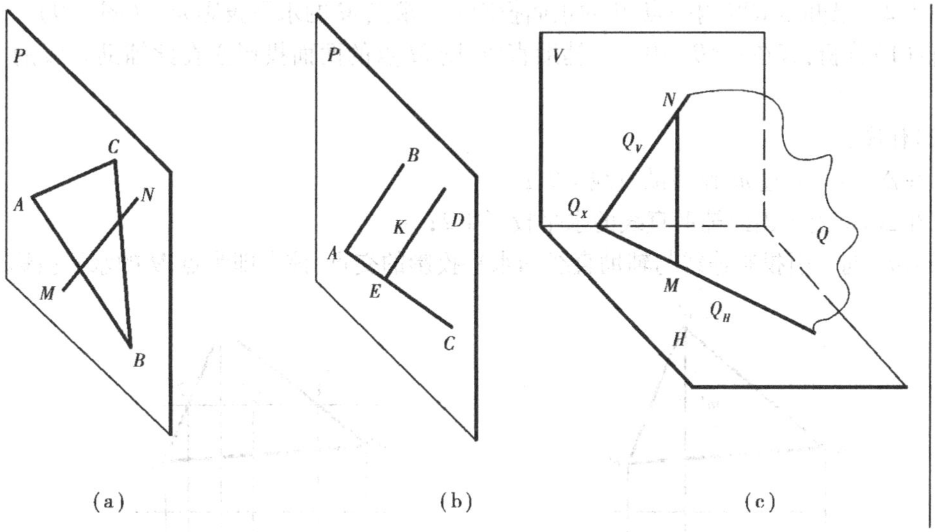

图3.7 平面取点、取线的几何条件

(a)直线过平面上的两点 (b)平行于平面上的一直线且过平面上一点的直线 (c)平面上的直线迹点

例3.1 已知相交两直线 *AB* 与 *BC* 的两面投影，在由该相交直线确定的平面上取属于该平面上的任意的一条直线(图3.8)。

解：取属于直线 *AB* 的任意点 *D* 及取属于直线 *BC* 的任意点 *E*，即用直线上取点的投影特性求取，并将两点 *D*、*E* 的同名投影以连接即得。

2. 取属于平面的点

若点在平面上的某一直线上，则点属于此平面。平面上点的正投影，必在位于该平面上的直线的同名投影上，所以欲在平面内取点，应先在平面上取一直线，再在该直线上取点；如果点在平面上，则点必在平面上的某一直线上。

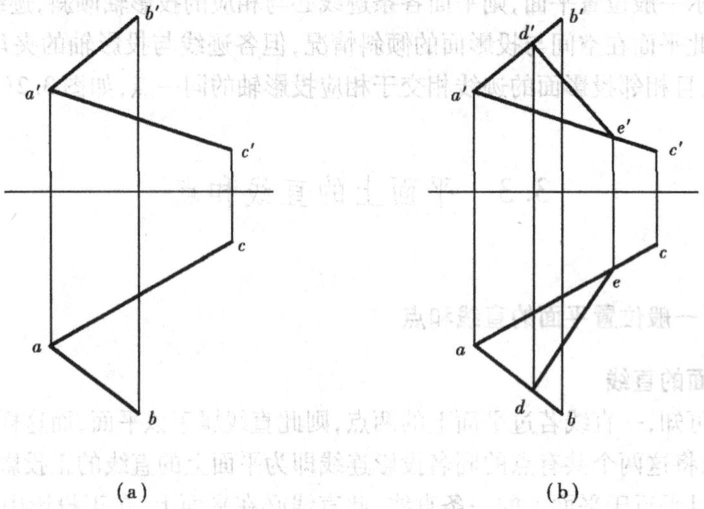

图 3.8　取平面上的直线

(a)已知条件　(b)作图

例 3.2　已知△*ABC* 内一点 *M* 的正面投影 *m'*，求点 *M* 的水平投影 *m*。(图 3.9)

解:(1)分析:若在△*ABC* 内作一辅助直线，则 *M* 点的两面投影必在此辅助直线的同名投影上。

(2)作图:

①在△*a'b'c'* 上过 *m'* 作辅助直线 1'2'；

②在△*abc* 上求出此辅助直线的水平投影 1 2；

③从 *m'* 向下引投影连线与辅助直线的水平投影的交点，该点即为点 *M* 的水平投影 *m*。

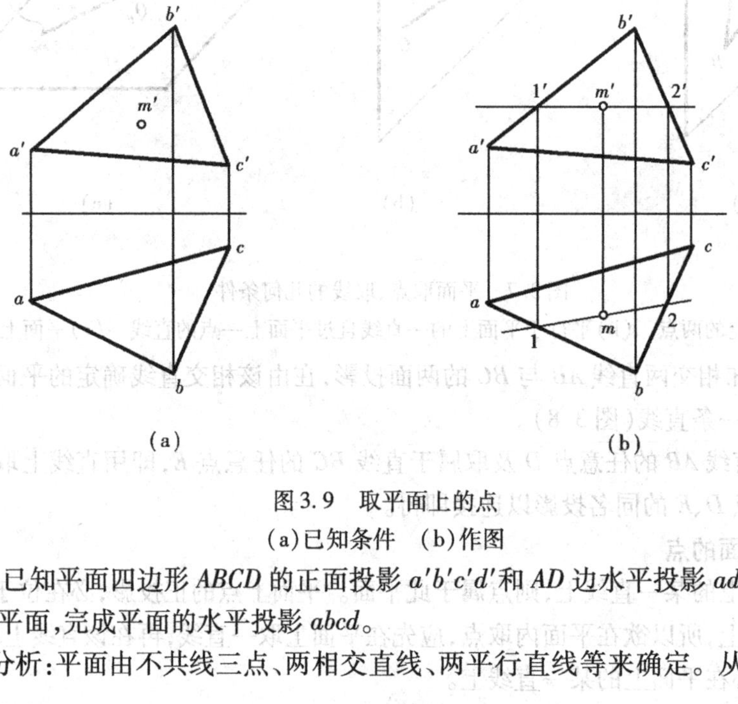

图 3.9　取平面上的点

(a)已知条件　(b)作图

例 3.3　已知平面四边形 *ABCD* 的正面投影 *a'b'c'd'* 和 *AD* 边水平投影 *ad*，如图 3.10(a)，*BC* 边平行正平面，完成平面的水平投影 *abcd*。

解:(1)分析:平面由不共线三点、两相交直线、两平行直线等来确定。从已知中，此平面中包含了一条正平线,可以过直线外一已知点再作一条与已知正平线平行的直线,平面即可确定,再用平面上取点的方法,将相邻点同名投影连接即可。

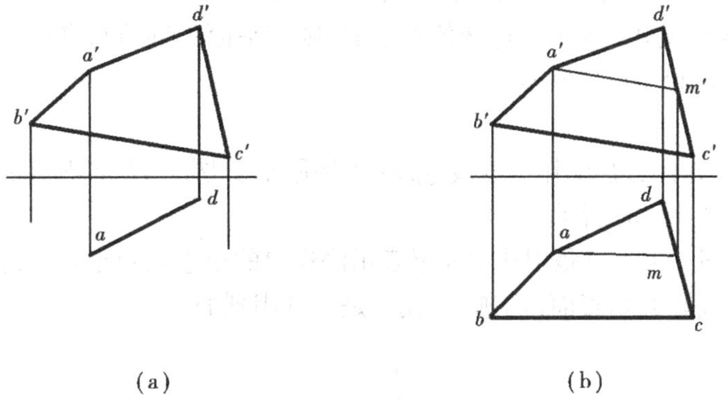

图3.10 完成平面的投影
(a)已知条件 (b)作图

(2)作图:

①过点 A 作一正平线 AM 的两面投影,$am/\!/bc$,$a'm'/\!/b'c'$;

②$a'm'$交 $d'c'$于 m',求出直线 DC 的水平投影 dc;

③过 c 作直线 BC 的水平投影 bc;

④连接 ab 即可。

由此例可以得出结论,绘制一个平面多边形的投影,必须做到此多边形的各个顶点均属于同一平面。

3.3.2 属于特殊位置平面的点和直线

属于特殊位置平面的点和直线,它们至少有一个投影必重合于具有积聚性的迹线;反之,若直线或点重合于特殊位置平面的迹线,则点与直线属于该平面。

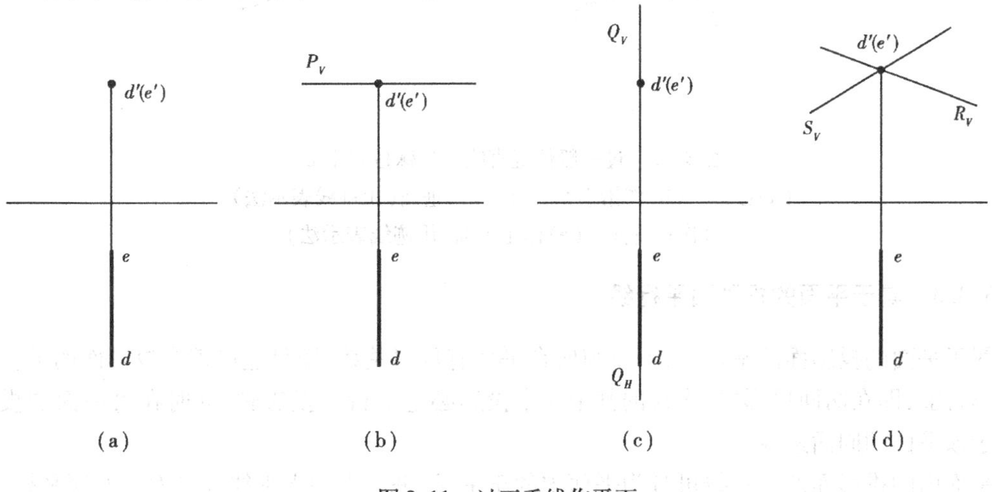

图3.11 过正垂线作平面
(a)已知 (b)作水平面 (c)作侧垂面 (e)作正垂面

过一般位置直线总可以作投影面垂直面;过特殊位置直线能作些什么样的特殊位置平面?以正垂线为例,如图3.11所示,过正垂线DE可作一水平面P,一侧平面Q,及无数多个正垂面R。

例3.4 已知直线AB作投影面的垂直面(图3.12(a))。

解:(1)分析:若直线AB属于某特殊位置平面,则该平面的迹线与直线的同名投影重合,由此可过直线AB作出铅垂面或正垂面。

(2)作图:

①用迹线表示法作图:过ab作一迹线Q_H即为铅垂面,如图3.12(c)所示;过$a'b'$作一迹线R_V即为正垂面,如图3.12(e)所示。

②图3.12(b)、图3.12(d)是用几何元素表示法作出的铅垂面及正垂面,在今后空间问题思考中,包含直线作投影面垂直面(用迹线表示)是经常用到的。

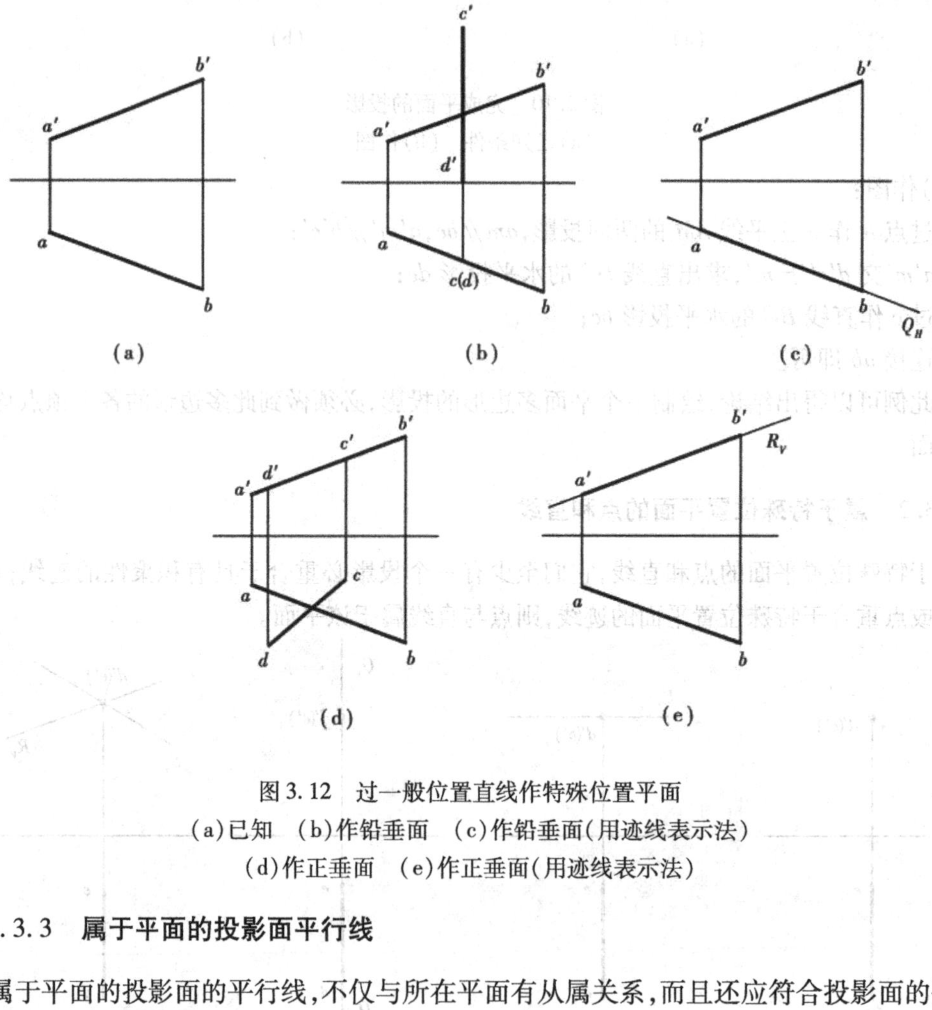

图3.12 过一般位置直线作特殊位置平面

(a)已知 (b)作铅垂面 (c)作铅垂面(用迹线表示法)

(d)作正垂面 (e)作正垂面(用迹线表示法)

3.3.3 属于平面的投影面平行线

属于平面的投影面的平行线,不仅与所在平面有从属关系,而且还应符合投影面的平行线的投影特征,即在两面投影中,直线的其中一个投影必定平行于投影轴,同时在另一面的投影平行于该平面的同面迹线。

平面内的投影面的平行线可分为平面内的正平线,平面内的水平线及平面内的侧平线。

例3.5 已知平面$\triangle ABC$,过点A作平面内的水平线及正平线(图3.13(a))。

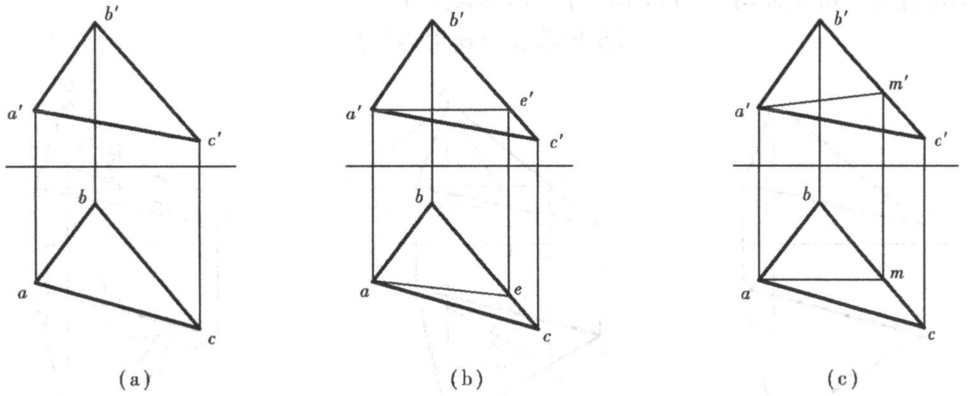

(a) (b) (c)

图3.13 作平面上的投影面平行线

(a)已知 (b)作平面上的水平线 (c)作平面上的正平线

解:水平线正面投影平行于 OX 轴,过点 a'作平行于 OX,与 $b'c'$交于点 e',在 bc 上作出 e,连接 ae 即为所求水平线(图3.13(b))(正平线 AM 做法类同,图3.13(c),从略)。

3.3.4 平面上的最大斜度线

平面上与该平面在投影面迹线垂直的直线即为平面上的最大斜度线,平面的最大斜度线的几何意义在于测定平面对投影面的倾角,由于平面内的投影面平行线平行于相应的同面迹线,那么,最大斜度线垂直于平面上的投影面平行线。把垂直于平面上投影面水平线的直线,称为 H 面的最大斜度线;把垂直于平面上投影面正平线的直线,称为 V 面的最大斜度线;把垂直于平面上投影面侧平线的直线,称为 W 面的最大斜度线。

平面上的最大斜度线对投影面的倾角最大,在图3.14中,直线 AB 交水平面于点 B,BC 重合于平面的水平迹线 P_H,$AB \perp BC$,那么,$\tan\alpha = \dfrac{Aa}{Ba} > \tan\alpha_1 = \dfrac{Aa}{ac}$,即 $\alpha > \alpha_1$,最大斜度线由此得名。

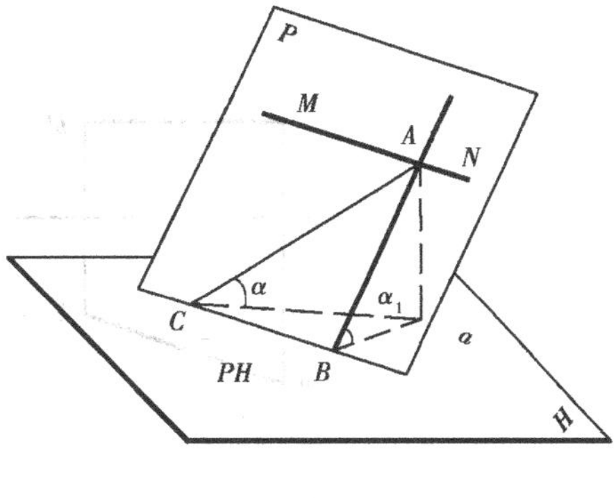

图3.14 最大斜度线

平面对投影面的倾角等于平面上对该投影面的最大斜度线对该投影面的倾角。如某平面的水平倾角 α 等于该平面上对 H 面的最大斜度线的水平倾角 α。若平面的最大斜度线已知,则该平面惟一确定。

欲求平面与投影面的夹角,要先求出最大斜度线,而最大斜度线又垂直于平面内的平行线(平面上的最大斜度线的正投影,必垂直于该平面的同名迹线,或垂直于该平面上的投影面平行线的同名投影);得到了最大斜度线后,再用直角三角形法求最大斜度线与对应投影面的夹角即可。

例3.6 求作平面△ABC 与 H 面倾角 α 及 V 面的倾角 β。(图3.15)

解:①作平面内的水平线 CD;

②$BE \perp CD$,据直角投影定理,作出最大斜度线 AE 的两面投影 be,$b'e'$;

③用直角三角形法，求出线段 BE 对 H 面的夹角 α。

（β 角求法与 α 角类似）

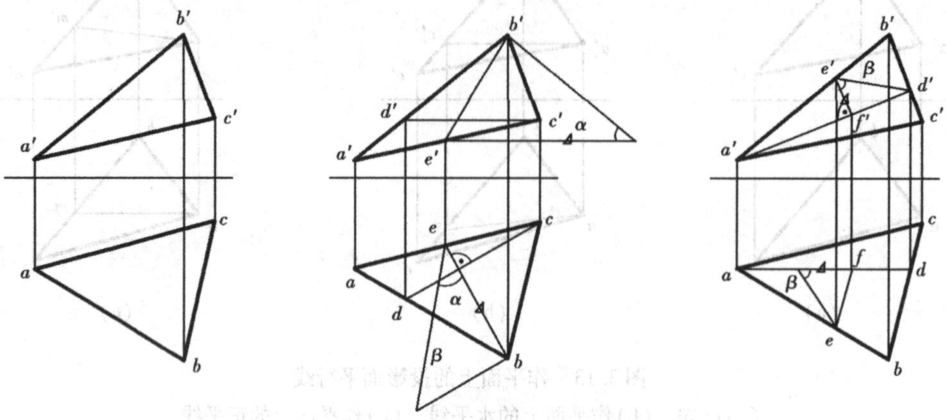

图 3.15　平面对投影面的夹角

（a）已知　（b）平面对 H 面的夹角　（c）平面对 V 面夹角

例 3.7　试过水平线 AB 作一个与 H 面成 30°的平面。（图 3.16）

分析：与平面水平线 AB 垂直的直线为平面对 H 面的最大斜度线，平面对 H 面的最大斜度线与 H 面的夹角，即为欲求平面与投影面的夹角。

解：①据直角投影定理作 $ab \perp ac$；

②用直角三角形法求得点 A 与点 C 距 V 面的距离差 Δy；

③据距离差 Δy 补点 C 的正面投影 c'，连接 $a'c'$，即得所求平面。

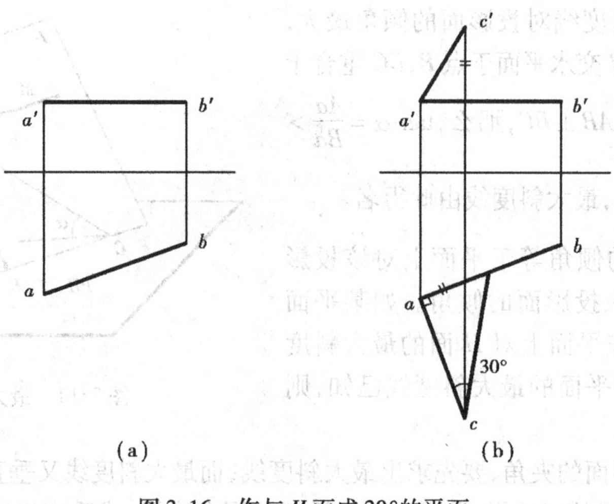

图 3.16　作与 H 面成 30°的平面

（a）已知　（b）作图

复习思考题

1. 平面迹线与平面内的迹点有何投影关系?
2. 一般位置平面有什么投影性质?
3. 平面上的正平线与水平线有何投影性质?
4. 什么叫平面的最大斜度线,其有什么样的投影性质?
5. 如何从投影中区分正垂面与铅垂面?
6. 如何判断点在某平面上?
7. 投影中用哪些方法表示平面,其关系如何?
8. 投影面的平行面上与垂直面上的直线有什么投影特性?

第 4 章

直线与平面、平面与平面的相对位置

直线与平面、平面与平面之间的相对位置均可分为平行和相交,而相交又可分为垂直相交与倾斜相交两种情况。本章将在立体几何有关定理的基础上研究其投影性质及投影作图方法。

4.1 直线与平面、平面与平面平行

4.1.1 直线与平面平行

1. 几何条件

若一直线与属于平面的某一直线平行,则此直线与该平面平行。反之若一直线与某平面平行,则经过属于此平面的任意一点都可作出与该直线平行的直线。

在图 4.1 中,由于直线 *AB* 平行于属于平面 *P* 的直线 *CD*,所以直线 *AB* 平行于平面 *P*。另一直线 *EF* 平行于平面 *P*,则经过属于平面 *P* 的任意一点 *M* 可作出直线 *MN* 平行于直线 *EF*。

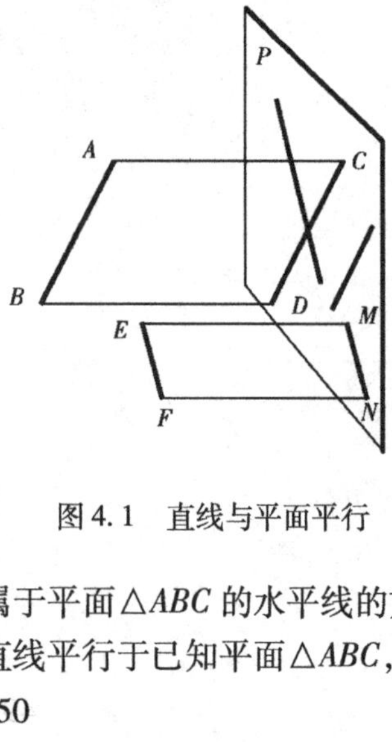

图 4.1　直线与平面平行

2. 投影作图

依据上述几何条件,一般有两类投影作图问题,即作直线平行于某一平面或者作平面平行于已知直线,以及判断直线与平面是否平行。这两类投影作图问题又都可分成一般和特殊两种情况。

(1)一般情况——直线与一般位置平面平行

例 4.1　过已知点 *M* 作一水平线 *MN* 平行于已知平面△*ABC*(图 4.2(a))。

解:(1)分析:由图可知,△*ABC* 为一般位置平面,要求所作 *MN* 既平行于 *H*,又要平行于平面△*ABC*,那么 *MN* 应平行于平面△*ABC* 与 *H* 面的交线,即平面△*ABC* 的水平迹线,也是属于平面△*ABC* 的水平线的方向。另一种分析是无论平面处于何种位置,过点 *M* 可作无数条直线平行于已知平面△*ABC*,但其中却只有一条是水平线。可见,首先需作属于平面△*ABC* 的

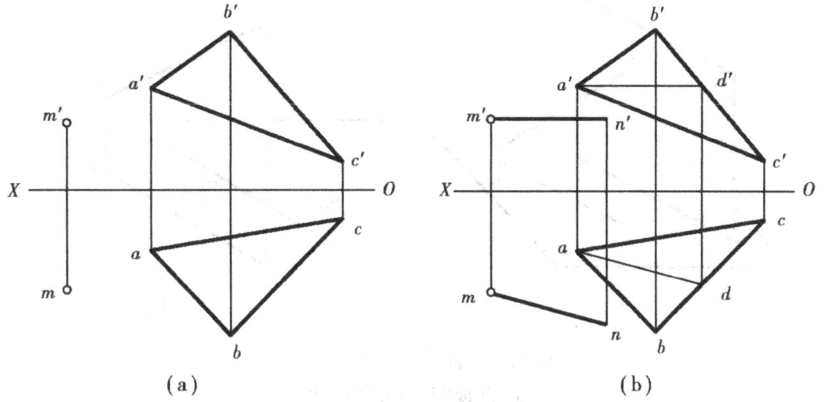

图 4.2　过点 M 作水平线平行于平面△ABC

(a)已知条件　(b)作图

水平线。

(2)作图:见图 4.2(b)所示。

①作属于平面△ABC 的任一水平线 AD。即在 V 投影中过 a' 作 $a'd' \parallel OX$,再依 $a'd'$ 求出 ad。

②过已知点 M 引直线 $MN \parallel AD$。其投影作图过程是在 V 投影中过 m' 作 $m'n' \parallel a'd' \parallel OX$,在 H 投影中过 m 作 $mn \parallel ad$。MN 为所求水平线。

例 4.2　试判别直线 KL 是否平行于平面△ABC(图 4.3(a))。

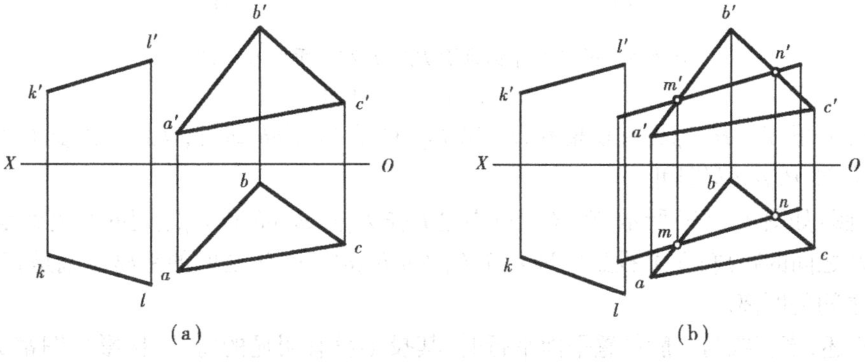

图 4.3　判别直线 KL 与平面△ABC 是否平行

(a)已知条件　(b)作图

解:(1)分析:直线 KL 与平面△ABC 是否平行,取决于是否能作出一条属于平面△ABC 的直线平行于直线 KL。

(2)作图:作一条属于平面△ABC 的辅助直线 MN,使其 V 投影 $m'n' \parallel k'l'$,再求其 H 投影 mn,由图 4.3(b)可知 mn 与 kl 不平行。图示表明,作不出一条属于平面△ABC 的直线平行于直线 KL,故直线 KL 不平行于平面△ABC。

(2)特殊情况——直线与特殊位置平面平行

特殊位置平面至少有一个投影积聚为一直线。若直线平行于特殊面,则平面的积聚投影一定与直线的同面投影平行,且二者间距等于直线与特殊位置平面距离(图 4.4)。

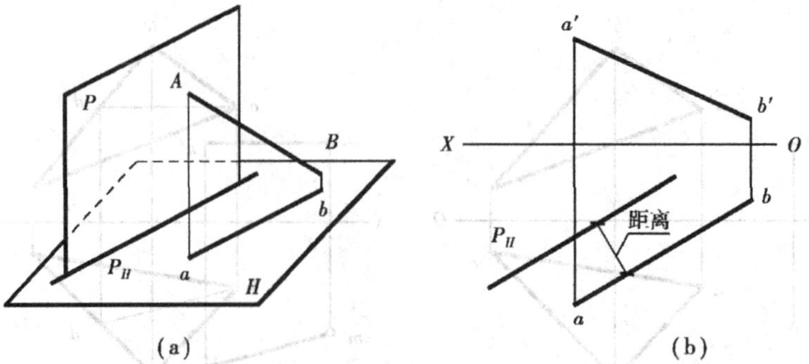

图4.4　直线与垂直面平行

(a)直观图　(b)投影图

例4.3　过已知点 K 作铅垂面 P 和正垂面 Q(用迹线表示)平行于已知直线 AB(图4.5(a))。

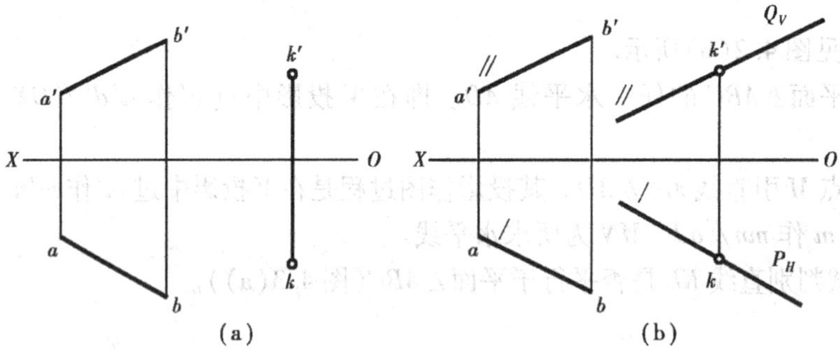

图4.5　过点 K 作铅垂面 $P/\!/AB$ 和正垂面 $Q/\!/AB$

(a)已知条件　(b)作图

解:(1)分析:$P\perp H$,P_H具有积聚性,$P/\!/AB$ 故只需 $P_H/\!/ab$ 即可;$Q\perp V$,Q_V具有积聚性,$Q/\!/AB$ 只要保证 $P_V/\!/a'b'$即可。

(2)作图:如图4.5(b)所示,在 H 投影中过 k 作 $P_H/\!/ab$,ab 和 P_H之间的距离就是直线 AB 和铅垂面 P 之间的距离;在 V 投影中过 k'作 $Q_V/\!/a'b'$,$a'b'$和 Q_V之间的距离也就是直线 AB 和正垂面 Q 之间的距离。

综上所述,当直线与一般位置平面平行时,其投影没有明显的特征,投影作图都必须归结为两直线的平行问题,需要先作辅助线;而当直线与特殊位置平面平行时,该平面具有积聚性的投影和直线同面投影必然平行,其间距就是直线与特殊位置平面之间的实际距离,作图时不必作辅助线。所以作图前的分析是很重要的。

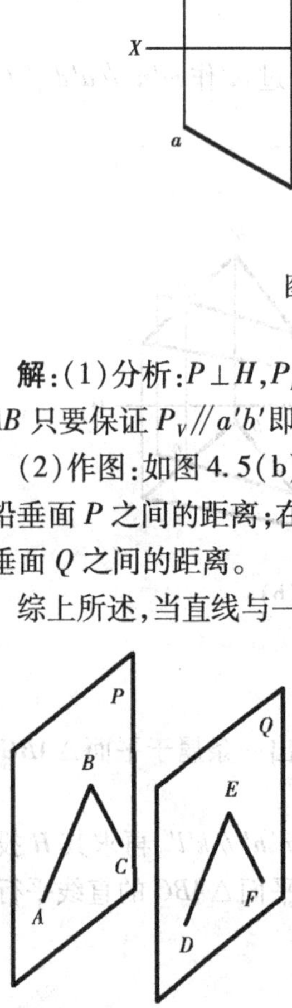

图4.6　平面与平面平行

4.1.2　平面与平面平行

1. 几何条件

属于一平面的两相交直线,若分别平行于属于另一平面的两相交直线,则此二平面相互平行。如图4.6所示,P 平面内两条相交直线 AB、BC,Q 平面内两条相交直线 DE、EF,若有 $AB/\!/DE$,

BC∥EF,则 P∥Q。

2. 投影作图

一般亦可归结为两类问题,即作平面平行于已知平面和判别两平面是否平行。此两类投影作图问题通常会有两种情况。

(1)投影图无特征

例4.4　过点 L 作一个平面平行于已知平面 ABC(图4.7(a))。

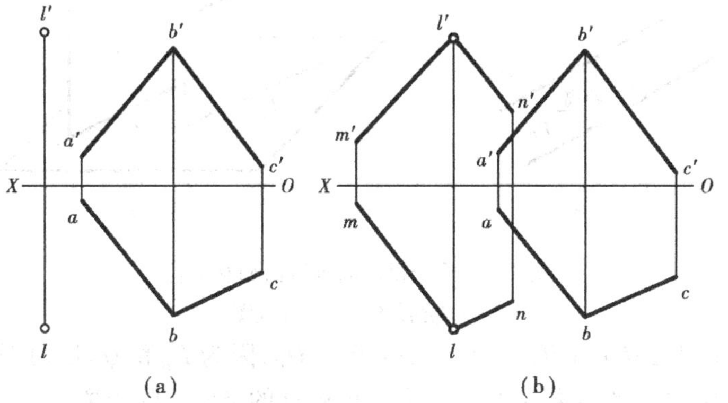

图4.7　过点 L 作一个平面平行于已知平面 ABC

(a)已知条件　(b)作图

解:(1)分析:已知平面 ABC 是用两相交直线表示的,且未限定所求平面的表示方式,故可依据直线与直线、平面与平面平行的几何条件,直接作出用两相交直线表示的所求平面。

(2)作图:如图4.7(b),过点 L 作直线 LM∥BA,LN∥BC,则两相交直线 LM、LN 所确定的平面平行于已知平面 ABC。

例4.5　试判别平面 ABC 和平面 LMN 是否相互平行(图4.8(a))。

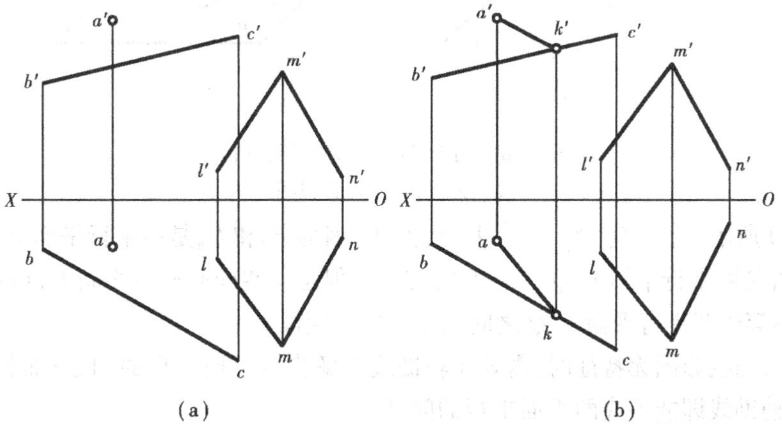

图4.8　判别平面 ABC 和平面 LMN 是否相互平行

(a)已知条件　(b)作图

解:(1)分析:两平面是否平行取决于能否作出既属于其中一平面,如平面 ABC,又能平行于属于另一平面 LMN 的两条相交直线。

(2)作图:过点 A 作辅助线,使 ak∥lm,并由此获 a'k',但是 a'k'与 l'm'不平行,即 AK 不平行平面 LMN。无需作第二条辅助线,就可断定两已知平面不平行。

(2)投影图有特征

①两个投影面垂直面相互平行,则二者具有积聚性的那组投影必然相互平行;而且它们之间的距离,就是此二平行平面之间的距离。

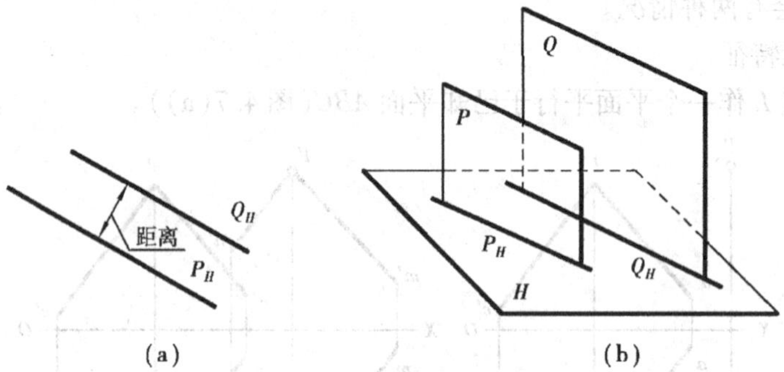

图4.9 两个投影面垂直面相互平行
(a)投影图 (b)直观图

如图4.9所示,$P \perp H$,$Q \perp H$,若 $P /\!/ Q$,则 $P_H /\!/ Q_H$,因为 P_H 和 Q_H 是两平行平面 P、Q 与 H 面的交线。P_H 和 Q_H 之间的距离等于两铅垂面 P 和 Q 的空间实际距离。

②当两平行平面均是用迹线表示时,则其同面迹线一定相互平行。

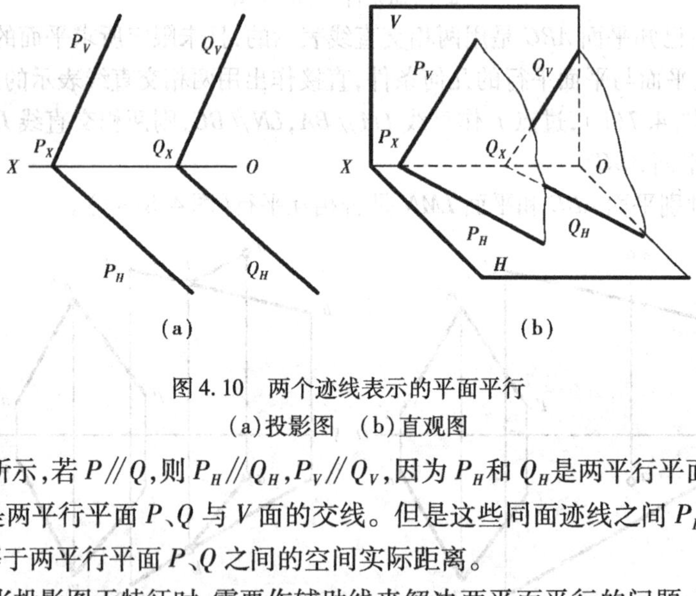

图4.10 两个迹线表示的平面平行
(a)投影图 (b)直观图

如图4.10所示,若 $P /\!/ Q$,则 $P_H /\!/ Q_H$,$P_V /\!/ Q_V$,因为 P_H 和 Q_H 是两平行平面 P、Q 与 H 面的交线;P_V 和 Q_V 是两平行平面 P、Q 与 V 面的交线。但是这些同面迹线之间 P_H 和 Q_H 或者 P_V 和 Q_V 的距离均不等于两平行平面 P、Q 之间的空间实际距离。

由此可见,当投影图无特征时,需要作辅助线来解决两平面平行的问题;而投影图有特征时,则可不作辅助线即能解决两平面平行的问题。

4.2 直线与平面、平面与平面相交

直线与平面、平面与平面若不平行,则必相交。本节主要从直线与平面、平面与平面相交的特殊情况入手,讨论直线与平面的交点和两平面的交线在投影图上的作图问题。

4.2.1　直线与平面相交的特殊情况

1. 一般位置直线与特殊位置平面相交

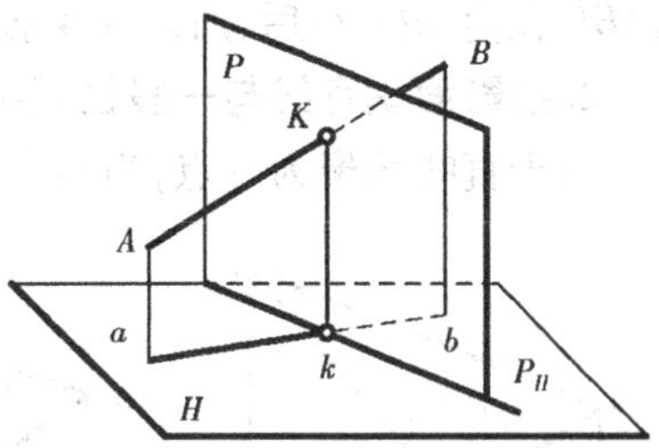

图4.11　直线与特殊位置平面交点画法分析

特殊位置平面至少有一个投影具有积聚性，直线与平面相交的交点是二者共有的，交点既要属于平面的积聚投影，又要属于直线的同面投影，所以交点的同面投影就是平面的积聚投影和直线同面投影的交点。依据交点属于直线作出其另一投影，如图4.11所示。为了图示不透明平面遮住了直线哪一部分，还需利用交叉二直线重影点来判别可见性。由图可见，交点总是可见的，且交点是可见与不可见的分界点。

例4.6　求直线MN与铅垂面$\triangle ABC$的交点，并判别可见性(图4.12(a))。

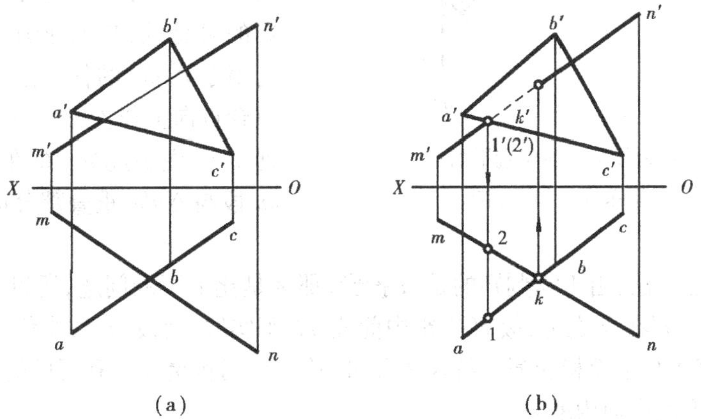

图4.12　求直线MN与铅垂面$\triangle ABC$的交点
(a)已知条件　(b)作图

解：(1)分析：图中铅垂面$\triangle ABC$的H投影积聚为直线段abc，交点应属于abc；交点是二者共有的，交点又该属于mn，所以交点K的H投影k为abc和mn的交点。

(2)作图：

①求交点。自abc和mn的交点k引投影联系线与$m'n'$相交得k'。如图4.12(b)所示，点K为所求。

②判别可见性。因为$\triangle ABC$的H投影积聚为直线段，故H投影图勿须判别其可见性。而V投影图中$m'n'$与$\triangle a'b'c'$相重合的部分，就要判别其可见性。为区分二者重合处的直线MN和$\triangle ABC$的前后，从$m'n'$与属于铅垂面$\triangle ABC$的任一边的V投影，如与$a'c'$的重影点的重合投影向下作投影联系线至其H投影，先碰到mn，后遇ac，说明直线MN和AC在V投影上的重影点处，直线MN的y坐标值小，所以属于铅垂面$\triangle ABC$的AC在前，直线的MK段在后，直线不可见，应画成虚线。交点是可见与不可见的分界点，所以过了k'后，$k'n'$与$\triangle a'b'c'$重合部分就可见，该画成实线。注意选与已知直线交叉的平面内直线，应为同一直线，在V、H投影图上要一致。

另有一较简单、直观的判别方法。由于需要判别的是V投影可见性，那么就是比前后的问题。在H投影图上，以k为界，观察左、右任一侧，如视其左侧，$\triangle abc$在前，mn在后，即是

$\triangle ABC$ 在前，MN 在后，所以在 V 投影图上，k'左侧，直线相应部分不可见；k'右侧直线便可见。

2. 投影面垂直线与一般位置平面相交

由于直线积聚为一点，当然交点的同面投影也是此点；交点又是共有点，故也应属于平面。于是可利用直线的积聚性，在平面上取点，作出交点。如图 4.13(a)所示，直线 MN 为一正垂线，其 V 投影积聚成一点。所以它与$\triangle ABC$ 交点 K 的 V 投影 k'必然与之重合。欲求 k，过 k' 作属于平面$\triangle ABC$ 的任一辅助线 $c'd'$ 并由此作出 cd。cd 与 mn 的交点即 k。

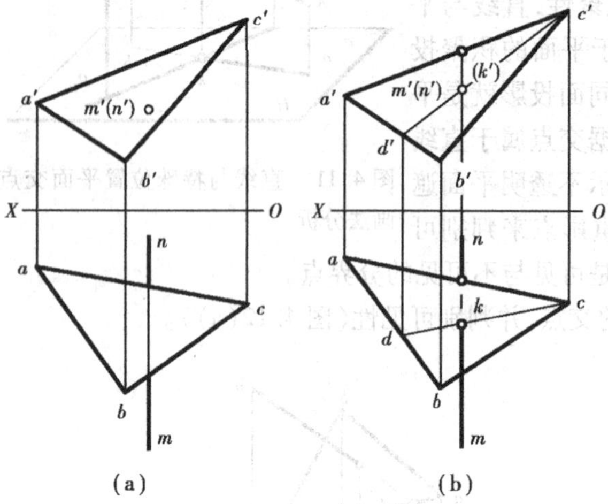

图 4.13　正垂线与一般位置平面相交

(a)已知条件　(b)作图

判别可见性。直线 MN 的 V 投影积聚为一点，勿须判别可见性。判别 H 投影的可见性，与 1. 所述方法相同，从 mn 与属于$\triangle abc$ 的任一边，如与 ac 的投影重合点向上作投影联系线，先遇 $m'n'$，后遇 $a'c'$，说明此处 AC 在上，MN 在下，故 kn 段与$\triangle abc$ 重叠部分应画虚线，过点 k 后变实线。

另一较简单的方法：由于需判别的是 H 投影，那么是比上下的问题，所以在 V 投影上去比较，$b'c'$在 k'之下，$a'c'$在 k'之上，故 H 投影中前段 mk 画实线；后段 kn 被遮住部分画虚线。

综上所述，直线与平面相交属于特殊情况时，首先利用积聚性。利用面的积聚性在线上定点或利用线的积聚性在面内取点。

4.2.2　一般位置平面与特殊位置平面相交

两平面的交线是直线，是相交二平面的共有线，只要求得属于交线的任意两点，直接相连即可。若其中一个是特殊位置平面，其交线可以利用积聚性简便地作出。

图 4.14(a)为一般位置平面和铅垂面相交。显然，只要分别作出属于$\triangle ABC$ 的 AB、AC 两边与平面ⅠⅡⅢⅣ的交点 K、L，然后连接 K、L 获交线。平面ⅠⅡⅢⅣ是铅垂面，求作它和 AB、AC 交点的方法，本节 1. 中已讨论，此处不过是前述作图的重复应用而已。

如图 4.14(b)所示，求交点的作图步骤如下：

①求 AB 与平面ⅠⅡⅢⅣ的交点 K。在 H 投影上过 ab 与 1 2(3)(4)的交点 k 向上作投影联系线交 $a'b'$于 k'。

②用同样的方法作出 AC 与平面ⅠⅡⅢⅣ的交点 L。

③连接 $k'l'$。$KL(kl、k'l')$即为所求交线。

④判别可见性。平面ⅠⅡⅢⅣ的 H 投影具有积聚性，勿须判别可见性。判别 V 投影的可见性，首先要明确，交线总是可见的，应画成实线。交线是两平面图形看见与不可见的分界线。如本节 1. 中所述，依然利用交叉二直线重影点可见性判别的方法。在图 4.14(b)中，在$1'4'$、$2'3'$与 $a'b'$、$a'c'$的四个投影重合点中任选一个，如$2'3'$和 $a'b'$的投影的交点向下作投影联系线至 H 投影，先遇 ab，故 $k'b'$在$2'3'$之后，重合部分不可见，应将投影重合部分画虚线；当然$2'3'$

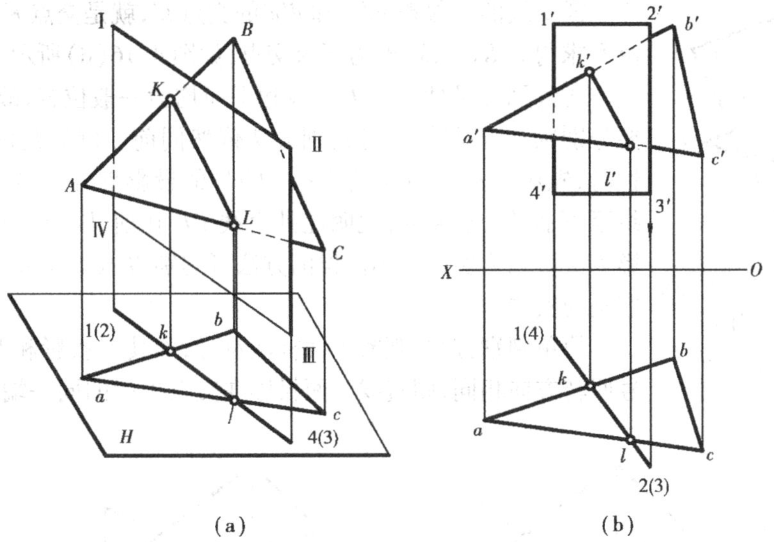

图4.14　一般位置平面与投影面垂直面相交

(a)直观图　(b)作图

可见,应画成实线。平面是连续的,因此在 V 投影中 $k'l'c'b'$ 这一侧两个图形重叠的部分,属于△ABC 的图形都不可见,其图线为虚线,属于Ⅰ Ⅱ Ⅲ Ⅳ的图线画实线。$k'l'a'$一侧两个图形重叠的部分,图线的虚、实与之相反。

简单观察法:与本节1.中所述方法类似,在 H 投影图上以交线 KL 为界,分△abc 为左右两部分,左侧 kla 在1234之前,其 V 投影 $k'l'a'$可见,应为实线,而$1'2'$居后,重合部分该画虚线。当然右侧可见性与之相反,不再赘述。

4.2.3　一般位置直线和一般位置平面相交

因为一般位置直线与一般位置平面的投影均无积聚性,所以不能直接确定确定交点的投影,需要先作辅助平面才能解决。

如图4.15所示,交点 K 属于平面△ABC,即属于平面内的一条直线 MN,MN 与已知直线 DE 确定一平面 P。换言之,交点 K 属于包含已知直线 DE 的辅助平面 P 与已知平面△ABC 的交线 MN。故已知直线 DE 与上述两平面交线 MN 的交点为一般位置直线与一般位置平面的交点 K。为简便作图,一般以特殊位置平面为辅助平面。因此,求一般位置直线与一般位置平面交点的空间作图步骤如下:

①包含已知直线 DE 作一辅助垂直平面 P;

②求出辅助平面 P 与已知平面△ABC 的交线 MN;

③求已知直线 DE 与平面交线 MN 的交点 K,即为直线 DE 与平面△ABC 的交点。

例4.7　求直线 DE 与△ABC 的交点 K,并判别可见性(图4.16(a))。

解:(1)分析:由图4.16可知投影无积聚性,按上述空间作图步骤,进行投影作图。

(2)作图:投影作图步骤如下:

①过直线 DE 作辅助铅垂面 P,如图4.16(b)所示。

②求平面 P 和△ABC 的交线 MN。作法同本节2,如图4.16(c)所示。

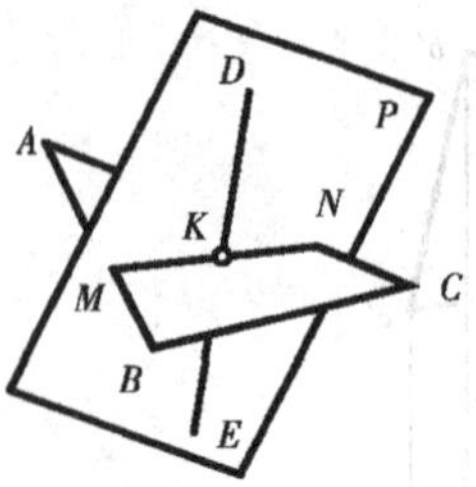

图 4.15 求一般位置直线与一般位置平面交点的直观图

③交线的 V 投影 $m'n'$ 和 $d'e'$ 的交点 k'，就是交点 K 的 V 投影 k'。由 k' 求得 k，$K(k',k)$ 即为所求交点，如图 4.16(d)所示。

④判别可见性。因为直线和平面均为一般位置，故其 V、H 投影要分别判别可见性，但是判别方法依然同前。例如判别 V 投影可见性时，先从 $d'e'$ 与 $a'c'$（或 $d'e'$ 与 $b'c'$）的投影重合点向下作投影联系线至 H 投影，先遇 ac，说明此处直线 DE 在前，因而 V 投影上 $d'e'$ 投影重叠段画为实线。用同样的方法可判别 H 投影上 ek 这一端可见，应画为实线。

简单判别方法：观察平面标注符号，如其 H 投影和 V 投影标注符号回转方向相同，则直线的两投影在交点投影的同一端为可见，习惯

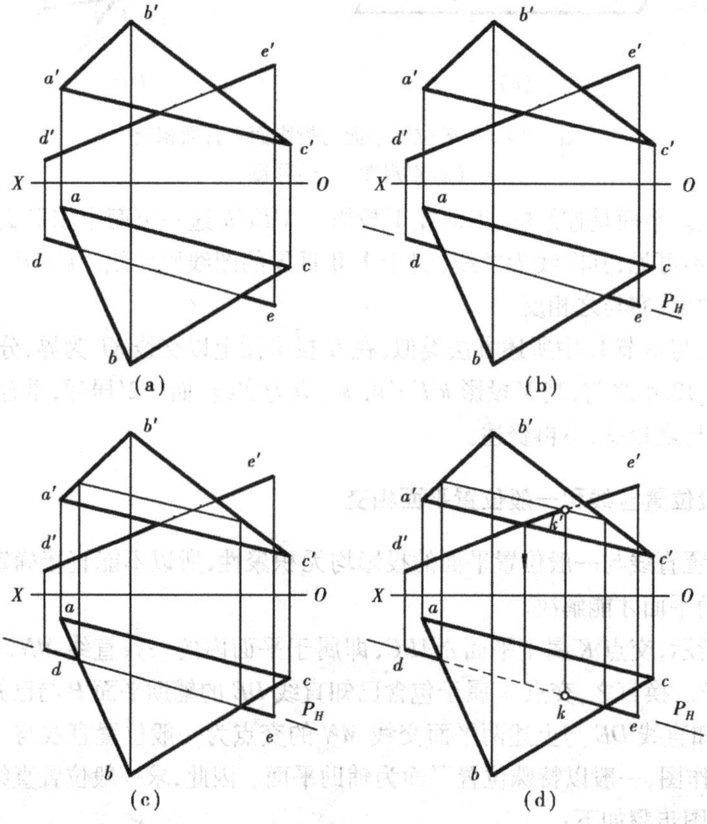

图 4.16 求直线 DE 与 $\triangle ABC$ 的交点

(a)已知条件 (b)包含 DE 作铅垂面 P (c)求 P 与 $\triangle ABC$ 的交线 (d)求 DE 和 MN 的交点

上称此类平面为上行平面；如其标注符号回转方向相反，则直线的两投影在交点投影的两端可见部分相反，此类平面称为下行平面。这样，只要判别一个投影的可见性，即可确定另一投影的可见性。

4.2.4 两个一般位置平面相交

两平面相交一般会出现全交和互交两种情况。如图 4.17(a)所示为 $\triangle DEF$ 全部穿过

△*ABC*,称为全交。图4.17(b)所示为△*ABC*与△*DEF*的边相互穿过,称为互交。

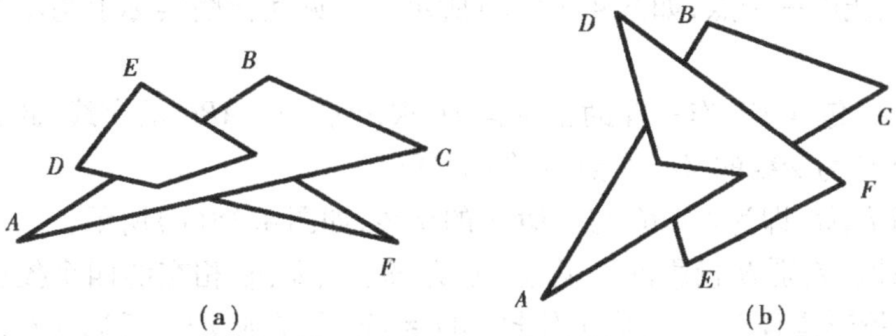

图4.17　两平面全交和互交

(a)两平面全交　(b)两平面互交

由于一般位置平面的投影均无积聚性,所以必须通过辅助作图才能求得其交线。通常引用合适的辅助面,采用辅助面及已知两平面三面共点的原理作出交线。

1. 线面交点法

两平面的投影相互重叠,通常用线面交点法求交线。因为一平面图形的边线与另一平面的交点,是两平面的共有点,也是属于交线的点,两平面的交线为直线,只要求得两个这样的交点并连接它们,便获两平面的交线。可见两平面求交线不过是本节3一般位置直线与一般位置平面求交点的重复应用。

例4.8　求△*ABC*与△*DEF*的交线,图4.18(a)。

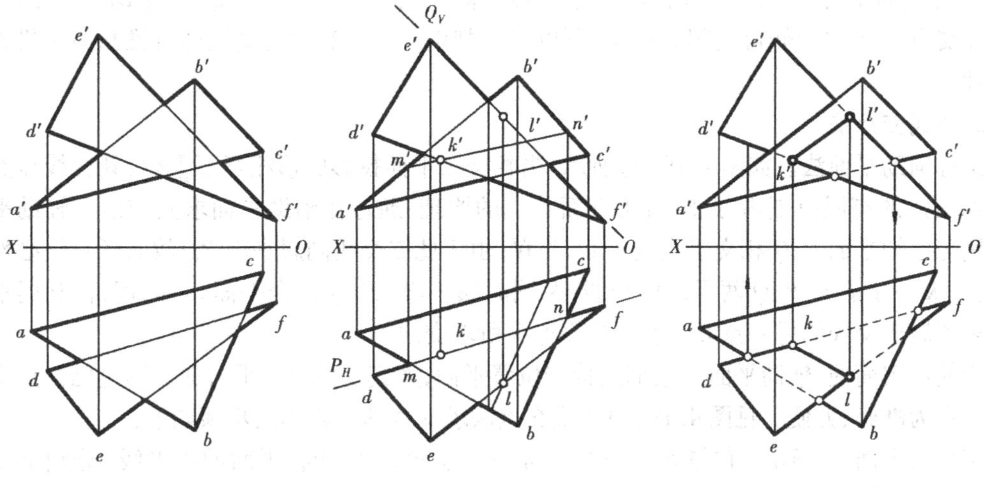

图4.18　线面交点法求两个一般位置平面的交线

(a)已知条件　(b)分别求△*ABC*与*DE*和*EF*的交点　(c)连交线并判别可见性

解:(1)分析:见图4.18(a),两个一般位置平面,无积聚性可利用;二者投影相互重合,用线面交点法。选作辅助面的边:首先剔除在有限图幅内可能无交点的边,如*AC*、*BC*和*DE*,因为在*V*、*H*投影中它们有不与另一图形重合的投影。所以就在*BC*、*DE*和*DF*中选两个作辅助平面的边。

(2)作图:经分析,投影作图步骤如下:

①包含直线 DF 作一辅助铅垂面 P,P 与△ABC 的交线为 MN,MN 与被包含直线 DF 的交点 $K(k',k)$ 即为交线的一个点,如图 4.18(b)所示。可见此作图实际上与本节 3 求交点的作图方法完全相同。

②同样的方法,包含 EF 作一辅助正垂面 Q,求出 Q 与△ABC 的交线,此交线与被包含直线 EF 的交点 $L(l'l)$ 为交线的又一个点,见图 4.18(b)。

③连接 $KL(k'l',kl)$ 即为△ABC 与△DEF 的交线,如图 4.18(c)所示。

④判别可见性。判别 H 投影的可见性:可从 ab、bc、de、df 相交的四个投影重合点中任意一点,如 ab 和 df 投影重合点开始,向上作投影联系线,先碰到 $a'b'$,后遇 $d'f'$,表示此处 AB 在下,不可见,dk 投影重叠部分应画实线。因为平面是连续的,故以交线 kl 为界,在 klf 一侧两平面投影重叠部分属于图形△DEF 的图线不可见,应画虚线。在 $klde$ 一侧则与 klf 侧可见性是相反的。若不采用平面是连续的说法,也可以这样看,dk 可见画实线,交点是可见与不可见的分界点,所以 kf 不可见段画虚线,那么 bc 相应段可见画实线,则 fl 不可见为虚线,过了 l 后 le 相应段可见画实线,ab 不可见画虚线,dk 可见画实线,回到可见性判别的起点并与之吻合。H 投影的可见性如图 4.18(c)所示。

判别 V 投影的可见性时,可从 $a'c'$、$a'b'$ 和 $d'f'$、$e'f'$ 相交的四个投影重合点任意一点,如从 $a'c'$ 和 $e'f'$ 的交点开始向下引投影联系线,先遇 ac,后遇 ef,当然此处 EF 在前,$l'f'$ 可见画实线,依次类推,V 投影的可见性如图 4.18(c)所示。

关于两平面相交的可见性判别,还可以利用本节 3 的方法加以简化。由图 4.18(b)可知,DF、EF 分别与下行平面△ABC(标注符号回转方向相反)相交于 K、L,故直线 DF、EF 的 V、H 投影在交点 K、L 之两侧可见部分相反,所以只需判别一个投影的可见性即可推断另一投影的可见性。

2. 线线交点法

又称辅助平面法。如图 4.19(a)所示,当相交二平面投影图形相互不重叠,其交线显然不会在两图形的有限范围内,此时可用三面共点的原理,通过作辅助平面求其交线。辅助平面 R_1 分别与已知平面 P、Q 相交于直线ⅠⅡ、ⅢⅣ,由于此二交线同属平面 R_1,故其延长线必然相交,交点 K 一定属于 P、Q 两平面的交线(K 同时属于 R_1、P、Q 三个平面)。同理,再利用平面 R_2 可求得属于交线的另一点 L。连接 K、L 即为所求交线。

为使作图简便,辅助平面一般都选特殊位置平面,尤其是投影面平行面。通过已知点作辅助平面更为准确、方便。见图 4.19,用线线交点法求交线的投影作图步骤如下:

①作水平面 $R_1(R_{1V})$,它与 $P(p'$、$p)$、$Q(q'$、$q)$ 的交线(属于各平面的水平线)分别是ⅠⅡ(1'2',12)、ⅢⅣ(3'4',34),两交线相交于点 $K(k',k)$。

②用同样的方法,做辅助平面 $R_2(R_{2V})$ 求得属于交线的又一交点 $L(l',l)$。注意同一平面的水平线应相互平行,如图 12∥56;34∥78。

③连接 kl,$k'l'$。所得直线 KL 即为二平面的交线。

由于两相交平面投影图形相互不重合,在有限范围内二者并不相交,故所求交线相当于将此二平面图形扩大后的交线位置,当然此时就不存在判别可见性的问题了。

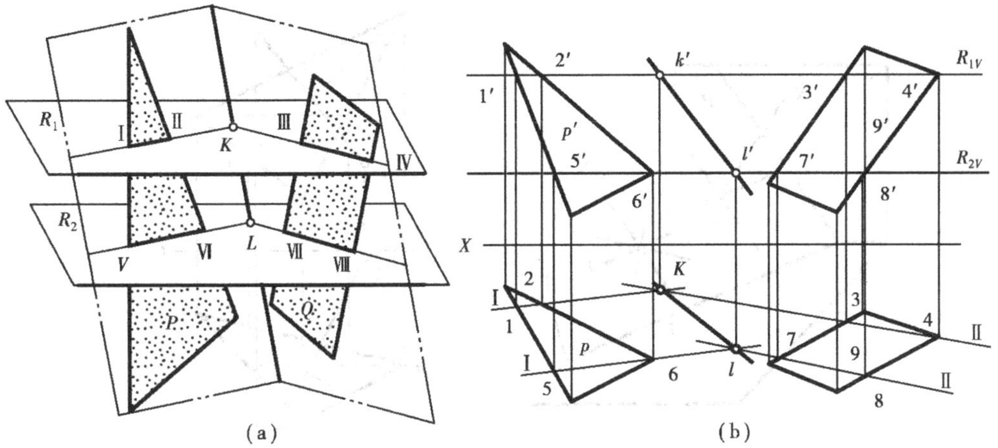

图 4.19　三面共点法求交线
(a)直观图　(b)投影图

4.3　直线和平面垂直平面与平面垂直

直线和平面、平面与平面垂直是直线和平面、平面与平面相交的特殊情况。

4.3.1　直线和平面垂直

1. 几何条件及其投影特点

由立体几何可知，直线垂直平面的几何条件是：若直线垂直于属于平面的任意两条相交直线，则此直线必与该平面垂直。但是若直线垂直于属于平面的两条相交直线是一般位置直线，在投影图中不能反映垂直关系。根据初等几何原理，若直线垂直于平面，则此直线必垂直于属于平面的一切直线，当然也包括属于平面的水平线和正平线，如图 4.20(a)。所以若直线垂直于平面，则此直线必垂直于属于平面的水平线和正平线及平面的迹线。由此可以推出直线垂直平面的投影特点是：若一直线垂直于一平面，则此直线的 H 投影一定垂直于属于该平面的水平线的 H 投影，包括平面的水平迹线；直线的 V 投影一定垂直于属于该平面的正平线的 V 投影，包括平面的正面迹线；反之，当一直线的 H 投影垂直于属于平面的水平线的 H 投影或平面的水平迹线，直线的 V 投影垂直于属于平面的正平线的 V 投影或平面的正面迹线，则此直线必垂直于该平面，如图 4.20(b)所示。

2. 投影作图

一般也有两类投影作图问题，即：作一直线垂直于平面或作一平面垂直于直线以及判断直线与平面是否垂直。并且也可分作一般和特殊两种情况。

(1)一般情况——一般位置直线与平面垂直

例 4.9　过点 K 作直线 KL 垂直于平面 $\triangle ABC$，图 4.21(a)所示。

解：(1)分析：由图可知，平面 $\triangle ABC$ 为一般位置平面，故其垂线也是一般位置直线。依据前述的直线垂直于平面的投影特点，应首先作出属于平面的水平线和正平线，然后作垂线。

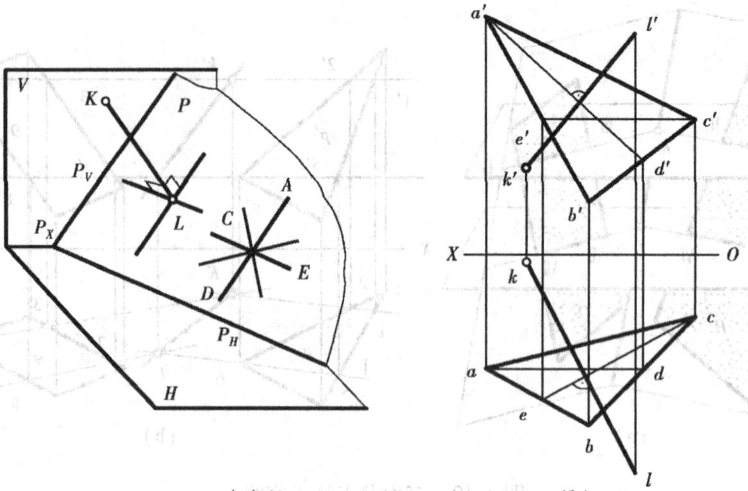

(a)　　　　　　　　　　(b)

图 4.20　直线垂直平面

(a)几何条件　(b)投影图

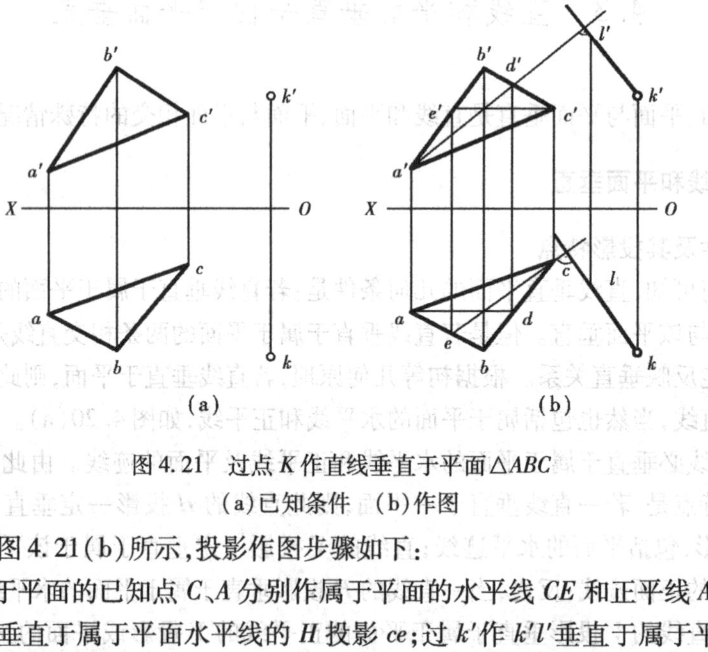

(a)　　　　　　　　　　(b)

图 4.21　过点 K 作直线垂直于平面△ABC

(a)已知条件　(b)作图

(2)作图:如图 4.21(b)所示,投影作图步骤如下:

①通常过属于平面的已知点 C、A 分别作属于平面的水平线 CE 和正平线 AD;

②过 k 作 kl 垂直于属于平面水平线的 H 投影 ce;过 k′作 k′l′垂直于属于平面正平线的 V 投影 a′d′。直线 KL 为所求平面垂线。

例 4.10　作已知直线段 AB 的中垂面,图 4.22(a)。

解:(1)分析:根据题意,所求平面需满足:平分并垂直于已知直线段 AB。由于 AB 为一般位置线,故所作平面为一般平面。依据前述的直线垂直于平面的投影特点,宜用水平线和正平线两相交直线表示所求平面。

(2)作图:从上述分析,见图 4.22(b),作直线段的中垂面的步骤如下:

①求作 AB 的中点 M(m,m′);

②过 M 作水平线 CD,使其 H 投影 cd⊥ab,过 M 作正平线 EF,使其 V 投影 e′f′⊥a′b′。平

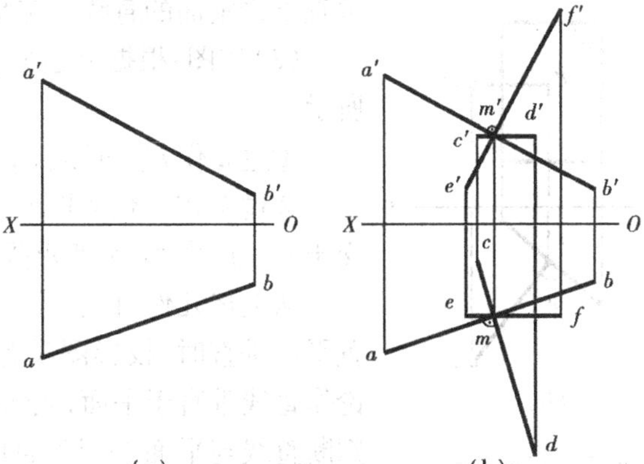

(a)　　(b)

图4.22　作直线AB的中垂面
(a)已知条件　(b)作图

面(两相交直线CD、EF)即为所求中垂面。

例4.11　判断已知直线MN与平面△ABC是否垂直,图4.23(a)。

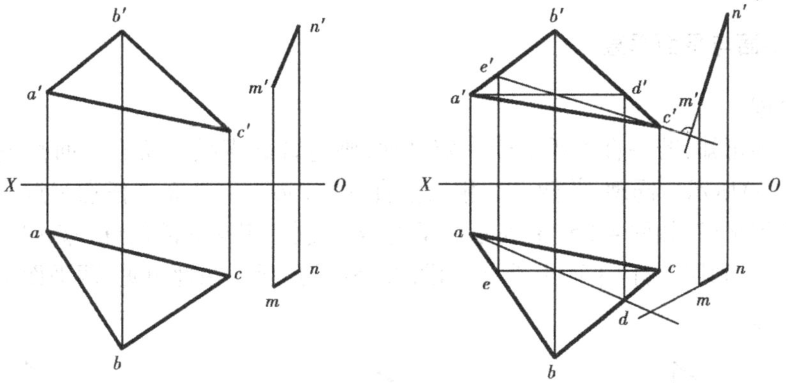

(a)　　(b)

图4.23　判断已知直线MN是否垂直于平面△ABC
(a)已知条件　(b)作图

解:(1)分析:已知直线和平面均属一般位置,只有先作属于平面的水平线和正平线,再检验已知直线是否垂直于上述水平线和正平线。若已知直线的H投影垂直于上述水平线的H投影,已知直线的V投影垂直于上述正平线的V投影,则二者垂直;否则不垂直。

(2)作图:见图4.23(b)所示,作图步骤如下:

①过点A作属于△ABC的水平线AD,过点C作属于△ABC的正平线CE;

②检查已知直线MN是否垂直于水平线AD和正平线CE。作图表明,虽然$m'n' \perp c'e'$,但是mn与ad不垂直,故直线MN不垂直于平面△ABC。

(2)特殊情况——直线垂直于特殊位置平面

与特殊位置平面垂直的直线也一定是特殊位置直线。

例4.12　过点K作直线KL垂直于平面P,图4.24(a)。

解:(1)分析:已知平面P为铅垂面,其H投影具有积聚性,那么直线KL的H投影垂直于此积聚投影。又因为$H \perp P$,$KL \perp P$,所以$KL /\!/ H$(垂直于同一平面的直线与平面相互平行),即

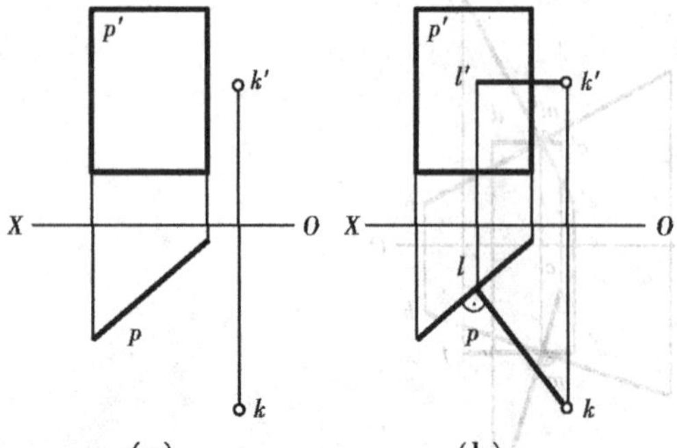

图 4.24　直线与投影面垂直面相垂直
(a)已知条件　(b)作图

垂直于铅垂面的直线一定是水平线。

(2)作图:根据上述分析,作图如图 4.24(b)所示。

①过 k 作 $kl \perp p$(或 P_H),交 p 于 l;

②过 k'作 OX 的平行线,与过 l 的投影联系线交于 l'。直线 KL 为所求垂线。

从上述几例可见,当一般位置直线与一般位置平面垂直时,投影图没有明显的特征。因此无论作直线垂直于平面,或作平面垂直于直线,还是判断直线与平面是否垂直的问题,都必须先作属于平面的水平线和正平线,然后归结为一般位置直线与投影面平行线相垂直的问题;而当直线垂直于特殊位置平面,则直线一定是特殊位置直线,该平面具有积聚性的投影与其垂线的同面投影必然垂直。例如垂直于铅垂面的直线一定是水平线,垂直于正垂面的直线一定是正平线,垂直于侧垂面的直线必是侧平线。简言之,某投影面垂直面的垂线一定是该投影面的平行线。

4.3.2　平面与平面垂直

1. 几何原理

由立体几何可知,若一直线垂直于一定平面,则包含此直线的所有平面都垂直于该定平面,如图 4.25(a)所示。同理,若两平面相互垂直,则自属于甲平面的任意一点向乙平面所作垂线一定属于甲平面,如图 4.25(b)所示。反之,若过属于甲平面的任意一点向乙平面所作垂线不属于甲平面,则甲、乙两平面不垂直,如图 4.25(c)所示。由此可见,两平面垂直的核心是直线与平面垂直。

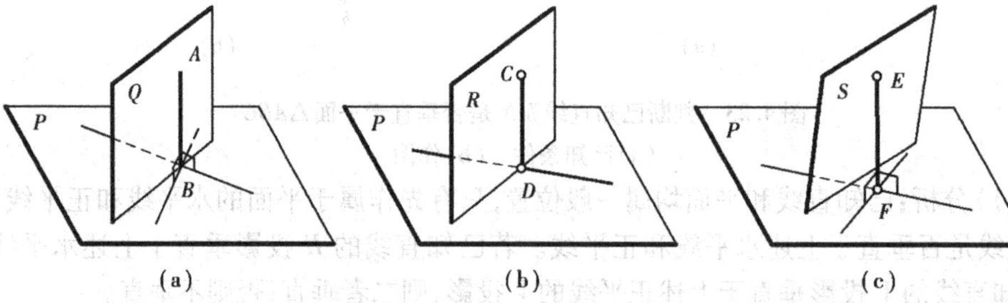

图 4.25　两平面相互垂直的几何原理
(a)两平面相互垂直的几何条件　(b)两平面垂直的几何特性　(c)检验两平面是否垂直

2. 投影作图

依据上述几何条件和直线垂直于平面的投影特性,可解决作一平面垂直于已知平面以及判断两平面是否垂直两类投影作图问题。每一类问题均可分一般和特殊两种情况。

(1)一般情况

例 4.13　过点 K 作正垂面 P 垂直于平面$\triangle ABC$,图 4.26(a)。

解:(1)分析:依据上述几何条件,首先需过点作平面的垂线,其投影作图参考图 4.21,然后包含垂线作正垂面即可。也可这样分析:因为所求平面 $P \perp V$;$P \perp \triangle ABC$,所以平面 P 垂直

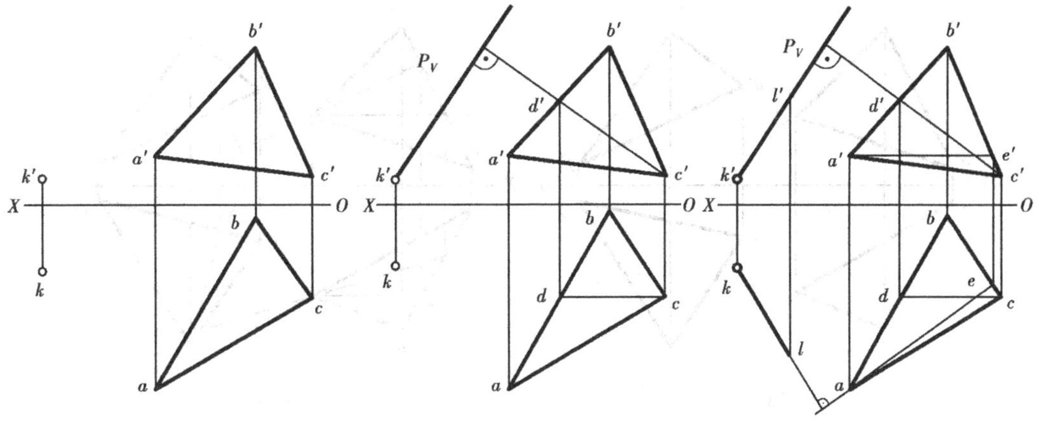

图4.26　过点作正垂面垂直于已知平面

(a)已知条件　(b)投影作图(第二种分析)　(c)投影作图(第一种分析)

于 V 和平面△ABC 的交线，即平面△ABC 的正面迹线，也就是属于平面△ABC 的正平线方向，那么过已知点的正垂面 P 的积聚投影垂直于此正平线的 V 投影即可。

(2)作图：如图4.26(b)所示，由上述两种分析，有两种投影作图方法：

第一种作图方法：

①作属于平面△ABC 的正平线 CD；

②过点 K 作一直线垂直于正平线 CD 的 V 投影 $c'd'$，将此直线命名为 P_V。用积聚性迹线表示的平面 P 为所求。

第二种作图方法：

若按第一种分析，见图4.26(c)，其作图步骤是：

①作属于平面△ABC 的水平线 AE 和正平线 CD；

②过点 K 作直线 KL 垂直于平面△ABC($kl \perp ae, k'l' \perp c'd'$)

③包含 KL 作正垂面 P(题目没有限定平面表示法，当然也可用最简表示 P_V)。

比较4.26(b)和4.26(c)，前者作图更简便。

例4.14　判断已知平面△ABC 和平面△DEF 是否垂直，图4.27(a)。

解：(1)分析：判断已知平面△ABC 和平面△DEF 是否垂直的问题，实质上是检查平面△ABC 是否包含平面△DEF 的一条垂线，或者是检查平面△DEF 是否包含平面△ABC 的一条垂线。若能作出一条满足上述要求的垂线，则二平面垂直。否则不垂直。

(2)作图：如图4.27(b)所示，作图步骤如下：

①作属于平面△ABC 的水平线 CN 和正平线 CM；

②过△DEF 的顶点 E 的 V 投影 e' 作 $e'g' \perp c'm'$，并根据 EG 属于△DEF 求出 eg。

③图4.27(b)显示 eg 不垂直于 cn。故平面△ABC 和平面△DEF 相互不垂直。

(2)特殊情况

所谓特殊情况仅指两个同一投影面的垂直面(不含平行面)相互垂直，不包括像例4.13那样一个是一般位置平面，另一个为特殊位置平面；也不包括同一投影面的垂直面与平行面相互垂直的情况，如铅垂面与水平面相互垂直；正垂面与正平面相互垂直。请注意，此处所指相

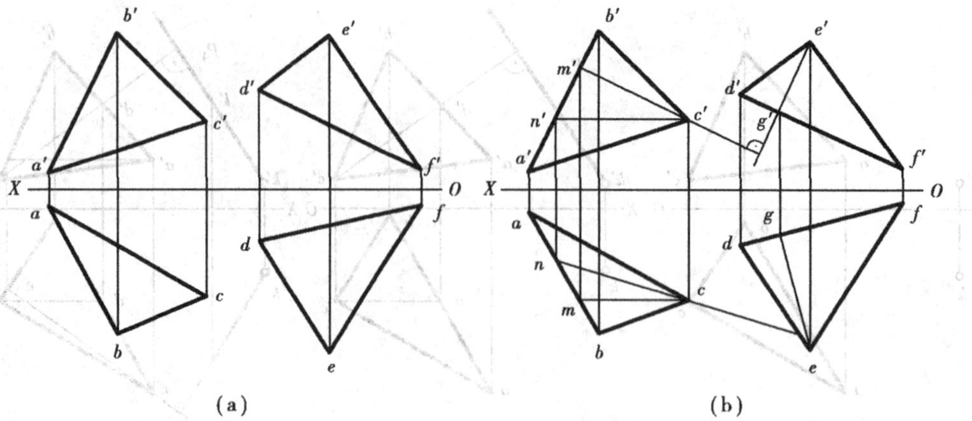

图 4.27　判断已知平面△*ABC* 和平面△*DEF* 是否垂直

(a)已知条件　(b)投影作图

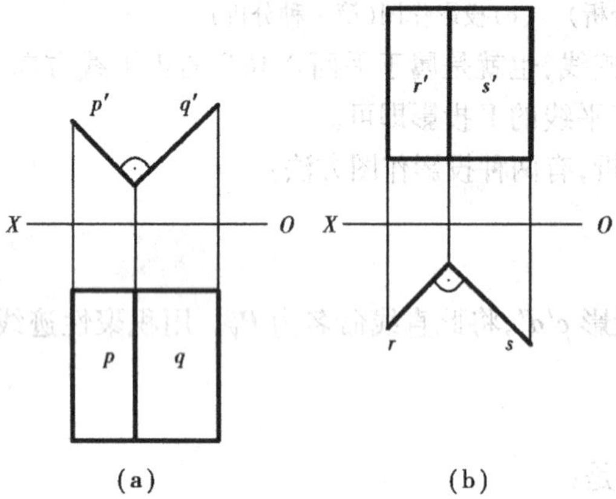

图 4.28　两特殊位置平面相互垂直

(a)两正垂面垂直　(b)两铅垂面垂直

互垂直的两特殊位置平面均为同一投影面的垂直面。例如相互垂直的铅垂面和铅垂面与水平面相互垂直，都是相对于 *H* 投影面的，绝不可能有铅垂面垂直于正垂面这类情况，因为如前所述，垂直于铅垂面的直线只能是水平线，而包含水平线不可能作出正垂面。

如图 4.28 所示，若两个同一投影面的垂直面相互垂直，则二者积聚性投影（迹线）相互垂直，且交线为该投影面的垂直线。例如两正垂面相互垂直，则它们具有积聚性的正面投影相互垂直，交线为正垂线；两铅垂面相互垂直，则它们具有积聚性的水平投影相互垂直，交线为铅垂线。

4.4　关于空间几何元素的综合问题

空间几何元素的综合问题涉及点、直线、平面之间的从属、距离和直线与平面的平行、相交、垂直、距离、夹角以及线、面本身的实长、实形等问题。这些综合问题一般归纳为量度问题和定位问题。

4.4.1　关于空间几何元素之间的量度问题

1. 实长和实形

(1)直线段的实长

特殊位置直线段在所平行的投影面上的投影反映其实长。一般位置直线段可用直角三角形法求其实长。

(2)平面图形的实形

投影面平行面在所平行的投影面上的投影反映平面图形实形。其他位置平面图形可依据最基本的平面多边形——三角形,用直角三角形法求出三角形三条边的实长,再按已知三边作出三角形的实形。而所有的平面多边形均可分为若干个三角形,求得各三角形实形后,就能拼画成多边形的实形。

2. 有关距离的量度

(1)两点之间的距离

两点连成直线段,此直线段的实长即为两点之间的距离。

(2)点到直线的距离、两平行线间的距离

若直线为投影面垂直线,其积聚投影点与已知点同面投影之距离即点到直线的距离,如图4.29(a)所示。若直线为投影面平行线,在投影图上可直接作出自已知点到已知投影面平行线的垂线,注意此垂线是一般位置直线段,需用直角三角形法求出其实长,即所求点到直线的距离。如图4.29(b)所示。

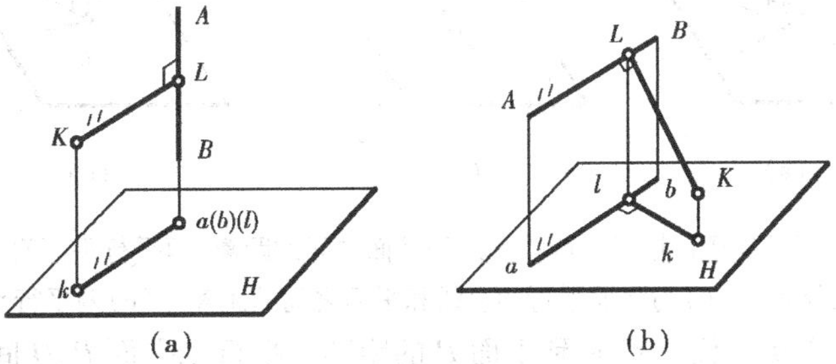

图4.29　点到特殊位置直线的距离

(a)点到投影面垂直线的距离　(b)点到投影面平行线的距离

点到一般位置直线的距离,如图4.30(a)所示,空间作图步骤为:

①过点 K 作平面 P 垂直于已知直线 M;

②求出平面 P 与 M 的交点即垂足 L;

③连接已知点 K 和垂足 L,求 KL 的实长。此实长为点到直线的距离。

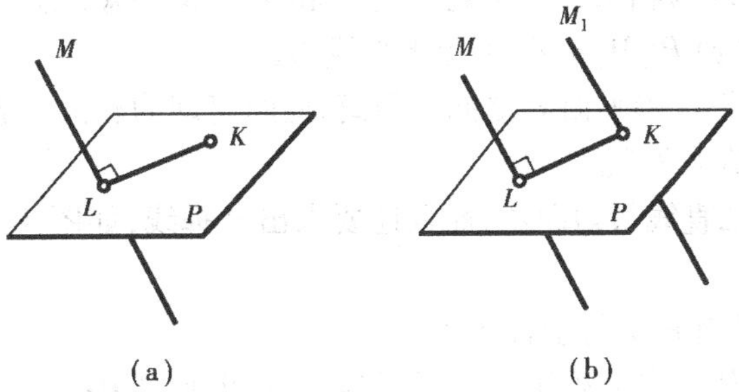

图4.30　点到直线的距离、两平行线间的距离

(a)点到一般位置直线的距离　(b)两平行的一般位置直线间的距离

二平行线间的距离,可视为属于直线 M_1 的任一点 K 到直线 M 的距离,见图4.30(b)。其空间作图步骤如上所述。

(3)点到平面、相互平行的直线和平面之间的距离、两平行平面间的距离

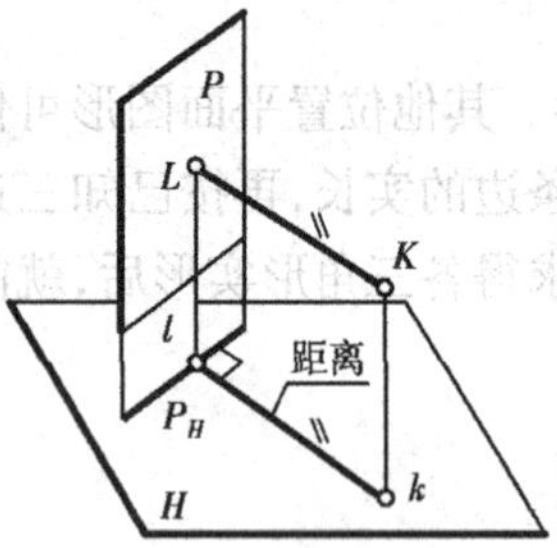

图 4.31　点到特殊位置平面的距离

若平面为特殊位置平面，点到平面的距离就是从该点在平面积聚投影所在的投影面上的投影到平面积聚投影的垂线长，如图 4.31 所示。

点到一般位置平面的距离，如图 4.32(a)所示，其空间作图步骤为：

①过已知点 K 向平面 P 作垂线；

②求出所作垂线与平面 P 的交点——垂足 L；

③求 KL 的实长，即点到一般位置平面的距离。

如图 4.32(b)、(c)所示，相互平行的直线和平面之间的距离，可视为属于直线 M 的任一点 K 到平面 P 的距离。平行二平面 P、Q 间的距离，可视为属于平面 P 的任一点 K 到平面 Q 的距离。它们均可利用上述求点到平面的距离的作图。

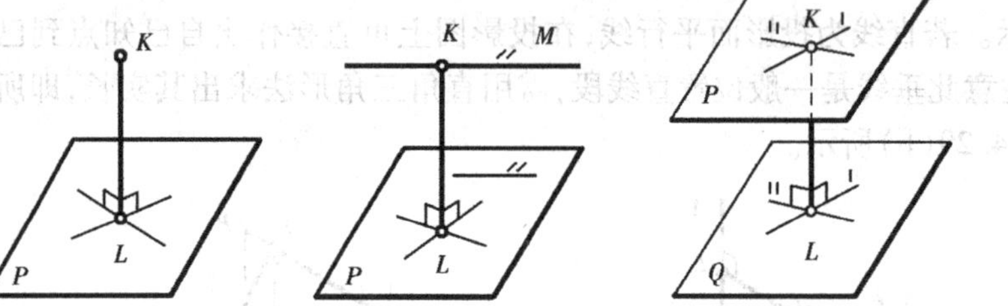

(a)　　(b)　　(c)

图 4.32　点到平面、相互平行的直线和平面之间的距离、两平行平面间的距离

(a)点到平面的距离　(b)与平面平行的直线和平面之间的距离　(c)两平行平面间的距离

(4)相叉二直线的最短距离

相叉二直线的最短距离即相叉二直线的公垂线的长度。若相叉二直线之一为投影面垂直线，则其最短距离为从投影面垂直线积聚的点，到另一直线的同面投影的垂线段的长度。如图 4.33(a)所示。当然若相叉二直线均为某投影面的平行线，则其最短距离为二者平行于投影轴的两平行投影间的距离，如图 4.33(b)所示。

如图 4.33(c)所示，求两相叉一般位置直线 M 和 M_1 之间最短距离的空间作图步骤为：

①包含直线 M_1 作平面 $P(M_2 /\!/ M)$ 平行于直线 M；

②求相互平行的直线 M 和平面 P 之间的距离，此距离即为相叉二直线 M 和 M_1 之间的最短距离。作图步骤见本节 1.2.3。

假若不但需求相叉二直线最短距离，而且还要求出公垂线，如图 4.33(d)所示，空间作图步骤为：

①包含直线 M_1 作平面 P 平行于直线 M；

②自属于直线 M 的任一点 A 作平面 P 的垂线，并求出垂足 B；

③过垂足 B 作直线平行于已知直线 M，且与已知直线 M_1 交于点 L；

④过点 L 作直线平行于上述垂线 AB，与已知直线 M 交于点 K。KL 即为相叉二直线 M 和 M_1 的公垂线，其实长为 M 和 M_1 的最短距离。

3. 有关角度的量度

(1)相交二直线的夹角

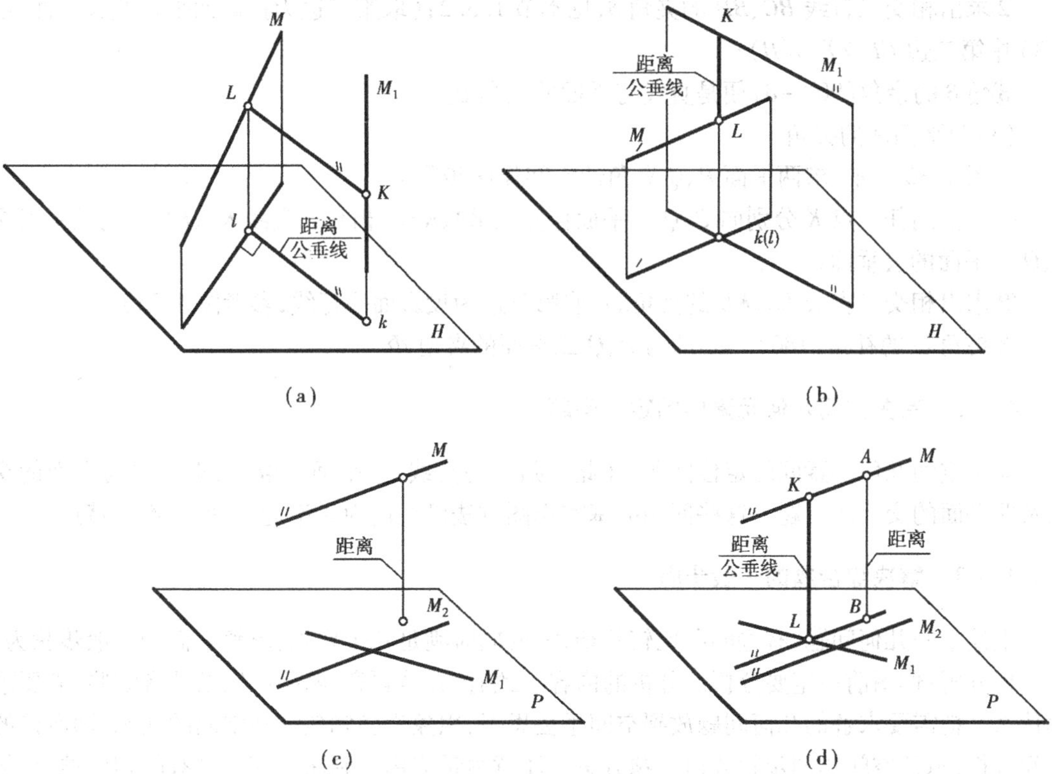

图 4.33　相叉二直线的最短距离及公垂线

(a)相叉的投影面垂直线和一般位置直线之间的最短距离　(b)相叉的二同面平行线之间的最短距离

(c)相叉二直线之间的最短距离　(d)相叉二直线的最短距离及公垂线

如图 4.34 所示，以相交二直线 AB、BC 为两边，可连成 $\triangle ABC$，求出 $\triangle ABC$ 的实形即可求得相交二直线 AB、BC 的夹角 α。

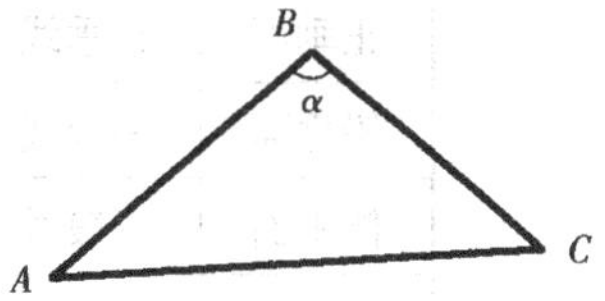

图 4.34　相交二直线的夹角

(2)直线与平面的夹角

如图 4.35 所示，求直线 AB 与平面 P 的夹角的空间作图步骤为：

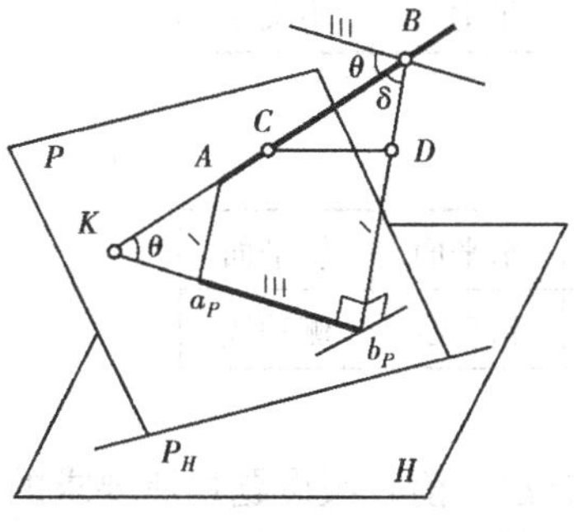

图 4.35　直线与平面的夹角

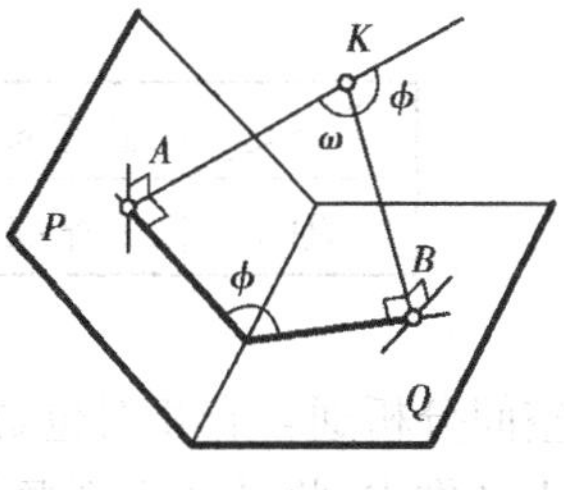

图 4.36　两平面间的夹角

①过属于直线的任一点 B 向平面 P 作垂线 BD；

②求出相交二直线 BC、BD 的夹角 δ，见本节 1.3.2；(取第三边为投影面平行线较简便，图 4.35 中第三边 $CD // P_H // H$)；

③角 δ 的余角($90° - \delta$)便是直线与平面的夹角 θ。

(3)两平面间的夹角

如图 4.36 所示，求两平面 P、Q 夹角的空间作图步骤为：

①过空间任一点 K 分别向 P、Q 二平面作垂线 KA、KB。相交二直线 KA、KB 所构的平面是 P、Q 二平面的公垂面；

②求出相交二直线 KA、KB 的夹角 ω(取第三边为投影面平行线，参考图 4.35)；

③夹角 ω 的补角($180° - \omega$)即为 P、Q 二平面的夹角 Φ。

4.4.2 有关空间几何元素间的定位问题

关于空间几何元素间的定位问题，在此可归纳为直线上、平面上取点，求直线与平面的交点及两平面的交线的问题。这些问题的基本作图方法已在前面讨论过了，此处不再赘述。

4.4.3 解决综合题的一般步骤

上述空间几何问题，有些问题比较复杂，需要同时满足几个要求，求解它们的一般步骤为：

1. 分析：作图前一定要分析。分析的内容大致有：弄清题意，明确已知条件有哪些，需要求解什么。把需要求解的几何问题放到空间里去思考，想象出已知条件在空间的状态，即所谓的空间分析，拟订空间作图步骤或曰解题方案。注意尽量应用在画法几何中已有的相应结论，例如与铅垂面垂直的直线一定是水平线等等，见表 4.1、表 4.2。

表 4.1 两特殊位置平面相交

	正垂面	铅垂面	侧垂面	正平面	水平面	侧平面
正垂面	正垂线	一般线	一般线	正平线	正垂线	正垂线
铅垂面	一般线	铅垂线	一般线	铅垂线	水平线	铅垂线
侧垂面	一般线	一般线	侧垂线	侧垂线	侧垂线	侧平线
正平面	正平线	铅垂线	侧垂线	不交//	侧垂线	铅垂线
水平面	正垂线	水平线	侧垂线	侧垂线	不交//	正垂线
侧平面	正垂线	铅垂线	侧平线	铅垂线	正垂线	不交//

表 4.2 特殊位置平面与直线垂直

	正垂面	铅垂面	侧垂面	正平面	水平面	侧平面
直线	正平线	水平线	侧平线	正垂线	铅垂线	侧垂线

空间分析通常有相对位置关系分析法和轨迹分析法两种方法。前者假设题目所要求的几何元素已作出，将其加入到题目给定的几何元素之中，按照题目所要求的各个条件逐一分析它们之间的相对位置关系和从属关系，探求几何元素的确定条件，从而获空间解题方案；后者根据题目给定的若干条件，逐条运用空间几何轨迹的概念，分析所求几何元素在该条件下的空间

几何轨迹，然后综合这些单个条件下的几何轨迹，从而得出空间解题步骤。如图4.37(a)所示，过点E作一条直线与两相叉直线AB、CD均相交。分别用上述两种分析法进行分析。

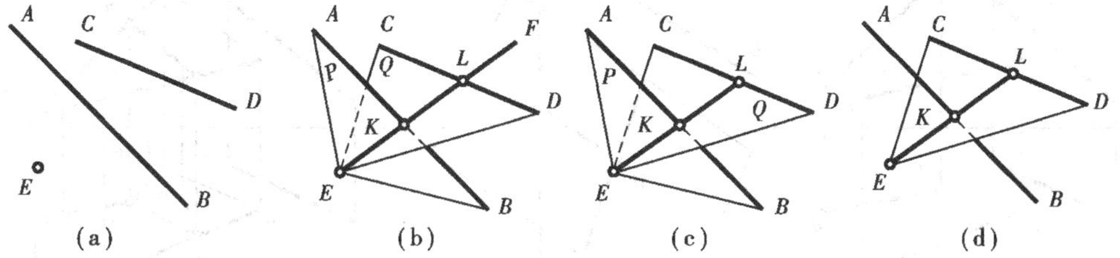

图4.37　过点E作一直线与两相叉直线AB、CD均相交
(a)已知条件　(b)相对位置关系分析　(c)轨迹分析　(d)实际解题方案

相对位置关系分析：假定所求直线EF已经作出，直线EF与已知直线AB和CD分别相交于点K和L，则EF必然属于点E和直线AB所确定的平面P；同理，EF必然属于点E和直线CD所确定的平面Q，故所求直线EF为平面P、Q之交线(图4.37(b))。

轨迹分析：过点E与直线AB相交的直线的轨迹是由定点E和直线AB所确定的平面P；同理，过点E与直线CD相交的直线的轨迹是由定点E和直线CD所确定的平面Q。要同时满足上述两条几何轨迹的要求，则只有平面P、Q的交线(图4.37(c))。

由于已有共有点E，所以只需再求一点即可。实际解题方案可以为：连接EC、ED成$\triangle ECD$；求AB与$\triangle ECD$的交点K；连接并延长EK与CD交于点L。EL为所求直线(图4.37(d))。

2. 作图：要在已有空间解题方案的基础上，分清投影作图步骤。有时，空间作图的一步就需要几个基本投影作图才能完成，所以一定要明确投影作图步骤后，才开始有条不紊地作图。

3. 检查、讨论：一般要检查，如几何条件是否成立？有无过失性错误等方面内容。例如，判别可见性以后，可用三角板、铅笔等模拟空间相交情况来验证正确与否。讨论一般是考虑在现有题设条件下可能有几解？局部变动个别条件，作图有何变化等。总之，通过解答一个题目，为巩固投影理论知识，增强空间想象能力，尽可能地展开一些认知思维活动，可收到事半功倍的效果。

4.4.4　综合举例

例4.15　作一直线MN与相叉直线AB和CD相交，并平行于直线EF(图4.38(a))。

解：(1)分析要求作直线MN平行于EF，且与相叉直线AB、CD均相交。如果用轨迹分析法进行空间分析，先少考虑一个要求，与已知直线AB相交并和已知直线EF平行的直线之轨迹是一个包含AB且平行于EF的平面；同理，与已知直线CD相交并和已知直线EF平行的直线之轨迹是一个包含CD且平行于EF的平面；要同时满足此两条几何轨迹的要求，所求直线MN必为上述两平面的交线。由于EF已确定MN的方向，故只需求得属于交线的一个交点即可。所以空间作图步骤为：过AB(或CD)作平面P平行于EF；再求此平面与另一直线CD的交点N；最后过N作MN平行于EF，交AB于M，MN即为所求直线(图4.38(b))。

(2)作图(图4.38(c))：

①过属于直线AB的点A作直线$AG /\!/ EF$。具体的投影作图步骤是：分别过a'、a作$a'g' /\!/$

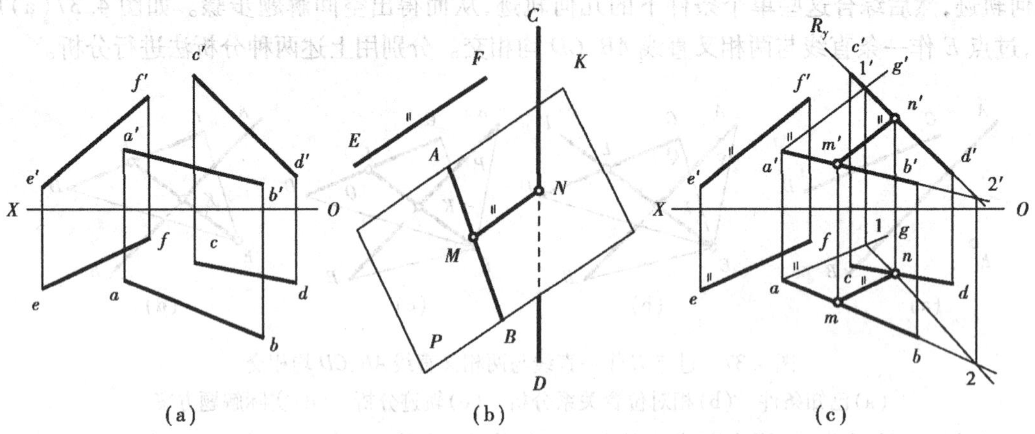

图4.38 作直线 *MN* 平行于直线 *EF* 并与两交叉直线 *AB*、*CD* 均相交

(a)已知条件 (b)空间分析 (c)投影作图

$e'f'$,$ag/\!/ef$。相交二直线 *AB*、*AG* 确定的平面平行于 *EF*。

②求 *CD* 与上述平面的交点 *N*。具体的投影作图步骤是:含 *CD* 作正垂面 *R* 为辅助面,R_V 与 $c'd'$ 重合,在 *V* 投影上直接确定辅助面 *R* 与上述平面交线的 *V* 投影 $1'2'$,由 $1'2'$ 求出 1 2。1 2与 *cd* 的交点 *n* 即为点 *N* 的 *H* 投影,由 *n* 求出 n'。

③过点 *N* 作直线 $MN/\!/EF$。即过 *n* 作 $mn/\!/ef$,且交 *ab* 于 *m*;过 n' 作 $m'n'/\!/e'f'$ 且交 $a'b'$ 于 m'。作图注意 $m'm$ 必须垂直于投影轴 *OX*。*MN*(mn、$m'n'$)即为所求直线。

(3)检查、讨论:检查从略。按空间分析,本题还有另一种作图方法。即过相叉二直线 *AB*、*CD* 分别作平面平行于直线 *EF*,求出此二平面的交线即得所求直线。此题和前述的过点 *E* 作一直线与两交叉直线 *AB*、*CD* 均相交一题属同一类型,思路是一样的。只不过限定所求直线,一个是通过同一点,而另一个是平行于同一直线罢了。

例4.16 求作以 *AB* 为底,顶点 *C* 属于直线 *MN* 的等腰三角形 *ABC*(图4.39(a))。

解:(1)分析用相对位置关系分析法进行分析。如图4.39(b)所示,如果等腰△*ABC* 已作出,其顶点 *C* 既属于 *AB* 的中垂面,又属于直线 *MN*,所以顶点 *C* 必为 *AB* 之中垂面与 *MN* 的交点。

(2)作图(图4.39(c)):

①作 *AB* 的中垂面。投影作图步骤见例4.10,过 *D* 的水平线和正平线确定的平面为 *AB* 的中垂面。

②求 *MN* 与所作中垂面的交点。为此含 *MN* 作辅助正垂面 *Q*,求辅助面 *Q* 与中垂面的交线ⅠⅡ($1'2'$,1 2)。1 2与 *mn* 的交点 *c* 即为等腰△*ABC* 的顶点 *C* 的 *H* 投影,由 *c* 作出 c'。

③分别连接△$a'b'c'$,△*abc*。则△*ABC* 即为所求作的等腰三角形。

(3)检查、讨论:检查从略。此题要求还可能有其他说法,例如:求属于 *MN* 的一点 *C*,使其到线段 *AB* 两端点 *A*、*B* 距离相等;或者求属于 *MN* 的一点 *C*,使 *AB* 分别与 *CA*、*CB* 的夹角均相等;还可以说,求作以 *AB* 为对角线,顶点 *C* 属于 *MN* 的菱形等等,但是分析、作图与例4.16思路相同。

例4.17 作一平面 *P*,使其与△*ABC* 平行,且距△*ABC* 为定长 *L*(图4.40(a))。

解:(1)分析:依然用相对位置关系分析法。如图4.40(b)所示,假定所求平面 *P* 已作出,

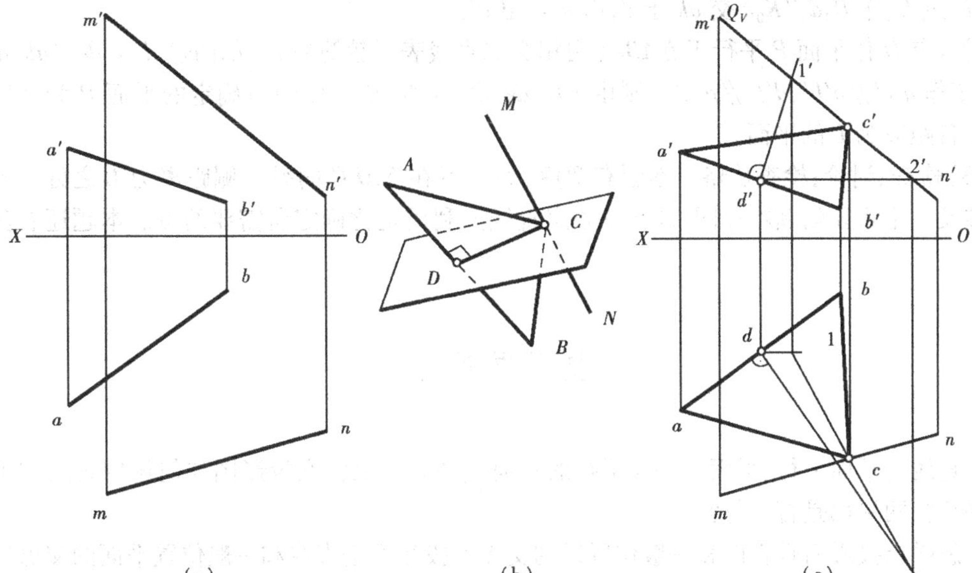

图 4.39　作等腰三角形△*ABC*
(a)已知条件　(b)空间分析　(c)投影作图

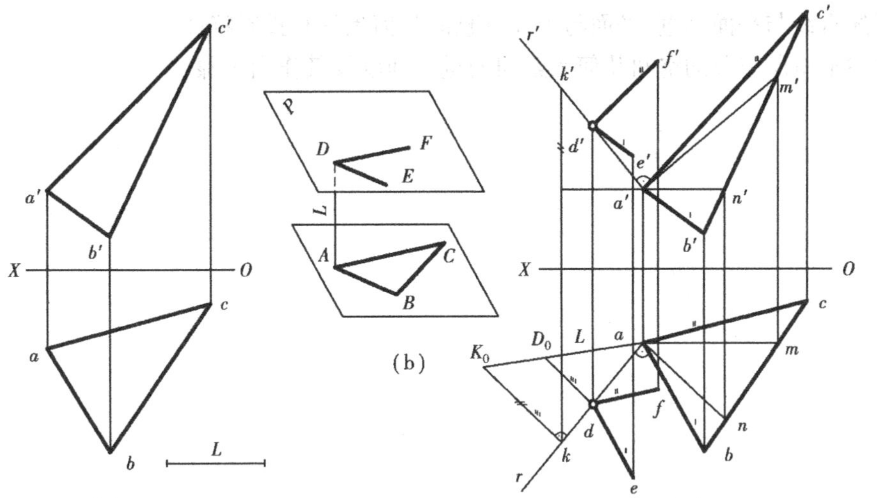

图 4.40　作平面平行于△*ABC*，使其距△*ABC* 为定长 *L*
(a)已知条件　(b)空间分析　(c)投影作图

那么平行的 *P* 和△*ABC* 之间的任一垂线实长为 *L*。故只要在这样的垂线如过顶点 *A* 的垂线上取 *AD* = *L*，然后过点 *D* 作平面 *P* 平行于△*ABC* 即可。

(2)作图(图 4.40(c))：

①过点 *A* 作△*ABC* 的垂线 *R*。为此先作属于△*ABC* 的正平线 *AM* 和水平线 *AN*，然后过 *a* 作 *a r*⊥*a n*，过 *a'* 作 *a'r'*⊥*a'm'*。

②在△*ABC* 的垂线 *R* 上取点 *D*，使 *AD* = *L*。为此取属于垂线 *AR* 的任意一点 *K*，先用直角三角形法求 *AK* 的实长，然后用定比确定 *D*。确定 *d'*、*d* 的作图过程：在 *AK* 的实长 aK_0上量取

$aD_0 = L$,过 D_0作 $D_0d // K_0k$ 交 ak 于 d,由 d 求出 d'。

③过点 D 作平面 P 平行于△ABC(用相交二直线表示较简单)。如图过 d 作 $de // ab$,$df // ac$;过 d'作 $d'e' // a'b'$,$d'f' // a'c'$。则由 $DE(de,d'e')$ 和 $DF(df,d'f')$ 确定的平面 P 为平行于△ABC 且距离为 L 的平面。

(3)检查、讨论:检查从略。本题有两解,另一解在△ABC 的另一侧距离为 L 之处。此种解法涉及一个重要的基本作图,即在一条定直线上利用定比确定所需要的点。本题还有其他解法。

复习思考题

1. 直线与平面平行、平面与平面平行的几何条件是什么?在投影图如何辨别直线和平面是否平行?两平面是否平行?

2. 怎样求投影面垂直面和一般位置线的交点?投影面垂直线和一般位置平面的交点?以及求特殊位置平面和一般位置平面的交线?

3. 如何求一般位置直线和一般位置平面的交点?两个一般位置平面的交线?怎样判别它们的可见性?

4. 试述直线与平面垂直、平面与平面垂直的几何条件和投影特性。

5. 试述本章所叙及的空间几何元素间的量度问题及其作图步骤。

第5章 投影变换

5.1 概 述

前面几章已经讨论了在投影图中解决空间几何元素间定位和度量问题的基本原理和方法。本章，我们将讨论用投影变换的方法，使空间几何问题的图示更为明了，图解更为简捷。

5.1.1 投影变换的目的

在正投影的情况下，投射方向是垂直于投影面的。影响空间几何元素投影性质的因素是空间几何元素与投影面的相对位置。从表5.1的对比中不难知道，当直线、平面对投影面处于

表5.1 直线和平面相对位置在两种情况下的比较

	实长、倾角	实形	距离	交点
特殊位置	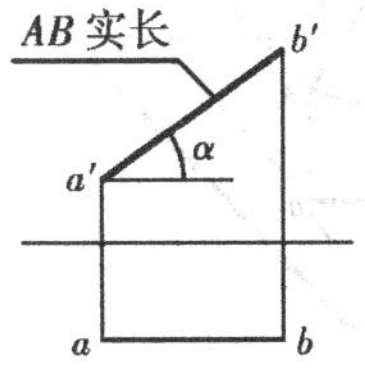	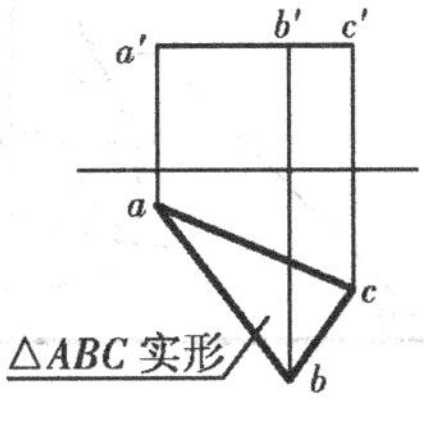	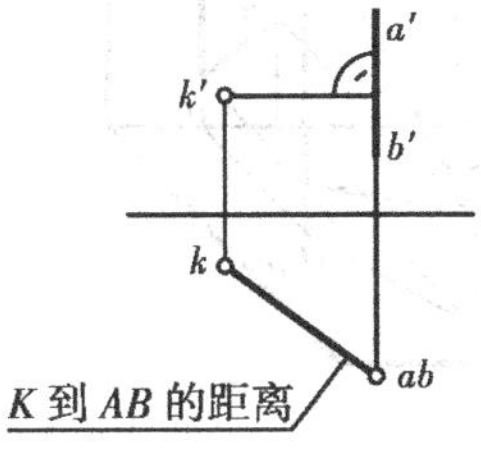	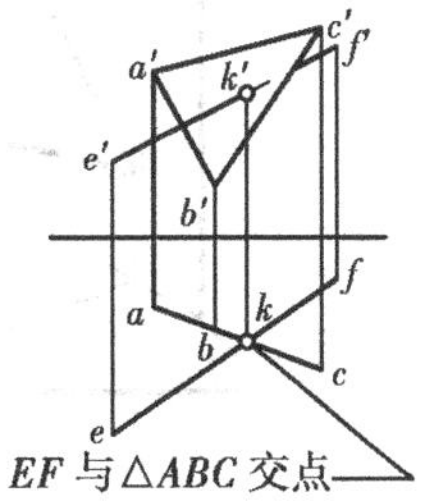
一般位置	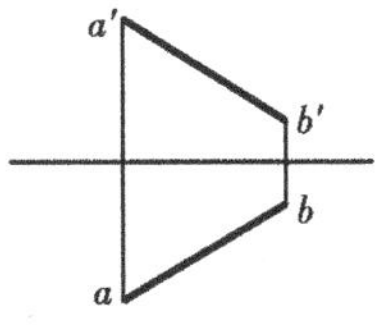 不能反映实长、倾角	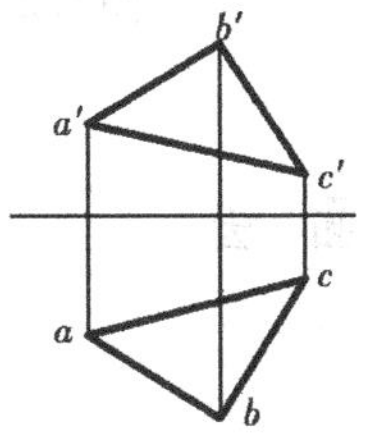 不能反映实形	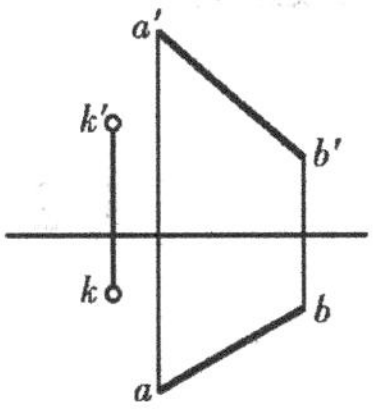 不能反映距离	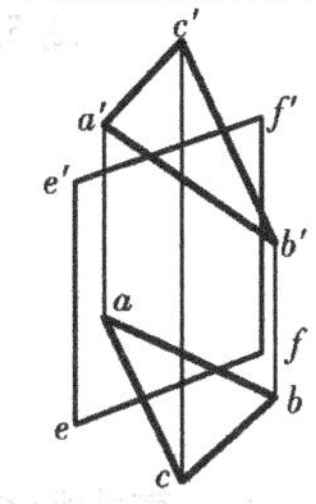 不能反映交点

特殊位置时，其投影或具有真实性，或具有积聚性，或具有其他的一些性质。这些性质对解决定位和度量问题是很有利的。从中我们得到启示：如能把空间几何元素从一般位置改变成为特殊位置，空间几何问题的求解就变得容易。投影变换正是研究如何改变空间几何元素对投影面的相对位置，以达到简化解题的目的。

5.1.2 投影变换的类型

我们知道，形成投影的三要素是：投射线、空间几何元素和投影面，当这三者之间的相互关系确定后，其投影也就确定了。如要变动其中的一个要素，则它们之间的相对位置随之而异，其投影也会因此而变化。投影变换就是通过变动其中一个要素的方法来实现有利解题的目的。常用下述两种方法：

(1)空间几何元素保持不动，用新的投影面来代替旧的投影面，使空间几何元素对新投影面的相对位置变成有利于解题的位置，作出其在新投影面上的投影。这种方法叫变换投影面法，简称换面法。

(2)投影体系(也即投影面)保持不动，使空间几何元素绕某一轴旋转到有利解题的位置，作出其旋转后的新投影。这种方法称为旋转法。

如图5.1所示，要求出铅垂面△ABC的实形，用换面法是使△ABC不动，设置一个既平行于△ABC同时又垂直于H面的新投影面V_1代替V面，建立一个新的V_1/H投影体系。这样△ABC在新体系(V_1/H)中就成为了平行面，在V_1面上的投影△$a_1'b_1'c_1'$即反映△ABC实形。

又如图5.2所示，要求出铅垂面△ABC实形，用旋转法则是使投影体系V/H保持不动，将△ABC绕一个垂直于H面的BC轴旋转，直至与V面处于平行的位置。旋转后△ABC的新位置△$A_1B_1C_1$在V面上的投影△$a_1'b_1'c_1'$，同时反映出△ABC的实形。

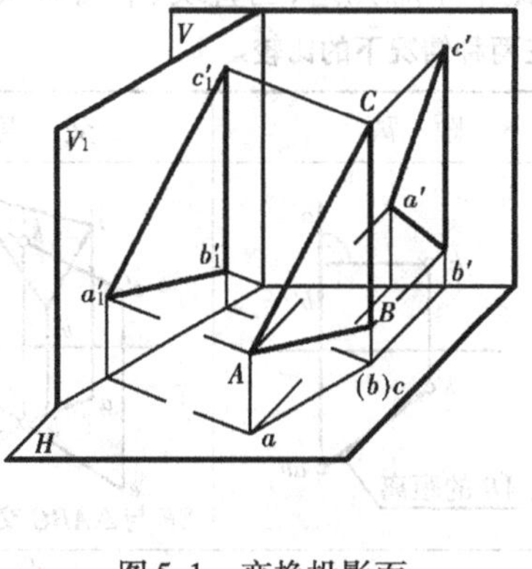

图5.1 变换投影面

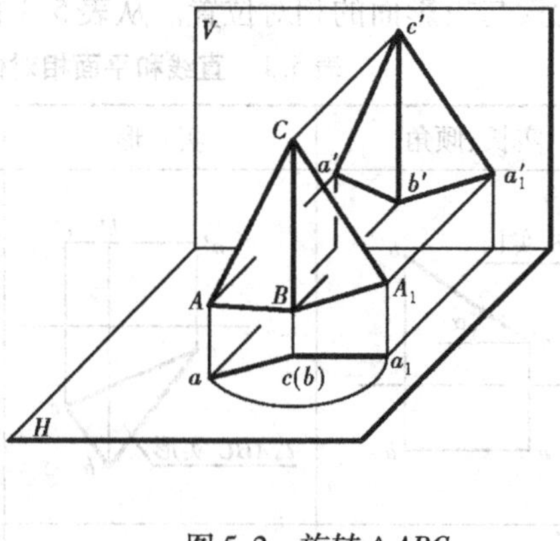

图5.2 旋转△ABC

5.2 换面法

5.2.1 基本概念

在换面法中，首先应考虑的问题是如何设置新的投影面？从图5.1中可看出，新投影面是不能随便选取的。既要使空间元素在新投影面上的投影能够方便解题(即空间几何元素在新投影面上的投影具有特殊性),又要使新投影面必须垂直于原有投影面之一,以构成新的投影体系。这样,才能应用前面章节研究过的正投影原理作出新的投影图。因此,新投影面的选择必须符合以下两个基本原则:

1. 新投影面必须与空间几何元素处于有利解题的位置;

2. 新投影面必须垂直于原有投影面之一。

5.2.2 基本作图方法

点是最基本的几何元素,因此,在换面法中,必须先掌握点的投影变换规律。

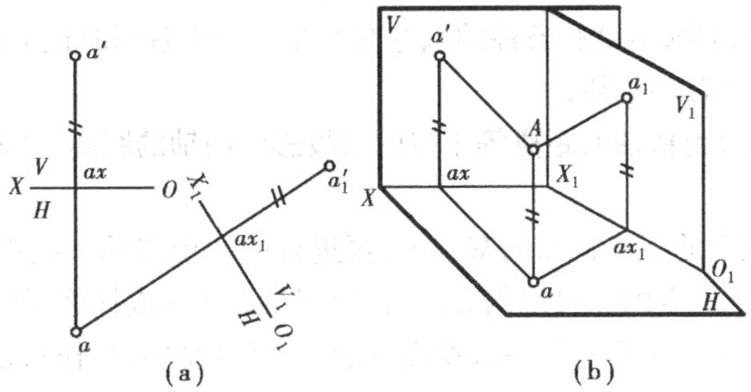

图5.3 点的一次换面(替换 V 面)

(a)投影图 (b)立体图

1. 点的一次换面

如图5.3所示,已知点 A 在 V/H 投影体系中的两面投影(a, a')。设置一个新的投影面 V_1代替原投影面 V,同时使 V_1面垂直于 H 面(图5.3(b)),建立起一个新的投影体系 V_1/H 取代原体系 V/H。这时,V_1面与 H 面的交线便生成新投影轴 X_1,将点 A 向新投影面 V_1投影,便获得点 A 的新投影 a_1'。

从图5.3中不难看出:在以 V_1面代替 V 面的过程中,点 A 到 H 面的距离是没有被改变的。

即:$a_1'a_{x1}=Aa=a'a_x$………①

将新的投影体系 V_1/H 展开:使 V_1面绕 X_1轴旋转至与 H 面重合,由于 V_1 面垂直于 H 面,展开后 a 与 a_1'的连线必定垂直于 X_1轴,又得出:

$aa_1'\perp X_1$…………②

在图5.3(a)中,可由上述关系作图求出点 A 在 V_1面上的新投影 a_1'。在这样一个作图过程中,a_1'称为新投影,a'称为旧投影,a 称为新(V_1/H)、旧(V/H)体系中共有的保留投影;X 称为旧投影轴,简称旧轴,X_1称为新投影轴,简称新轴。

通过以上分析,可得出点的换面法规律:

(1)点的新投影和保留投影的连线,必垂直于新轴;

(2)点的新投影到新轴的距离等于点的旧投影到旧轴的距离。

图5.4表示当替换水平面时,设置一个 H_1面代替 H 面,建立一个新体系(V/H_1),获得点 A 在 H_1面的新投影 a_1(图5.4(a))。由点的换面法规律,得:$a_1a'\perp X_1$;$a_1a_{x1}=Aa'=aa_x$。图5.4(b)表示求新投影的作图过程。

从以上两投影图中,不难得出点的换面法作图步骤:

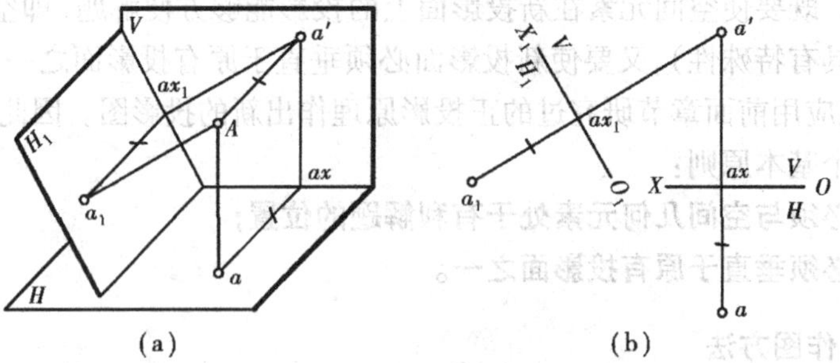

图5.4　点的一次换面(替换 H 面)

(a)立体图　(b)投影图

(1)建立新轴(新轴的画出是有条件的),这是用换面法来解题时最关键的一步;

(2)过保留投影作新轴的垂线;

(3)量取点的新投影到新轴的距离等于点的旧投影到旧轴的距离,从而得到点的新投影。

2. 点的二次换面

点的二次换面是在点的一次换面的基础上,再进行的一个点的一次换面。图5.5表示在第二次变换投影面时,求作点的新投影的方法,其原理与点的一次换面时完全相同。

如图5.5(a)所示,在点 A 已进行一次换面后的 V_1/H 体系中,再作新投影面 H_2 代替 H 面,H_2 面必须垂直于 V_1 面,得到新体系 V_1/H_2,产生新投影轴 X_2。这时,点 A 在新投影面 H_2 的投影 a_2 到 X_2 轴的距离(点的新投影到新轴的距离),等于点 A 在 H 面上的投影 a 到 X_1 轴的距离(点的旧投影到旧轴的距离),即 $a_2a_{x2}=aa_{x1}=Aa_1'$,点 A 在 H_2 面上的投影 a_2 与点 A 在 V_1 面上投影 a_1' 的连线垂直于 X_2 轴,即 $a_2a_1'\perp X_2$。图5.5(b)表示的是求点 A 二次换面后投影的作图过程。

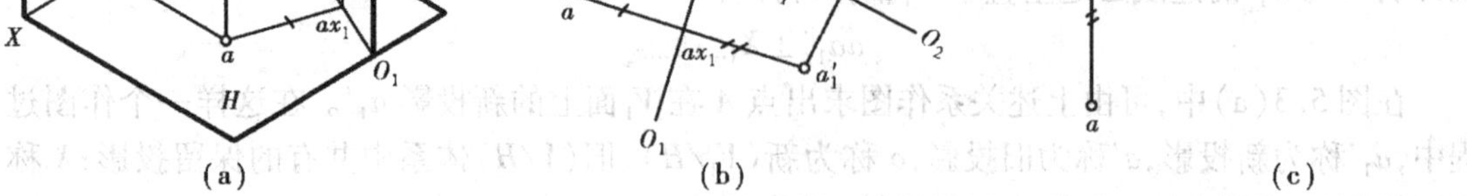

图5.5　点的二次换面

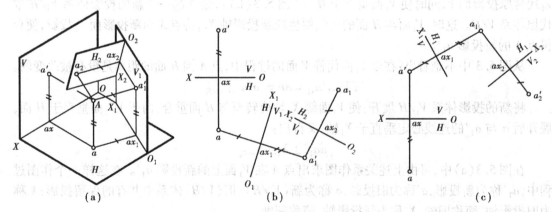

(a)立体图　(b)投影图(先换 V 面,后换 H 面)　(c)投影图(先换 H 面,后换 V 面)

同理,也可先作 H_1 面代替 H 面(一次换面),得到 V/H_1 体系。再作 V_2 面代替 V 面(二次换面),得到 V_2/H_1 体系。在这种情况下,是由点 A 的正投影 a' 及第一次换面后的投影 a_1,作出点 A 在 V_2 面上的新投影 a_2',如图5.5(c)所示。二次换面的作图步骤与一次换面的作图步骤相同,只是重复再进行一次。

5.2.3　换面法在解决定位和度量问题中的运用

1. 一次换面的运用

在换面法中，新投影面的设置是十分重要的。下面结合几个例子说明用一次换面解决空间几何元素间定位和度量问题时，新面是如何设置的。从前面的分析中，我们得知：新投影面必须垂直原投影面之一；新面的设置必须有利解题。在投影图上，新面的设置是体现在画新轴的位置上。

例5.1　如图5.6(a)所示，求一般位置直线AB的实长及其倾角α。

解：(1)分析：当直线AB为正平线时，AB的正投影就反映实长，同时正投影与投影轴的夹角反映直线AB的α倾角。所以，在考虑本例的变换过程中，应将直线AB变换成正平线，如图5.6(a)。从中不难看出，用新的V_1面代替V面，使V_1面平行于直线AB的同时垂直于H面。注意：该图中新轴与保留投影之间的关系是：新轴平行于保留投影，即$X_1 /\!/ ab$。

(2)作图：如图5.6(b)所示。

①作新轴$X_1 /\!/ ab$；

②过保留投影a、b作新轴垂线；

③量取$a_1'a_{x1} = a'a_x$，$b_1'b_{x1} = b'b_x$，从而获得A、B两点在V_1面上的新投影a_1'、b_1'；

④连接a_1'、b_1'得直线AB的新投影，此时$a_1'b_1'$反映实长，它与X_1轴的夹角即为直线AB的倾角α。

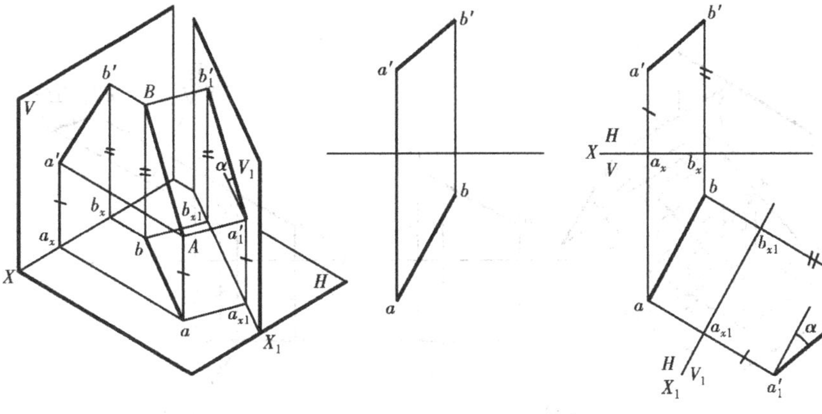

(a)　　　　　　　　　　(b)

图5.6　求一般位置直线AB的实长及其倾角α

(a)题目及立体图　(b)作图过程

注意：在图5.6(b)所示的作图过程中，X_1轴只需保持与ab平行，两者间的距离对于求AB直线的实长及倾角是没有影响的。

例5.2　如图5.7所示，求铅垂面$\triangle ABC$的实形。

解：(1)分析：从图5.1中可以看出，需设置新投影面V_1代替原投影面V。由于$\triangle ABC$是铅垂面，所以V_1面在平行于$\triangle ABC$的同时一定要垂直于H面。注意：此图中新轴与铅垂面积聚投影的关系是：新轴平行于铅垂面积聚投影，即$X_1 /\!/ abc$。

(2)作图：

①作新轴$X_1 /\!/ abc$(铅垂面的积聚性投影)；

②过保留投影 a、b、c 作新轴垂线；

③分别量取点的新投影到新轴距离等于点的旧投影到旧轴距离，得 a_1'、b_1'、c_1'，此时 $\triangle a_1'b_1'c_1'$ 反映 $\triangle ABC$ 实形。

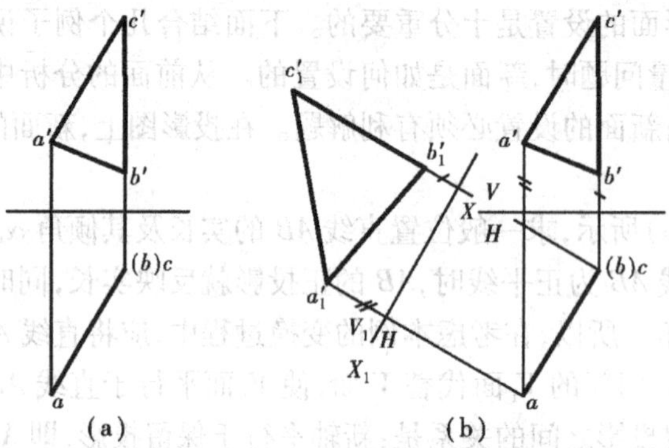

图5.7　求三角形 ABC 的实形

(a)题目　(b)作图过程

例5.3　如图5.8所示，求点到水平线 AB 的距离 L 及其投影 l、l'。

解：(1)分析：如设置新投影面垂直于直线 AB，则直线 AB 在新面上投影积聚为一点，此时，点 C 的新投影亦是一个点，这两点间的距离就是所求点 C 到直线 AB 的距离；由于 AB 是正平线，所以，应保留 V 面，用新投影面 H_1 代替原投影面 H，H_1 面在垂直 AB 的同时一定垂直 V 面。

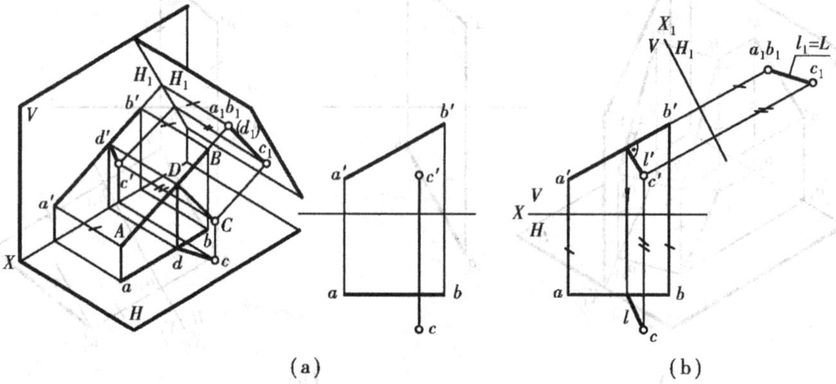

图5.8　求点到平行线的距离

(a)题目及立体图　(b)作图过程

(2)作图：

①作新轴 $X_1 \perp a'b'$；过保留投影 a'、作 b' 作新轴垂线，分别量取点的新投影到新轴距离等于点的旧投影到旧轴距离，求出直线 AB 的新投影 a_1b_1（积聚）。同理，可求出点 C 的新投影 c_1；

②积聚点 a_1b_1 与 c_1 的连线 l_1 即为所求距离的实长 L。

③对于 H_1 面，由于距离 L 是一条水平线，所以 $l' /\!/ X_1$；

④根据距离的一个端点属于直线 AB，即可求出 l。

例5.4　如图5.9(a)所示，求一般位置面 $\triangle ABC$ 的倾角 α。

解:(1)分析:当把一般位置面变成垂直面后,倾角就可由垂直面的积聚投影与对应投影轴的夹角来获得。由于题目中要求的是 α 倾角,故 H 面应当保留。从前面章节的学习中我们得知,正垂面的正投影具有积聚性,它与投影轴的夹角反映该平面的 α 角。所以,需设置一个既与 H 面垂直又与△ABC 垂直的 V_1 面代替 V 面。如图5.9(a)立体图中所示,如果在△ABC 上作一条水平线 AD,使 V_1 面垂直于水平线 AD,这样就保证了 V_1 面既垂直于△ABC 又垂直于H 面。

(2)作图:如图5.9(b)所示。

①在△ABC 中作一条水平线 AD,先由 $a'd'$ // X,作出 ad;

②作新轴 $X_1 \perp ad$,由换面法的作图步骤,求出△ABC 的新投影 $a_1'b_1'c_1'$,此投影具有积聚性;

③积聚性投影 $a_1'b_1'c_1'$与 X_1轴的夹角反映△ABC 的 α 倾角。

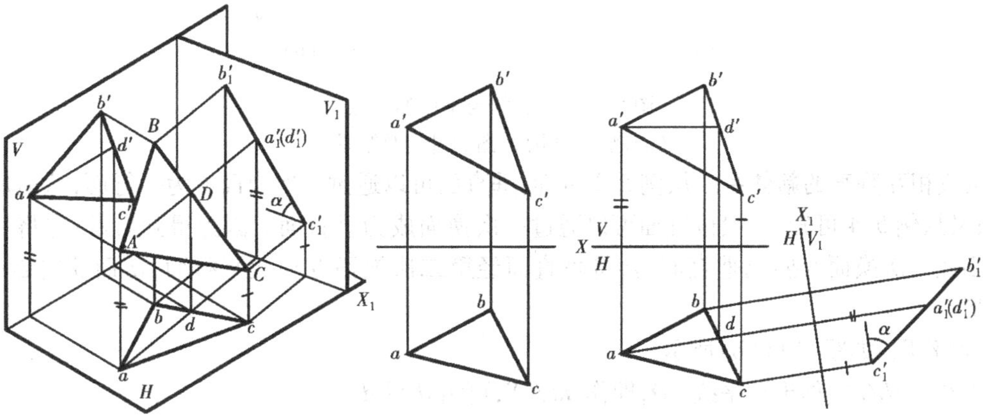

(a)　　　　　　(b)

图5.9　用换面法求平面的倾角

(a)题目及立体图　(b)作图过程

例5.5　如图5.10(a)所示,求直线 EF 与△ABC 的交点 K。

解:(1)分析:由例5.4知:若将△ABC 变换成垂直面,则新投影具有积聚性,此时可由平面的积聚性投影,直接求出它与直线的交点;从题目的条件中可看出,△ABC 的 AB 边是水平线,所以需要建立新投影面 V_1垂直于 AB。

(2)作图:如图5.10(b)所示。

①由于AB 是水平线,所以作新轴 $X_1 \perp ab$,便可将△ABC 变换成正垂面,此时直线 EF 应随之变换;

②根据换面法作图步骤,求出△ABC 及直线 EF 的新投影 $a_1'b_1'c_1'$(积聚)及 $e_1'f_1'$。此时,便可直可接获取交点 k_1';

③将 k_1'返回到原投影体系中,由点 K 从属于直线 EF,得 k 及 k',便求出了交点的投影;

④判断出可见性即完成题目的要求。

2. 二次换面法的运用

例5.6　如图5.11(a)所示,求一般位置平面△ABC 的实形。

解:(1)分析:若直接设置新投影面平行△ABC,则新投影反映△ABC 实形。但由于△ABC 是一般位置面,与它平行的新投影面也一定是一般位置面,不能与原体系(V/H)之一的 V 面或

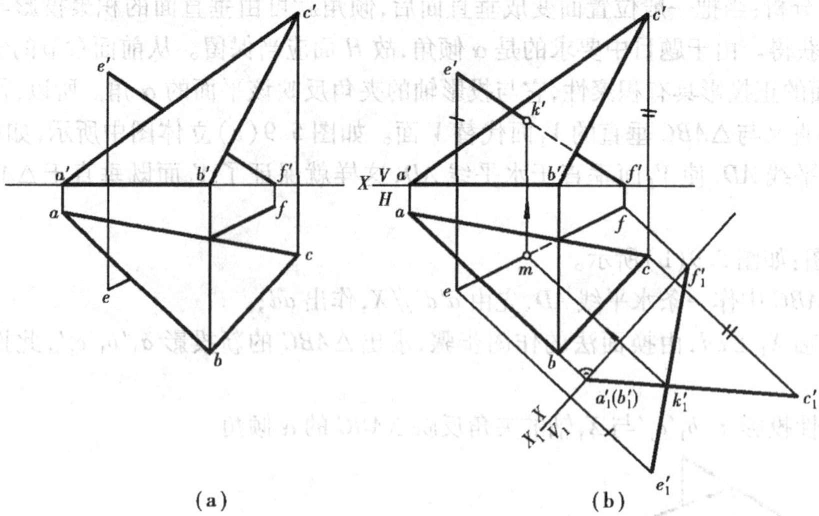

(a)　　(b)

图5.10　求直线与平面的交点

(a)题目　(b)作图的过程及结果

H 面构成相互垂直的新体系。从例5.2可知,垂直面可以通过一次换面成为平行面,从而反映实形;又从例5.4可知,一般位置面可以通过一次换面成为垂直面。因此得到启示:先将一般位置面经一次换面变换成垂直面,再将垂直面经第二次换面变换成平行面,从而获得$\triangle ABC$的实形。

(2)作图:如图5.11(b)所示。

①在$\triangle ABC$中作出正平线AD,即作$ad /\!/ X$,再由d得d';

②作一次换面的新轴$X_1 \perp a'd'$;

③由换面法作图步骤,求出$\triangle ABC$一次换面后在H_1面上的新投影$a_1b_1c_1$(具有积聚性);

④再作二次换面的新轴$X_2 /\!/ a_1b_1c_1$,再由换面法作图步骤,求出$\triangle ABC$在V_2面上的新投影$\triangle a_2'b_2'c_2'$,则该投影即反映$\triangle ABC$的实形。

例5.7　如图5.12(a)所示,求点C到一般位置直线AB的距离CD及投影cd、$c'd'$。

解:(1)分析:从前面例5.1及例5.3的求解中知道,当把一般位置直线变换成垂直线时,点到直线的距离,在积聚投影中可直接反映出来;如图5.12(a)所示,一般位置直线只能先变换成平行线后,才能再次变换成垂直线;在直线的二次变换过程中,点C是随之进行变换的。

(2)作图:如图5.12(b)所示。

①作一次换面的新轴$X_1 /\!/ ab$,将直线AB变换成一平行线(正平线),此时点C随之变换;

②由换面法作图步骤,求出直线AB在V_1面的新投影$a_1'b_1'$及c_1';

③再作二次换面的新轴$X_2 \perp a_1'b_1'$,使直线AB变换成垂直线(铅垂线),此时点C也随之变换;

④再由换面法作图步骤,求出直线AB及点C在H_2面上的投影a_2b_2(积聚)及c_2,将积聚点a_2b_2与c_2连线,即获得所求点C到直线AB的距离CD在H_2面上的投影c_2d_2,c_2d_2反映距离CD的实长。

⑤此时,由于$CD \perp AB$,故在V_1/H_2体系中直线CD为H_2面的平行线。作$c_1'd_1' /\!/ x_2$,再由点D从属于直线AB,就可逐步返回求出直线CD的H面及V面投影。

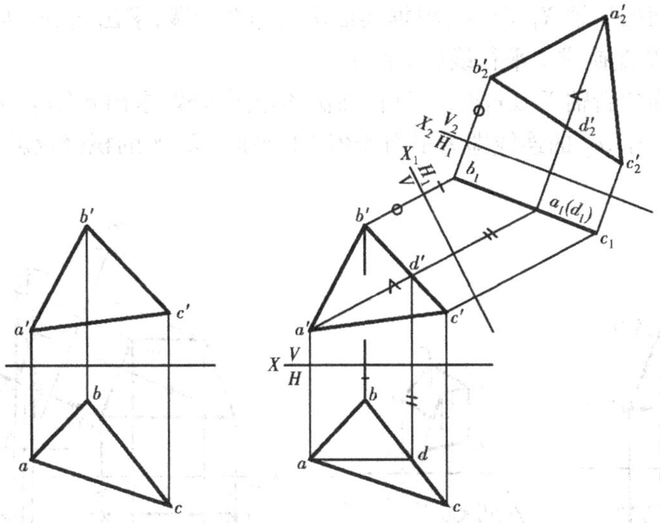

(a) (b)

图5.11 求一般位置平面△*ABC*的实形

(a)题目 (b)作图的过程及结果

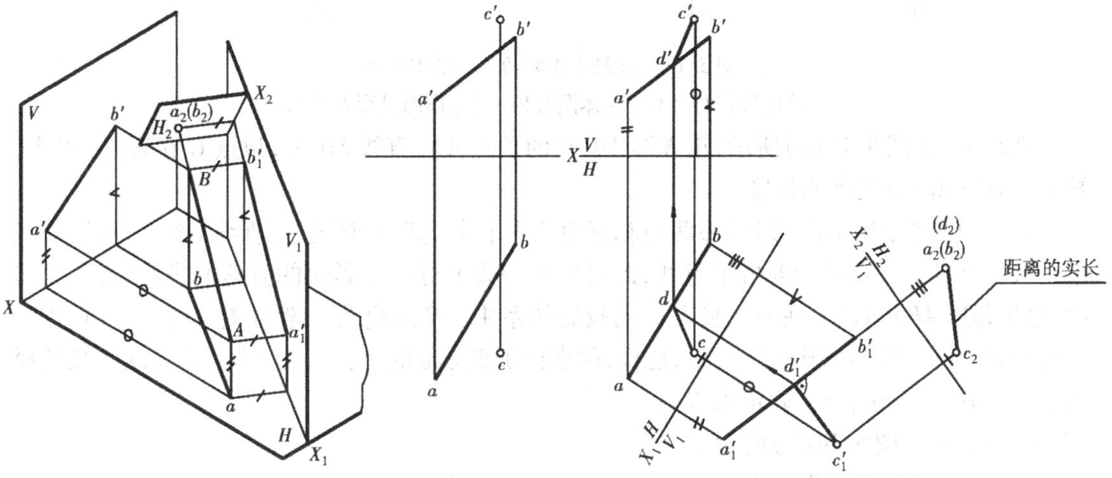

(a) (b)

图5.12 求点到直线的距离

(a)题目及立体图 (b)作图的过程及结果

例5.8 如图5.13(a)所示，已知由四个梯形平面组成的漏斗，求漏斗相邻两平面*ABCD*和*CDEF*的夹角θ。

解:(1)分析:如图5.13(b)所示，只要将两平面同时变换成同一投影面的垂直面，也就是将它们的交线*CD*变换成投影面的垂直线时，两个平面积聚投影线段间的夹角，就反映出这两个平面间的真实夹角；由于平面*ABCD*与平面*CDEF*的交线是一般位置直线*CD*，由前例知道，要将它变换成垂直线需要经过两次变换；由于直线及直线外一点可确定一个平面，所以对于平面*ABCD*和平面*CDEF*，只需变换共有的交线*CD*以及平面*ABCD*上的点*A*和平面*CDEF*上的点*E*，无须变换整个平面。

(2)作图:如图5.13(c)所示。

①作一次换面的新轴 $X_1 // c'd'$，根据换面法的作图步骤，求出 c_1、d_1、b_1、e_1 并连接 c_1d_1，此时，共有的交线 CD 变换成了平行线（水平线）；

②作二次换面的新轴 $X_2 \perp c_1d_1$，根据换面法的作图步骤，求出 c_2'、d_2'、a_2'、e_2'，这时 c_2'、d_2' 具有积聚性，它与 a_2'、e_2' 的连线即为平面 $ABCD$ 和平面 $CDEF$ 的积聚投影，即反映出了两平面的夹角 θ。

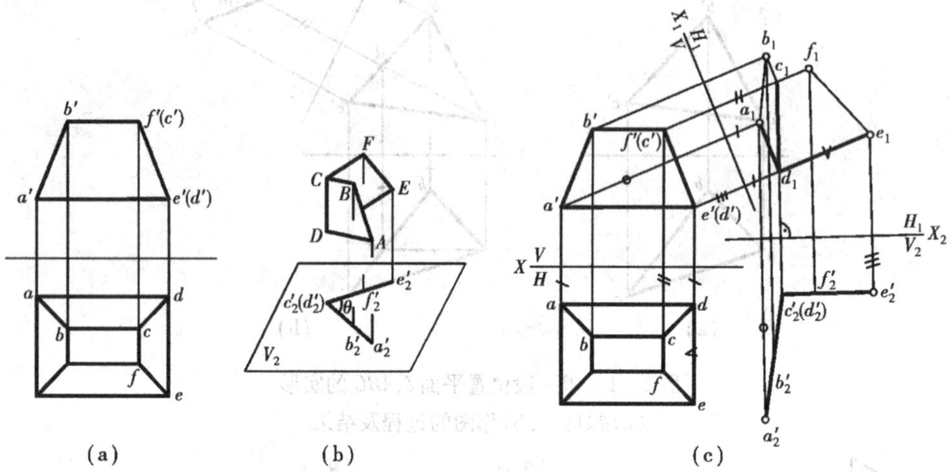

图 5.13　求漏斗相邻两平面的夹角 θ

(a)已知条件　(b)立体图分析　(c)作图过程及结果

例 5.9　如图 5.14(a)所示，正方形 $ABCD$ 的顶点 A 在直线 SH 上，顶点 C 在直线 BE 上，补全正方形 $ABCD$ 的两面投影。

解：(1)分析：因为正方形相邻两边相互垂直并相等，其中 BC 边在直线 BE 上，所以需经过一次换面，将直线 BE 变换成平行线；此时可按一边平行于投影面的直角的投影特性，求出 BC 边相邻边 AB 的投影；在一次换面后的投影体系中，AB 边仍为一般位置直线，故应再作第二次换面，只将 AB 边变换成平行线，这样，就求出了正方形的边长。在直线 BE 反映实长的投影中，由 AB 等于 BC，便可确定出 C 点。

(2)作图：如图 5.14(b)所示。

①将直线 BE 变换成平行线，求出顶点 A 和 AB 边：作一次换面的新轴 $X_1 // be$，根据换面法的作图步骤，求出 b_1'、e_1'、s_1'、h_1'，并且连接 $b_1'e_1'$ 和 $s_1'h_1'$ 线段，此时，已将直线 BE 变换成了正平线，由直角投影定理作 $a_1'b_1' \perp b_1'e_1'$，求出点 a_1' 及线段 $a_1'b_1'$；

②进行第二次换面，此时，只需将 AB 边变换成平行线：作新轴 $X_2 // a_1'b_1'$，根据换面法的作图步骤，求出线段 a_2b_2，为反映正方形边长的实长投影（即 $AB = a_2b_2$）；

③由 $a_2b_2 = b_1'c_1'$（即 $AB = BC$），得到 c_1' 点，再由点 C 从属于直线 BE，点 A 从属于直线 SH，逐次返回原投影体系中，根据正方形的几何性质：对边平行并且相等，便可求出正方形 $ABCD$ 的投影。

例 5.10　如图 5.15(a)所示，已知点 K 到 $\triangle ABC$ 的距离为 10 mm，求点 K 的水平投影 k。（此例题与例 4.17 相似）

解：(1)分析：从前面的例 5.4 中我们知道，一般位置平面可以经过一次换面变换成为垂直面；当平面在新投影面上的投影具有积聚性时，平面外一点到平面的距离，就会在平面具有

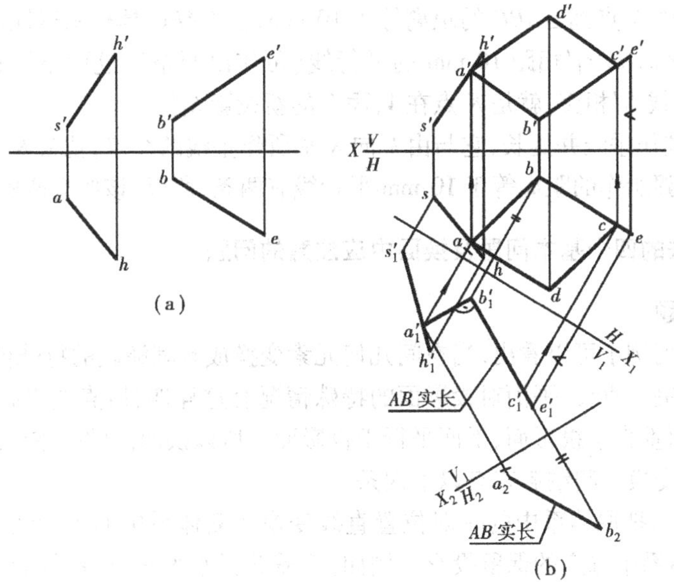

图 5.14　补全正方形 *ABCD* 的投影

(a)已知条件　(b)求解过程

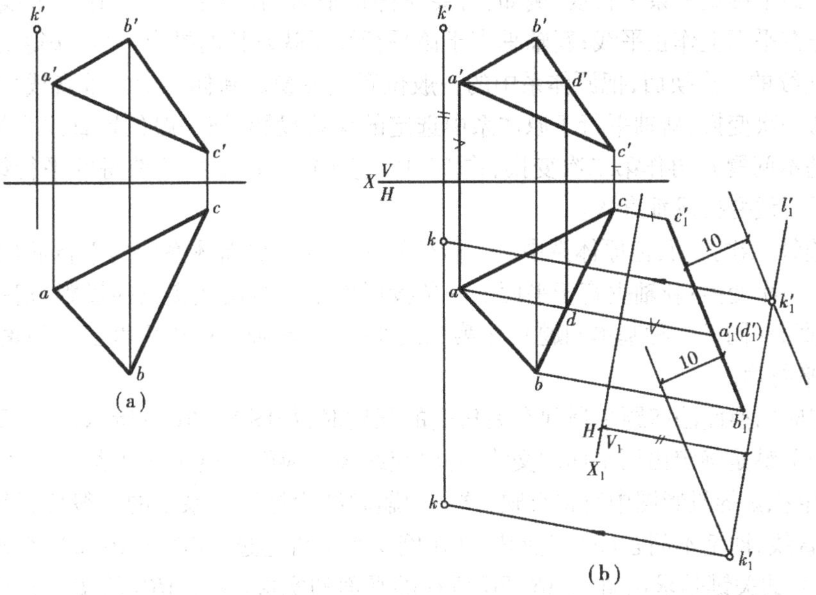

图 5.15　已知 *K* 点到△*ABC* 的距离为 10 mm，求投影 *k*

(a)已知条件　(b)求解过程

积聚性的投影中直接反映出来。

(2)作图：如图 5.15(b)所示。

①进行一次换面，将△*ABC* 变换成投影面的垂直面：先在△*ABC* 上作水平线 *AD*，作新轴 $X_1 \perp ad$，根据换面法的作图步骤，作出△*ABC* 在新投影面 V_1 上的投影 $a_1'b_1'c_1'$，此投影具有积聚性，*K* 点在 V_1 面上的投影，只能根据 *K* 点的旧投影到旧轴的距离等于新投影到新轴的距离，画出一条平行于 X_1 轴的直线 l_1'；

②根据已知条件 K 点到△ABC 的距离等于 10 mm，在△ABC 具有积聚性的投影面（V_1面）上，作与积聚性投影 $a_1'b_1'c_1'$相距 10 mm 的平行线（可作出两条），这两条平行线与前面作的平行与 X_1轴的平行线 l_1'相交，就是 K 点在 V_1面上的新投影 k_1'；

③由 k_1'向 X_1轴作垂线并延长，它与由 k'向 X 轴所作垂线的交点，就为 K 点的水平投影 k；

④由于第②步骤所作的距离等于 10 mm 平行线有两条，所以，该题有两解。

5.2.4 换面法的四个基本问题及换面中应注意的问题

1. 四个基本问题

从上述的一系列例子可以看出，当空间几何元素变换成有利解题的特殊位置时，其定位和度量问题就容易解决。直线、平面对投影面的特殊情况有这样四种：直线平行于投影面，直线垂直于投影面；平面垂直于投影面，平面平行于投影面。所以换面法的基本问题就是围绕这四种情况进行的投影变换。归纳起来有以下四条：

(1)用一次换面，把原体系中的一般位置直线变换成新体系中的平行线（如例 5.1）。此时，新轴平行于原体系中选定的保留投影。例如：若需获得水平线，保留投影为直线的正面投影；若需获得正平线，保留投影为直线的水平投影。

(2)用一次换面，把原体系中的一般位置平面变换成新体系中的垂直面（如例 5.4）。此时，应先在平面上确定一条平行线，例如：若要获得正垂面，需先在平面上作水平线；若要获得铅垂面，需先在平面上作正平线；新轴垂直于该平行线反映真长的投影，便可获得所需垂直面。

(3)用连续的二次换面，把原体系中的一般位置线变换成新体系中的垂直线（如例 5.7）。此时，先作第一次变换：新轴平行于原体系中选定的保留投影，把一般位置直线变换成平行线（同第一种基本问题）；再作第二次变换：作新轴垂直于第一次变换后获得的平行线反映真长的投影，把平行线变换成垂直线。

(4)用连续二次换面，把原体系中的一般位置平面变换成新体系中的平行面（如例 5.6）。此时，先作第一次变换：新轴垂直于平面上一条投影面平行线反映实长的投影，把一般位置平面变换成垂直面（同第二种基本问题）；作第二次变换：作新轴平行于垂直面的积聚投影，把垂直面变换成平行面。

例如，在应用换面法解题中遇到有关角度的问题时：如图 5.16(a)所示，欲求两平面的夹角 Φ，换面的关键是确定出两平面的交线，并将交线经过换面变换成垂直线。此时，夹角 Φ 必定在交线产生积聚的投影图中直接反映，这一问题归结为把原体系中的一般位置线变换成新体系中的垂直线，即基本问题(3)，此问题已在例 5.8 中讲述过；如图 5.16(b)，欲求两直线间的夹角 θ，换面的关键是求出直线 AB、BC 所在的平面的实形（求△ABC 的实形），即可获得夹角 θ 的真实大小，这一问题归结为基本问题(4)；如图 5.16(c)，欲求直线与平面的倾角 θ，可先过直线上的一点向平面作垂线，把求直线与平面倾角 θ 的问题，转换成求该直线与垂线的夹角 Φ，Φ 与 θ 的关系是互为余角，此时求解的方法与图 5.16(b)相同，仍然归结为基本问题(4)。

又例如，在应用换面法解题中遇到有关距离的问题时：如图 5.17(a)所示，欲求点到直线的距离，换面的关键是将直线变换成垂直线，在直线具有积聚性的投影中距离可直接反映出来，这一问题归结为基本问题(3)，此问题已在例 5.7 中讲述过；如图 5.17(b)，欲求交叉两直线间的公垂线或距离，换面的关键是将其中一条直线变换成具有积聚性投影的垂直线，在该投

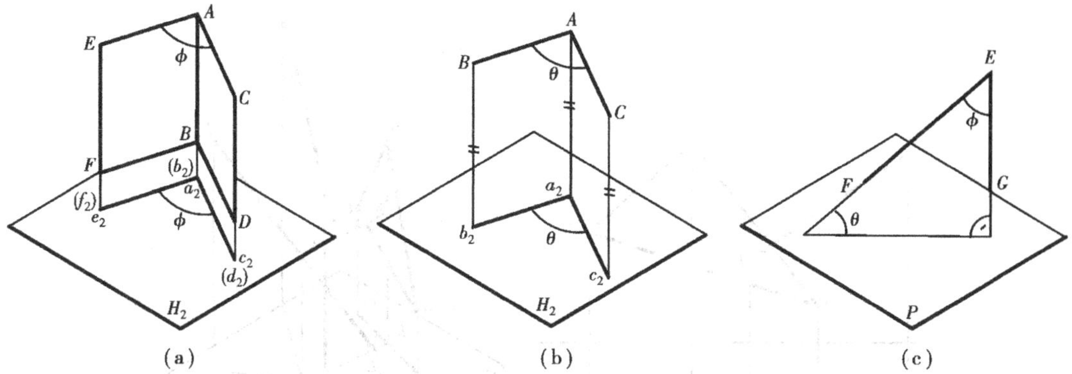

图 5.16　有关夹角的问题

(a)求两平面的夹角　(b)求两直线的夹角　(c)求直线与平面的倾角

影中公垂线或距离可直接反映出来，这一问题归结为基本问题(3)；如图5.17(c)，欲求点到平面的距离，换面的关键是将平面变换成具有积聚性投影的垂直面，这一问题归结为基本问题(2)，此问题已在例5.10中讲述过。

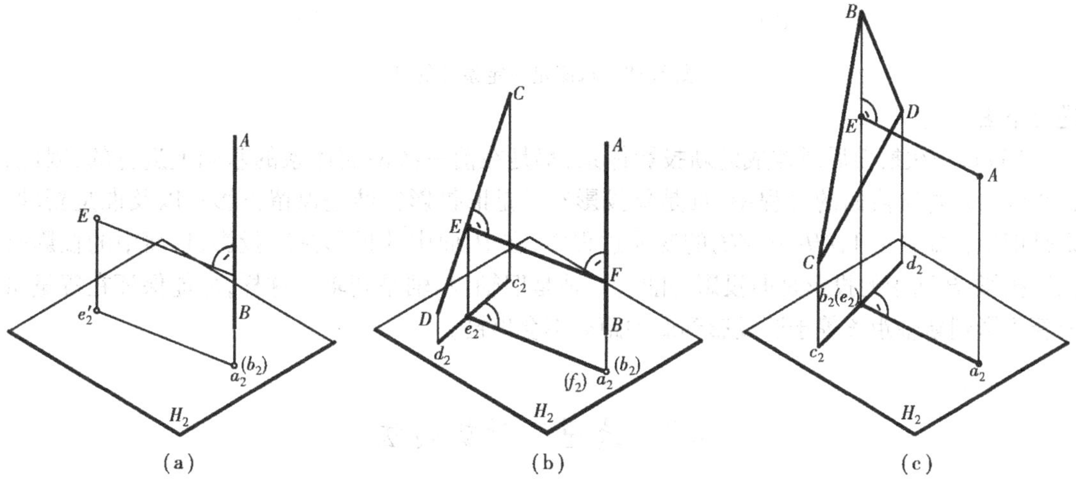

图 5.17　有关距离的问题

(a)求点到直线的距离　(b)求交叉两直线的距离(公垂线)　(c)求点到平面的距离

如图5.18(a)所示，要求在直线 EF 上找出一点 K，使它到 $\triangle ABC$ 的距离为定长 L。此时换面的关键是，首先将平面变换成具有积聚性投影的垂直面，在该投影中作一个与已知平面 $\triangle ABC$ 距离为 L 并且相互平行的辅助平面 Q，而直线 EF 与辅助平面 Q 的交点，即为所求 K 点，如图5.18(b)。

通过对以上几类问题的分析，不难总结出，空间几何问题的求解，均可归结为利用这四个基本问题来解决。

2. 在用换面法解题时应注意的一些问题

(1)在换面过程中，每次只能变换一个投影面，新的投影面必须与保留投影面垂直，使之构成一个新的投影体系。如 $V/H \to V_1/H$ 或 $V/H \to V/H_1$，决不能一次同时变换两个投影面。

(2)换面时要交替进行，即第一次以 V_1 面代替 V 面，第二次必须以 H_2 面代替 H 面，若还须继续变换下去，则第三次以 V_3 面代替 V_1 面，……，即由 $V/H \to V_1/H \to V_1/H_2 \to V_3/H_2$……的交替

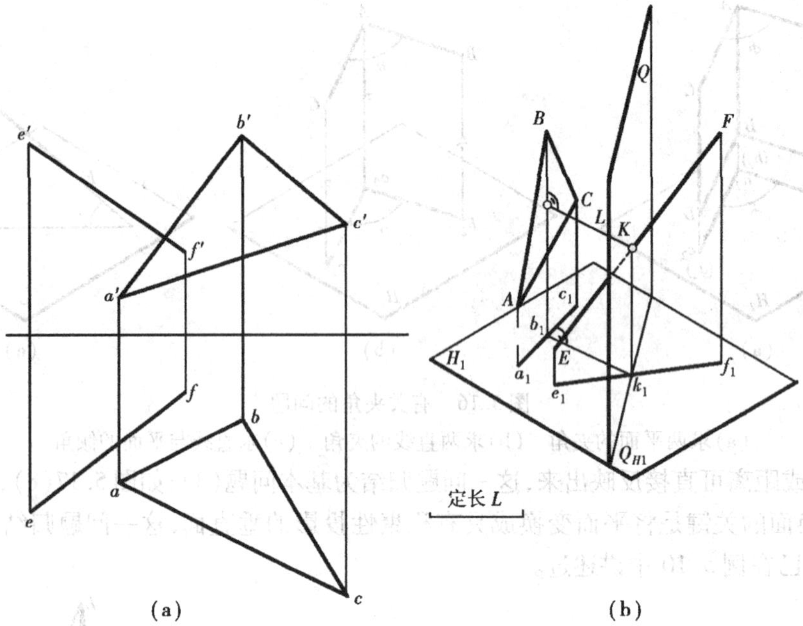

图 5.18　求满足一定条件的点

进行下去。

(3)每一次换面后所构成的新投影体系，都是在前一次两面体系的基础上进行的，因此，必须弄清楚每次换面的过程中，谁是新投影？谁是旧投影？谁是保留投影？以及谁是新轴？谁是旧轴？如在由 $V_1/H \rightarrow V_1/H_2$ 的变换过程中，在 H_2 面中的投影是新投影，V_1 面中的投影是保留投影，H 面中的投影是旧投影；此时，X_1 轴是旧轴，X_2 轴是新轴。这样，才能保证在等量量取新投影到新轴距离等于旧投影到旧轴距离不会出错。

5.3　绕垂直轴旋转法

投影变换的另一种常用方法是绕垂直轴旋转法：保持原投影体系不动，将选定的空间几何元素绕一垂直于投影面的轴旋转一个角度，使之与另一投影面处于有利解题的位置。此时，将问题所涉及的其他几何元素，按“绕同一条轴，按同一方向，旋转同一角度”的“三同”原则，求出各几何元素旋转到新位置的投影，以利于解题。在绕垂直轴旋转法的投影变换中，选择什么样的垂直轴，是有利于解题的关键所在。

5.3.1　旋转轴的选择

如图 5.19 所示，直线 AB 对 H 面倾角为 α，绕垂直于 H 面且过 A 点的 OO 轴旋转。过 B 点向 OO 轴作垂线，得直角 $\triangle ABO$，其中 $\angle ABO = \alpha$。当 AB 旋转至 AB_1 位置时（$AB_1 /\!/ V$ 面），有 $\angle AB_1O = \angle ABO = \alpha$，即是：直线 AB 在绕 OO 轴的旋转过程中，它对 H 面的倾角 α 没有改变；在 H 投影面上，有 $ab = ab_1$，即是：旋转前后直线 AB 的水平投影长度也没有改变；在 V 投影面上，直线在新位置 AB_1 的投影 $a'b_1'$ 反映真长。由此可知：如果要保持直线或平面的水平倾角 α

不变,必须选垂直于 H 面的旋转轴;要保持直线或平面的正面倾角 β 不变,必须选垂直于 V 面的旋转轴。

5.3.2　点的旋转

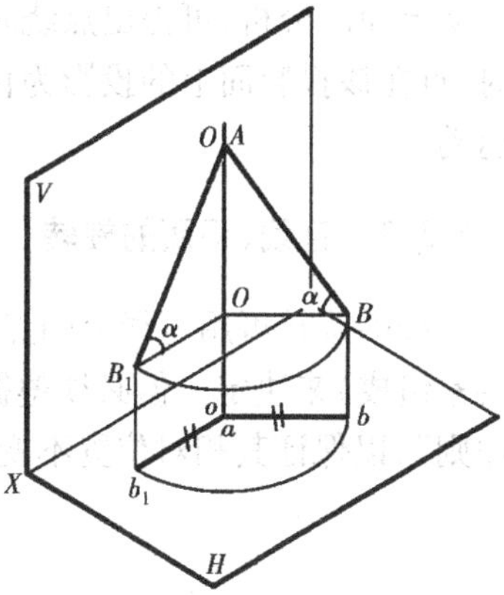

图5.19　绕垂轴旋转时的倾角

如图5.20(a)所示,当点 A 绕过 O 点的正垂轴旋转时,其轨迹为一正平圆线,该圆所在的平面称为旋转平面,它必定垂直于旋转轴并平行于 V 面。因此,轨迹圆的 V 面投影反映实形,其圆心 O' 为旋转轴 OO 的投影,轨迹圆投影的半径 $O'a'$ 等于旋转半径 OA;轨迹圆的 H 面投影积聚为一条平行于 X 轴的线段,长度等于轨迹圆的直径。当点 A 绕 OO 轴旋转 θ 角到达 A_1 位置时,A 点的正面投影同样旋转 θ 角,形成 $a'a_1'$ 圆弧,其水平投影则沿 X 轴的平行线方向移动,为一线段 aa_1,如图5.20(b)。

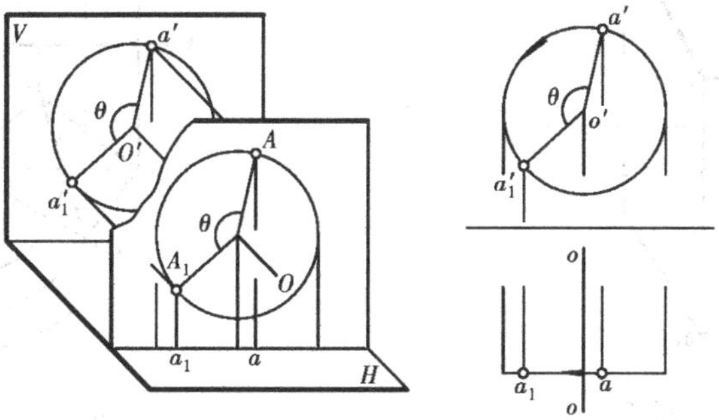

(a)　　　　(b)

图5.20　点绕正垂线旋转

(a)立体图　(b)投影图

如果点绕铅垂轴旋转,则旋转平面平行于 H 面,如图5.21所示。轨迹圆的 H 面投影反映实形,旋转半径等于轨迹圆投影的半径(即 $OA = oa$),而它的 V 面投影则积聚为一条平行于 X 轴的线段,其长度为轨迹圆直径。

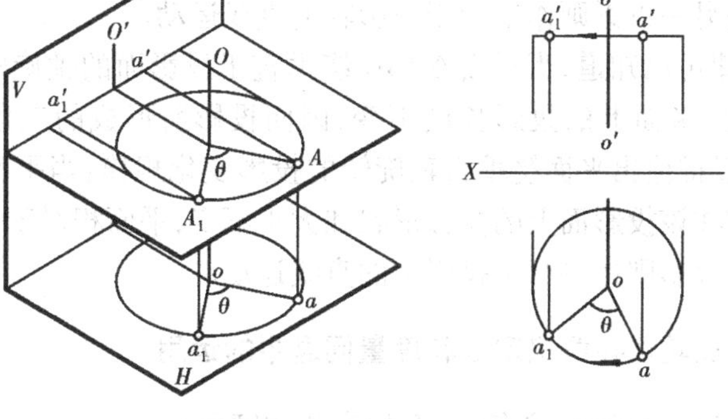

(a)　　　　(b)

图5.21　点绕铅垂线旋转

(a)立体图　(b)投影图

从上面的分析,可得出点绕垂直轴的旋转投影变换规律:当点绕垂直于某一投影面的轴旋转时,点在该投影面上的投影为作圆周运动,在另一投影面上的投影则在作平行于投影轴的直线运动。

5.3.3 直线、平面的旋转

直线的旋转可用直线上两点的旋转来决定,平面则由不在同一直线上的三点(或其他几何要素组成)来决定。但必须遵循这样的原则:即绕同一轴、按同一方向,旋转同一角度的"三同原则",以保证其相对位置不变。

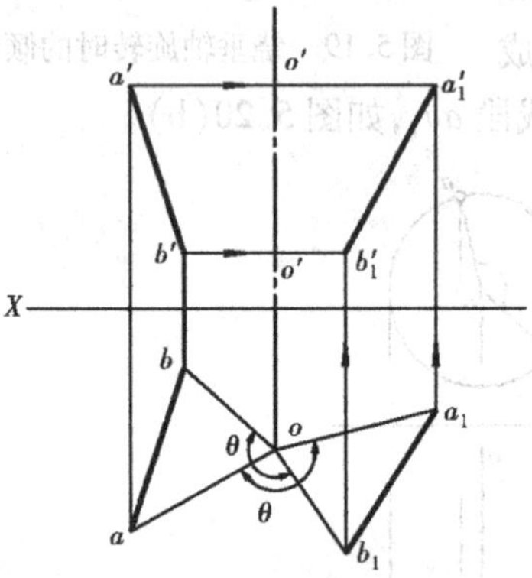

图 5.22 线段的旋转

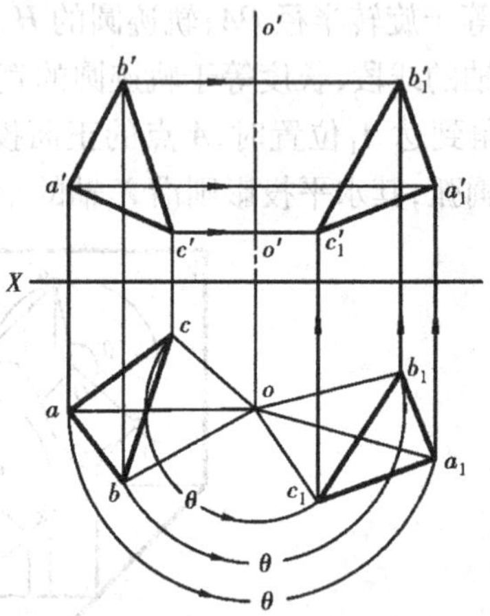

图 5.23 平面的旋转

如图 5.22 所示,为一般位置直线 AB 绕铅垂轴 OO 按逆时针方向旋转 θ 角的情况。此时,直线两端点的水平投影分别作逆时针方向旋转 θ 角的圆周运动,同时,直线两端点的正面投影亦分别作平行于 X 轴的直线移动,由此得到线段的新投影 a_1b_1 及 $a_1'b_1'$。

观察水平投影,不难证明出 $\triangle abo \cong \triangle a_1b_1o$、$ab = a_1b_1$。这即是说直线绕铅垂轴旋转时,其水平投影长度不变。同理,可推论出:直线如果绕正垂轴旋转,则直线的正面投影长度不变。

综上所述,再结合 5.3.1 的分析,得出直线绕垂直轴旋转的投影变化规律为:当直线绕垂直于某一投影面的轴旋转时,直线在该投影面上的投影长度不变,直线相对于该投影面的倾角也不变;直线上各点的另一投影则作平行于投影轴的直线运动。

由直线的旋转规律可以知道,当平面 $\triangle ABC$ 绕垂直于投影面的轴旋转时(图 5.23),其三边 AB、BC 和 CD 在该投影面上的投影长度不变,因而投影所形成的三角形形状不变。结合 5.3.1的分析,由此可以推论出平面绕垂直轴旋转的投影变化规律:当平面图形绕垂直于某一投影面的轴旋转时,它在该投影面上的投影形状和大小不变,平面相对于该投影面的倾角也不变;平面上各点的另一投影则作平行于投影轴的直线运动。

5.3.4 绕垂直轴旋转法在解决定位和度量问题中的运用

例 5.11 如图 5.24(a)所示,求直线 AB 的实长和倾角 α。

解:(1)分析:欲求水平倾角,旋转时应保持水平倾角不变,如图 5.19 所提示的,应选择垂直于 H 面的旋转轴;令旋转轴过 A 点,在旋转过程中 A 点将不动,只需将 B 点旋转。

(2)作图:如图 5.24(b)所示。

①在水平投影图中，以 a 为圆心，ab 为半径作 bb_1 圆弧，使 $ab_1 /\!/ x$；

②在正投影图中，由点的旋转规律，B 点正投影应作平行于投影轴的直线移动，即由 $b' \to b_1'$，$b'b_1' /\!/ x$，得 b_1'；

③连 $a'b_1'$ 即获得反映 AB 直线实长的投影；$a'b_1'$ 与 X 轴夹角，即为所求倾角 α。

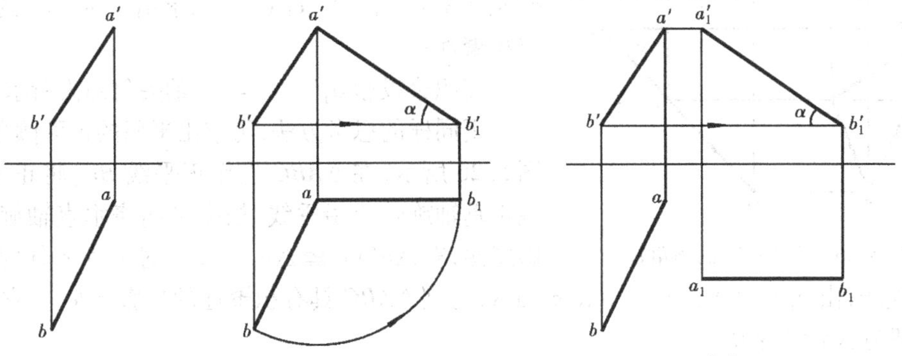

图 5.24　求直线的实长及倾角 α

(a)已知条件　(b)绕过的 A 点铅垂轴旋转为正平线　(c)绕不指名铅垂轴旋转为正平线

图 5.24(b)中旋转轴的位置很明显，在应用时旋转轴经常无须指明，而图 5.24(c)则表示了一般位置直线 AB 绕不指明位置的铅垂轴旋转成正平线的情况。由于保证了旋转时其水平投影长度不变，正面投影高差不变，故旋转后的正投影反映该直线实长和倾角。由此可见，当旋转轴性质不变，仅改变其位置，对旋转后的结果是没有影响的。在解题中，为了使图面更加清晰，常采用不指明轴的旋转法。

例 5.12　如图 5.25 所示，求平面△ABC 的倾角 α。

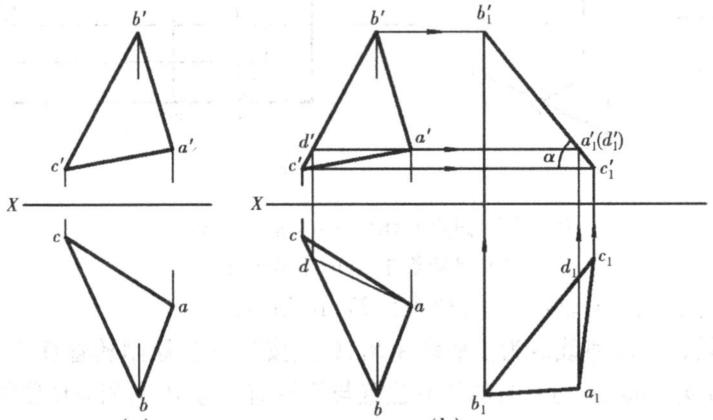

图 5.25　求△ABC 的倾角 α

(a)已知条件　(b)作图过程及结果

解：(1)分析：由于需要求出平面的水平倾角 α，所以必须绕铅垂轴旋转；若要将一般位置面旋转成正垂面，则必须将属于△ABC 的一条水平线旋转为正垂线。

(2)作图：用绕不指明轴旋转法，如图 5.26 所示。

①在△ABC 中作水平线 AD，由 $a'd' /\!/ X$，$a'd' \to ad$；

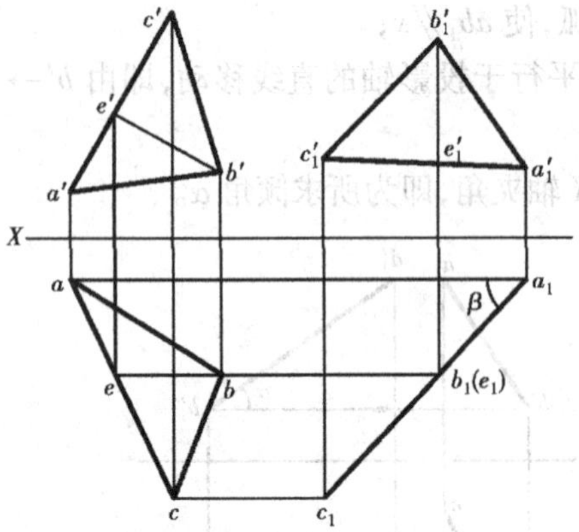

图5.26　求△ABC的倾角β

②将 AD 绕铅垂轴旋转成正垂线的同时(即 $a_1d_1 \perp X$),用 $\triangle abc \cong \triangle a_1b_1c_1$ 求出 $\triangle ABC$ 新的水平投影 $\triangle a_1b_1c_1$;

③过 a'、b'、c' 分别作平行于 X 轴的直线,并以 $a_1'a_1 \perp X$、$b_1'b_1 \perp X$、$c_1'c_1 \perp X$,求出 $a_1'b_1'c_1'$,此投影具有积聚性;

④积聚投影 $a_1'b_1'c_1'$ 与 X 轴夹角即为所求 α。

用同样的思考方法,可求出平面的正面倾角 β。如图5.26所示,在 $\triangle ABC$ 上作正平线 BE,将正平线 BE 绕正垂轴旋转成铅垂线,根据平面绕垂直轴旋转的投影规律,有 $\triangle a'b'c' \cong \triangle a_1'b_1'c_1'$,过 a、b、c 分别作平行于 X 的直线,由 $a_1a_1' \perp X$、$b_1b_1' \perp X$、$c_1c_1' \perp X$,得到 $\triangle ABC$ 具有积聚性的投影 $a_1b_1c_1$,它与 X 轴的夹角即为 $\triangle ABC$ 的 β。

例5.13　如图5.27(a)所示,过点 C 作直线 CD 与 AB 垂直相交,求 CD。

解:(1)分析:当直线 AB 垂直于某一投影面时,由于 $AB \perp CD$,直线 CD 一定平行于该投影面,且反映实长,同时,在该投影面上的投影反映出 $AB \perp CD$ 的直角。因此,需将直线 AB 旋转成垂直线;而一次旋转只能将一般位置直线旋转成平行线(如例5.11),还需将平行线再次旋转成垂直线,所以本例应进行二次旋转。

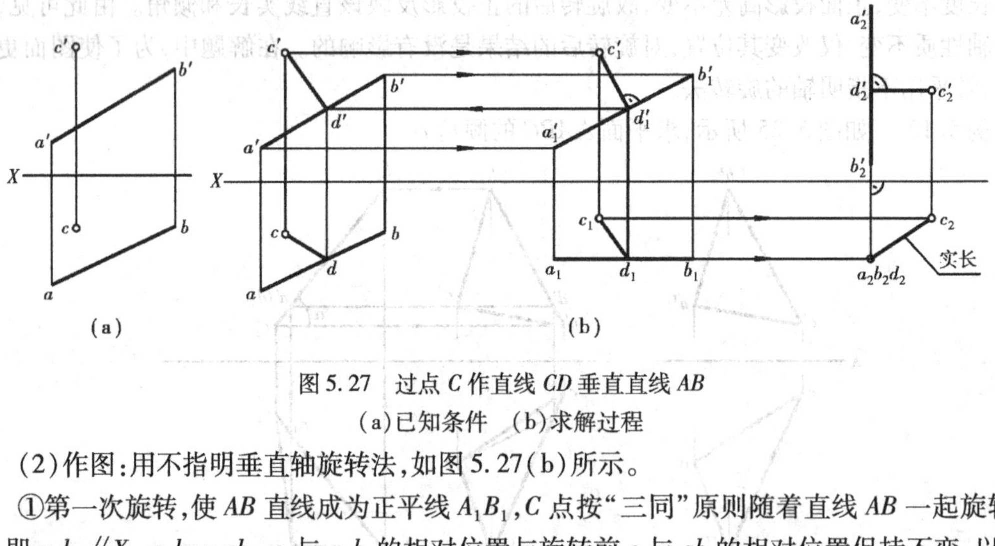

图5.27　过点C作直线CD垂直直线AB

(a)已知条件　(b)求解过程

(2)作图:用不指明垂直轴旋转法,如图5.27(b)所示。

①第一次旋转,使 AB 直线成为正平线 A_1B_1,C 点按"三同"原则随着直线 AB 一起旋转至 C_1:即 $a_1b_1 /\!/ X$,$a_1b_1 = ab$;c_1 与 a_1b_1 的相对位置与旋转前 c 与 ab 的相对位置保持不变,以点、直线绕垂直轴旋转的规律,作出 $a_1'b_1'$ 及 c_1';

②第二次旋转,使 A_1B_1 直线变换成铅垂线 A_2B_2,C_1 点按"三同"原则随 A_1B_1 一起旋转:即 $a_1'b_1' = a_2'b_2'$,$a_2'b_2' \perp X$;c_2' 与 $a_2'b_2'$ 的相对位置与旋转前 c_1' 与 $a_1'b_1'$ 的相对位置保持不变,$c_2'c_2 \perp X$,同样以点、直线绕垂直轴旋转的规律,作出 a_2、b_2 及 c_2;

③过点 C 作直线 CD 垂直于 AB:由于此时 a_2b_2 已积聚,它与 c_2 的连线 c_2d_2 就是反映垂线 CD 实长的投影,其正投影平行 X 轴($c_2'd_2' /\!/ X$);

④按旋转前后旋转轴所垂直投影面中的投影,其相对位置不变的规律,同时,由 D 点是属

于 AB 直线上的，逐次返回，求出 D 点的各个投影 d_1、d_1'，d、d'，与 C 点同名投影的连线就是距离的各个投影。

例 5.14 如图 5.28(a)所示，求一般位置平面△ABC 的实形。

解：(1)分析：为求△ABC 实形，需将△ABC 旋转成平行平面。在两面体系中，平行面的倾角一个为 90°，一个为 0°。从例 5.12 中可获得启示：先用一次旋转将△ABC 旋转成垂直面，产生一个具有 90°倾角的积聚投影，保持这个 90°倾角不变(在投影图中体现为积聚投影不变)，再进行一次旋转，产生另一个倾角为 0°的投影，该投影反映△ABC 的实形。

(2)作图：如图 5.28(b)所示，综合运用不指明垂直轴和指明垂直轴旋转法。

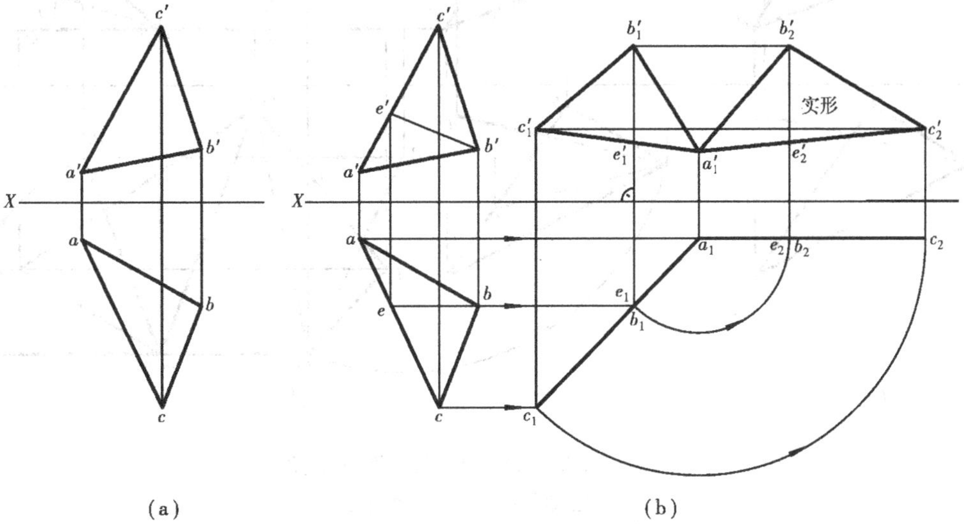

图 5.28 求一般位置平面△ABC 的实形

(a)已知条件 (b)求解过程

①第一次旋转，绕过不指明的正垂轴，将△ABC 旋转成铅垂面：作图方法同例 5.12，产生 $c_1'a_1'b_1'c_1'a_1'b_1'$ 具有积聚性的正面投影 $a_1b_1c_1$ 及△$a_1'b_1'c_1'$；

②第二次旋转，绕过 A 点的铅垂轴旋转，将积聚投影 $a_1b_1c_1$ 旋转至平行于 X 轴的位置，即 $a_2b_2c_2 /\!/ X$。由平面绕垂直轴旋转的规律，作出△$a_2'b_2'c_2'$，即为△ABC 实形。

例 5.15 如图 5.29(a)，求直线 AE 与平面△ABC 的夹角 θ。

解：(1)分析：可以把平面△ABC 通过两次旋转，使它变换成平行面。此时，直线 AD(其中 A 点是直线与平面的共有点)也随着平面进行旋转；在平面△ABC 反映实形的投影中，保持平面不动，只将直线 AD 绕垂直于平面△ABC 所平行投影面的轴(一条垂直轴)旋转，将直线 AD 旋转成另一投影面平行线，在这个直线 AD 所平行的投影面中，直线 AD 与平面△ABC 的夹角 θ，就可直接反映出来。

(2)作图：

①第一次旋转，将平面△ABC 旋转成垂直面：在△ABC 上作一条水平线 BE，绕不指明的铅垂轴将它旋转成正垂面，此时，直线 AD 随之进行旋转；

②第二次旋转，再将平面△ABC 旋转成平行面：将第一次旋转中平面△ABC 具有积聚性的投影，绕过 C 点的正垂轴旋转，把平面△ABC 旋转成水平面，此时，直线 AD 也随之进行旋转；

③第三次旋转，保持平面不动，只将直线 AD 绕过 A 点的铅垂轴旋转，使直线 AD 旋转成正平线。这时，直线 AD 反映实长的投影 $a_3'd_3'$ 与平面 $\triangle ABC$ 具有积聚性的投影 $a_2'b_2'c_2'$ 之间的夹角，即为题目所求的夹角 θ，如图 5.29(b)所示。

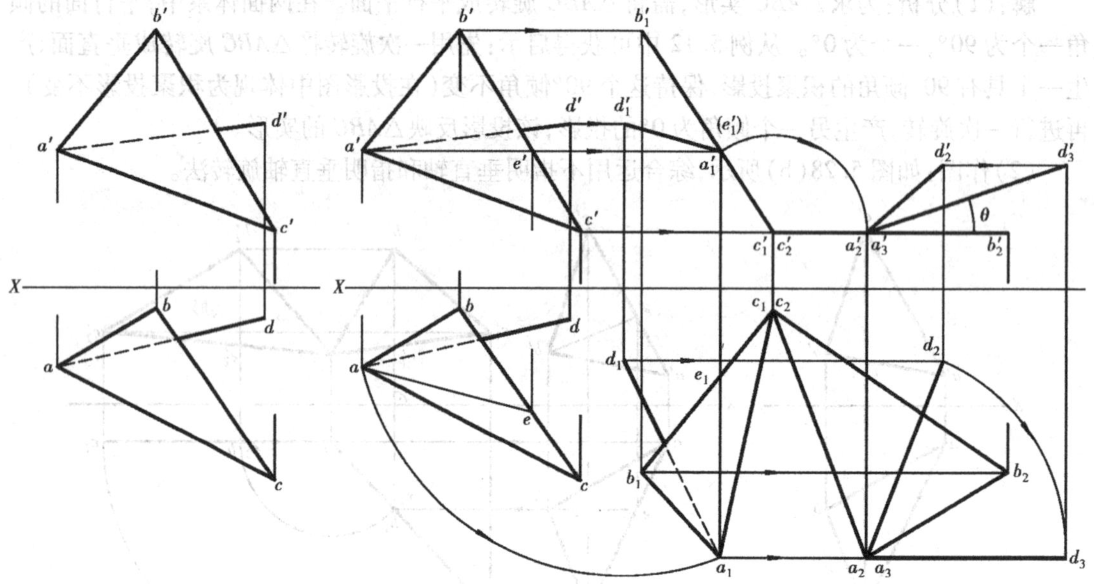

(a)　　　　(b)

图 5.29　求直线 AE 与平面 $\triangle ABC$ 的夹角 θ

(a)已知条件　(b)求解过程

5.3.5　垂直轴旋转法的四种基本问题及几点注意事项

1. 四个基本问题

(1)一般位置直线经一次旋转成为投影面平行线(如例 5.11)。将直线其中一个投影“不变”地旋转到平行于 X 轴的位置，另一投影始终作平行于 X 轴的“移动”，便获得直线反映实长的投影。

(2)一般位置平面经一次旋转成为投影面垂直面(如例 5.12)。先在平面上确定一条平行线，将这条平行线反映实长的投影“不变”地旋转到垂直于 X 轴的位置，此时，平面上其他各点与平行线的相对位置保持不变；另一投影始终作平行于 X 轴的“移动”，便获得平面反映积聚的投影。

(3)一般位置直线经两次旋转成为投影面垂直线(如例 5.13)。先作一次旋转：将一般位置直线旋转成平行线(同第一种基本问题)；再作二次变换：将平行线反映实长的投影“不变”地旋转到垂直于 X 轴的位置，另一投影始终作平行于 X 轴的“移动”，便获得直线反映积聚的投影。

(4)一般位置平面经两次旋转成为投影面平行面(如例 5.14)。先作一次旋转：将一般位置平面旋转成垂直面(同第二种基本问题)；再作二次旋转：将垂直面反映积聚的投影“不变”地旋转到平行于 X 轴的位置，另一投影始终作平行于 X 轴的“移动”，便获得平面反映实形的投影。

2. 在用绕垂直轴旋转法解决问题时还应注意到的几点问题

(1)当直线、平面进行旋转变换时,除点的旋转规律是基础外,它们对旋转轴所垂直投影面的倾角不变,在该投影面上的投影大小不变往往是解题的关键所在。无论是属于直线的两点,或是属于平面的点和直线,在旋转过程中,其相对位置必须保持不变。

(2)在具体作图时,虽然旋转轴的选择是关键,但在知道直线、平面的旋转规律后,就可按解题需要,直接将某面的投影"不变"地与投影轴处于有利解题的新位置,此时的旋转轴自然是该投影面的垂线。另一投影则作平行于投影轴的"移动"。

(3)旋转亦是交替进行的,第一次若是绕铅垂轴旋转,则第二次必须是绕正垂轴旋转,第三次又必须是绕铅垂轴旋转……以此类推。

复习思考题

1. 在正投影的情况下,投影变换是通过什么途径实现的?常用的方法有几种?
2. 在换面法中,新面设置的基本原则是什么?为什么要遵守这个原则?
3. 点的换面的规律是什么?
4. 试述换面的四个基本问题,在解题中如何运用?
5. 在绕垂直轴旋转法中,点、直线、平面的旋转规律是什么?
6. 若空间几何元素不止一个,在旋转过程中应注意什么?

第 6 章 平面立体

由各表面围成,占有一定空间的形体称为立体。凡各表面均由平面多边形围成的立体称为平面立体。基本的平面立体分为棱柱、棱锥和棱台等。

完成平面立体的投影,即是画出围成该立体的各点、直线和平面的投影。

注意:在立体的投影图中,一般不必对其表面的点、线、面标注字母,本书标注字母,仅为叙述方便。

6.1 棱柱与棱锥

6.1.1 棱柱

在一个平面立体中,如果有两个面互相平行且相等,其余每相邻两个面的交线均相互平行且相等,这样的平面立体称为棱柱。两个平行且相等的多边形为棱柱的底面,其余的面为棱柱的侧面或棱面,相邻两侧面的交线称为棱柱的侧棱或棱线。因为棱柱底面的边数与侧面数、侧棱数相等,所以底面是几边形,就称为几棱柱。两底面之间的距离为棱柱的高。

侧棱垂直于底面的棱柱为直棱柱,侧棱倾斜于底面的棱柱为斜棱柱;其中底边是正多边形的直棱柱称为正棱柱。

1. 直棱柱

如图 6.1 所示,下面以一直三棱柱为例进行讲解。

(1)直棱柱的特征

如图 6.1(a)所示:

①上、下底面是两个相互平行且相等的多边形,如图为等腰三角形;

②各个侧面都是矩形,如图一个较宽,两个较窄且相等;

③各条侧棱相互平行、相等,且垂直于底面。其长度为棱柱的高。

(2)直棱柱的安放

安放原则:为便于识图和画图,放置形体时,应使棱柱尽可能多的表面平行或垂直于某一投影面,以便于投影图中出现更多的反映物体表面实形的投影,或积聚投影。

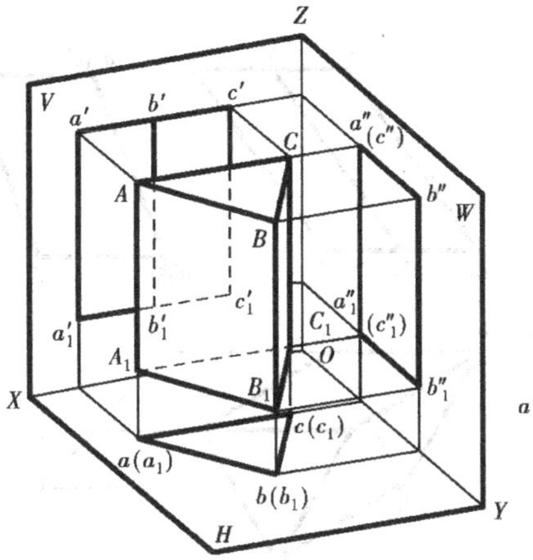

(a)

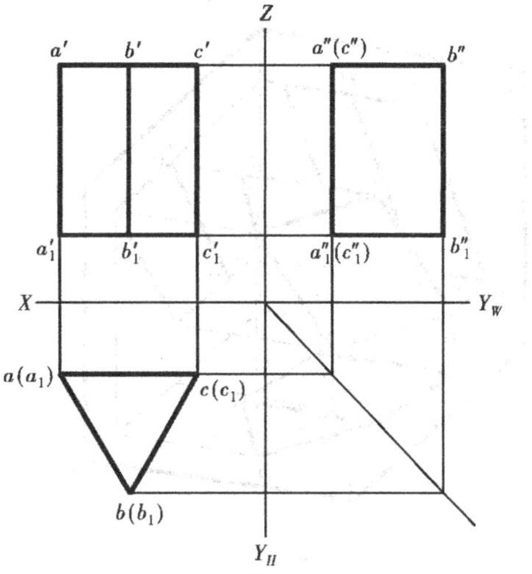

(b)

图6.1　直三棱柱的投影

(a)直观图　(b)投影作图

如图6.1(a)所示，放置三棱柱于三面投影体系中时，使三棱柱的两底面平行于 H 面，后侧面平行于 V 面，左、右二侧面垂直于 H 面。另外，当需要时，也可使两底面平行于 V 面或 W 面，而大侧面平行于 H 面。

(3)直棱柱的投影作图

完成直棱柱的三面投影，即是画出此直棱柱两底面和各侧面的三面投影，如图6.1(b)所示。

①画上、下底面的各投影。先画其实形投影，如图 H 面中的($\triangle abc$ 和 $\triangle a_1b_1c_1$；后画积聚投影，如图 V、W 面中的水平线段分别为 $a'b'c'$、$a_1'b_1'c_1'$ 和 $a''b''c''$、$a_1''b_1''c_1''$。

②画每条侧棱的各投影。如图中画出 AA_1、BB_1、CC_1 侧棱的三面投影。

③完成棱柱的投影作图。

(4)直棱柱的投影分析

直棱柱的 H、V、W 面各个投影，应包含该直棱柱所有表面的该面投影。如图6.1(b)所示，

水平面投影：为一个三角形，是三棱柱上、下底面的实形投影重合，其上底面可见，下底面不可见；三条边线，是棱柱三个侧面的 H 面积聚投影；三个顶点，是棱柱三条侧棱的 H 面积聚投影。

正面投影：为左右两个矩形合成的一个大矩形。左右矩形，是左右侧面的类似形投影且可见；大矩形，是后侧面的实形投影且不可见；大矩形的上、下边线，是棱柱上、下底面的积聚投影。

侧面投影：为一个矩形，是左、右侧面的类似形投影重合，其左侧面可见，右侧面不可见；矩形的上、下边线及左边线，是三棱柱上、下底面及后侧面的积聚投影；右边线，是前侧棱 BB_1 的 W 面投影。

2. 斜棱柱

如图6.2所示，下面以一斜三棱柱为例进行讲解。

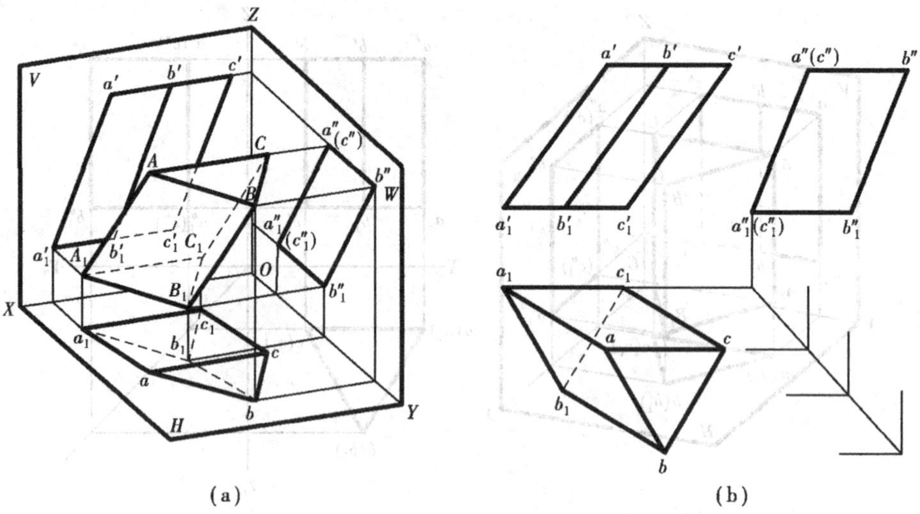

图6.2 斜三棱柱的投影

(a)直观图 (b)投影作图

(1)斜棱柱的特征

如图6.2(a)所示：

①上、下底面是两个相互平行，且相等的多边形，如图为等腰三角形；

②各个侧面都是平行四边形；

③各条侧棱相互平行、相等，且倾斜于底面。其长度不等于棱柱的高。

(2)斜棱柱的安放

安放原则同前。

如图6.2(a)所示，使此斜三棱柱的上、下底面平行于 H 面；后侧棱面垂直于 W 面；三条侧棱彼此平行，且与底面倾斜。

(3)斜棱柱的投影

完成斜棱柱的三面投影，即是画出此斜棱柱两底面和各侧面的三面投影。作图如图6.2(b)所示。

作图顺序：

①画上、下底面的各投影。先画其实形投影，如图 H 面中的 $\triangle abc$ 和 $\triangle a_1b_1c_1$；后画积聚投影，如图 V、W 面中的水平线段 $a'b'c'$、$a_1'b_1'c_1'$ 和 $a''b''c''$、$a_1''b_1''c_1''$。

②画每条侧棱的各投影。如图中画出 AA_1、BB_1、CC_1 侧棱的三面投影。

完成斜棱柱的投影作图。

(4)斜棱柱的投影分析

斜棱柱的 H、V、W 面各个投影，应包含该斜棱柱所有表面的该面投影。

判其一个表面 H、V、W 面之一投影的可见性原则是：若该表面的全部边线此面投影可见，则该表面此面投影可见；若该表面有一条边线此面投影不可见，则该表面此面投影不可见，如图6.2(b)所示。

水平面投影：两个三角形，是此斜三棱柱上、下底面的实形投影，其上底面可见，下底面不可见；三条斜线，是此斜棱柱三条侧棱的 H 面投影且可见。

正面投影:为左右两个平行四边形合成的一个大的平行四边形。左右两个平行四边形,是左右侧面的类似形投影且不可见,大平行四边形,是后侧面的类似形投影且不可见;大矩形的上、下边线,是棱柱上、下底面的积聚投影。

侧面投影:为一个平行四边形,是左、右侧面类似形投影的投影重合,其左侧面可见,右侧面不可见;该平行四边形的上、下边线及左边线,是此斜三棱柱上、下底面及后侧面的积聚投影;右边线,是前侧棱 BB_1 的 W 面投影。

6.1.2 棱锥

底面为一个平面多边形,其余各侧面都是三角形,且各侧棱相交于一个顶点的平面立体称为棱锥。因棱锥底面的边数与侧面数和侧棱数相等,故底面是几边形就称为几棱锥。顶点至底面的距离称为棱锥的高。

当棱锥的底面为一正多边形,且棱锥的顶点与此正多边形中心的连线与底面垂直,则此棱锥被称为正棱锥;反之为斜棱锥。

如图 6.3 所示,下面以一正三棱锥为例进行讲解。

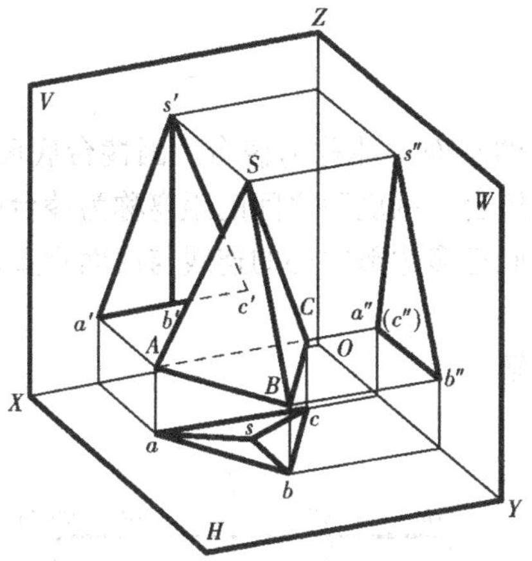

(a)

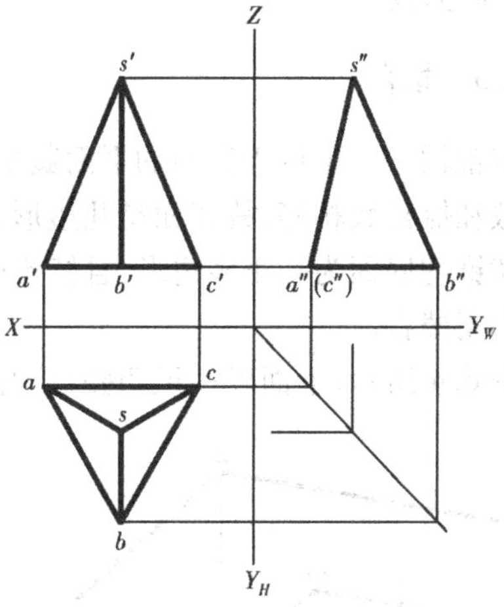

(b)

图 6.3 三棱锥的投影

(a)直观图 (b)投影作图

(1)棱锥的特征

如图 6.3(a)所示:

①底面为一多边形,如图为△ABC;

②每个侧面均为三角形,如图为△SAB、△SBC、△SAC;

③每条侧棱均交于同一顶点,如图 SA、SB、SC 均交于顶点 S。

(2)棱锥的安放

安放原则:使棱锥的底面平行于某一投影面;顶点通常朝上,朝前或朝左。

如图 6.3(a)所示,使三棱锥的底面△ABC 平行于 H 面,后侧面△SAC 垂直于 W 面。

(3)棱锥的投影作图

作棱锥的投影,即是画出此棱锥底面及各侧面的投影。如图 6.3(b)所示:

作图顺序：

①画底面△ABC 的实形投影△abc 和积聚投影 $a'b'c'$、$a''(c'')b''$；

②画顶点 S 的三面投影 s、s'、s''；

③连各侧棱的三面投影。

完成棱锥的投影作图。

(4)棱锥的投影分析

棱锥的 H、V、W 面各个投影，应包含该棱锥所有表面的该面投影，如图 6.3(b)所示。

水平面投影：为由三个小三角形组合成的一个大三角形，是此三棱锥三个侧面的类似形投影，与底面的实形投影的重合，其三个侧面可见，底面不可见。

正面投影：为左右两个小三角形合成的一个大三角形。左右两个小三角形，是棱锥左、右侧面类似形投影且可见；大三角形，是后侧面的类似形投影且不可见；大三角形的下边线，是棱锥下底面的积聚投影。

侧面投影：为一个三角形，是三棱锥左、右侧面的类似形投影重合，其左侧面可见，右侧面不可见；三角形的左边线及底边线，是三棱锥后侧面及底面的 W 面积聚投影；右边线，是前侧棱 SB 的 W 面投影。

6.1.3 棱台

当棱锥被一个平行于底面的平面截割，所产生的平面立体称为棱台。因棱台底面的边数与侧面数和侧棱数相等，故底面是几边形就称为几棱台。两底面之间的距离称为棱台的高。

当棱锥的底面为一正多边形，且棱锥的顶点与此正多边形中心的连线与底面垂直，则此棱锥被称为正棱台。

如图 6.4 所示，下面以一正四棱台为例进行讲解。

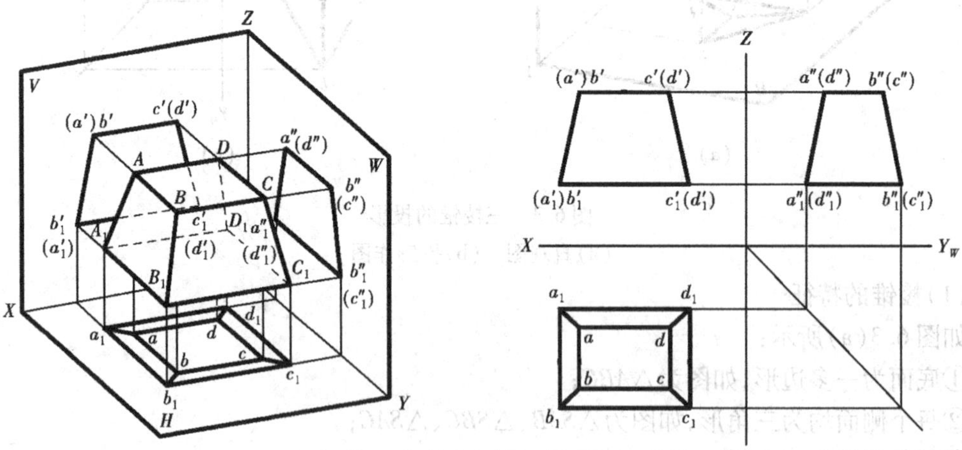

图 6.4 四棱台的投影

(a)直观图 (b)投影作用

(1)棱台的特征

如图6.4(a)所示:

①底面为一多边形;

②每个侧面均为梯形;

③每条侧棱延长后,均交于同一顶点。

(2)棱台的安放

安放原则:使棱台的底面平行于某一投影面。

如图6.4(a)所示,使四棱台的上、下底面平行于H面,左、右侧面垂直于V面,前、后侧面垂直于W面。

(3)棱台的投影作图

作棱台的投影,即是画出此棱台底面及各侧面的投影。如图6.4(b)所示。

(4)棱台的投影分析

水平面投影:两个矩形,是此四棱台上、下底面的实形投影(上底面可见,下底面不可见);左、右及前、后共四个梯形,是棱台左、右及前、后侧面的类似形投影(均可见)。

正面投影:为一个梯形,是棱台前、后侧面的类似形投影(前侧面可见,后侧面不可见);梯形的上、下边线,是棱台上、下底面的积聚投影;其左、右边线,是棱台左、右侧面的积聚投影。

侧面投影:为一个梯形,是棱台左、右侧面的类似形投影(左侧面可见,右侧面不可见);梯形的上、下边线,是棱台上、下底面的积聚投影;其左、右边线,是棱台后、前侧面的积聚投影。

6.2　平面立体的表面取点

作图条件:当点的一个已知投影是位于立体的某一表面、棱线或边线的非积聚投影上时,可由此一已知投影,根据点的从属性及点的三面投影规律,补出立体表面的点的另两个投影;反之,不能补出点的另两个投影。

作图原理:作属于平面的点、直线的作图,即平面立体表面取点、直线的作图原理的应用。

作图步骤:

(1)分析:根据点的某一已知投影位置,及其可见性,判断、分析出该点所属表面的空间位置及其投影。

(2)作图

①当点所属表面有积聚投影时,根据点属于面,可直接补出点在此面的积聚投影上的投影,再根据点的三面投影规律,补出点的第三面投影;

②当点所属表面无积聚投影时,则应过点在其所属面内作一条合理的辅助线,找到此线的三面投影,再根据点属于此线,求出点的三面投影。

(3)判别可见性

原则:对某一投影面而言,根据点属于表面,则点的该面投影的可见性,与点所属表面的该面投影的可见性一致。另外,当点的某一投影位于面的某面积聚投影上时(一般不可见),通常不必判别点该投影的可见性。

注意：立体表面取点的作图方法必须很好掌握，它是立体表面取点、线，及求平面截割立体的截交线、两立体相交的相贯线投影作图的基础。

6.2.1 棱柱表面取点

例6.1 如图6.5所示，已知，三棱柱表面K点的H投影k且可见，M点的V面投影m'且不可见，求K、M点的另两面投影。

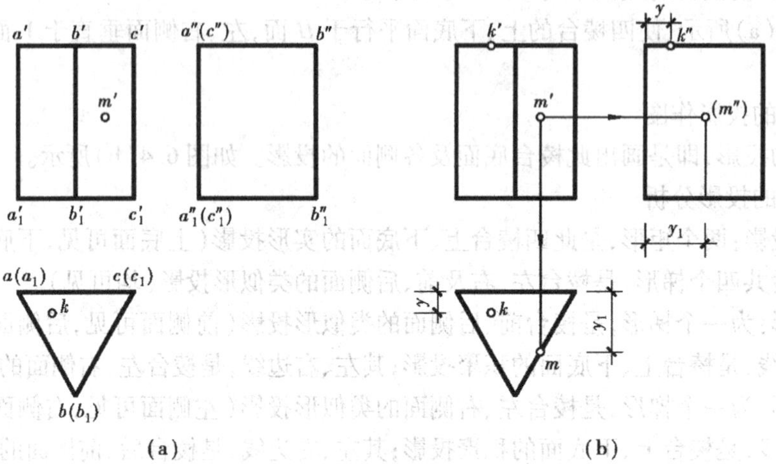

图6.5 棱柱表面取点
(a)已知条件 (b)作图

解：(1)分析

①根据K点的H面投影k可见，判断出K点应属于上底面$\triangle ABC$；且上底面的V、W面投影有积聚性，积聚为$a'b'c'$和$a''b''c''$。

②根据M点的V面投影m'可见，判断出M点应属于棱柱的右侧面$b'c'b_1'c_1'$；且其H面投影有积聚性，积聚为bcb_1c_1。

(2)作图

①求K点：由k向上作垂线与积聚投影$a'b'c'$相交得k'，再由k、k'及其y坐标求得k''。

②求M点：由m'向下作垂直线与bcb_1c_1相交得m，再由m、m'及其y_1坐标求得m''。

(3)判别可见性

①判K点：因k'、k''属于上底面的V、W面的积聚投影，故不必判其可见性。

②判M点：因m属于右侧面的H面的积聚投影，不必判其可见性；又由右侧面的W投影不可见，故m''不可见，记为(m'')。

6.2.2 棱锥表面取点

例6.2 如图6.6所示，已知，三棱锥表面K点的H面投影k且可见，M点的V面投影m'且可见，求K、M点的另两面投影。

解：(1)分析：

①根据K点的H面投影可见，判断出K点应属于$\triangle SAC$；且$\triangle SAC$的W面有积聚投影

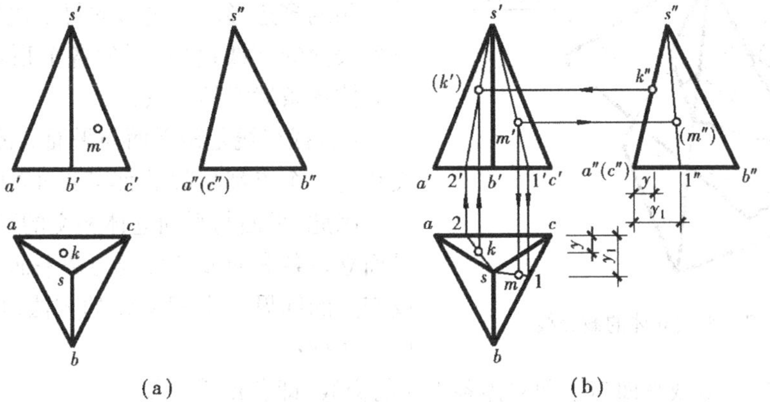

图6.6　棱锥表面取点

(a)已知条件　(b)作图

s"a"(c"),故k"属于s"a"c"。

②根据M点的V面投影m'可见,判断出点M属于△SBC;且此面的三个投影均无积聚性。

(2)作图:

①求K点

方法1:由K点的y坐标,在s"a"上定出k",再由k、k"求得k'。

方法2:在△sac内过k引辅助直线sk,并延长与ac相交得2点,过2点向上作垂线交a'c'得2',连s'2'与过k向上所作的垂线相交得k';再由k、k'求得k"。

②求M点

在△s'a'c'内过m'作辅助直线s'm',并延长与b'c'相交于1',由1'找出1和1"。连接s1、s"1"。根据M点属于SI,则m属于s1、m"属于s"1",由m'可求得m、m"。

(3)判别可见性:

①判K点

因K点所在的△SAC的V面投影△s'a'c'不可见,故k'不可见,记为(k');k"属于s"a"(c")(面的积聚投影),不判可见性。

②判M点

因M点所在的△SBC的H及V投影可见,故m及m'为可见;△SBC的W投影为不可见,故m"为不可见,记为(m")。

6.3　平面与平面立体相交

平面与立体相交,在立体表面产生交线,叫做**截交线**。与立体相交的平面,称为**截平面**。截平面截切立体所得的由截交线围合成的图形,则称为**截断面**或简称**断面**。

如图6.7所示是截平面与三棱锥相交的情况。从图中不难看出,截交线的形状是由截平面相对平面立体的位置来决定,但任何截交线都具有以下的共同性质:

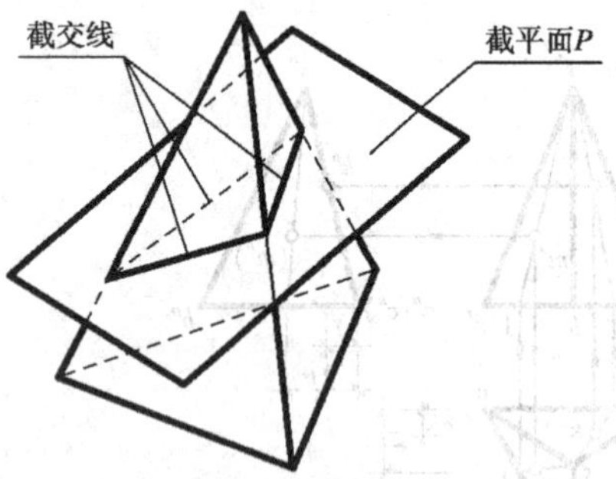

图6.7 平面立体的截交线

(1)由于平面立体各表面均为平面，故截交线是封闭的多边形。多边形的每个边是截平面与立体各表面的交线；多边形的各个顶点则是截平面与立体各条棱线的交点；

(2)截交线是截平面与平面立体的共有线，截交线上每个点都是截平面与平面立体的共有点。

因此，平面与平面立体相交的问题，实质上是平面立体各表面或各棱线与截平面相交产生交线或交点的问题。求截交线的方法，也就可归纳为以下两种：

①交线法：求出截平面与平面立体各表面的交线，即获得截交线。

②交点法：求出截平面与平面立体各棱线的交点，按照一定的连点原则将交点两两相连，也获得截交线。

6.3.1 特殊位置平面与平面立体相交

当截平面处于特殊位置时，截平面具有积聚性的投影必定与截交线在该投影面上的投影重合。即是：截交线已有一个投影为已知。此时，可根据这个已知的投影，利用前面所述表面取点的方法，求出截交线的其余投影。

例6.3 如图6.8(a)所示，求正垂面与三棱锥的交线。

解：(1)分析：由于截平面为正垂面，故它与三棱锥的交线的正投影为已知；又由于截平面与三棱锥三条棱线均相交，所以，截平面与三条棱线 SA、SB、SC 的交点Ⅰ、Ⅱ、Ⅲ的正投影 $1'$、$2'$、$3'$也为已知；这时，只需求出截交线的水平投影及侧投影，即完成题目要求。

(2)作图：由交点法

①由已知截平面与三棱线 SA、SB、SC 的交点Ⅰ、Ⅱ、Ⅲ的正投影 $1'$、$2'$、$3'$，根据直线上点的从属性，求出其余两投影 1、2、3 及 $1''$、$2''$、$3''$；

②依次连接同名投影，得截交线的水平投影和侧投影；

③截交线的可见性由它所在表面的可见性确定，如图6.8(b)。

例6.4 如图6.9(a)所示，求正三棱锥被水平面 P_V和正垂面 Q_V截切以后的三面投影。

解：(1)分析：水平面 P_V截切三棱锥，将产生一个与底面相似的正三角形△ⅠⅡⅢ，它的正投影积聚为一段水平线 $1'2'3'$；正垂面 Q_V截切正三棱产生的截交线，求解方法同例6.3。此时，两平面均末切断正三棱锥，它们所产生的交线是一条正垂线ⅥⅦ。如图6.9(c)立体图中所提示。

(2)作图：

①首先求出正三棱锥未被截切前的侧面投影；

②由于水平面 P_V截切正三棱锥的正投影 $1'$、$2'$、$3'$为已知，由此便可求出其水平投影 1、2、3 及侧投影 $1''$、$2''$、$3''$；

③由于正垂面 Q_V截切正三棱锥的正投影 $4'$、$5'$、$6'$、$7'$已知，其中积聚点 $6'$、$7'$是 P_V面与 Q_V面交线的正投影，求出其水平投影和侧投影 4、5、6、7 和 $4''$、$5''$、$6''$、$7''$；

(a)

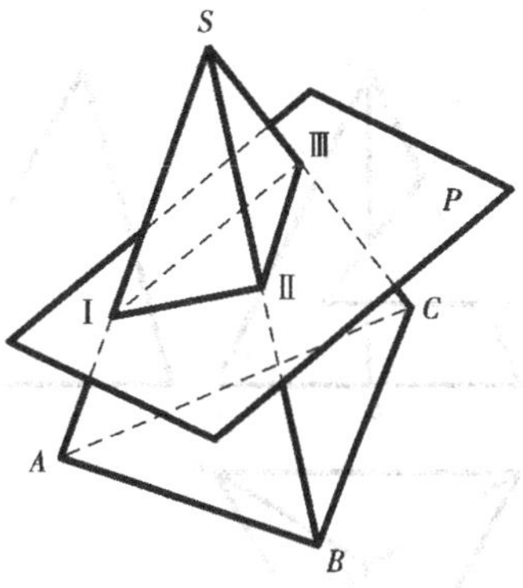

(c)

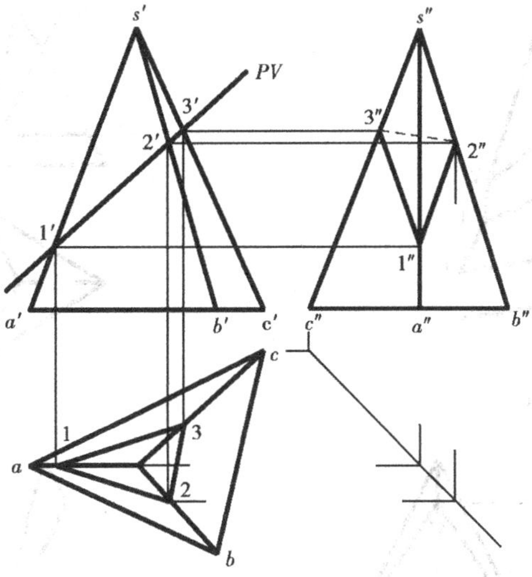

(b)

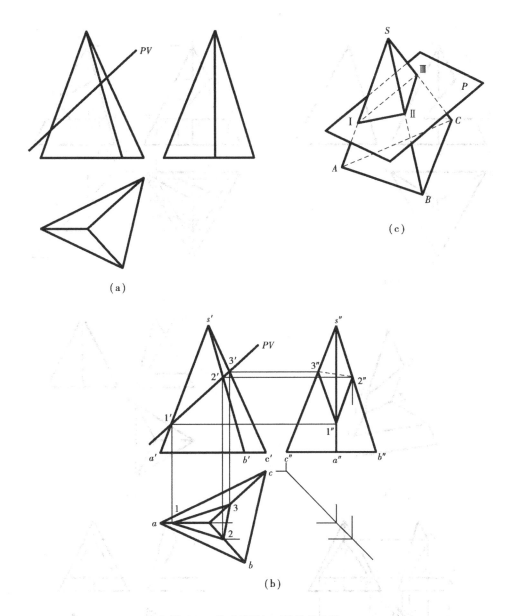

图6.8　求正垂面与三棱锥的交线

(a)已知条件　(b)投影作图　(c)立体面

④如图6.9(c)立体图中所提示,分两个截面连点:P_V截面上从Ⅰ→Ⅱ→Ⅵ→Ⅶ→Ⅰ以及Q_V截面上从Ⅳ→Ⅴ→Ⅵ→Ⅶ→Ⅳ的顺序,连接其水平投影和侧面投影;

⑤判定可见性:由于两个截切平面截切三棱锥产生一个向左上方的缺口,所以产生的截交线在投影中全部可见,只是截面P与截面Q的交线ⅥⅦ的水平投影不可见,如图6.9(b)。

如图6.9(e)、(f)、(g)所示,仍然是一个正三棱锥被水平面P和正平面Q截切,但是,由于截切口与立体间相对位置与(a)、(b)、(c)所示的立体不同,所以两组截交线是完全不相同的。

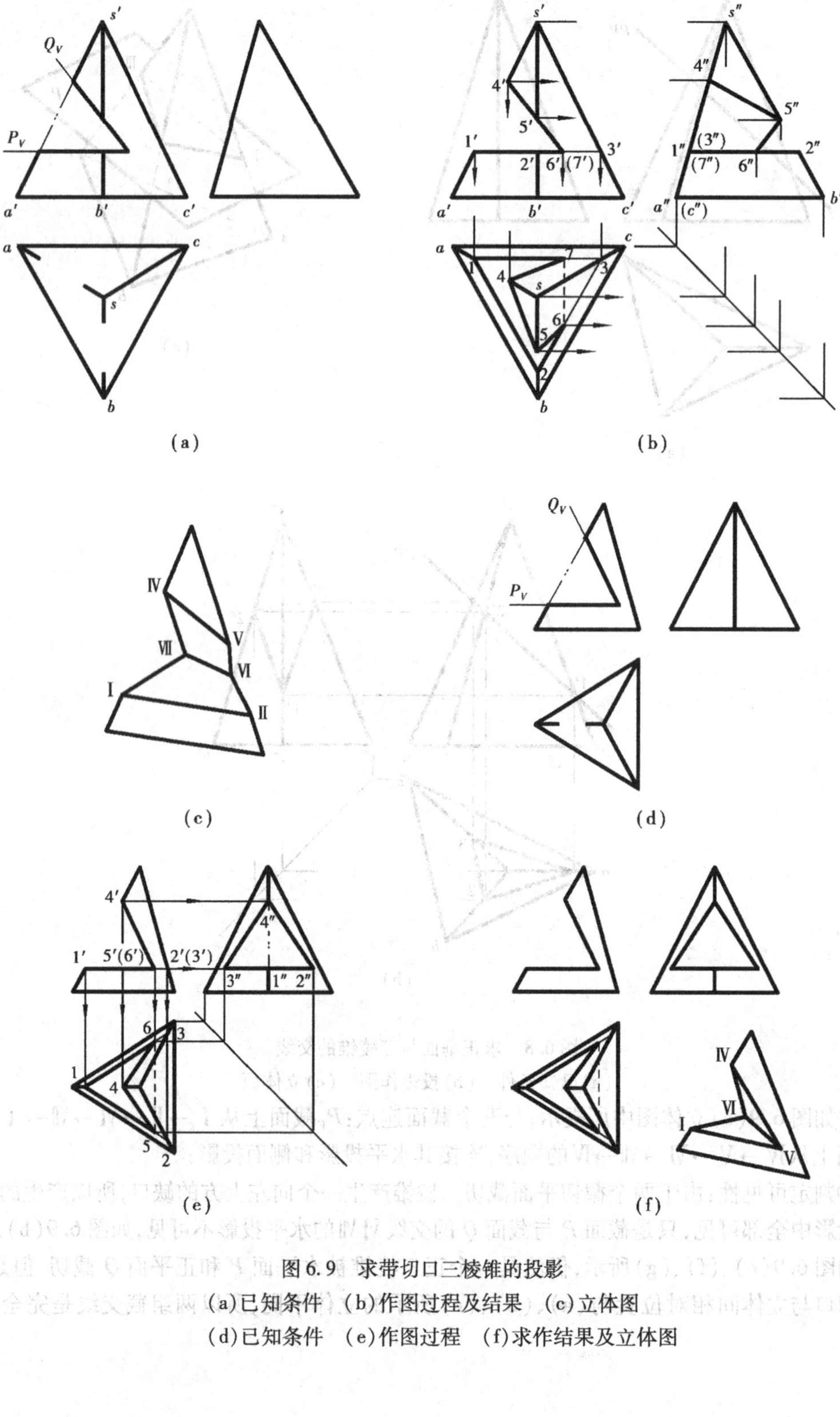

图 6.9　求带切口三棱锥的投影

(a)已知条件　(b)作图过程及结果　(c)立体图

(d)已知条件　(e)作图过程　(f)求作结果及立体图

例6.5　如图6.10(a)所示,求带缺口的三棱柱的投影。

解:(1)分析:如图6.10(a)所示,三棱柱分别被正垂面P_V水平面Q_V及侧平面R_V截切;观察这个三棱柱,其水平投影具有积聚性。所以,属于三棱柱表面截交线的水平投影一定重合在该积聚投影上,也就是截交线的水平投影已知;由于三个截切平面的正投影均具有积聚性,所以,它们与三棱柱产生的交线,其正投影也已知。这时只需要求出截交线的侧投影,便可完成题目的要求。

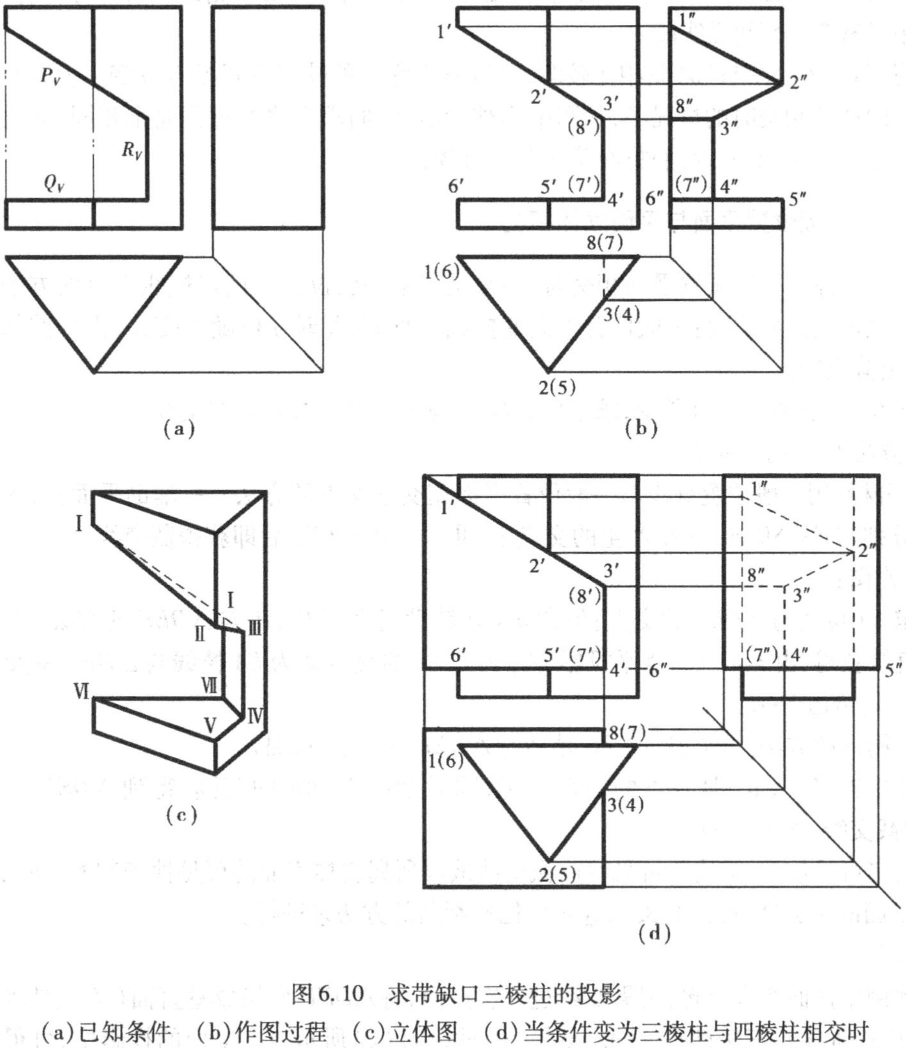

图6.10　求带缺口三棱柱的投影

(a)已知条件　(b)作图过程　(c)立体图　(d)当条件变为三棱柱与四棱柱相交时

(2)作图:

①先求正垂面P_V与三棱柱产生截交线上的点Ⅰ、Ⅱ、Ⅲ、Ⅷ:由于截平面P_V是正垂面,与棱柱的交点1′、2′已知,同时,它与侧平面R_V的交线3′、8′也已知,根据平面立体表面取点的方法,求出这些点的水平投影和侧投影。

②再求水平面Q_V与三棱柱相交产生截交线上的点Ⅳ、Ⅴ、Ⅵ、Ⅶ:由于水平面Q_V的正投影具有积聚性,它与棱柱的交点5′、6′已知,同时,它与侧平面R_V的交线4′、7′也已知。同理,可求出这些点的水平投影和侧投影。

③而侧平面 R_V 与三棱柱相交产生截交线上的点Ⅲ、Ⅳ、Ⅶ、Ⅷ的正投影 3′、4′、7′、8′已知，其水平投影和侧投影已经在前面的作图中完成。

④根据同在一个表面的两点才能相连的原则：从Ⅰ→Ⅱ→Ⅲ→Ⅳ→Ⅴ→Ⅵ→Ⅶ→Ⅷ→Ⅰ的顺序连接，其中，交线Ⅲ→Ⅷ和Ⅳ→Ⅶ只是在水平投影中为不可见的虚线。

⑤从题目正投影中知道：三棱柱的左边棱线从Ⅰ→Ⅵ，中间棱线从Ⅱ→Ⅴ已经被切掉，只有右边棱线是完整的。在水平投影中，由于三棱柱投影的积聚性使缺口无法体现。在侧投影中 1″→6″及 2″→5″之间应该无棱线，但由于右边棱线的完整以及后侧面的大部分都存在，故在该投影中只有 2″→5″间无线段。

⑥当图 6.9(d)图与(b)图相比较时，可以看出它们的缺口位置没有改变。但此时已经是三棱柱与四棱柱相交时的情况了，从图中不难看出，它们求交线的过程完全相同，只是在可见性方面发生了变化，对此，我们将在第五节中具体讲述。

6.3.2 一般位置平面与平面立体相交

当平面立体与一般位置平面相交时，通常是用求一般位置平面与棱线交点的方法来求出截交线。也可用换面法，将一般位置平面变换成垂直面，此时立体随之变换，再用前例所述的方法，求出截交线。

例 6.6 如图 6.11(a)所示，求平面△*DEF* 与三棱锥 *S-ABC* 的截交线。

解：方法 1：辅助平面法

(1)分析：用一般位置直线与一般位置平面相交求交点的方法——辅助平面法，求出平面△*DEF* 分别与 *SA*、*SB*、*SC* 棱线产生的交点Ⅰ、Ⅱ、Ⅲ，两两相连后即获得截交线。

(2)作图：

①求 *SA* 棱线与△*DEF* 的交点：包含 $a's'$ 作辅助正垂面 P_V，P_V 与△*DEF* 的交线 *GH* 的正投影 $g'h'$ 直接获得，由 $g'h'$ 求出水平投影 *gh*，*gh* 与 *as* 的交点即为 *SA* 棱线与△*DEF* 的交点Ⅰ的水平投影 1，再由 1→1′。

②用同样的方法，可求出 *SB*、*SC* 棱线与△*DEF* 的交点Ⅱ、Ⅲ。

③依次连接Ⅰ、Ⅱ、Ⅲ各点的同名投影，同时考虑△*DEF* 的范围，得到△*DEF* 与三棱锥 *S-ABC* 的截交线，如图 6.11(b)。

④判定可见性：截交线的可见性由截交线线段所属立体表面的可见性来判断；而三棱锥与△*DEF* 平面的可见性，可由交叉二直线可见性判断的方法来进行。

方法 2：

如此例用换面法来求解，则需要经过一次换面，将△*DEF* 变换成垂直面（关键是将水平线 *EG* 变换成正垂线），三棱锥必须随之变换，如图 6.11(c)所示，在 V_1 面的投影中，可很快求出截交线的投影，再由此投影逐步返回至原投影中，也求出了截交线，可见性的判断同方法一。

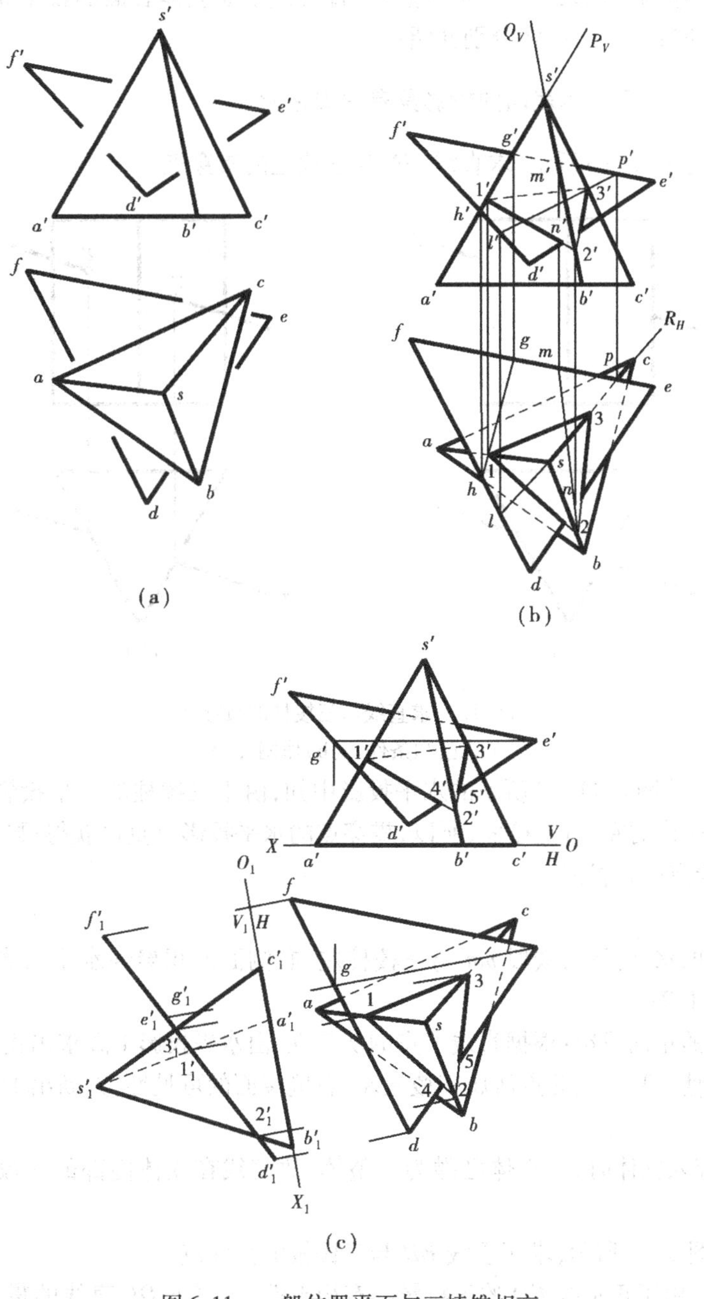

图6.11　一般位置平面与三棱锥相交
(a)已知条件　(b)辅助平面法　(c)换面法

6.4　直线与平面立体相交

直线与平面立体相交,产生的交点,称为**贯穿点**。求贯穿点的实质就是求直线与立体表面的交点,由于直线是“穿入”、“穿出”立体,所以 ,贯穿点有两个。当直线或平面立体表面的投影具有积聚性时，应利用积聚性来求贯穿点；当直线或平面立体表面的投影无积聚性时，则采用辅助平面法求贯穿点。下面将分别介绍：

6.4.1　直线或平面立体表面的投影具有积聚性时

例 6.7　如图 6.12(a)所示，求直线 MN 与三棱柱的贯穿点。

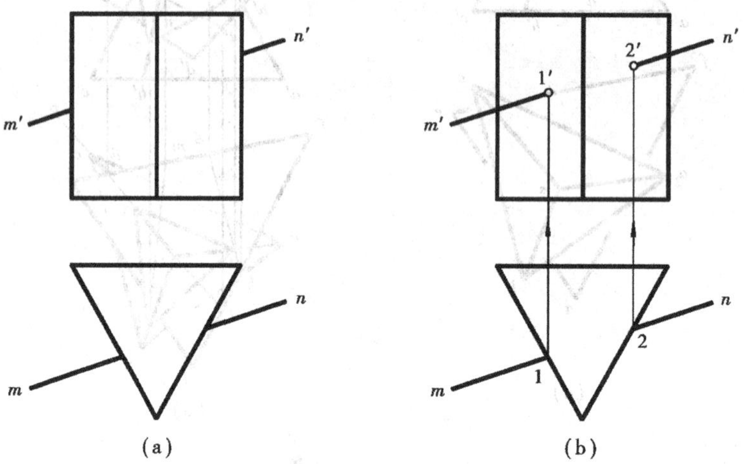

图 6.12　求直线与三棱柱的贯穿点
(a)已知条件　(b)作图过程

解：(1)分析：从图 6.11(a)所示的水平投影中知，由于三棱柱的水平投影具有积聚性，而直线 MN 贯过三棱柱的左、右侧棱面，所以，贯穿点的水平投影可直接获得；再由直线上点的从属性，可求出贯穿点的正投影。

(2)作图：

①求贯穿点的水平投影：线段 mn 与三棱柱左、右侧面的积聚性水平投影的交点，即为贯穿点的水平投影 1,2；

②求贯穿点的正面投影：根据直线上点的从属性，由水平投影 1、2 求出正投影 1′、2′；

③判断可见性：根据 Ⅰ、Ⅱ 点所属三棱柱左、右侧棱面的可见性，判断出 1′、2′均可见，如图 6.12(b)。

注意：直线穿入立体时，与立体已融为一整体，故直线在立体内部的一段并不存在，不能画线。

例 6.8　如图 6.13 所示，求正垂线 ED 与三棱锥的贯穿点。

解：(1)分析：由于正垂线 ED 的正投影具有积聚性，故属于 DE 直线的贯穿点其正投影必定与积聚点重合，即贯穿点的正投影为已知，用立体表面取点法就可求出贯穿点的其余两个投影。

(2)作图：

①求贯穿点的水平投影：由于 DE 的正投影具有积聚性，直接获得贯穿点 F、G 的正投影 f'、g'；

②求贯穿点的水平投影：由立体表面取点的方法，过 f' 作 $1'2' /\!/ a'b'$，过 m' 作 $1'3' /\!/ a'c'$，求得贯穿点的水平投影 f,g 和侧投影 f''、g''；

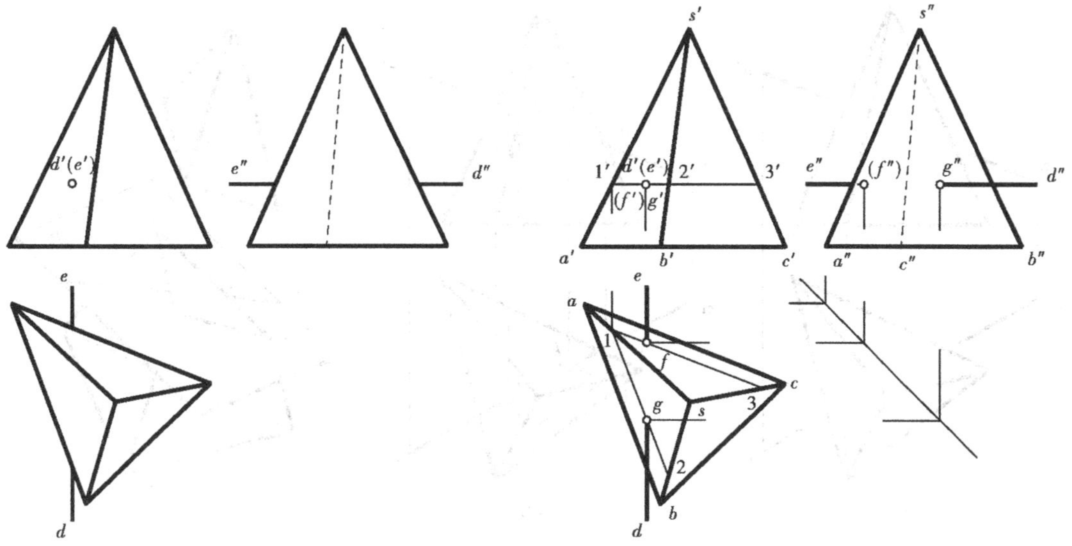

(a)　　　　　　　　　　(b)

图6.13　正垂线与三棱锥相交

(a)题目　(b)求解过程

③判断可见性:由贯穿点所属表面的可见性,分别判断出 F、G 点三个投影除 g'不可见外,其余均可见,并完成直线贯穿立体后的投影。同样要注意的是,直线穿入立体内部后,两贯穿点之间不能画线。

6.4.2　直线或平面立体表面的投影无积聚性时

在直线或平面立体表面的投影无积聚性可利用时,贯穿点的求解就要采用辅助平面法,其作图步骤如下:

1. 包含直线作辅助平面,为使作图简便,辅助平面最好是垂直面或平行面;

2. 求辅助平面与立体表面的交线(即截交线);

3. 该交线与已知直线的交点,即为所求的贯穿点。

例6.9　如图6.14(a)所示,求一般位置直线 MN 与三棱锥的贯穿点。

解:(1)分析:由于直线与三棱锥表面的投影均无积聚性,所以,本例应采用辅助平面法来求贯穿点。如图6.14(b)所示,包含直线 MN 作辅助平面(垂直面),只需求出辅助平面与三棱锥的截交线,便可求出直线 MN 与三棱锥的贯穿点 K、L。

(2)作图:如图6.14(c)。

①包含 MN 作辅助正垂面 P_V,P_V与三棱锥截交线的正投影 1′、2′、3′为已知;

②求出截交线的水平投影即△123;

③△123 与线段 mn 的交点 k、l,即为贯穿点 K、L 的水平投影,再由直线上点的从属性,求出贯穿点的正投影 k'、l'。

④根据贯穿点所属立体表面的可见性,判断出贯穿点 k、l 及 l'为可见,k'为不可见,完成直线 MN 与三棱锥相交后的投影。同样的,直线与立体相交后,贯穿点之间不能画线。

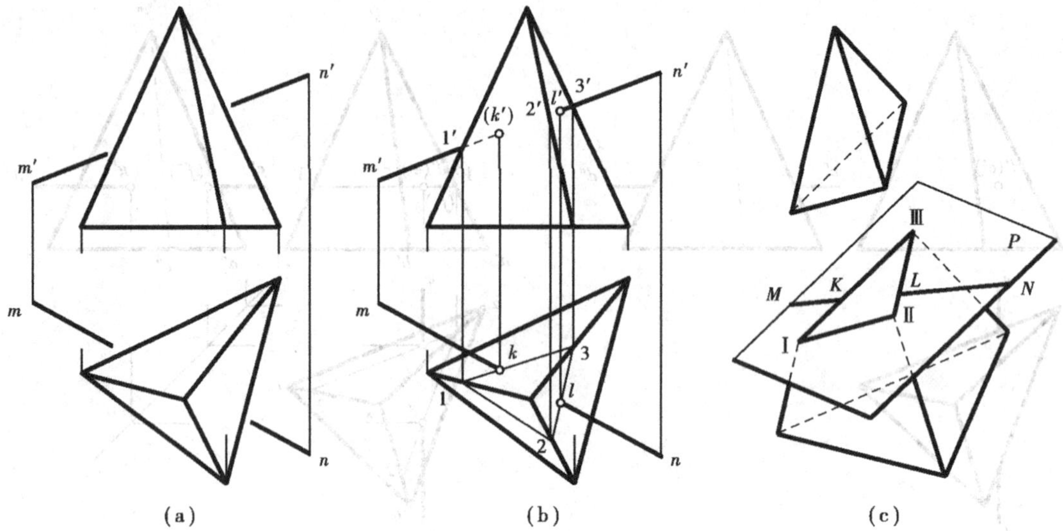

图 6.14　一般位置线与三棱锥相交

(a)已知条件　(b)作图　(c)立体图

6.5　两平面立体相交

两平面立体表面相交，所产生的交线，称为相贯线。两平面立体表面相交所产生的相贯线，在一般情况下为封闭的空间折线或平面多边形。如图 6.15(a)及 6.15(b)所示，除(a)图后侧面上产生的交线是平面多边形(四边形)外，其余均是封闭的空间折线；在特殊情况下，相贯线也可能不封闭，如图 6.14(c)，由于三棱柱与三棱锥共底面，故产生的交线是不封闭的空间折线 Ⅰ Ⅱ Ⅲ Ⅳ。

当一个立体全部贯穿另一个立体时，称为全贯，如图 6.15(a)；当两立体相互贯穿时，称为互贯，如图 6.15(b)及 6.15(c)。

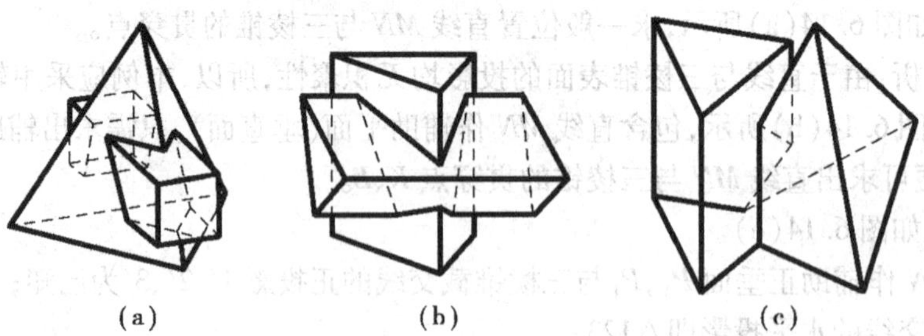

图 6.15　两面立体相贯

(a)全贯　(b)互贯　(c)互贯

从图 6.15 中可看出：两平面立体相交产生的空间折线或平面多边形的各线段，是两平面立体相关表面产生的交线，折线的顶点是两平面立体相关棱线与表面的交点。所以，求两平面立体相交后的相贯线的问题，实质上是求直线(棱线)与平面(立体表面)的交点及求两平面

(立体表面)交线的问题。

当求出属于相贯线上的点之后,根据属于一立体同一表面同时也属于另一立体同一表面上的两点才能相连的相贯线连线原则,获得相贯线,相贯线上的线段只有同时属于两立体可见表面上时,才为可见,否则为不可见。应当注意的是:两立体贯穿后是一个整体,相贯线既是两立体表面共有线,也是两立体表面的分界线,立体表面的棱线只能画到相贯线处为止,不能穿入另一立体之中,如图6.15所示。

例6.10　如图6.16(a)所示,求两三棱柱的相贯线。

解:(1)分析:从图6.16(a)可看出,两三棱柱为互贯,由于三棱柱*ABC*的棱线垂直于*H*面,它的水平投影*abc*具有积聚性,故属于其上的相贯线的水平投影即为已知;又由于三棱柱*DEF*的棱线垂直于*W*面,它的侧投影$d''e''f''$具有积聚性,故属于其上的相贯线的侧投影也为已知。此时,只需求出相贯线的正投影,便可完成两三棱柱相交后的投影。

(2)作图:如图6.16(c)所示。

①由于三棱柱*ABC*的水平投影具有积聚性,便可以确定出它与三棱柱*DEF*产生的交点1、2、(3)、(4)、5、(6);由于三棱柱*DEF*的侧投影具有积聚性,也可以确定出它与三棱柱*ABC*产生的交点1″、(2″)、3″、(4″)、5″、6″。

②由于相贯线各点的正投影和侧投影:Ⅰ(1、1″)、Ⅱ(2、2″)、Ⅲ(3、3″)、Ⅳ(4、4″)、Ⅴ(5、5″)、Ⅵ(6、6″)均已知,便可求出它们的正投影1′、2′、3′、4′、5′、6′。

③根据相贯线的连线原则,从任一点开始连线:如图6.16(b)所提示,从Ⅰ→Ⅴ→Ⅱ→Ⅳ→Ⅵ→Ⅲ→Ⅰ的顺序连线,在图6.16(c)的正投影中,将它们的同名投影相连,即获得相贯线的正投影,为封闭的空间折线。

④判定可见性:根据相贯线上的线段,只有同时属于两立体可见表面时才可见的原则,在图6.16(c)的正投影中,判断出1′5′、2′5′、3′6′、4′6′线段为可见;1′3′、2′5′线段为不可见,完成相贯线的可见性。同时判断出三棱柱*ABC*的*AA*棱线、*BB*棱线被遮住部分不可见,完成两三棱锥相交后的投影。

若相交的两立体一个为实体一个为虚体时,相贯线的求解方法与两实体相交时完全相同。如图6.16(d)所示,可看成是将三棱柱*DEF*沿水平方向抽出(即形成虚体)。此时,应注意相贯线可见性与图6.16(c)中的变化,以及新产生出的虚线。

例6.11　如图6.17(a)所示,求三棱锥与四棱柱相交后的投影。

解:(1)分析:

①四棱柱的四条棱线均正垂线,故其正投影具有积聚性,属于四棱柱表面的相贯线的正投影为已知;

②从正投影观察,四棱柱是完全贯穿三棱锥的,所以为全贯,从水平投影观察,四棱柱是“穿入”、“穿出”三棱锥,所以相贯线有前、后两组;

③三棱锥的底面是水平面,四棱柱上、下表面为水平面,左、右表面为侧平面,它们相交后产生的相贯线,将分别属于四棱柱的水平及侧平表面上;

④投影图左、右对称,所以相贯线也是左、右对称的。

(2)作图:如图6.17(b),分别采用辅助线法和辅助面法。

①辅助线法:欲求四棱柱*DD*棱线与三棱锥表面的交点,可利用*DD*棱线正投影的积聚性,连$s'd'$至q',$s'q'$为三棱锥*SAB*表面上过*I*点的一辅助线,按投影关系求出sq、$s''q''$,其上的

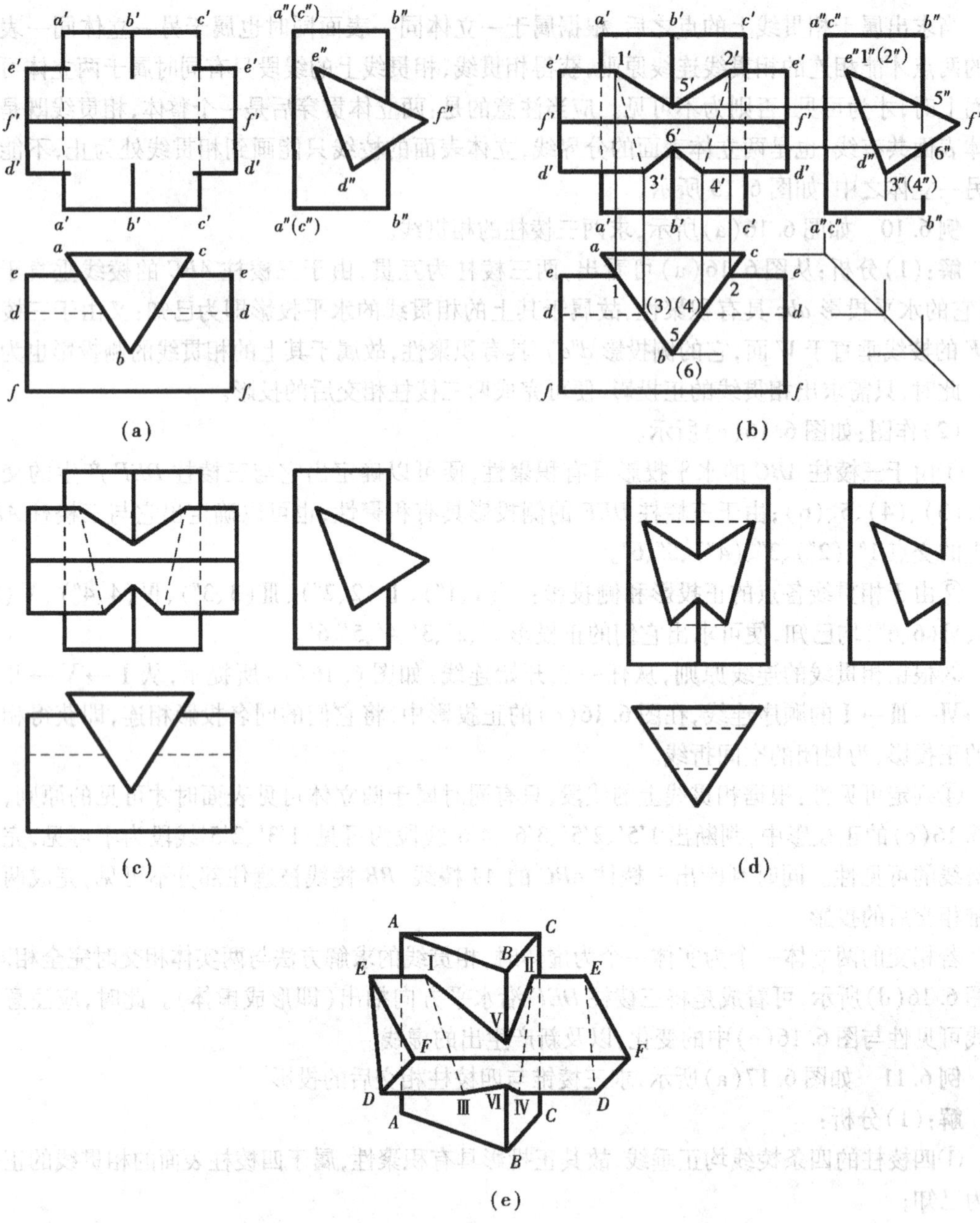

图 6.16　两三棱柱相交后的投影

(a)已知条件　(b)作图过程　(c)作图结果

(d)直立三棱柱被贯另一三棱柱穿孔　(e)相贯体的轴测图

1、1″即为贯穿点 I 的两个投影。同理，可求出贯穿点Ⅱ、Ⅲ、Ⅳ、Ⅴ、Ⅵ、Ⅶ、Ⅷ的投影，加上棱线 SB 与四棱柱上、下表面的交点 J、K，便求出了相贯线上各点的投影。

②辅助面法：欲求三棱锥表面与四棱柱表面的交线，可作包含四棱柱上表面 $DDEE$ 平面的水平面 P_V 及包含四棱柱下表面 $GGFF$ 平面的水平面 Q_V，与三棱锥相交产生截交线△IJK 和

△LMN。这两组交线分别与四棱柱四条棱线相交于Ⅰ、Ⅱ、Ⅲ、Ⅳ、Ⅴ、Ⅵ、Ⅶ、Ⅷ点，同时与三棱锥 SB 棱线交于 J、M 点，便求出了相贯线上各线段的投影。

③根据相贯线的连线原则，可获得三棱锥与四棱柱全贯后前、后两部分的相贯线，前面为封闭的空间折线，后面为封闭平面多边形。它们的侧投影具有积聚性和重影性。

④判定可见性：根据同时属于两立体可见表面的相贯线线段才可见的原则，判断出，只有属于四棱柱上水平表面的相贯线段为可见，属于四棱柱下水平表面的相贯线为不可见。同时，判断出两立体相交后，三棱锥底面被四棱柱遮住部分的投影可不见，如图6.17(c)所示。

图6.17(d)表示的是一个实体的三棱锥，被一虚体的四棱柱相贯穿后（即将四棱柱沿水平方向抽出）的投影图，其作图方法与上相同，注意对比两种情况下相贯线可见性、三棱锥可见性的变化及新产生的虚线。

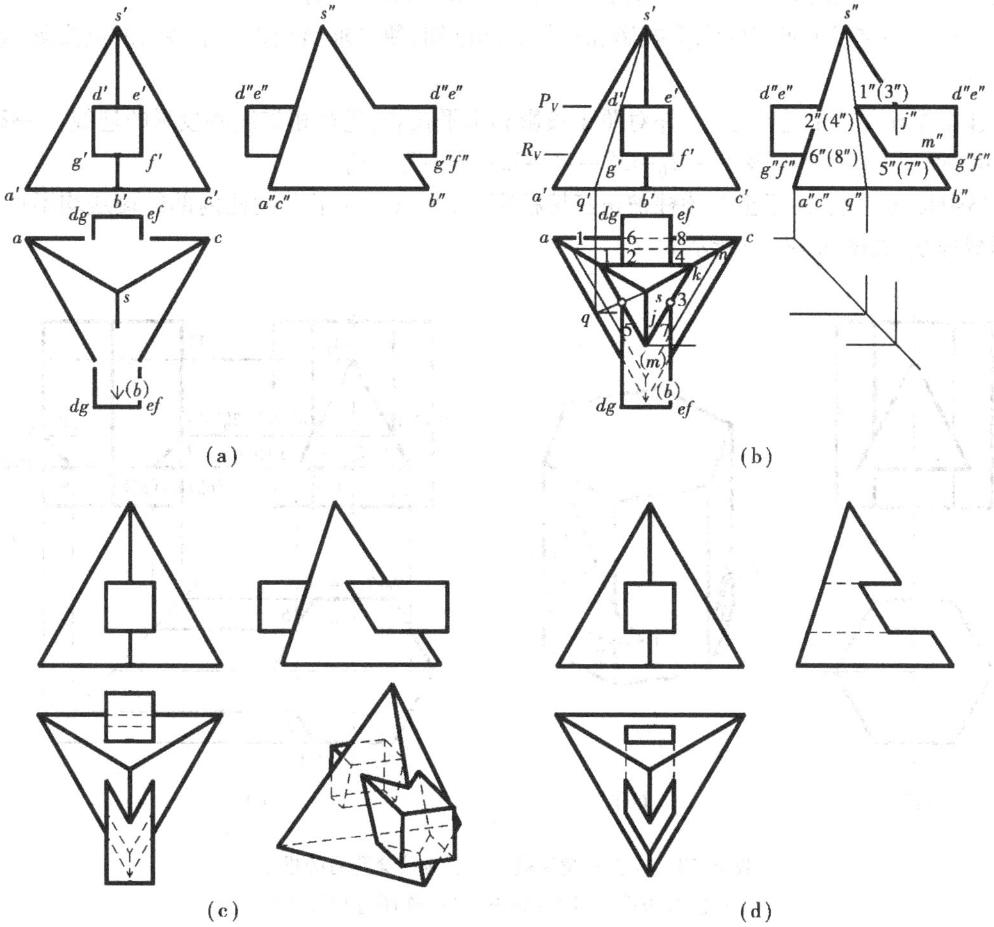

图6.17　求三棱锥与四棱柱的相贯线

(a)已知条件　(b)作图过程　(c)作图结果　(d)三棱锥被贯一四棱柱孔

例6.12　如图6.18所示，求正六棱柱被一个三棱柱穿孔后的投影。

解：(1)分析：

从正六棱柱被穿孔的正投影和正六棱柱具有积聚性的水平投影中可以看出：正六棱柱被

穿孔后，前后、左右均是对称的。前面孔口是由正三棱柱的三个棱面与正六棱柱的左前、前、右前三个侧表面产生的交线，分别为 $\mathrm{I\,II}$、$\mathrm{II\,III}$、$\mathrm{III\,IV}$、$\mathrm{IV\,V}$、$\mathrm{V\,VI}$、$\mathrm{VI\,VII}$、$\mathrm{VII\,I}$，如图 6.18(b)立体图所示。交线的正投影为已知，交线的水平投影积聚正六棱柱的水平投影中(在前面)；后面孔口为正三棱柱的三个棱面与正六棱柱的左后、后、右后三个侧表面产生的交线，分别为 $\mathrm{I}_0\mathrm{II}_0$、$\mathrm{II}_0\mathrm{III}_0$、$\mathrm{III}_0\mathrm{IV}_0$、$\mathrm{IV}_0\mathrm{V}_0$、$\mathrm{V}_0\mathrm{VI}_0$、$\mathrm{VI}_0\mathrm{VII}_0$、$\mathrm{VII}_0\mathrm{I}_0$，前后两组交线具有对称性，即它们的正投影重影，水平投影积聚正六棱柱的水平投影中(在后面)。

(2)作图：由图 6.18(b)所示

①确定出前面孔口所产生的相贯线上各点 Ⅰ、Ⅱ、Ⅲ、Ⅳ、Ⅴ、Ⅵ、Ⅶ的正投影 $1'$、$2'$、$3'$、$4'$、$5'$、$6'$、$7'$；后面孔口所产生的相贯线上各点与之对称，有 $1'_0$、$2'_0$、$3'_0$、$4'_0$、$5'_0$、$6'_0$、$7'_0$；

②由于这十四个点分布属于正六棱柱前后六个侧表面，正六棱柱各表面的水平投影具有积聚性，从而确定出这十四个点的水平投影，如图 6.18(b)所示；

③由于相贯线上各点的水平投影和正投影均已知，便可求出相贯线上各点的侧投影，如图 6.18(c)所示；

④根据相贯线的连线原则，并对照正投影和水平投影，进行相贯线侧投影的连线 $1''\to2''\to3''\to4''\to5''\to6''\to7''\to1''$ 及 $1''_0\to2''_0\to3''_0\to4''_0\to5''_0\to6''_0\to7''_0\to1''_0$。

⑤判断可见性：由于正六棱柱被正三棱柱穿孔，所以穿入正六棱柱内部的棱线均不可见，应画成虚线，如图 6.18(c)所示。

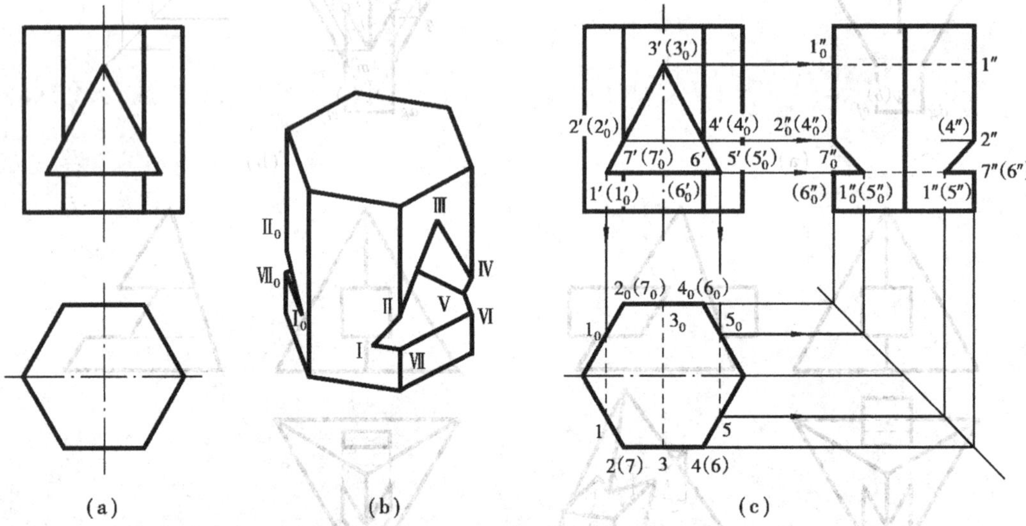

图 6.18　求正六棱柱被一个三棱柱穿孔后的投影

(a)已知条件　(b)立体图　(c)作图过程及结果

例 6.13　如图 6.19 所示，求三棱锥与正四棱锥相交后的投影。

(1)分析：如图 6.19(a)所示

①由于三棱锥的正投影将要积聚性，所以，属于三棱锥表面的相贯线其正投影已知；

②通过对题目的观察可知道，三棱锥是完全贯穿正四棱锥，而且是“穿入”、“穿出”正四棱锥，所以相贯线应有各自独立的前后两组；

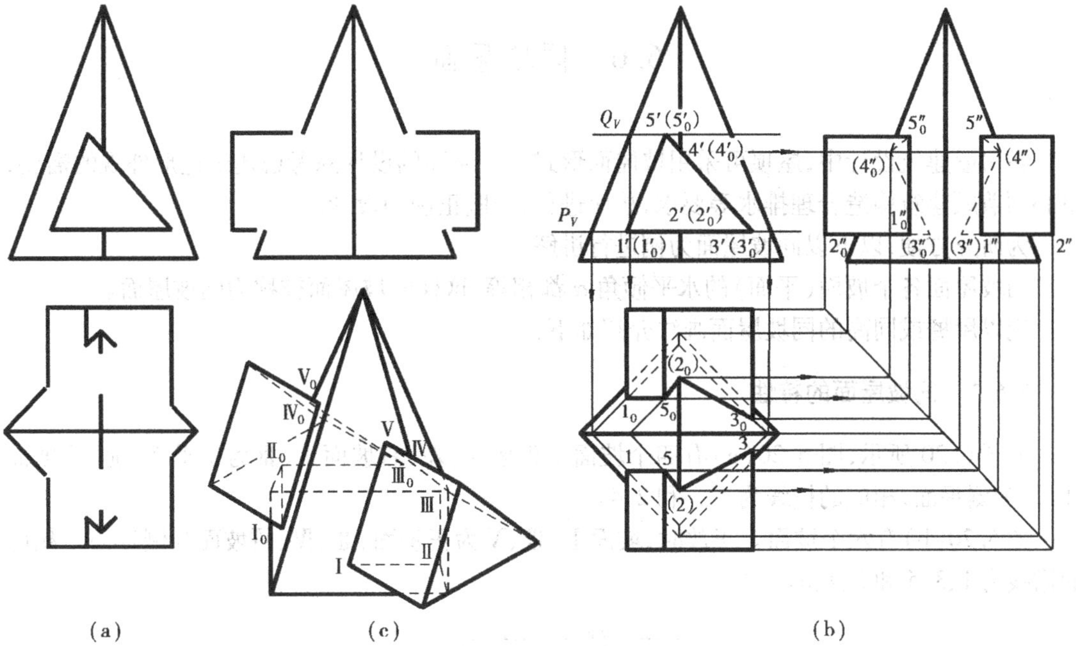

图6.19　求三棱柱与正四棱锥的相贯线

(a)已知条件　(b)作图过程　(c)立体图

③由于两相贯体前、后具有完全的对称性，所以，前、后两组各自独立的相贯线也是对称的。

(2)作图：本例采用辅助平面法求解，如图6.19(b)

①在正投影中，包含三棱柱底面（水平面）作辅助平面 P_V，它与正四棱锥产生一平行于四棱锥底边截交线，其中为有效交线的是前面部分从 Ⅰ→Ⅱ→Ⅲ，后面部分从 $\mathrm{I}_0 \to \mathrm{II}_0 \to \mathrm{III}_0$，由正投影 $1'(1'_0) \to 2'(2'_0) \to 3'(3'_0)$ 求出水平投影 $1(1_0) \to 2(2_0) \to 3(3_0)$ 及侧投影 $1''(1''_0) \to 2''(2''_0) \to 3''(3''_0)$；

②在正投影中，包含三棱柱最上面的棱线作一辅助平面 Q_V，同样产生一平行于四棱锥底边截交线，其中有效的交点为Ⅴ、V_0，即由 $5'(5'_0)$，求出 $5(5_0)$ 及 $5''(5''_0)$；

③在正投影中，由于正四棱锥的最前、最后棱线分别与三棱锥的右侧面和底面相交，故要产生交点Ⅳ、IV_0 及Ⅱ、II_0，其中Ⅱ、II_0 前面已经求出，Ⅳ、IV_0 的求解只需根据直线上点的从属性，便可由 $4'(4'_0)$ 求出 $4''(4''_0)$ 和 $4(4_0)$；

④根据相贯线的连线原则，可获得前后两组相贯线分别由Ⅰ、I_0→Ⅱ、II_0→Ⅲ、III_0→Ⅳ、IV_0→Ⅴ、V_0→Ⅰ、I_0 的顺序连接，它们的正投影前、后重影、水平投影和侧投影后对称；

⑤判断可见性：根据同时属于两立体可见表面的线段才可见的原则，判断水平投影中属于三棱柱底面的前、后各两段线段为不可见，侧投影中属于正四棱锥右侧面的前、后各三段线段为不可见。

6.6 同坡屋面

在房屋建筑设计中，屋顶可采用坡屋面形式。坡屋面的设计除考虑建筑造形外观的需要，也必须兼顾建筑构造合理排水等要求，故应进行合理、正确的设计。

为研究方便，以下以同坡屋面为例进行讲解。

当坡屋面各个坡面（平面）的水平倾角 α 都相等，这样的坡屋面被称为同坡屋面。

现以屋檐或同高的同坡屋面画法介绍如下：

6.6.1 同坡屋面的特性

如图 6.20 所示，图 6.20(a) 有四个坡面。正放时，左、右坡面 Ⅰ、Ⅲ 为正垂面，前、后坡面 Ⅱ、Ⅳ 为侧垂面，相应的檐线为 1、3 和 2、4。

图 6.20(b) 有六个坡面。正放时，坡面 Ⅰ、Ⅲ、Ⅴ 为正垂面，Ⅱ、Ⅳ、Ⅵ 坡面为侧垂面。相应的檐线为 1、3、5 和 2、4、6。

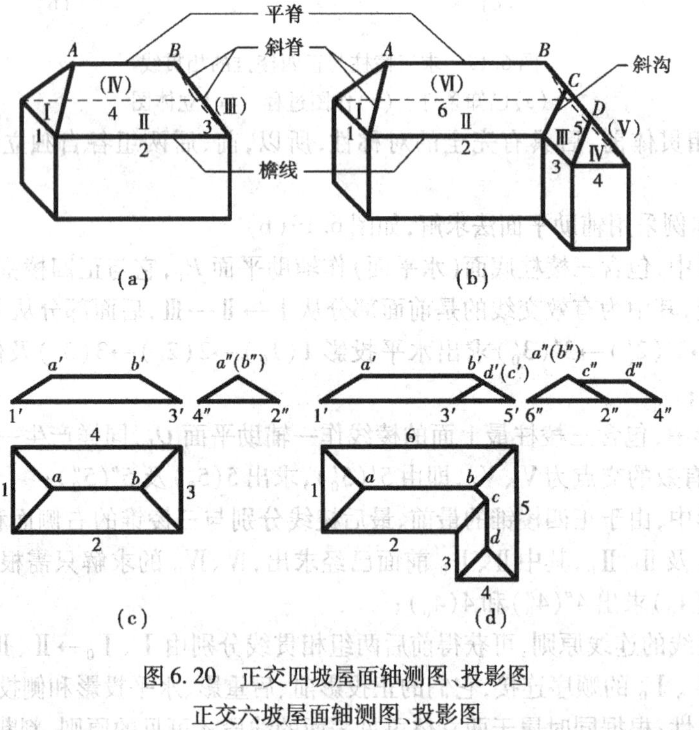

图 6.20 正交四坡屋面轴测图、投影图

正交六坡屋面轴测图、投影图

(a) 四坡屋面轴测图 (b) 六坡屋面轴测图 (c) 四坡屋面投影图 (d) 六坡屋面投影图

分析图 a、b，得出：

1. 同坡屋面特性

(1) 一条檐线代表一个坡面。一栋建筑有几条檐线，就有几个坡面。

(2) 相邻二檐线的坡面有交线，且应通过相应二檐线的交点。

交线分类：

①当相邻二檐线凸交即外角 >180°时，则对应二面交线称为斜脊。

如图(a)有四个凸交角，则有四条斜脊线；图(b)有五个凸交角，则有五条斜脊线。

②当相邻二檐线凹交即外角 <180°时，则对应二面交线称为斜沟。

如图(b)，将线2、3成凹交，则Ⅱ、Ⅲ面的交线是斜沟。

③当相邻二檐线平行时，则对应二面交线称为平脊或屋脊。

如图(a)中，檐线2∥4，则对应Ⅱ、Ⅳ面的交线是平脊 AB。图(b)中，檐线2∥6，则对应Ⅱ、Ⅵ面的交线是平脊 AB；檐线3∥4，则对应Ⅲ、Ⅳ面的交线是平脊 CD。

(3)根据三平面两两相交，其三条交线必交于一点，则同坡屋面上如有两条线相交于一点，则过此点必有第三条交线。

综上，得出同坡屋面的 H 面投影特征：斜脊、斜沟及平脊的 H 面投影，应为相应二檐线 H 面投影的分角线。

①当相邻两檐线垂直相交时，其对应的分角线斜脊、斜沟的 H 面投影为45°线；

②当相邻两檐线不垂直相交时，其对应的分角线斜脊、斜沟的 H 面投影作图原理不变。

③当相邻两檐线平行时，其对应的分角线屋脊与此两檐线的 H 面投影平行。

由上述同坡屋面的 H 面投影特征，可以极为方便地完成同坡屋面 H 面投影作图。

图6.20(c)是四坡屋面的三面投影，图6.20(d)是六坡屋面的三面投影。其作图步骤与下述相同，请读者自行分析。

2. 同坡屋面的投影作图

例6.14　如图6.21所示，已知：屋面各檐线等高，各坡面的 $\alpha=30°$，完成屋面的三面投影。

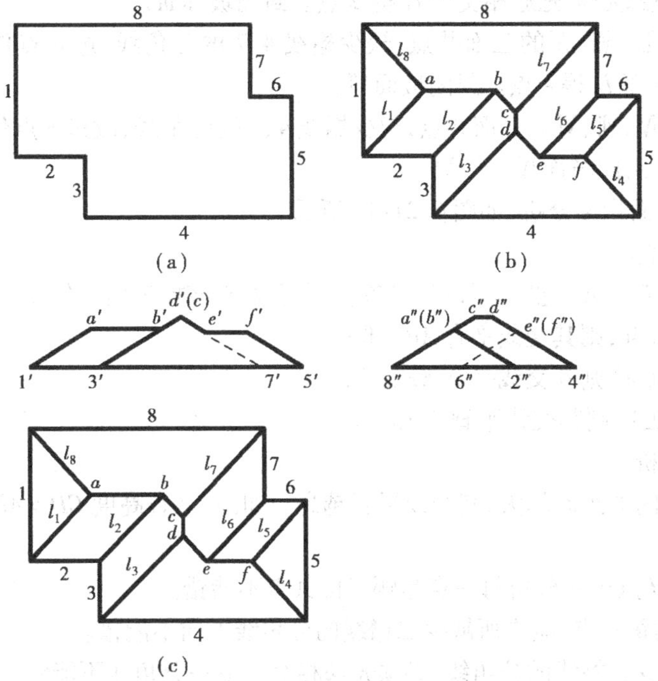

图6.21　同坡屋面交线正确画法

解：(1)作 H 面投影

方法：依次封闭法

①画出各坡面檐线的 H 投影（建筑设计时，应由房屋各外墙的 H 投影，再加出檐而得）。如图 6.21(a)，坡面檐线为已知。

再将各檐线编号 1 ~ 8，同时也是相应坡面编号。由图知，该屋面共有八个坡面。

②作相邻二檐线的分角线。

如图 6.21(b)，因相邻二檐线相交成 90°，故分角线均为 45°线；共有八条 $l_1 \sim l_8$：有六个凸角，则有六条斜脊为 $l_{1,3,4,5,7,8}$；有两个凹角，则有两条斜沟如 $l_{2,6}$。

③从任意相邻两凸角的分角线（斜脊）的交点开始，逐一封闭坡面。注意：从 a 点或 f 点开始，按下述相同步骤、方法作图，其结果不变。如图，从 a 开始。

第一，分析该点是哪三面共点；第二，分析此三面共点的三条交线中，缺少哪两条相邻檐线的分角线。第三，作出此二檐线的分角线，且此分角线必须先遇相交于下一分角线得到 b 点。

重复上述三步作图，得到 c 点。如此类推，直至作图完成。

如图：因 l_1 是 1、2 檐线的分角线，l_8 是 1、8 檐线的分角线，l_1 与 l_8 的交点 a 是坡面Ⅰ、Ⅱ、Ⅷ的三面共点，而过 a 点的三条交线中，缺少檐线 2、8 的分角线，故过 a 点作檐线 2、8 的分角线，此线必须先遇相交于 l_2 得 b 点，封闭坡面Ⅱ。

又因 ab 是坡面Ⅱ、Ⅷ的交线，l_2 是坡面Ⅱ、Ⅲ的交线，其交点 b 是坡面Ⅱ、Ⅲ、Ⅷ的三面共点，而过 b 点的三条交线中，缺少坡面Ⅲ、Ⅷ的分角线；故过 b 点作檐线 3、8 的分角线（向右下 45°线），此线必须先遇相交于 l_7，得 c 点，封闭坡面Ⅷ。

同理分析，因 c 点是坡面Ⅲ、Ⅷ、Ⅶ的三面共点，而缺少檐线 3、7 的分角线，故过 c 点作檐线 3、7 的分角线，此线必须先遇相交于 l_3 得 d 点。封闭坡面Ⅲ。

因 d 点是坡面Ⅲ、Ⅶ、Ⅳ的三面共点，缺少檐线 4、7 的分角线，过 d 点作檐线 4、7 的分角线，此线须先遇相交于 l_6 得 e 点。封闭坡面Ⅶ。

因 e 点是坡面Ⅳ、Ⅶ、Ⅵ的三面共点，缺少檐线 4、6 的分角线，故过 e 点作檐线 4、6 的分角线与 l_4、l_5 相交于 f，封闭坡面Ⅳ、Ⅴ、Ⅵ。

同坡屋面的 H 面投影分析，如图 6.21(b)所示。

①平脊位置分析

平行二檐线垂直于某一投影面，则其交线平脊垂直于该投影面。如图：

檐线 2//8，且 $\perp W$，则其交线平脊 $AB \perp W$；

檐线 4//6，且 $\perp W$，则其交线平脊 $EF \perp W$；

檐线 3//7，且 $\perp V$，则其交线平脊 $CD \perp V$。

②平脊高度分析

平行二檐线之间的距离越大，其交线平脊越高。如图，平脊高度 $CD > AB > EF$。

③作图注意

ⓐa、b、c、d、e、f 点逐一分析每一点是哪三面共点不能错。

ⓑ过 $a \sim f$ 点的每一点，应作所缺少二檐线的分角线方向不能错。

ⓒ每次作所缺少二檐线的分角线，必须先遇相交于下一分角线不能错。

(2)作 V、W 面投影，如图 6.21(c)所示。

分析：凡檐线 $\perp V$ 面，如 1、3、5、7，则包含这些檐线的坡面为正垂面；凡檐线 $\perp W$ 面，如 2、

4、6、8，则包含这些檐线的坡面为侧垂面。它们的积聚投影与水平线的夹角，均应反映坡面的水平倾角 α。

作图：

①先画出所有等高屋檐线在 V、W 面上的投影为高平齐的两条水平线；在其 V 面投影上，找出 H 投影中各正垂檐线如 1、3、5、7 的 V 面积聚投影 $1'$、$3'$、$5'$、$7'$；在其 W 面投影上，找出 H 投影中各侧垂檐线如 2、4、6、8 的 W 面积聚投影 $2''$、$4''$、$6''$、$8''$。

②过正垂、侧垂檐线的 V、W 面积聚投影，结合坡屋面的水平倾角 α，画出相应坡面的 V、W 面积聚投影。

③根据各交点（$a \sim f$）必属于相应坡面的投影，在 V 面积聚投影上，找出各点的 V 投影；再由各点的 H、V 面投影补出其 W 面投影。

依次相连，完成屋面的 V、W 面投影作图。

④判别 V、W 面投影可见性：

因檐线 7 在平脊 ef 的后面，故坡面Ⅶ的 V 面积聚投影 $e'f'$ 为不可见，作图时画成虚线；

因檐线 6 在平脊 cd 的右面，故坡面Ⅵ的 W 积聚投影 $e''f''$ 不可见，作图时画成虚线。

⑤检查 V、W 面投影

各正垂坡面的 H、W 面投影应为类似形，如坡面Ⅰ、Ⅲ、Ⅴ、Ⅶ；各侧垂坡面的 H、V 面投影应为类似形，如坡面Ⅱ、Ⅳ、Ⅵ、Ⅷ；

3. 同坡屋面作图中应注意的问题

（1）应进行合理的坡屋面设计

比较图 6.22 与图 6.21（a），二者檐线的 H 投影相同，坡面设计结果不同：图 6.22 中出现平沟 CD。图 6.22 的屋面 H 面投影，从几何作图角度讲正确，但因产生平沟而使屋面易渗水，不符合建筑构造的要求，所以这种屋面设计是错误的。

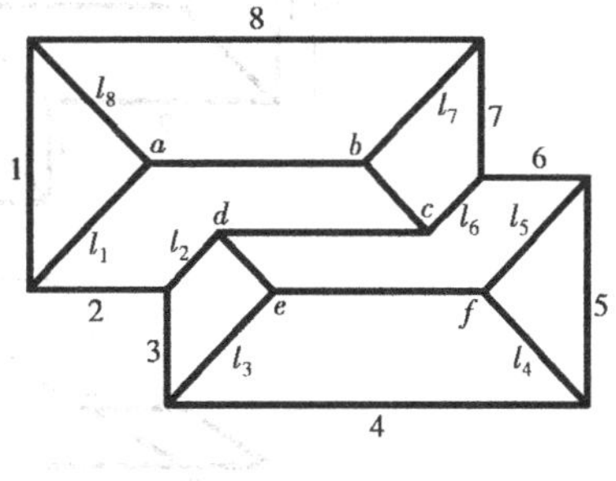

图 6.22　不先遇相交出现平沟

作图错误原因：每次作出所缺少二檐线的分角线后，其必须先遇相交于下一分角线（见作图注意③中描述的），得下一交点。如图 6.22 所示，l_1 和 l_8 相交于 a 点，过 a 点作出檐线 2、8 的分角线，此线应先遇相交于 l_2 得 b 点，而它越过 l_2，与 l_7 相交于 b 点，致使作图结果错误。

其后作图，从几何作图角度讲也正确：

如图 6.22 所示，过 b 作坡面Ⅱ、Ⅶ的分角线与 l_6 相交于 c 点，过 c 点作坡面Ⅱ、Ⅵ的分角线与 l_2 相交于 d 点，过 d 点作坡面Ⅲ、Ⅵ的分角线与 l_3 相交于 e 点，过 e 点作坡面Ⅳ、Ⅵ的分角线与 l_4、l_5 相交于 f 点，完成 H 面投影作图。但由于出现了上述作图错误原因中分析的平脊 ab 没有先与 l_2 相交而致使平沟 cd 出现，故这种屋面是错误的。

（2）檐线间不垂直的同坡屋面作图：

如图 6.23 所示，此屋面有相邻檐线 2 与 3，及 5 与 6 不垂直，求其屋面交线的作图方法步骤同前。

水平面投影：过 a 作檐线 2、6 的中线相交于 l_5 得 b 点，过 b 点作檐线 2、5 的分角线相交于 l_2 得 c 点，过 c 点作屋檐 3、5 的中线相交于 l_3 和 l_4 得 d 点。

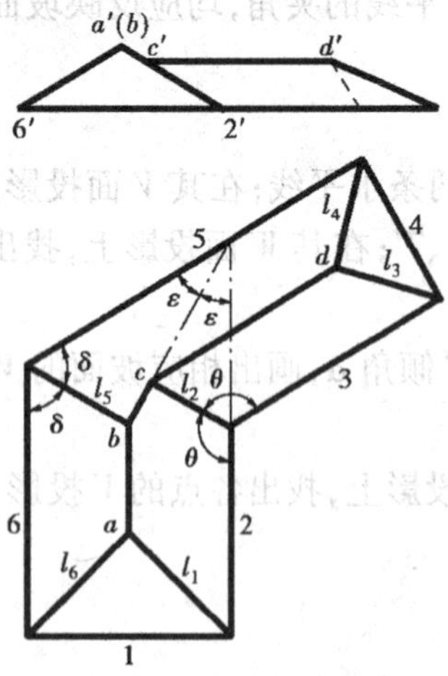

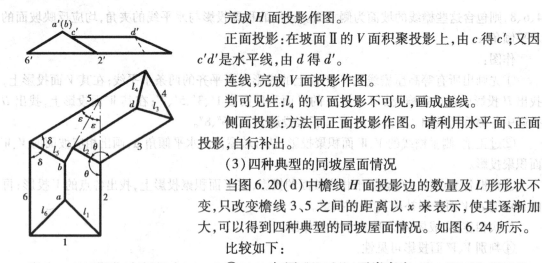

图 6.23　相邻两檐不垂直相交的屋面投影图

完成 H 面投影作图。

正面投影：在坡面Ⅱ的 V 面积聚投影上，由 c 得 c'；又因 $c'd'$ 是水平线，由 d 得 d'。

连线，完成 V 面投影作图。

判可见性：l_4 的 V 面投影不可见，画成虚线。

侧面投影：方法同正面投影作图。请利用水平面、正面投影，自行补出。

(3) 四种典型的同坡屋面情况

当图 6.20(d) 中檐线 H 面投影边的数量及 L 形形状不变，只改变檐线 3、5 之间的距离以 x 来表示，使其逐渐加大，可以得到四种典型的同坡屋面情况。如图 6.24 所示。

比较如下：

①$x<y$，如图 6.24(a)，平脊高度 $AB>CD$，且 $CD\perp V$；

②$x=y$，如图 6.24(b)，平脊高度 $AB=CD$，且 $CD\perp V$，AB、CD 交于一点（B、C 重合）；

③$x=y_1$，如图 6.24(c)，平脊高度 $AB<C$、D（一点），且四面交于一点；

④$x>y_1$，如图 6.24(d)，平脊高度 $AB<CD$，$CD\perp W$。

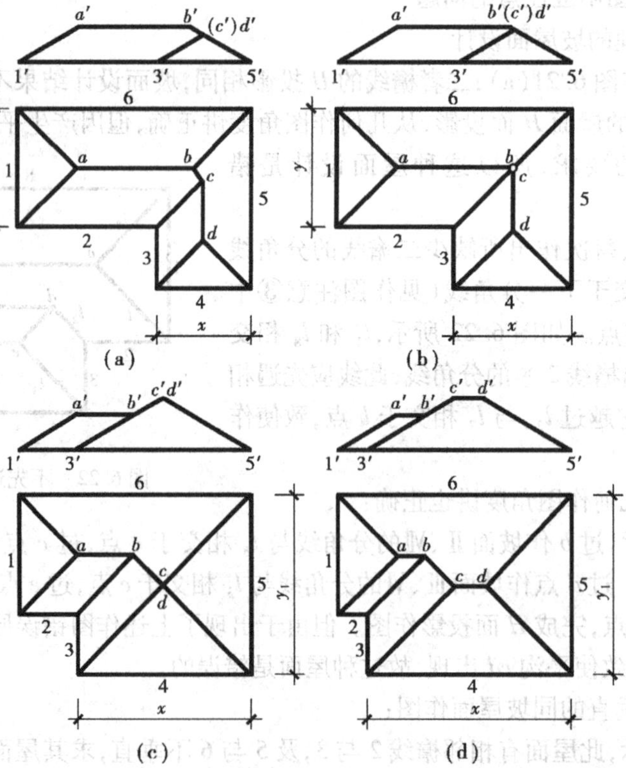

图 6.24　同坡屋面的四种典型情况

(a) $x<y$　(b) $x=y$　(c) $x=y_1$　(d) $x>y_1$

复习思考题

1. 怎样作平面立体的投影图？

2. 怎样根据平面立体表面上点的一个投影作出其余投影？怎样判断其可见性？

3. 试分析平面与平面立体相交求截交线的方法。

4. 如何求直线与平面立体的贯穿点？怎样判断可见性？

5. 试分析作两平面立体相贯线的方法。在求出贯穿点后，连线的原则是什么？

6. 什么叫做同坡屋面？有什么特点？怎样根据屋檐的水平投影和屋面的坡度画出同坡屋面的水平投影、正投影和侧投影？

第 7 章 曲面立体

在工程实践中，经常会遇到由曲面或曲面与平面围成的各种各样的曲面立体，如圆柱、圆锥、壳体屋盖、隧道拱顶及常见的设备管道等等。在设计、施工和加工中应熟悉它们的形成、投影特点及图示方法。

7.1 曲 线

7.1.1 曲线的形成

曲线可以看成是一个动点按一定规律运动而形成的轨迹。

7.1.2 曲线的分类

根据曲线上各点的所属性，可以分成两类：

①平面曲线：曲线上所有的点都属于同一平面的称为平面曲线。如圆、椭圆、双曲线、抛物线等。

②空间曲线：曲线上任意连续四个点不属于同一平面的称为空间曲线。如圆柱正螺旋线等。

7.1.3 曲线的投影

曲线是由点的运动而形成，只要作出曲线上一系列点的投影，并将各点的同面投影依次光滑地连接起来，即得该曲线的投影。

1. 任意曲线的投影

如图 7.1 所示，(a)为空间曲线的投影，各投影均为曲线。(b)为平面曲线，该曲线所在平面垂直于 V 面，其 V 投影为直线段，H 投影仍为曲线，不反映实形。(c)为平面曲线所在平面平行于 H 面，其 H 投影反映实形，V 投影为平行于 OX 轴的直线段。

2. 圆的投影

圆是平面曲线，当它所在的平面平行于投影面时，其投影反映实形，当圆所在的平面垂直于投影面时，其投影积聚成一直线段，该线段的长等于圆直径。若圆所在的平面倾斜于投影面，其投影为一椭圆。

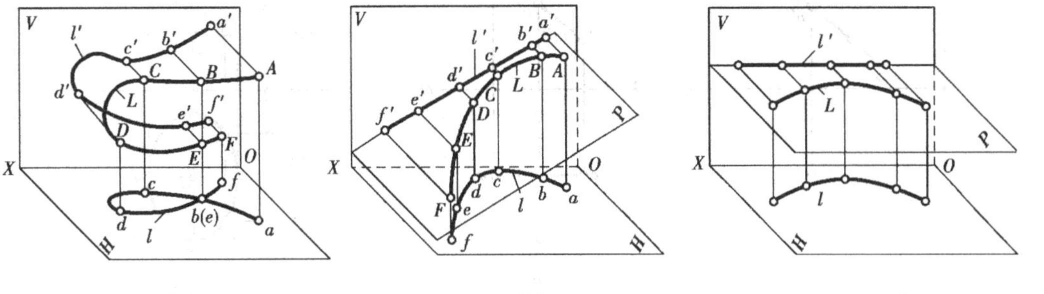

图7.1　曲线的投影

(a)L是空间曲线　(b)$P\perp V$　(c)$P /\!/ H$

例7.1　如图7.2所示，已知圆L所在平面$P\perp V$面，P与H面的倾角为α，圆心为O，直径为ϕ，求圆L的V、H投影。

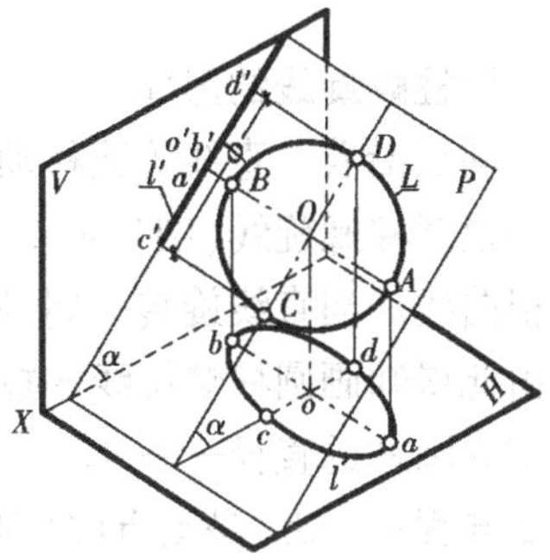

图7.2　垂直于V面的圆的投影

解：(1)分析：

①由于圆L所在平面$P\perp V$面，其V投影积聚为一直线l'，l' = 直径ϕ，l'与OX轴的夹角 = α。

②圆L所属平面倾斜于H面，其H投影为一椭圆l，圆心O的H投影是椭圆中心o，椭圆长轴是圆L内平行于H面的直径AB的H投影ab，$ab = AB$(直径)，椭圆短轴是圆L内对H面最大斜度方向的直径CD的H投影cd，$cd = CD\cdot\cos\alpha$。$CD /\!/ V$，故$c'd' = \phi$。

(2)作投影图：

①定OX轴及圆心O的V、H投影o'，o，见图7.3(a)。

②作圆L的V投影l'，即过o'作$c'd'$与OX轴的夹角 = α，取$c'o' = d'o' = \phi/2$，如图7.3(a)。

③作圆L的H投影椭圆l，先作椭圆的长短轴。即过o作长轴$ab\perp OX$，$ao = ob = \phi/2$，过o作短轴$cd /\!/ OX$，cd的长度由$c'd'$确定，如图7.3(b)。

④由长短轴可作出椭圆。这里采用换面法完成椭圆作图。如图7.3(c)，作一新投影面$H_1 /\!/$圆L，则圆L在H_1上的投影l_1，反映实形。在投影图中作新投影轴$O_1X_1 /\!/ l'$。根据o、o'作出o_1，并以o_1为圆心，Φ为直径作圆，就得到圆l_1 = 圆L。由圆的l_1和l'而得椭圆l。为此需定出椭圆的足够数量的点，然后用曲线板依次光滑连接起来。图中示出了e、f点的作图。先在l_1上定e_1、f_1，向O_1X_1作垂线，与l'交得e'、f'，再过e'、f'向OX轴作垂线，并在此垂线上量取e、f点分别到OX轴的距离等于e_1、f_1点分别到O_1X_1轴的距离而定出e、f点。

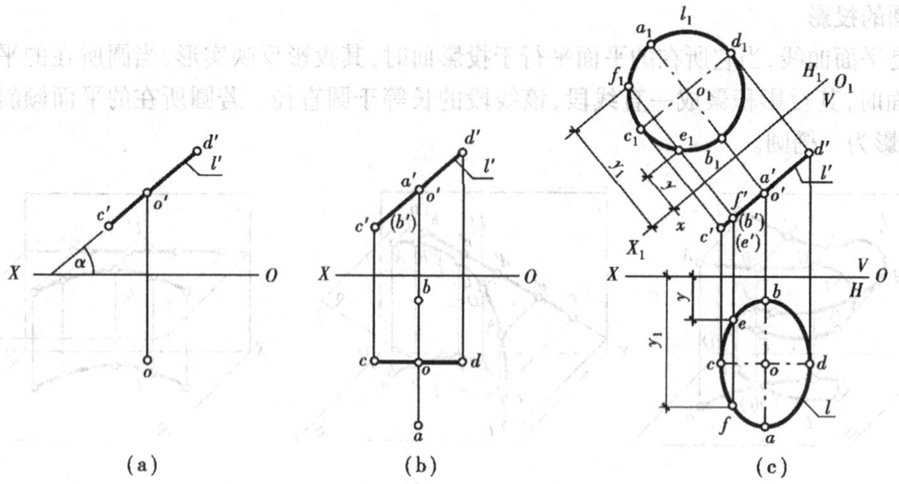

图 7.3　作垂直于 V 面的圆的投影

(a)定圆心和圆的 V 面投影　(b)作长短轴　(c)完成椭圆

7.1.4　圆柱螺旋线的投影

1. 圆柱螺旋线的形成

一动点沿着一直线等速移动，而该直线同时绕与它平行的一轴线等角速旋转，动点的轨迹就是一根圆柱螺旋线(图 7.4)。直线旋转时形成一圆柱面，叫导圆柱，圆柱螺旋线是圆柱面上的一根曲线。当直线旋转一周，回到原来位置时，动点在该直线上移动的距离(S)叫导程。

由此得知画圆柱螺旋线的投影必具备以下三个条件：

①导圆柱的直径——D。

②导程——S。是动点(I)回转一周时，沿轴线方向移动的一段距离。

③旋向——分右旋、左旋两种旋转方向。设以握拳的大拇指指向表示动点(I)沿直母线移动的方向，其余四指的指向表示直线的旋转方向，符合右手情况的称为右螺旋线(如图 7.4(a))；符合左手情况的称为左螺旋线(如图 7.4(b))。

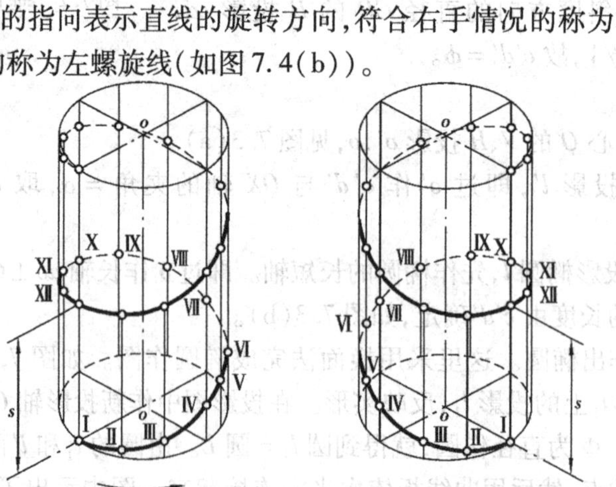

图 7.4　圆柱螺旋线的形成

(a)右螺旋线　(b)左螺旋线

2. 画圆柱螺旋线的投影

如图7.5(a)所示,导圆柱轴线垂直于 H 面。

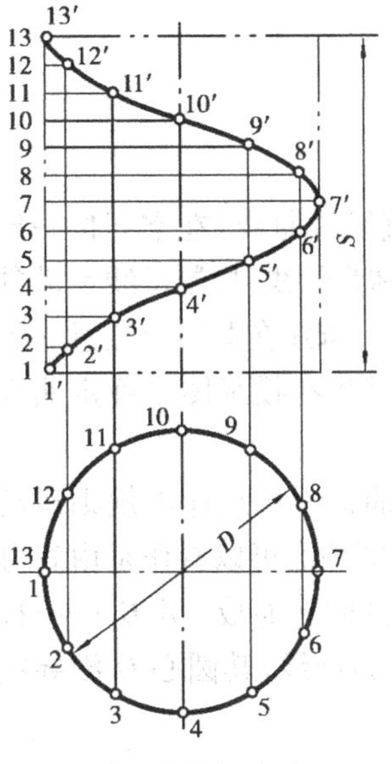

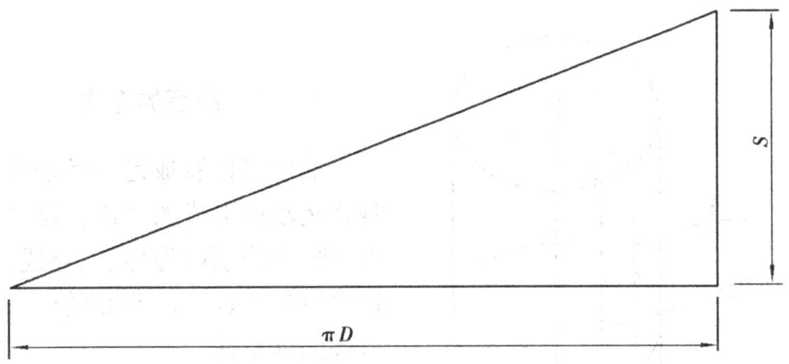

图7.5 圆柱螺旋线的投影及展开

(a)投影 (b)展开

①由导圆柱直径 D 和导程 S 画出导圆柱的 H、V 投影。

②将 H 投影的圆分为若干等分(图中为12等分);根据旋向,注出各点的顺序号,如1、2、3…13。

③将 V 面上的导程投影 s 相应地分成同样等分(图中12等分),自下向上依次编号,如1、2…13。

④自 H 投影的各等分点1、2…13向上引垂线,与过 V 面投影的各同名分点1、2…13引出的水平线相交于1′、2′…13′。

⑤将1′、2′…13′各点光滑连接即得螺旋线的 V 面投影,它是一条正弦曲线。若画出圆柱面,则位于圆柱面后半部的螺旋线不可见,画成虚线。若不画出圆柱面,则全部螺旋线(1′~13′)均可见,画成粗实线。

⑥螺旋线的 H 投影与导圆柱的 H 投影重合,为一圆。

3. 螺旋线的展开

螺旋线展开后成为一直角三角形的斜边,它的两条直角边的长度分别为 πD 和 S,如图7.5(b)所示。

L(螺旋线一圈的展开长) $=\sqrt{S^2+(\pi D)^2}$

7.2 曲　面

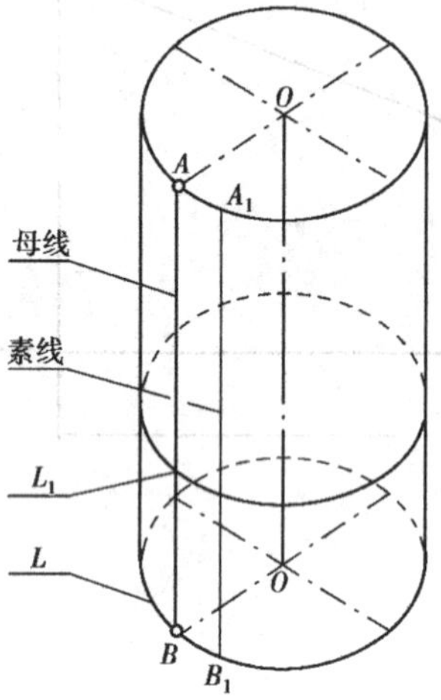

图7.6　曲面的形成

7.2.1　曲面的形成

曲面可以看成是一条动线(直线或曲线)在空间按一定规律运动而形成的轨迹。该动线称为母线,控制母线运动的点、线、面分别称为导点、导线、导面,母线在曲面上任意一停留位置称为素线。曲面的轮廓线是指在投影图中确定曲面范围的外形线。

母线作规则运动则形成规则曲面。母线作不规则运动则形成不规则曲面。在图7.6中,圆柱面可以看作是由直母线 AB 绕与 AB 平行的轴 OO(导线)回转而成。A_1B_1……称为素线;圆柱面也可以看作由圆 L 为母线,其圆心 O 沿导线平行移动而成。L_1……称为素线。

同一曲面,可由不同方法形成。在分析和应用曲面时,应选择对作图或解决问题最简便的形成方法。

7.2.2　曲面的分类

- 曲面
  - 回转曲面
    - 直线回转面
      - 可展曲面(如圆柱面)
      - 不可展曲面(如单叶双曲面)
    - 曲线回转面——不可展曲面(如球面)
  - 非回转曲面
    - 直线面
      - 可展曲面(如斜圆柱面)
      - 不可展曲面(如双曲抛物面)
    - 曲线面——不可展曲面(如自由曲面)

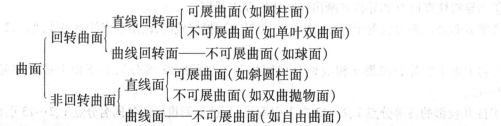

研究常用曲面的形成和分类的目的,既便于掌握常用曲面的性质和特点,有利于准确地画出它们的投影图,又有利于对常用曲面的工程物进行设计和施工。

7.2.3　回转曲面

1. 直线回转曲面(如图7.7所示)

一直线作母线,另一直线作轴线,母线绕轴线旋转一周形成的曲面称为直线回转面。当母线与轴线平行得到圆柱面(图7.7(a)),母线与轴线相交得到圆锥面(图7.7(b)),母线与轴线相叉得到单叶双曲回转面(图7.7(c))。前两者的图示方法将在本章第三节讨论,现研究后者的有关图示法和它在工程上的应用。

(1)单叶双曲回转面的形成

当直母线 AB(或 CD)绕与它交叉的轴线 OO 旋转一周而形成单叶双曲回转面,单叶双曲回转面也可由双曲线 MEN 绕其虚轴 OO 旋转一周而形成。

由于母线的每点回转的轨迹均是纬圆,母线的任一位置都称为素线,所以回转面是由一系

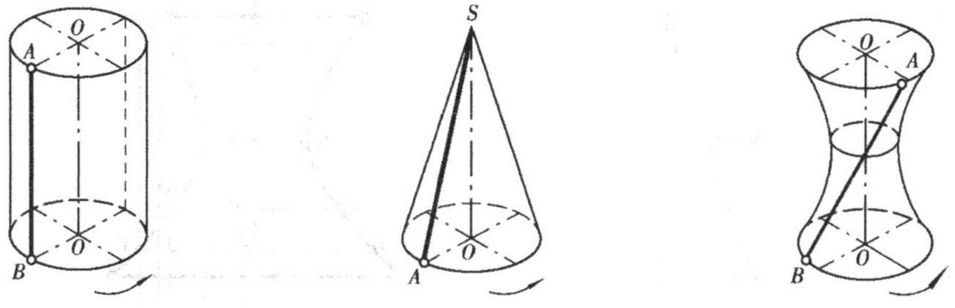

(a)　　　(b)　　　(c)

图7.7　直线回转面

(a)圆柱面　(b)圆锥面　(c)单叶双曲回转面

列纬圆，或一系列素线（此例既有直素线，又有双曲线素线）所组成。

母线的上、下端点 A、B 形成的纬圆，分别称作顶圆、底圆，母线至轴线距离最近的一点 E 所形成的纬圆，称作颈圆，如图7.8所示。

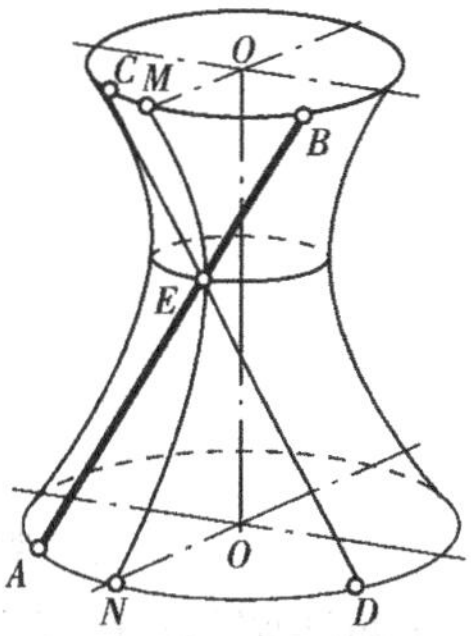

图7.8　单叶双曲回转面的形成

(2)单叶双曲回转面的投影作图

如图7.9(a)所示，已知直线 AB（ab、$a'b'$）和轴线的投影（o,o'），求作 AB 绕轴 OO 旋转形成的单叶双曲面的投影图。

方法1　用母线上各点的运动轨迹作单叶双曲回转面的投影图，其步骤如下：

①在 H 投影中，过轴的积聚投影 o 作中心线，由 o 作 $oc\perp ab$；再由 c 向上作铅垂联系线交 $a'b'$ 于 c'。过 c' 作水平线与轴线交于 k'，则 KC（kc, $k'c'$）是直线 AB 到轴 OO 的最短距离（图7.9(a)）。

②画颈圆、顶圆、底圆的 V、H 投影。以轴线的 H 投影 o 为圆心，分别以 oc、ob、oa 为半径画圆，即为颈圆、顶圆、底圆的 H 投影。它们的 V 投影分别是过 c'、b'、a' 的水平线段，长度等于各纬圆的直径（图7.9(b)）。

③为了更准确地作出 V 投影，在 H 投影中以 o 为圆心，$o1$、$o2$、$o3$ 为半径（任意取）画圆，分别交 ab 线于 b、m、n、f、g、e 等点。并在 V 投影 $a'b'$ 上求出对应的 b'、m'、n'、f'、g'、e' 等点。

④过 b'、m'、n'、f'、g'、e' 分别作水平线，并把1、2、3点分别对应到相应的水平线上，得到它们的 V 投影 $1'$、$2'$、$3'$。

⑤用光滑的曲线连接 $1'$、$2'$、$3'$、c_2' 和 $1'$、$2'$、$3'$、d'，即得单叶双曲回转面的 V 投影，曲线 $1'2'3'c_2'$ 和 $1'2'3'd'$ 是双曲线，也是该曲面的 V 投影轮廓线，是可见与不可见的分界线。单叶双曲回转面的 H 投影是三个同心圆（顶圆、底圆、颈圆）。颈圆也是可见与不可见的分界线。

方法2　用母线的运动轨迹作单叶双曲回转面投影图的步骤如下：

①母线旋转时，母线上每一点的运动轨迹都是一个垂直于轴线 O-O 而平行于 H 面的纬圆。先作过母线两端点 A、B 的纬圆，以轴线的 H 投影 o 为圆心，分别以 oa、ob 为半径作圆，即为单叶双曲回转面的顶圆、底圆的 H 投影，它们的 V 投影是分别过 a'、b' 作平行于 OX 轴的水平线段，长度等于纬圆直径。

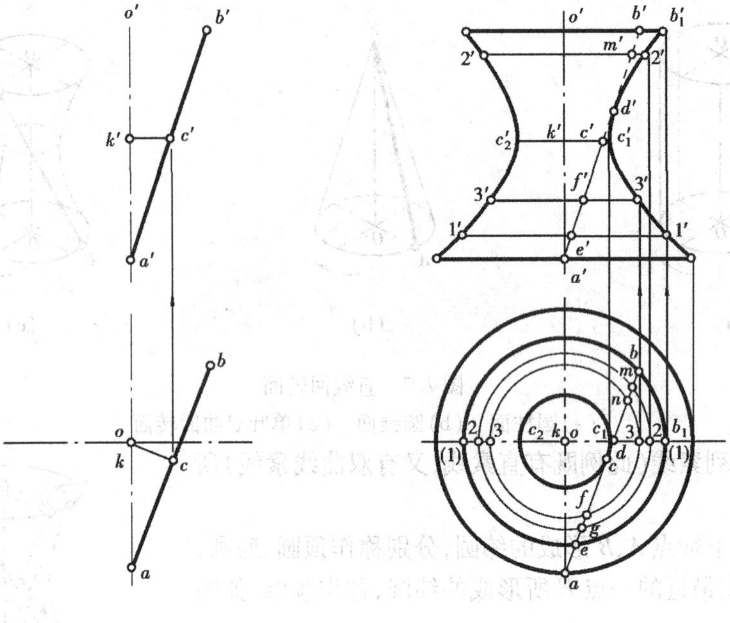

(a)　　　　　　　　　　　　　　　　(b)

图 7.9　单叶双曲回转面投影图画法(一)

(a)画轴与 AB 的投影　(b)画顶、底、颈圆及轮廓线的投影

②从两纬圆(顶圆、底圆)的点 A 和 B 开始,各分为相同的等分,如十二等分。AB 旋转 30°(即圆周的十二分之一)后,就是素线 A_1B_1,根据它的 H 投影 a_1b_1 作出 V 投影 $a_1'b_1'$,如图 7.10(b)所示,再依次作出每旋转 30°后的各素线的 H、V 投影。

③作出单叶双曲回转面的 V 投影轮廓线。即引平滑曲线作为包络线与各素线的 V 投影相切,这是双曲线,在 V 投影中是可见与不可见的分界线。前半曲面可见,后半曲面不可见,素线的可见性与其所属曲面的可见性相同。曲面各素线的 H 投影也有一根包络线,即曲面颈圆的 H 投影,每根直素线的 H 投影,均与颈圆的 H 投影相切。在 H 投影中颈圆是可见与不可见的分界线。颈圆以上的内表面可见,颈圆以下并与其上部对称的外表面部分为不可见,其余可见,如图 7.10(c)所示。

在图 7.8 中,用过直母线 AB 的铅垂面,必与曲面交于另一直线 CD。直线 CD 与原来母线 AB 的交点 E 属于颈圆,且 AB 和 CD 对颈圆平面的倾角相等。因此,同一个单叶双曲回转面,也可以由另一条直母线 CD 绕同一条轴线 OO 回转而成。这两种母线回转时有两族素线,其中每一条素线与异族的素线均相交,而与同族的素线均交叉。所以,该曲面应用在工程中时,常沿两族素线方向来配置材料和钢筋。

(3)在单叶双曲回转面上取点

凡属回转面的点,均可用纬圆法作出。直线回转面也可用素线法作出。

①已知:属于曲面的点 K 的 V 投影 k′和点 K_1 的 H 投影 k_1,如图 7.11(a)所示。

②作图:见图 7.11(b),过 k′作纬圆的 V 投影 l′,由 l′作纬圆的 H 投影 l。因点 K 属于此纬圆,故由 k′而得 k。用素线法求 K_1 的 V 投影 k_1':过 K_1 作一属于曲面的素线ⅠⅡ,先作其 H 投影 1 2,即过 k_1 作直线 1 2 与颈圆的 H 投影相切,并交顶圆于点 1,交底圆于点 2;由 H 投影 1 2 得

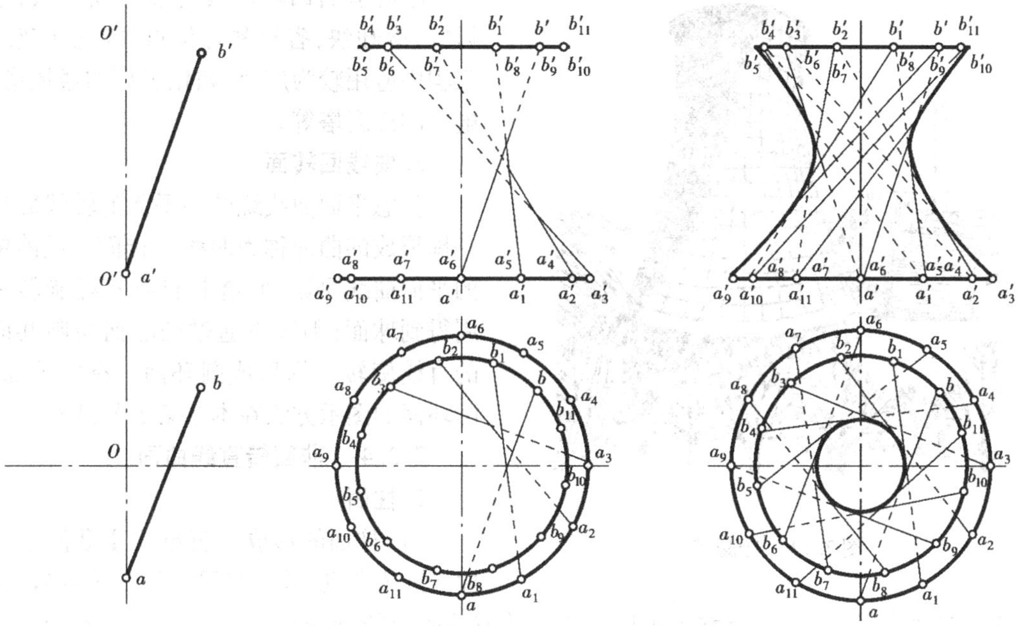

(a)　　(b)　　(c)

图 7.10　单叶双曲回转面投影图画法(二)

其 V 投影 $1'2'$。K_1 点属于素线ⅠⅡ，故由 k_1 而得 k_1'。

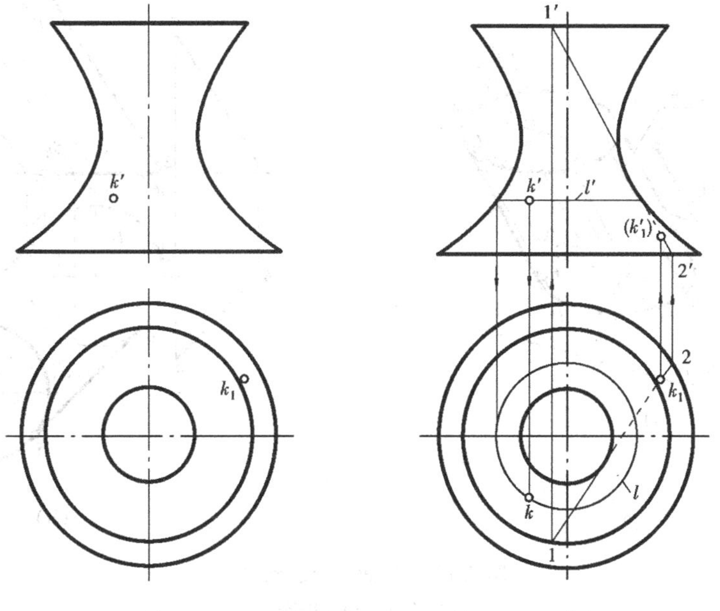

(a)　　(b)

图 7.11　在单叶双曲回转面上取点

(a)已知条件　(b)作图过程

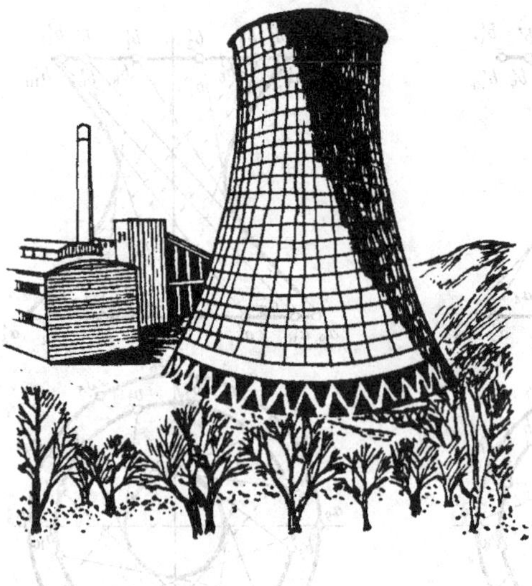

图 7.12　冷凝塔

单叶双曲回转面具有接触面积大，通风好，冷却快，省材料等优点，因此在建筑工程中应用较为广泛，如化工厂的通风塔，电厂的冷凝塔等。

2. 曲线回转面

任意平面曲线绕同一平面的轴线旋转一周形成的曲面称为曲线回转面。最简单的平面曲线是圆，它绕其自身直径旋转一周得到球面；围绕不通过圆心而与圆共面的直线旋转一周形成圆环面。有关球面、圆环面的图示方法在本章第 3 节讨论。

7.2.4　非回转直线曲面

1. 柱面

(1)柱面的形成　直母线ⅠⅡ沿着一曲导线 L 移动，并始终平行于一直导线 AB 而形成的曲面称为柱面。曲导线 L 可以是闭合的或不闭合的，如图 7.13(a)所示。此处曲导线 L 是平行于 H 面的圆，AB 是一般位置直线。由于柱面上相邻两素线是平行二直线，能组成一个平面，因此柱面是一种可展曲面。

(2)柱面的投影　如图 7.13(b)所示。

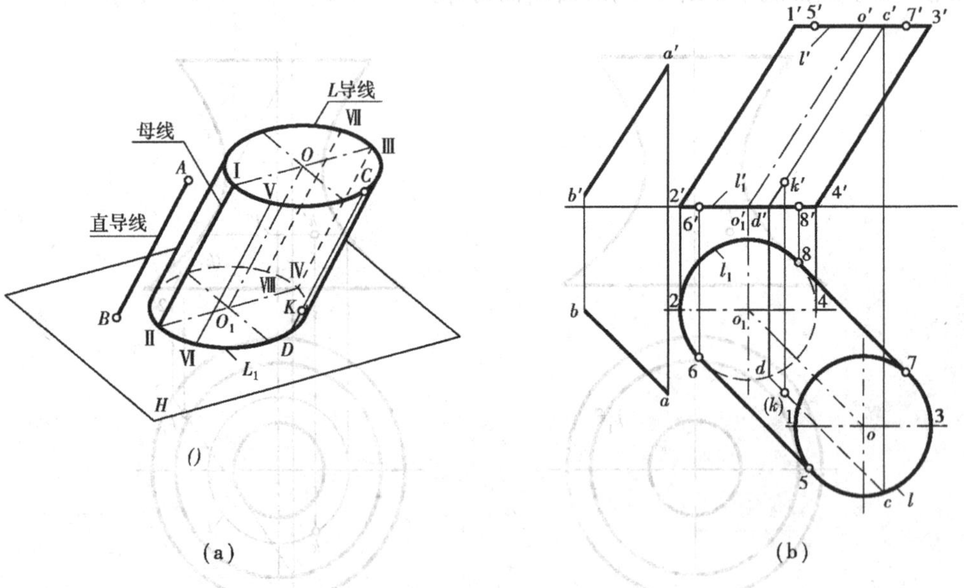

图 7.13　柱面的形成和投影

(a)形成　(b)投影图

①画出直导线 AB 和曲导线 L(圆 $L /\!/ H$)的 V、H 投影(即 $a'b'$、ab，l'、l)。

②画轴 OO_1 的 V、H 投影。显然，轴 $OO_1 /\!/ AB$，且 O_1 点属于 H 面，故作 $o'o_1' /\!/ a'b'$(o_1'属于 OX 轴)，$oo_1 /\!/ ab$。

③画出母线端点Ⅱ运动轨迹 L_1 的 V、H 投影。显然，l_1 线属于 H 面(L_1 线也可看作各素线

与 H 面的交点的集合）。画 L_1 线的 H 投影：以 o_1 为圆心，以圆 L 的半径为半径画圆即得。L_1 线的 V 投影积聚成一段直线，在 OX 轴上，长度等于直径。

④画出柱面的 V 面投影轮廓线，即画出柱面上最左素线ⅠⅡ和最右素线ⅢⅣ的 V 面投影，如图7.13(b)中的 $1'2'$、$3'4'$。ⅠⅡ、ⅢⅣ不是柱面 H 投影的轮廓线，其 H 投影1 2、3 4不必画出。

⑤画出柱面的 H 投影轮廓线，即在 H 面中作 l、l_1 两圆的公切线5 6、7 8即得。它们的正面投影 $5'6'$、$7'8'$ 不必画出。

⑥若曲导线 L 不封闭时，则要画出起、止素线的 V、H 投影。

虽然直导线 AB 的位置和曲导线 L 的形状、大小可根据实际需要来确定，但其投影的画法仍如上述。

(3)柱面投影的可见性　见图7.13(b)。

①V 投影是前半柱面和后半柱面投影的重合，最左、最右素线是前后半柱面的分界线，也是可见与不可见的分界线，由 H 投影得知，包含曲线ⅠⅤⅢ的部分是可见的。包含曲线ⅠⅦⅢ的部分是不可见的。

②H 投影，素线ⅤⅥ和ⅦⅧ的 H 投影是柱面的 H 投影轮廓线，也是可见与不可见的分界线，包含曲线ⅤⅠⅦ的部分是可见的，包含曲线ⅤⅢⅦ的部分是不可见的。

(4)取属于柱面的点　如图7.13(b)。

① 已知：属于柱面的一点 K 的 V 投影 k'（k' 是可见点），求作其 H 投影 k。

② 方法：用素线法，即过点 K 作一属于柱面的素线 CD，点 C 属于 L 圆，点 D 属于 L_1 圆。作出 CD 的 V、H 投影 $c'd'$、cd，则 K 点的 H 投影 k 必属于 cd。

③ 作图：过 k' 作 $c'd' /\!/ a'b'$，点 c' 属于 l'，点 d' 属于 l_1'；由 c' 向下引垂线交 l 的前半圆于 c，由 d' 引垂线交 l_1 的前半圆于 d，连接 cd；再由 k' 向下引垂线交 cd 得 k。因 K 点所属柱面的 H 投影为不可见，故 k 为不可见。

(5)柱面的应用举例　如图7.14所示。

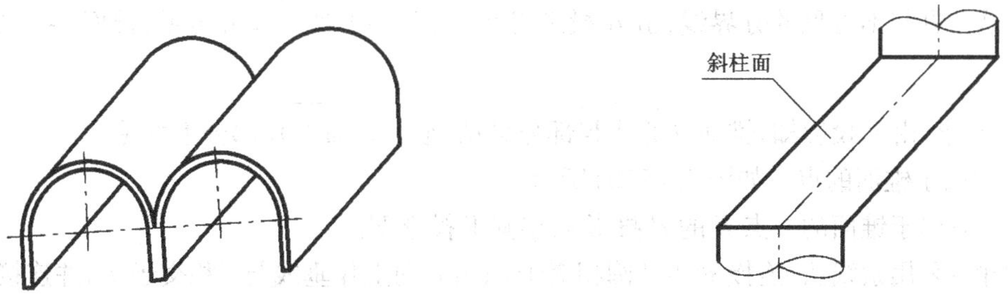

(a)　　(b)

图7.14　柱面应用实例

(a)柱面构成壳体建筑　(b)斜圆柱面管连接两圆管

2. 锥面

(1)锥面的形成　一直母线 SI 沿着一曲导线 L 移动，并始终通过一定点 S 而形成的曲面称为锥面。S 为顶点。曲导线 L 可以是闭合的或不闭合的。如图7.15(a)所示，导线 L 是 H 面的一个圆。由于锥面相邻两素线是相交二直线，能组成一个平面，因此锥面是可展曲面。

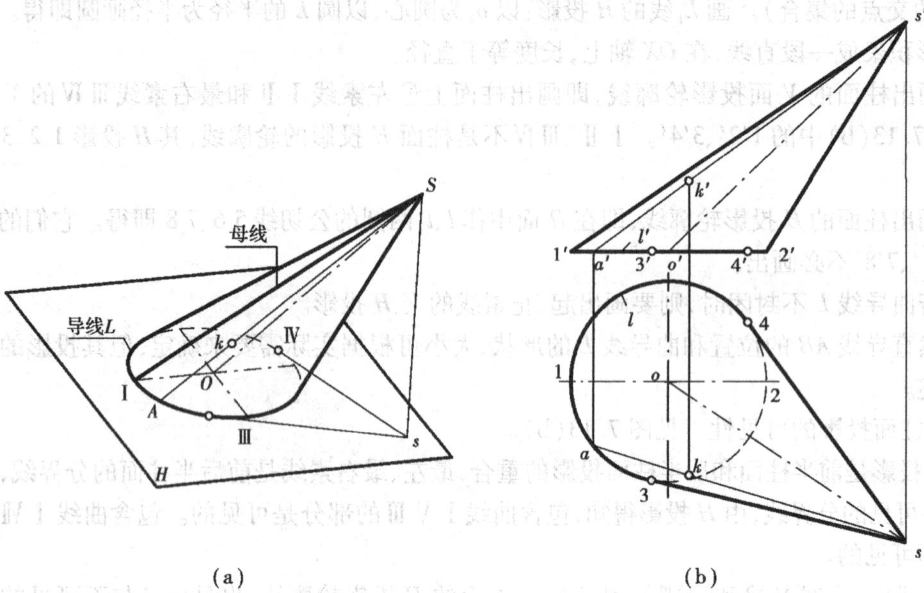

图 7.15　锥面的形成和投影

(a)形成　(b)投影

(2)锥面的投影

①画出导线 L 和顶点 S 的 V、H 投影 l'、l 和 s'、s，并用点画线连接 $s'o'$、so。

②画锥面的 V 投影，即最左素线 SⅠ和最右素线 SⅡ的 V 投影 $s'1'$和 $s'2'$。

③画锥面的 H 投影，即过 s 向 l 圆作的两条切线 $s3$ 和 $s4$。

若导线 L 不封闭时，则要画出起、止素线的 V、H 投影。

(3)锥面投影的可见性　见图 7.15(b)。

①V 投影是锥面前半个锥面和后半个锥面投影的重合，最左和最右素线是前、后部分的分界线，也是可见与不可见的分界线，由 H 投影得知，锥面 S-$\widehat{\text{ⅠⅢⅡ}}$部分可见，锥面 S-$\widehat{\text{ⅠⅣⅡ}}$部分不可见。

②H 投影，由 V 投影知，锥面 S-$\widehat{\text{ⅢⅠⅣ}}$部分可见，锥面 S-$\widehat{\text{ⅢⅡⅣ}}$部分不可见。

(4)取属于锥面的点　如图 7.15(b)所示。

①已知：属于锥面的一点 K 的 H 投影 k，求其 V 投影 k'。

②作图：采用素线法，连接 sk 与 l 圆相交于 a；由 a 向上作垂线与 l'相交于 a'，并连接 $s'a'$；由 k 向上作垂线与 $s'a'$相交于 k'，即为所求。

(5)锥面应用举例　如图 7.16 所示。

3. 柱状面

(1)柱状面的形成　一直母线沿两条曲导线滑动，并始终平行于一个导平面而形成的曲面，称为柱状面。如图 7.17(a)所示，直母线为ⅠⅡ；曲导线为 L_1 和 L_2，直母线始终平行于导平面 P(P∥W 面)滑动。由于柱状面的相邻二素线是相叉的两直线，它们不能属于一个平面，因此柱状面是不可展的直线面。

(2)柱状面的投影　如图 7.17(b)所示。

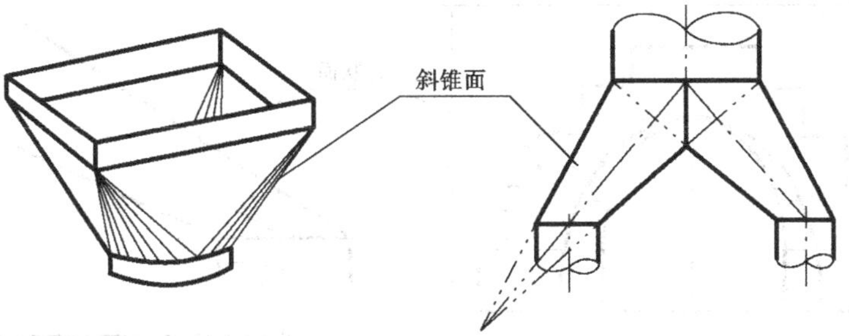

(a)　　　　(b)

图 7.16　斜锥面的应用实例

(a)下斜斗　(b)裤叉三通

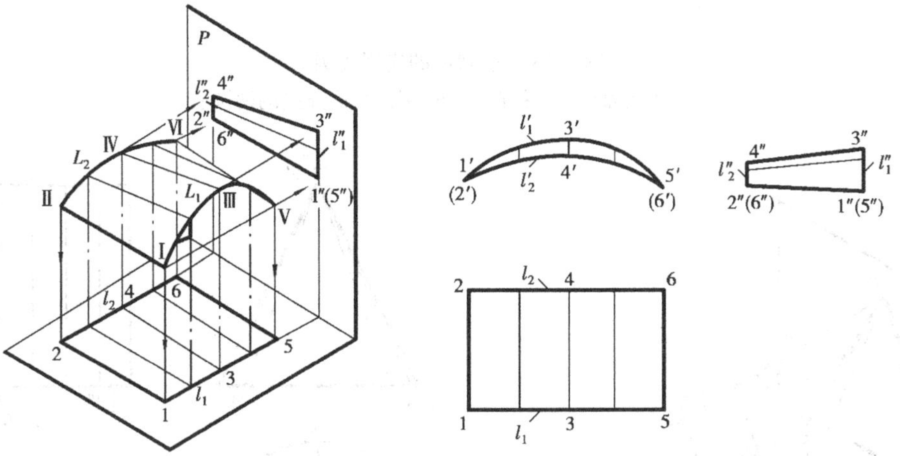

(a)　　　　(b)

图 7.17　柱状面的形成和投影

(a)形成　(b)投影

①画出曲导线 L_1 和 L_2 的 H、V、W 投影如 l_1、l_1'、l_1'' 和 l_2、l_2'、l_2''(亦可用两面投影表示)。

②画导平面 P 的积聚投影 P_H。若 P 平行于一投影面时,则 P_H 可以不画。

③画出起、止素线和若干中间素线的三面投影。由于各素线是侧平线,宜先画出其 H 或 V 投影,再画 W 投影。

④画出曲面各投影的轮廓线。如素线Ⅲ Ⅳ是曲面的 W 投影的轮廓线,其 W 投影为 3″4″。

(3)柱状面的应用举例　如图 7.18 所示。

4. 锥状面

(1)锥状面的形成

一直母线沿一条直导线和一条曲导线滑动,并始终平行于一个导平面而形成的曲面,称为锥状面。如图 7.19(a)所示,直母线为Ⅰ Ⅱ;直导线为 AB;曲导线为圆 L($L /\!/ H$ 面);导平面为 P($P /\!/ V$ 面,$P \perp AB$)。由于锥状面的相邻二素线是相叉两直线,它们不属于一个平面,因此锥状面是不可展开的直线面。

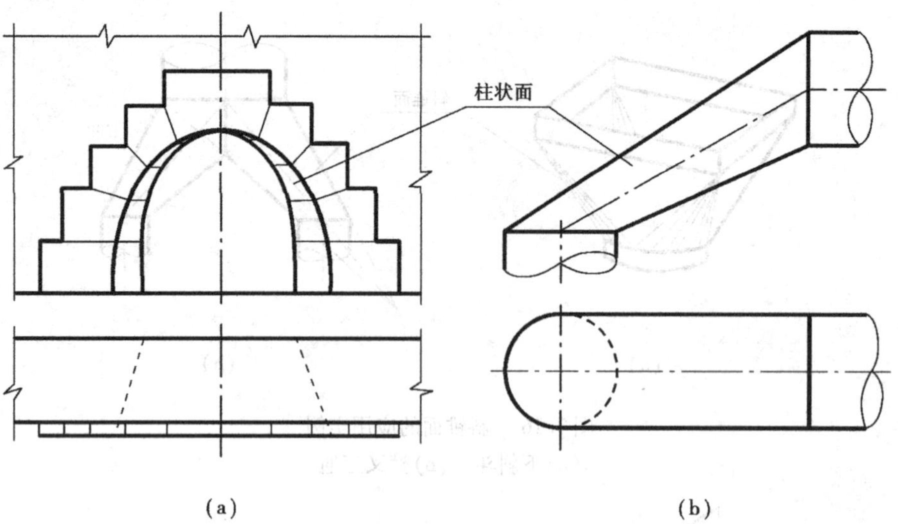

图 7.18　柱状面的应用实例

(a)用柱状面构成的拱门　(b)用柱状面连接的两圆管

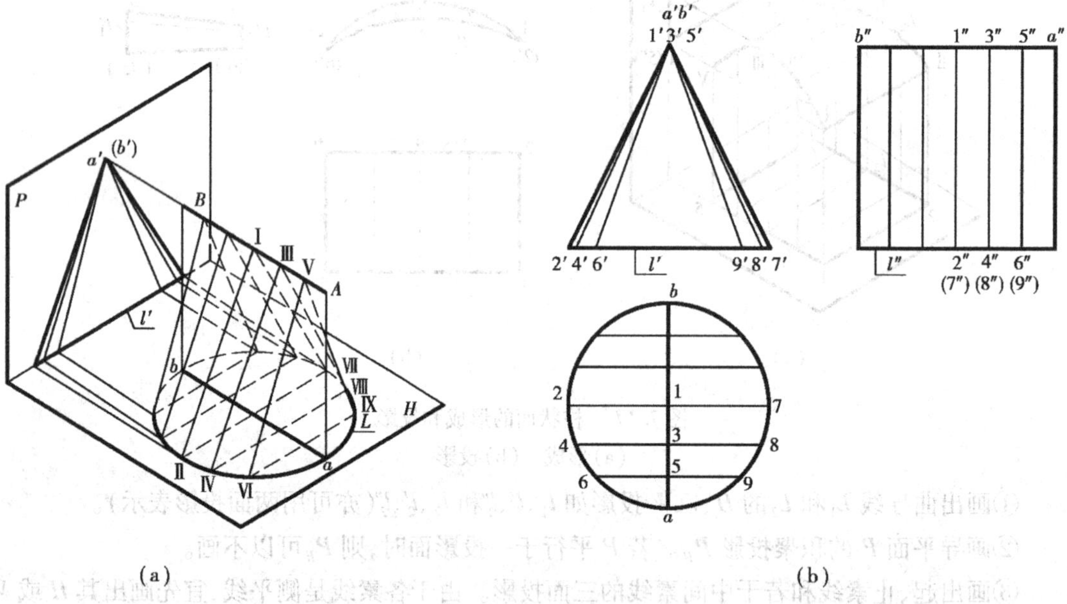

图 7.19　锥状面的形成和投影

(a)形成　(b)投影

(2)锥状面的投影　(图 7.19(b))

①画出直导线 AB、曲导线 L 的 V、H、W 投影，导平面 $P/\!/V$ 面，积聚投影 P_H 不必画出。

②画若干素线的 H、V、W 投影。由于各素线平行于 V，它们的 H 投影平行于 OX 轴，宜先画 H 投影，再画 V 投影和 W 投影。

③画锥状面的 V 投影轮廓线，即ⅠⅡ、ⅠⅦ的 V 投影 1′2′、1′7′。

(3)锥状面的应用举例　如图 7.20 所示。

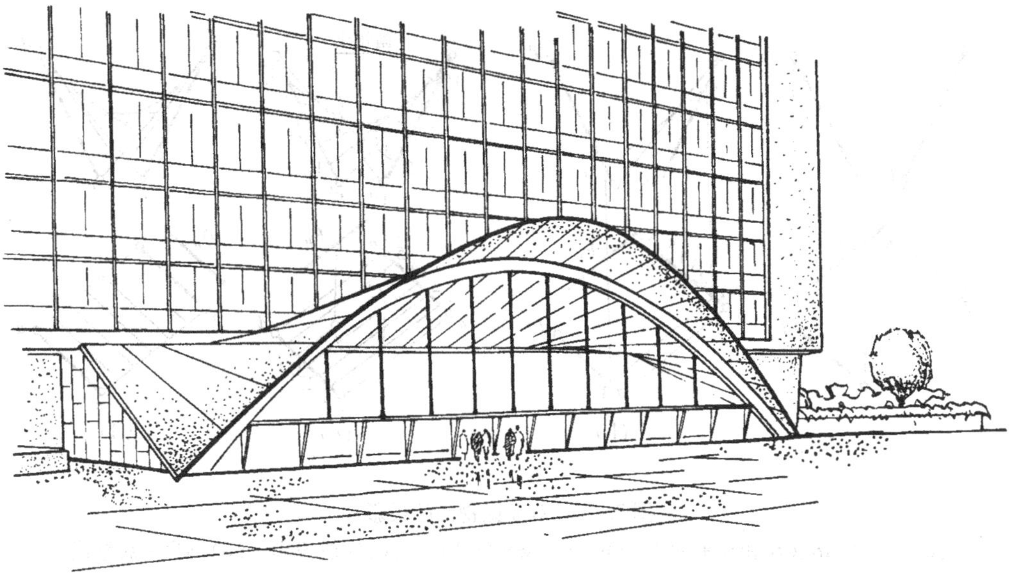

图7.20　锥状面应用实例——屋面

5. 双曲抛物面

(1)双曲抛物面的形成

由一直母线沿两条相叉的直导线滑动,并始终平行于一个导导面而形成的曲面,称为双曲抛物面。如图7.21(a)所示,直母线为Ⅰ$Ⅰ_1$,直导线为AB、CD,导平面为P($P \perp H$面)。由于此曲面上相邻二素线是相叉的,故它是不可展开的直线面。

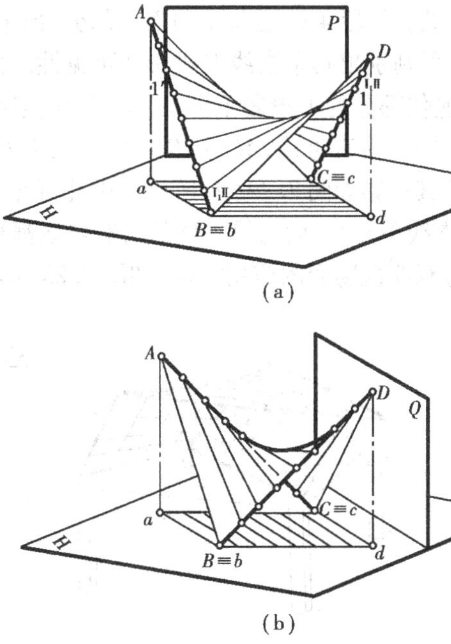

图7.21　双曲抛物面的形成

(2)双曲抛物面的投影,如图7.22所示。

①画出两直导线AB和CD的H、V投影ab、$a'b'$、cd、$c'd'$。画出导平面P的H投影P_H,如图7.22(a)所示。

②画若干素线的H、V投影。为此分直导线AB为若干等分,例如六等分,得各分点的H投影a、1、2、3、4、5、b和V投影a'、$1'$、$2'$、$3'$、$4'$、$5'$、b'(图7.22(b))。由于各素线平行于导平面P,它们的H投影必平行于P_H,例如作过分点Ⅰ的素线Ⅰ$Ⅰ_1$时,先作$11_1 /\!/ P_H$,求出$c'd'$和$a'b'$上的对应点$1_1'$和$1'$后,即可画出该素线的V投影$1'1_1'$,如图7.22(b)所示。同法作出各等分点的素线的H、V投影(图7.22(c))。

③画出与各素线V投影相切的包络线。这是一根抛物线。(图7.22(c))

④判别曲面V投影的可见性,即判别各素线V投影的可见性。在图7.22(c)中,如素线Ⅳ$Ⅳ_1$的V投影$4'4_1'$的可见性判别法是:先找出属于$4'4_1'$且对V面可见与不可见的分界点f',

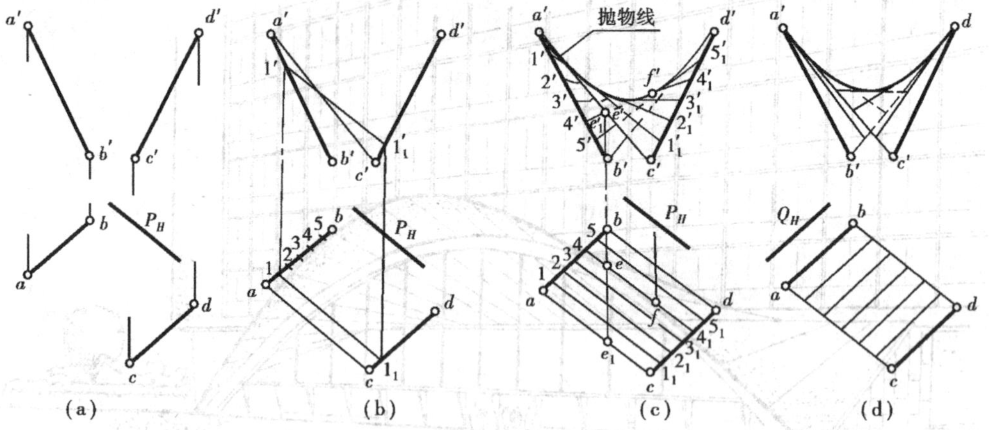

图 7.22　双曲抛物面的投影

(a)画导线 AB、CD 和导平面 P　(b)画一条素线 $\mathrm{I\,I}_1$　(c)完成投影　(d)画另一簇素线

即作出 $4'4_1'$ 与抛物线 $a'd'$ 的切点 f'；然后由 f' 在 $4\,4_1$ 上求得点 f。可知点 4_1 在 f 的前面，故线段 $4_1'f'$ 可见；点 e 在点 f 的后面，故线段 $f'e'$ 不可见。或由重影点 e'、e_1'，判别出 e' 不可见，故线段 $e'f'$ 不可见。线段 $4'e'$ 虽位于曲面后部分，但未被曲面前面部分遮住，故仍为可见。利用相同的方法，可判别出其余素线 V 投影的可见性。由此可知，当曲面处于抛物线 $a'd'$ 的后面，且被其前面遮住部分的 V 投影不可见，这部分的素线画成虚线。

如取 AB 为直母线，AC 和 BD 为直导线，Q 为导平面，也可形成同一个双曲抛物面，如图 7.21(b)其投影如图 7.22(d)所示。由此可知，双曲抛物面有两族直素线，其中每一条直素线与同族素线不相交，而与另一族的所有素线都相交。

(3)双曲抛物面的应用举例，如图 7.23 所示。

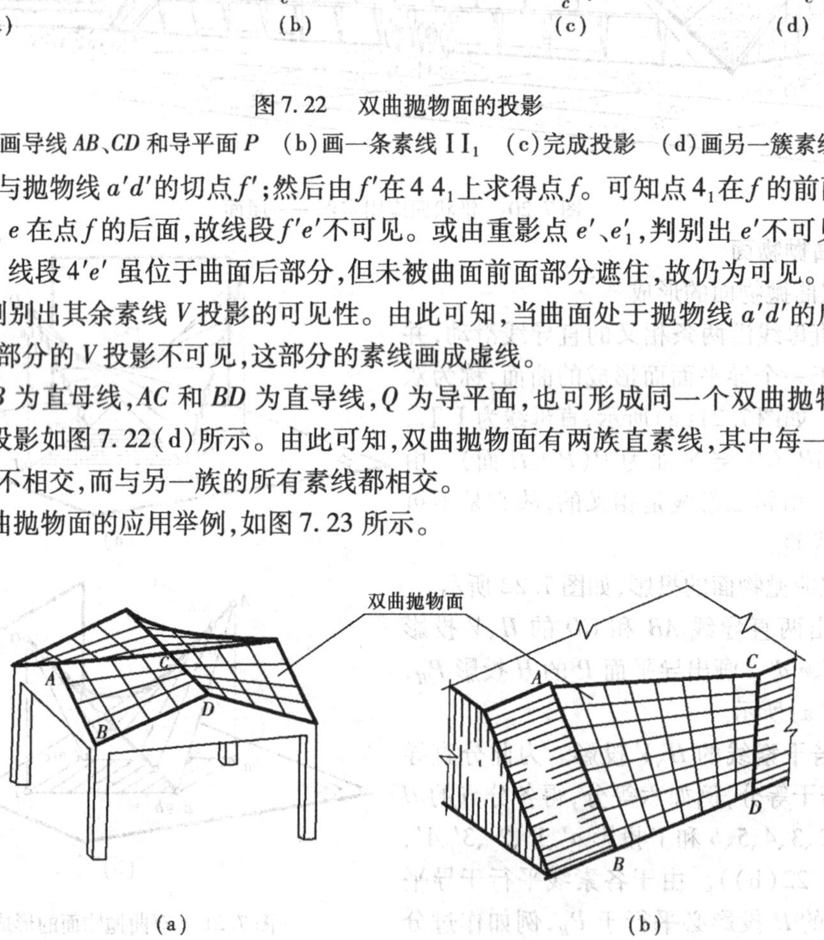

图 7.23　双曲抛物面的应用实例

(a)用作屋面　(b)用作岸坡过渡

在该曲面工程中，常沿两族素线方向来配置材料或钢筋。

6. 圆柱正螺旋面(简称正螺旋面)

(1)圆柱正螺旋面的形成　当一直母线沿一条圆柱螺旋线及该螺旋线的轴线滑动，并始终平行于与轴线垂直的导平面而形成的曲面，称为圆柱正螺旋面。如图 7.24(a)所示，直母线

$\mathrm{I}\ \mathrm{I}_0$;直导线 $OO \perp H$ 面;曲导线为圆柱螺旋线;导平面为 H。故圆柱正螺旋面是锥状面的一种特例。

(2)圆柱正螺旋面的投影　如图7.24(c)所示。

①画出直导线(轴 OO)和曲导线(螺旋线)的 H、V 投影(画法同图7.5(a))。

②画出若干素线的 H、V 投影(图中画的12条)。如图7.24(c),素线的 H 投影是过螺旋线的各分点的 H 投影引向圆心的直线,素线的 V 投影是过螺旋线上各分点的 V 投影引到轴线的水平线。

部分圆柱螺旋面是圆柱正螺旋面与一个同轴的直径为 D_1 的小圆柱相交(如图7.24(b)),其截交线仍是一相同导程的螺旋线 $\mathrm{I}_1\ \mathrm{II}_1\ \mathrm{III}_1$……,此螺旋线的投影,如图7.24(d)的 $1_1'$ 至 $13_1'$ 所示(画法同图7.5(a))。

大圆柱和小圆柱之间的螺旋面(即图7.24(b)中,螺旋线 Ⅰ Ⅱ Ⅲ……和 $\mathrm{I}_1\ \mathrm{II}_1\ \mathrm{III}_1$……之间的螺旋面)是柱状面的特例,其投影如图7.24(d)所示。

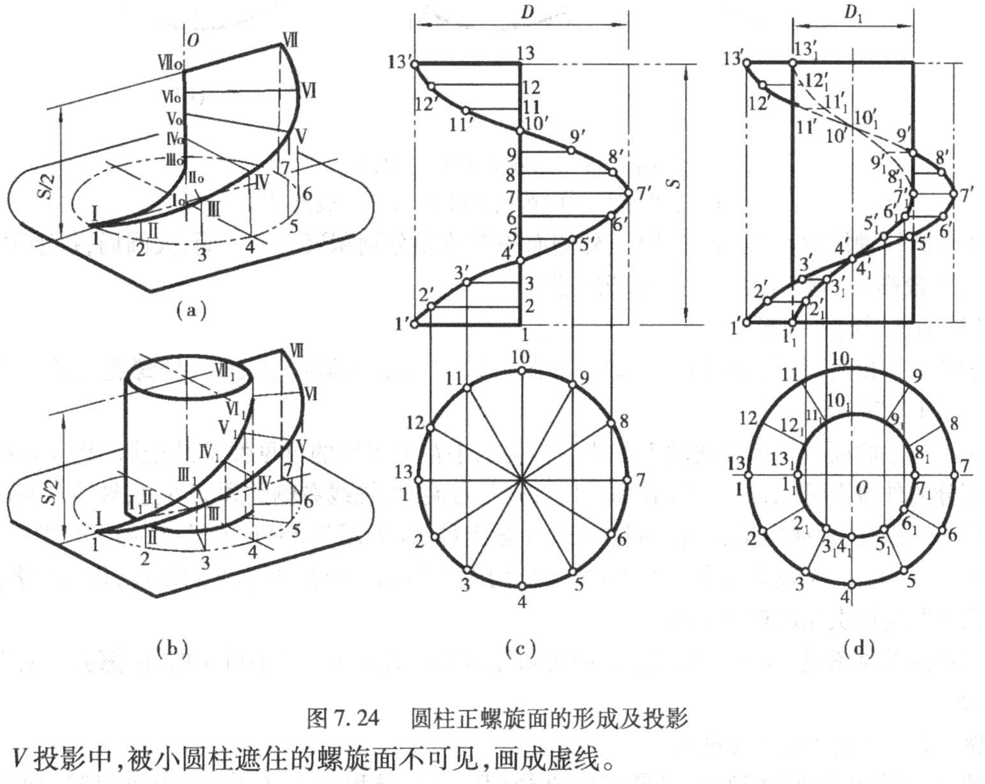

图7.24　圆柱正螺旋面的形成及投影

V 投影中,被小圆柱遮住的螺旋面不可见,画成虚线。

(3)正螺旋面的应用

例7.2　画螺旋楼梯扶手的投影。

解:(1)已知:螺旋楼梯内、外圆柱的 H、V 投影,导程(沿楼梯走一圈的高度)S,以及扶手端面的形状(矩形),如图7.25(a)所示。

(2)分析:扶手由顶面、底面和内、外侧面所围成。顶面和底面均是相同的螺旋面,内、外侧面分别属于内、外圆柱面。顶面、底面的内外边沿是四条螺旋线。画扶手的 H、V 投影,就是画出顶面、底面、内侧面和外侧面的 H、V 投影。

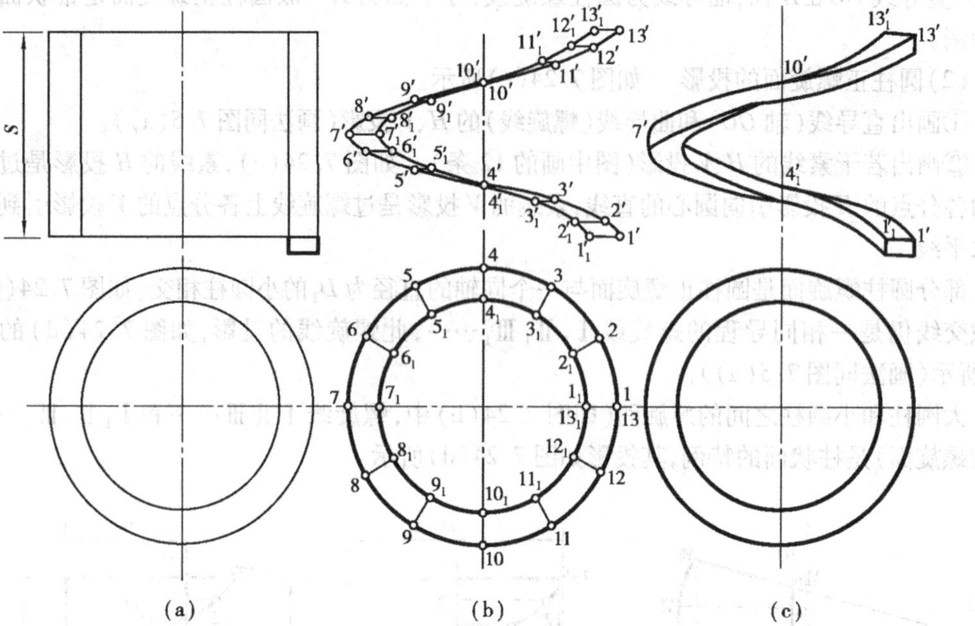

图 7.25　螺旋楼梯扶手的投影

(a)已知条件　(b)画扶手顶面　(c)完成投影

由于圆柱轴线垂直 H 面，扶手内、外侧面的 H 投影分别积聚为小圆周、大圆周；扶手顶面、底面的 H 投影为小圆与大圆之间的环形部分。

(3)画扶手的 V 面投影：

①画扶手顶面(螺旋面)的 V 投影。如图 7.25(b)所示，画出顶面内、外螺旋线的 V 投影(画法同图 7.24(d))。

②画扶手底面可见螺旋线的 V 投影。因为扶手在 V 投影的可见性是：如图 7.25(c)，扶手前半部分的外侧面可见，后半的内侧面可见；当其右旋时，轴线右侧的顶面可见，轴线左侧的底面可见。所以，由顶面内螺旋线一圈的先 3/4 段上各点(如图 7.25(b)中点 $1_1' \sim 10_1'$)和顶面外螺旋线一圈的后 3/4 段上各点(由 $4' \sim 13'$ 点)均向下移动一个扶手厚度的距离，得相应各点，再分别用曲线依次光滑连接即得。

③加深可见图线。内螺旋线的 $7_1' \sim 10_1'$ 和外螺旋线的 $4' \sim 7'$ 是不可见的，应擦去。结果如图 7.25(c)。

例 7.3　画螺旋楼梯的投影。

解：(1)已知：螺旋楼梯内、外圆柱的直径(D_1、D)，导程(S)，右旋，步级数(12)，每步高($S/12$)，梯段竖向厚度(δ)，如图 7.26 所示。

(2)分析：螺旋楼梯由每一步级的扇形踏面($P /\!/ H$ 面)和矩形踢面($T \perp H$ 面)，内、外侧面(Q_1、Q 均为垂直于 H 面的圆柱面)、底面(R 是螺旋面)所围成。画螺旋楼梯的投影就是画出这些表面的投影。

(3)画图：

①图 7.27(a)，画轴线及中心线；在 H 面上由 D_1、D 分别画圆，即螺旋楼梯内、外侧面的 H 投影；按右旋方向和步级数 12，从水平中心线的右侧开始，将内外圆周作 12 个等分，得分点，

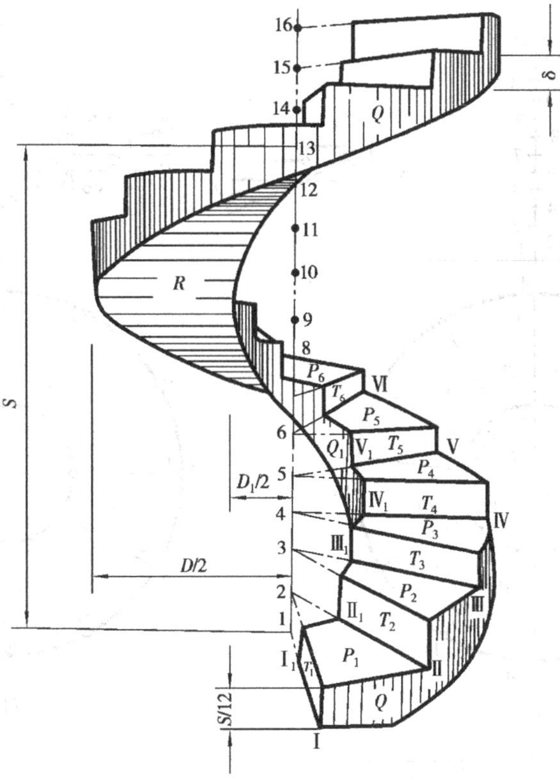

图 7.26　螺旋楼梯

并将分点分别编号（内圆 $1_1 \sim 13_1$，外圆 $1 \sim 13$），把内外圆上同号点相连，即为相应踢面在 H 面上的积聚投影；内外圆间的 12 个扇形，即相应踏面在 H 面上的实形投影。至此，完成螺旋楼梯的 H 投影。

在 V 面轴线上定导程 S，且将 S 作 12 等分，并将所得分点编号 1 ~ 13。

②图 7.27(b)，画各踢面的 V 投影。每一踢面均是垂直于 H 面的矩形，矩形下边线的序号与 V 面上中轴线上的等分序号相同，根据其 H 投影可画出 V 投影。轴线左侧的踢面不可见，画成虚线。

这里，每一矩形踢面的上边线位置即是同级踏面的 V 投影积聚位置，踏面积聚投影长度由相应踏面的 H 投影确定。

③在 V 投影中画可见的螺旋线。螺旋楼梯在 V 投影中的可见性是：如图 7.27(c)、(d)所示在前半段的外侧面可见，后半段的内侧面可见；右旋时，轴线右侧的踢面可见，轴线左侧的底面（螺旋面）可见（当左旋时，前半段的外侧面可见，后半段的内侧面可见；轴线左侧的踢面可见，轴线右侧的底面可见）。螺旋楼梯底面内螺旋线可见的是一圈的先 3/4 段，楼梯底面外螺旋线可见的是一圈的后 3/4 段。所以，由踢面下边线位于一圈内侧面的前 3/4 段的各端点（即 $1_1' \sim 10_1'$）和踢面下边线位于一圈外侧面的后 3/4 段上的各端点（$4_1' \sim 13_1'$），均向下移动一个梯段竖向厚度（δ），得相应各点，再分别用曲线板依次光滑连接，即得可见螺旋线的 V 投影。

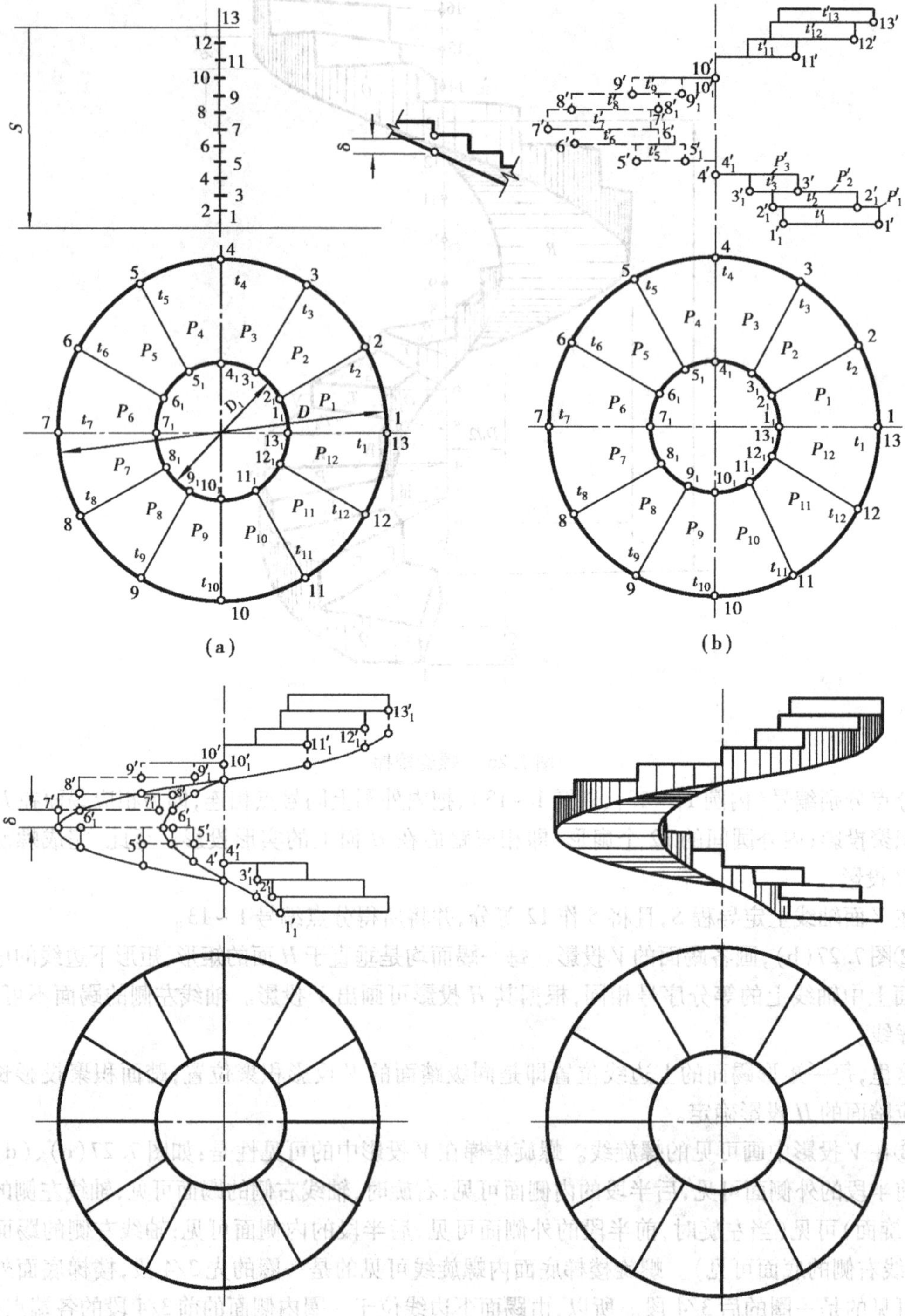

图 7.27　螺旋楼梯投影图的画法

(a)画螺旋楼梯的 H 投影　(b)画各踢面的 V 投影

(c)画 V 投影中的可见螺旋线　(d)完成投影

④改正图线，完成全图。即将左侧外形线加深，擦去不可见虚线，加深其余可见图线，如图7.27(d)所示。

7.3 曲面立体的投影

由曲面围成或由曲面和平面围成的立体，称为曲面立体。圆柱、圆锥、圆球、圆环是工程实践中最常见的曲面立体，它们是回转体。画回转体的投影时，应首先画出它们的轴线投影（用点划线表示），再画出曲面的外形轮廓线投影。

7.3.1 圆柱体

1. 形成

圆柱体可以看成一矩形平面（AA_1OO_1）绕其一边（OO_1为轴线）旋转而成。这一边是旋转轴，其中垂直于轴（OO_1）的两边（AO，A_1O_1）旋转成为圆柱体的上、下圆面，平行于轴（OO_1）的一边（AA_1）旋转成为圆柱面，即圆柱表面是由圆柱面和上、下两圆面组成。上、下两圆面间的距离为圆柱的高。

2. 投影作图

首先画圆的中心线和轴线的各投影（用细点划线画出），其次画出是圆的那个投影，最后画其余两投影。

当圆柱的轴线垂直于H面时，它的H投影为一圆。圆柱面有积聚性，圆柱面上的任何点和线的H投影都积聚在这个圆周上。圆柱的其他两个投影是由上、下两圆面的积聚投影和圆柱面的外形轮廓线的投影组成的长方形线框（图7.28(c)）。

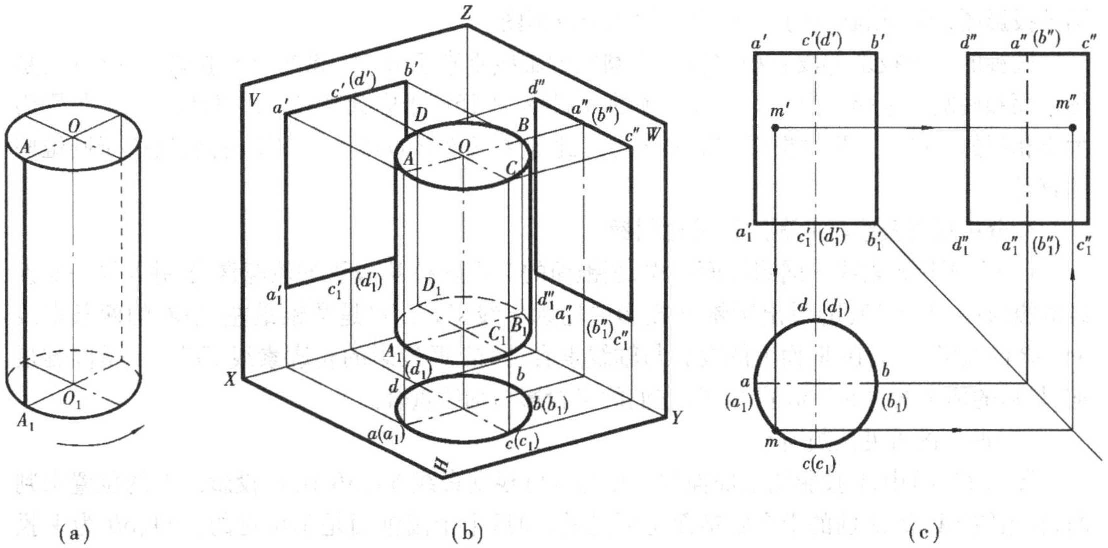

图7.28 圆柱的形成及投影

(a)形成 (b)直观图 (c)投影图

3. 分析轮廓素线和判断曲面的可见性

(1)分析轮廓素线:从不同方向投影时,圆柱面的投影轮廓素线是不同的。从图7.28(b)可看出,圆柱面V投影的轮廓素线$a'a_1'$、$b'b_1'$,是圆柱面最左最右的两条素线AA_1、BB_1的投影,它们在W面上的投影$a''a_1''$、$b''b_1''$与轴线重合,它们并不是W投影的轮廓线,因此画图时不必画出。圆柱面W投影的轮廓素线$c''c_1''$、$d''d_1''$,是从左向右看时,圆柱面的最前和最后的两条素线CC_1、DD_1的投影,它们在圆柱的V投影中也与轴线重合,不必画出。

(2)某投影图上的轮廓线是曲面在该投影图上可见部分与不可见部分的分界线。

图7.28(b)、(c)中,V投影图上曲面的可见部分,可根据轮廓素线AA_1、BB_1在H投影图上的位置来判断,在轮廓素线AA_1、BB_1之前的ACB半个圆柱面是可见的,而后半个圆柱面ADB是不可见的。AA_1、BB_1即为V投影图上的可见与不可见的分界线。

W投影图上的可见与不可见的分界线,请读者自行分析。

4. 圆柱表面取点

如图7.28(c)所示,设已知圆柱面上一点M的V投影m',求作它的H投影m和W投影m''。由于圆柱面的H投影有积聚性,又因m'可见,故M点一定位于圆柱面的左前部分,因此M点的H投影必位于左前圆周上。然后再由m'、m求出m''。

7.3.2 圆锥体

1. 形成

圆锥体可以看成直角三角形(SAO)绕其一直角边(SO)旋转而成。该直角边是旋转轴,另一直角边(AO)旋转成为垂直于轴的圆面,即圆锥体的底圆,斜边(SA)旋转成为圆锥面,圆锥体表面是由圆锥面和底圆组成。顶点(S)至底面的距离为圆锥的高。

2. 投影作图

画圆锥体的投影时,首先画出中心线和轴线的各投影(用细点划线画)。其次画出投影为圆的投影图,再根据圆锥的高,画出其他两个投影图。

圆锥的三个投影都没有积聚性。当圆锥的轴线垂直于H时,圆锥的H投影是一个圆,是圆锥面和底圆的重影。圆心为轴和锥顶的H投影,半径等于底圆半径。圆锥体的V、W投影为大小相同的等腰三角形线框(图7.29(c))。此等腰三角形的高等于圆锥的高,底等于圆锥底圆直径。

3. 分析轮廓素线与曲面的可见性判断

(1)分析轮廓素线　同圆柱面一样,圆锥面的V投影和W投影的轮廓素线,并非同一对素线的投影;从图7.29(b)看出圆锥V投影的轮廓素线$s'a'$、$s'b'$是圆锥最左、最右的两条素线SA、SB的投影,它们在W面上的投影与轴线重合;圆锥W投影的轮廓素线$s''c''$、$s''d''$是圆锥最前、最后的两条素线SC、SD的投影,它们的V投影与轴线重合。

(2)曲面的可见性判断

图7.29(c)中,V投影图上曲面的可见部分可根据素线SA、SB在H投影图上的位置来判断,在素线SA、SB之前的半个圆锥面是可见的,而后半个圆锥面是不可见的。SA、SB为V投影图上可见和不可见的分界线。

W投影图上曲面的可见部分可根据素线SC、SD在H投影图上的位置来判断,在素线SC、SD之左的半个圆锥面是可见的,而右半个圆锥面是不可见的。SC、SD为W投影图上可见与

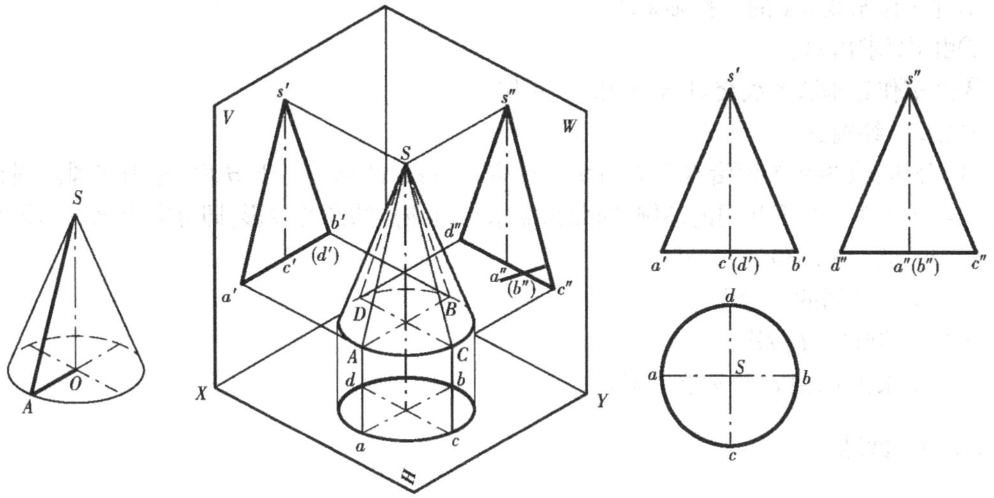

(a)　　(b)　　(c)

图7.29　圆锥的形成及投影

(a)形成　(b)直观图　(c)投影图

不可见的分界线。

H 投影图上,圆锥面可见,底圆面不可见。

4. 圆锥表面取点

已知圆锥表面上一点 *A* 的 *V* 投影 *a'*,求 *a*、*a''*(图7.30(a))。

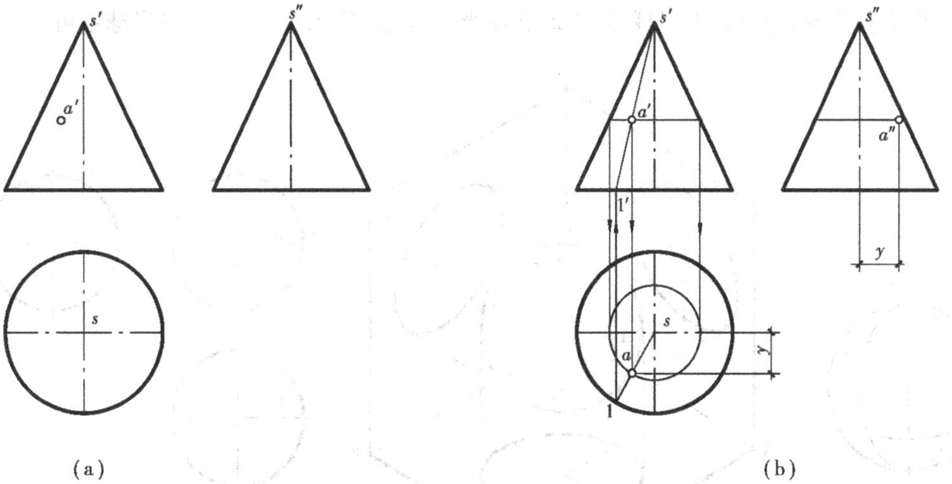

(a)　　(b)

图7.30　圆锥面上取点

(a)已知条件　(b)取点

解:方法1　素线法

(1)分析:设想圆锥面是由许多素线组成的,圆锥面上任一点必属于过该点的素线,因此只要求出过该点的素线的投影,即可求出该点的投影。

(2)作图:(图7.30(b))

①过 a' 作素线 SⅠ的 V 投影 $s'1'$。

②由 $s'1'$ 求出 $s1$。

③由 a' 作铅垂联系线交 $s1$ 于 a，由 a'、a 作出 a''。

方法2　纬圆法

(1)分析：设想将锥面沿水平方向切成许多圆，每个圆都平行于 H 面，称为纬圆。圆锥面上任一点必属于其高度相同的纬圆，因此只需求出过该点纬圆的投影，即可求出该点的投影。

(2)作图：(图7.30(b))

①过 a' 作纬圆的 V 投影。

②画出纬圆的 H 投影。

③由 a' 求出 a，由 a' 和 a 求出 a''。

7.3.3　圆球

1. 形成

圆球可以看做一个圆面绕其直径旋转而成，该直径为旋转轴。

2. 投影及轮廓分析

圆球的三个投影图均为大小相等的圆，其直径等于圆球直径，如图7.31所示。这三个圆是分别从三个方向投影圆球时所得的形状，也是圆球面上不同圆的投影。H 投影轮廓圆 a 是球面的赤道圆 A 的 H 投影，它的 V 投影 a' 和 W 投影 a'' 都与水平中心线重合，不必画出。V 投影轮廓圆 b' 是平行于 V 面的主子午圆 B 的 V 投影，其 H 投影 b 和 W 投影 b'' 与对应的中心线重合，不必画出。圆球的 W 投影轮廓圆 c'' 是平行于 W 面的侧子午圆 C 的 W 投影，其 V 投影 c' 和 H 投影 c 均与相应的中心线重合，不必画出。这三个轮廓圆分别把球面分成上、下、前、后、左、右半球，在向 H、V、W 面投影时，分别是上半球、前半球和左半球可见，下半球、后半球、右半球不可见。

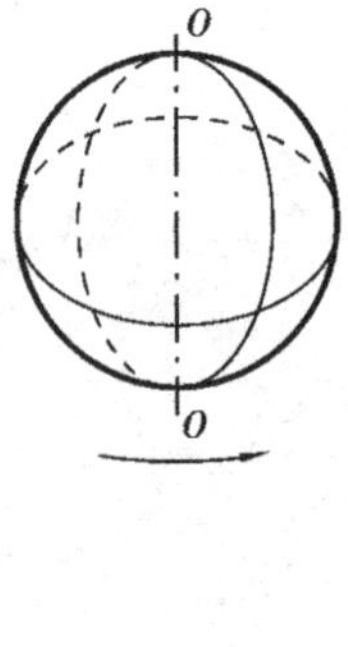

(a)

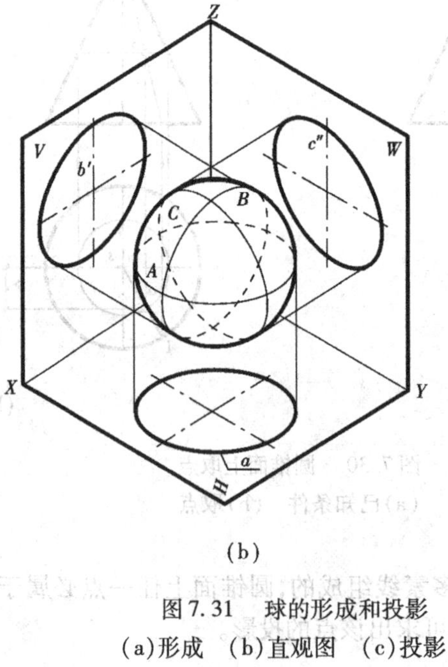

(b)

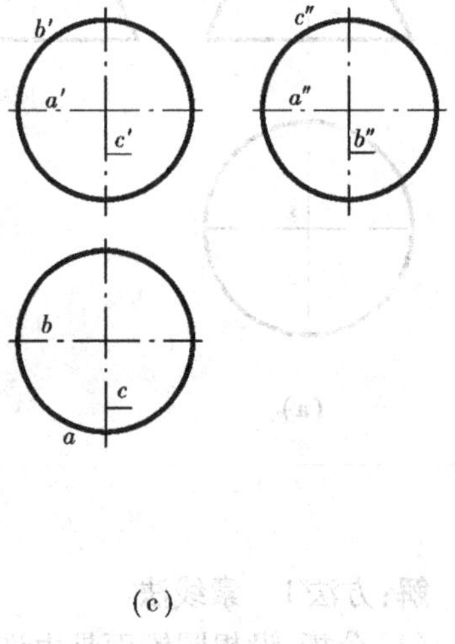

(c)

图7.31　球的形成和投影

(a)形成　(b)直观图　(c)投影图

3. 圆球表面取点

圆球的三个投影都没有积聚性，球的表面上也没有任何直线，在球表面上取点，利用平行于投影面的辅助圆进行作图较为简便。

已知球面一点 K 的 H 投影 k（可见），求其 V 投影 k' 和 W 投影 k''（图7.32(a)）。

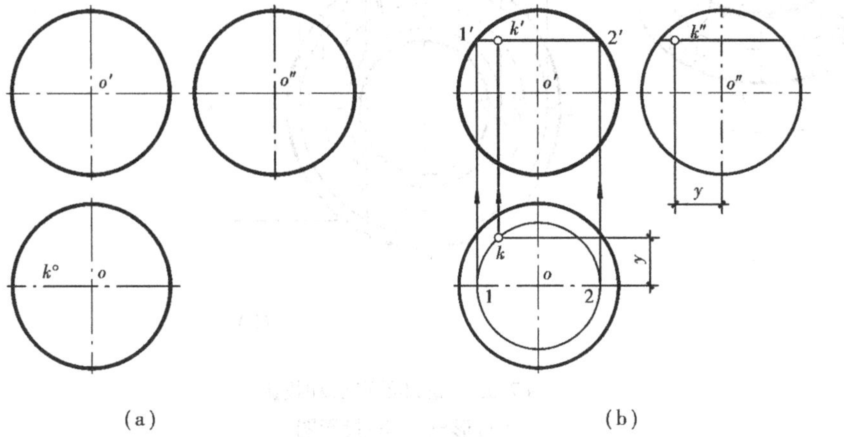

图7.32　圆球面上取点
(a)已知条件　(b)取点

水平圆（纬圆）法：

(1)分析：　设想将圆球沿水平方向切成许多圆，每个圆都平行于 H 面，称为水平圆（纬圆），球面上任一点必属于距过球心的赤道圆面的距离相同的水平圆，因此只要求出过该点的水平圆的投影即可作出该点的投影。

(2)作图：（图7.32(b)）

①作过 K 点的水平圆的 H、V 投影，即以 o 为圆心，以 ok 为半径画圆，此圆即水平圆的 H 投影；此圆与水平中心线交得1、2点，由1、2得 $1'2'$，$1'2'$ 即为此纬圆的 V 投影。

②因 K 点在此水平圆上，由 k 得 k'。

③利用 y 坐标，可由 k，k' 求得 k''。

可见性：由 k 知点 K 属于球面的左、上、后部分，故 k' 不可见，k'' 可见。

7.3.4　圆环

1. 形成

圆环可以看成是以圆为母线，绕与它共面的圆外直线旋转而成。该直线为旋转轴（图7.33(a)）。

离轴线较远的半圆周 $\overset{\frown}{ABC}$ 旋转成外环面；离轴线较近的半圆周 $\overset{\frown}{ADC}$ 旋转成内环面；当轴线 $OO \perp H$ 面时，上半圆周 $\overset{\frown}{BAD}$ 旋转成上环面，下半圆周 $\overset{\frown}{BCD}$ 旋转成下环面。属于母线圆，且距离轴线最远的 B 点，最近的 D 点分别旋转成最大、最小纬圆（也称赤道圆、颈圆），它们是上、下半环面的分界线，也是圆环面的 H 面投影轮廓线。母线圆的最高点 A、最低点 C 旋转成最高、最低纬圆，它们是内、外环面的分界线。

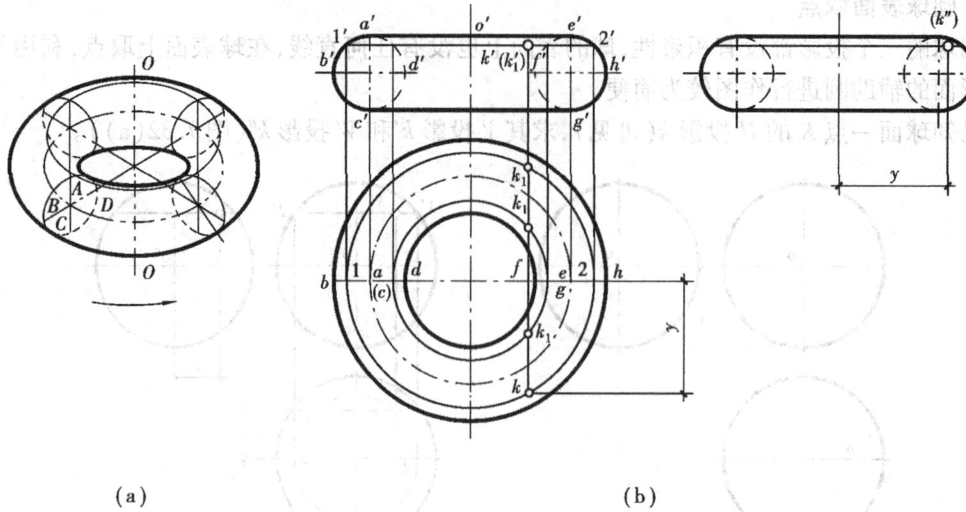

图 7.33 圆环的形成和投影

(a)形成 (b)投影图

2. 投影作图

见图7.33(b),首先画出中心线,其次画 V 投影中平行于 V 面的素线圆 $a'b'c'd'$ 和 $e'f'g'h'$,然后画上下两条轮廓线,它们是内外环面分界处的圆的投影。因圆环的内环面从前面看是不可见的,所以素线圆靠近轴线的一半应该画成虚线(W 投影的画法与 V 投影相似)。最后画出 H 投影中最大、最小轮廓圆和用细点划线画出母线圆心的轨迹圆。

3. 圆环面投影的可见性分析

圆环的 H 投影,内、外环面的上半部都可见,下半部都不可见;V 投影,外环面的前半部可见,外环面的后半部及内环面都不可见;W 投影,外环面的左半部可见,外环面的右半部及内环面都不可见。

4. 圆环表面取点

圆环表面取点,采用纬圆法(图7.33(b))。

(1)已知:属于圆环面的一点 K 的 V 投影 k'(可见),求其余二面投影 k、k''。

(2)作图:由 k' 可见而知点 K 在外环面的前半部。

①过点 K 作纬圆的 V 投影,即过 k' 作 OX 轴的平行线与外环面最左、最右素线的 V 投影相交得 $1'2'$。

②以 $1'2'$ 为直径,在 H 面上画圆,此圆即为所作纬圆的 H 投影。

③点 K 属于此纬圆,因 k' 为可见,故 k 位于此纬圆 H 投影的前半圆上。再由 k'、k 得 k''。

判别可见性:因 k' 可见,且位于轴的右方,故 K 位于外环面的右前上部,因此 k 为可见,(k'')为不可见。

若圆环面的点 K_1 的 V 投影 k_1' 为不可见,且与 k' 重合,其 H 投影有如图7.35(b)中所示的三个位置。

7.4　平面和曲面体相交

平面和曲面体相交，犹如平面去截割曲面体，所得截交线一般为闭合的平面曲线。求平面与曲面体截交线的实质是如何定属于曲面的截交线的点的问题。其基本方法是采用辅助平面。

(1)对于直线面，辅助平面应通过直素线。如图7.34(a)中辅助面 *R* 通过直素线 *SM* 和 *SN*，*R* 交截平面 *P* 于直线 *KL*。*KL* 与 *SM*、*SN* 的交点 *A* 和 *B* 便是属于截交线的点，作一系列的辅助面，可得属于截交线的一系列的点，将这些点光滑地连成曲线即为平面与曲面体的截交线。此法亦称为素线法。

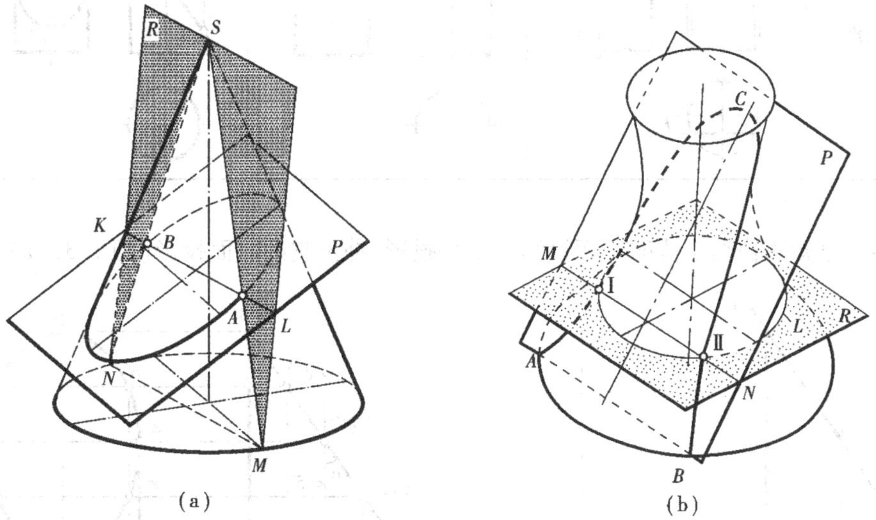

图7.34　曲面立体截交线的作图分析

(2)凡是回转体，则采用垂直于回转轴的平面为辅助面，如图7.34(b)中垂直于回转轴的辅助面 *R*，交回转体于纬圆 *L*，交截平面 *P* 于直线 *MN*。纬圆 *L* 与 *MN* 的交点Ⅰ、Ⅱ，便是属于截交线的点。作一系列的辅助面，可得属于截交线一系列的点。将这些点依次光滑地连成曲线，即得截平面与回转体的截交线。此法亦称为纬圆法。

注意，选择辅助平面时，应使辅助平面与曲面立体表面的交线是简单易画的圆或直线。

为了较准确而迅速地求出截交线的投影，首先应求出控制截交线形状的点。例如截交线上的最高、最低、最前、最后、最左、最右以及可见性的分界点等等。以上这些统称为特殊点。

7.4.1　平面与圆柱相交

平面截割圆柱，其截交线因截平面与圆柱轴线的相对位置不同而有不同的形状。当截平面平行或通过圆柱轴线时，平面与圆柱面的截交线为两条素线，而平面与圆柱体的截交线是一矩形(见表7.1(a))；当截平面与圆柱轴线垂直时，截交线是一个直径与圆柱直径相等的圆周(见表7.1(b))；截平面倾斜于圆柱轴线时，截交线为椭圆，该椭圆短轴的长度总是等于圆柱的直径，长轴的长度随着截平面对圆柱轴线的倾角不同而变化(见表7.1(c))。

表 7.1　平面截割圆柱

序　号	*a*	*b*	*c*
截平面位置	*R* 面平行于圆住轴线	*Q* 面垂直于圆住轴线	*P* 面倾斜于圆柱轴线
立体图	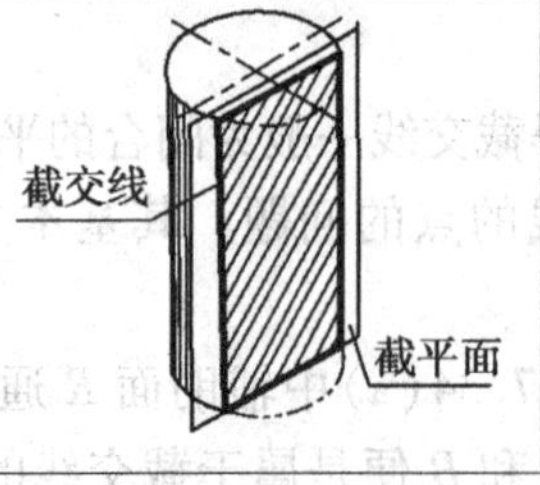	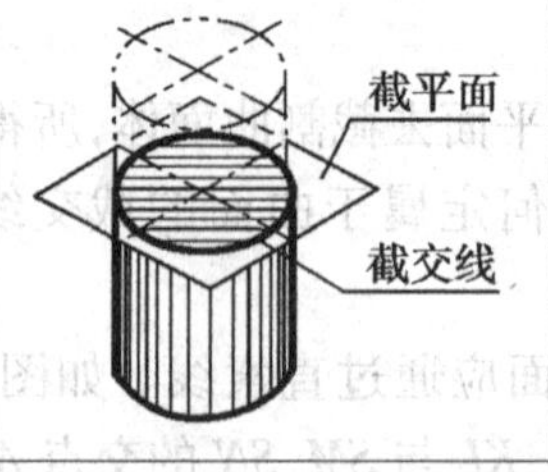	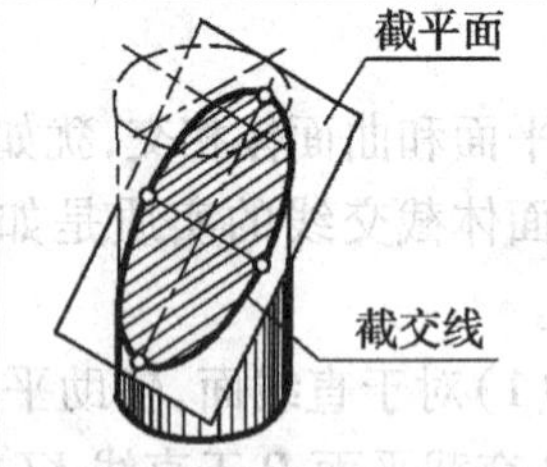
投影图	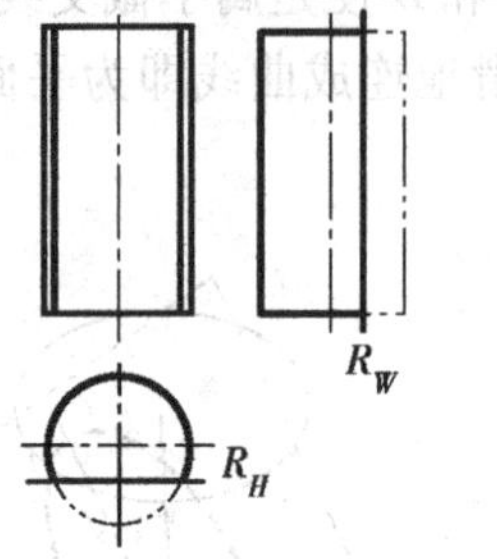	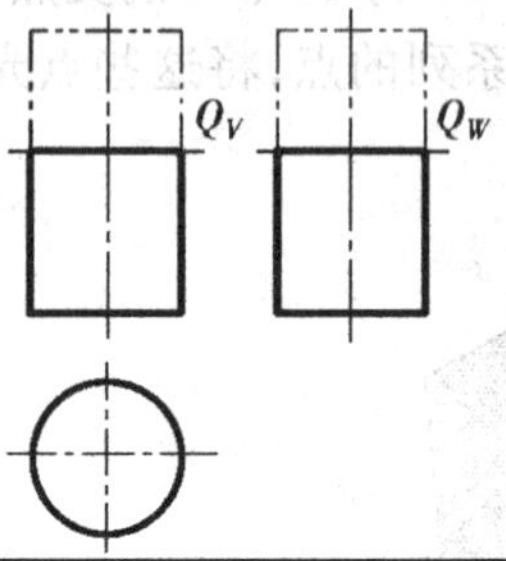	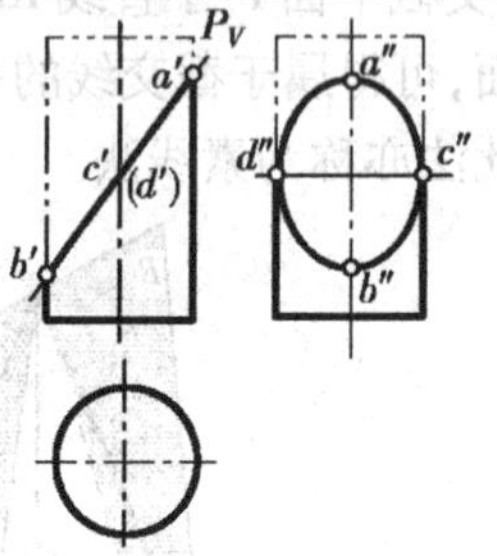

例 7.4　已知圆柱切割体的正面投影和水平投影,补出它的侧面投影(图 7.35(a))。

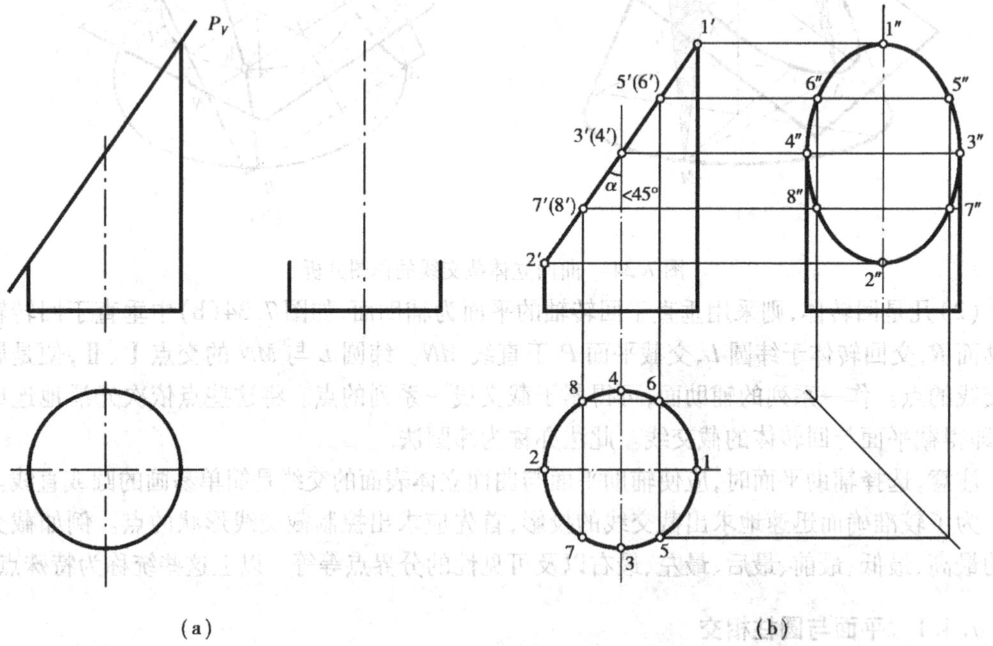

图 7.35　正垂面与圆柱的截交线

解:(1)分析:圆柱切割体可以看作圆柱被正垂面 P 切割而得。正垂面 P 与圆柱轴线斜交,其截交线为椭圆。椭圆的长轴平行于正立投影面,短轴垂直于正立投影面,椭圆的正面投影与 P_V 重合,其水平投影与圆柱的水平投影重合。所以截交线的两个投影均为已知,可用已知二投影求第三投影的方法,作出截交线的侧面投影。

(2)作图(图7.35(b)):

①求特殊点:即求椭圆长、短轴的端点Ⅰ、Ⅱ和Ⅲ、Ⅳ。P_V与圆柱正面投影轮廓素线的交点1′、2′,是椭圆长轴端点Ⅰ、Ⅱ的正面投影;P_V与圆柱最前、最后素线的正面投影的交点3′、4′是椭圆短轴端点Ⅲ、Ⅳ的正面投影。由此求出长短轴端点的侧面投影1″、2″、3″、4″。

②求一般点:为了使作图准确,还需要再求出属于截交线的若干个一般点。例如在截交线正面投影上任取一点5′(图7.35(b)),由此求得Ⅴ点的水平投影5和侧面投影5″。由于椭圆是对称图形,可作出与Ⅴ点对称的Ⅵ、Ⅶ、Ⅷ点的各投影。

③连点:在侧投影上用光滑的曲线依次连接各点,即得截交线的侧面投影。

(3)判别可见性　由图中可知截交线的侧面投影均为可见。

从例7.4可知,截交线椭圆的侧面投影一般仍是椭圆。椭圆长、短轴在侧立投影面上的投影,仍为椭圆投影的长、短轴。当截平面与圆柱轴线的夹角 α 小于45°(如图7.35)时,椭圆长轴的投影,仍为椭圆侧面投影的长轴。而当夹角 α 大于45°时,椭圆长轴的投影,变为椭圆侧面投影的短轴。当 $\alpha=45°$ 时,椭圆长轴的投影等于短轴的投影,则椭圆的侧面投影成为一个与圆柱底圆等大的圆。读者可自行作图。

例7.5　求平面 Q 与斜圆柱的截交线(图7.36(a))。

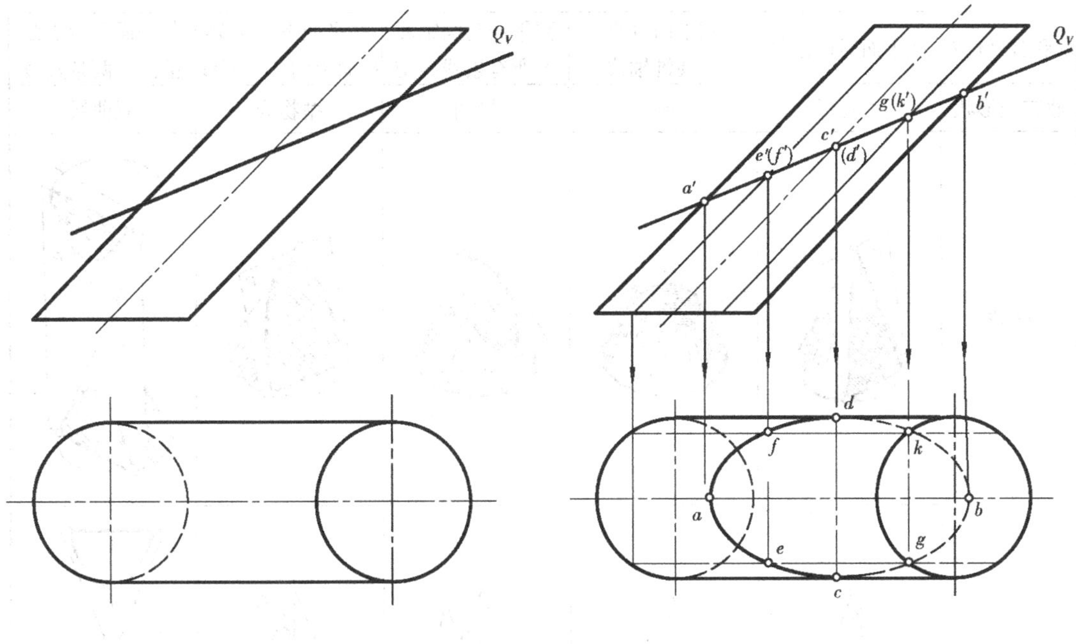

图7.36　平面与斜圆柱的截交线

解:(1)分析:斜圆柱被正垂面 Q 所截,其截交线为椭圆。椭圆的长轴平行于正立投影面,短轴垂直于正立投影面。椭圆的正面投影重合在 Q_V 上,椭圆的水平投影仍为椭圆,但不反映实形。本例可用定属于圆柱面的点的方法,作出截交线的水平投影。

(2)作图(图7.36(b)):

①求特殊点:在正面投影中,Q_V与斜圆柱正面投影轮廓素线的交点 a'、b'是椭圆长轴端点 A、B 的正面投影,由此可求得水平投影 a、b。$a'b'$的中点 $c'(d')$是短轴端点 C、D 的正面投影,由此向下引铅垂线,与水平投影的轮廓线相交,即得短轴端点的水平投影 c、d。

②在截交线的 V 投影上任取一点 e'，由素线法求得 E 点的水平投影 e，由于椭圆是对称图形，便可作出 E 点的对称点 F、G、K 的水平投影。

③用光滑的曲线依次连接各点，即得截交线的水平投影。

(3)判别可见性：对于水平投影，斜圆柱过轴线的正垂面以上的表面是可见的，故 $c \to e \to a \to f \to d$ 为可见，其余不可见。

7.4.2　平面和圆锥相交

当平面截割圆锥时，由于截平面与圆锥的相对位置不同，其截交线有以下五种形状：

(1)当截平面过锥顶时，截平面与圆锥面的截交线为两条直素线，而截平面与圆锥体的截交线是一个过锥顶的三角形(见表 7.2(a))。

(2)当截平面垂直于圆锥的回转轴时，其截交线是一个纬圆(见表 7.2(b))。

(3)当截平面倾斜于圆锥的回转轴线，并与圆锥面上所有素线均相交时，其截交线为椭圆(见表 7.2(c))。

表 7.2　平面截割圆锥

序　号	*a*	*b*	*c*	*d*	*e*
截平面 P 位置	截平面通过锥顶	截平面垂直于圆锥轴线	截平面与圆锥面上所有素线相交	截平面平行于圆锥面上的一条素线	截平面平行于圆锥面上两条素线
截交线形状	三角形	圆	椭圆	抛物线	双曲线
立体图		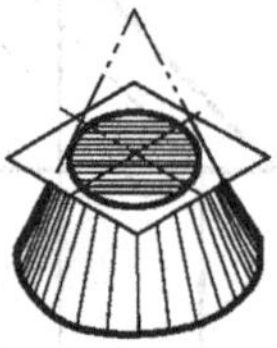	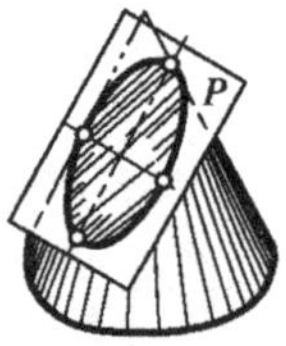	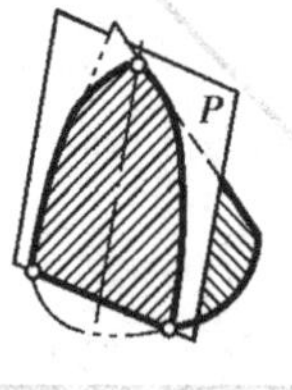	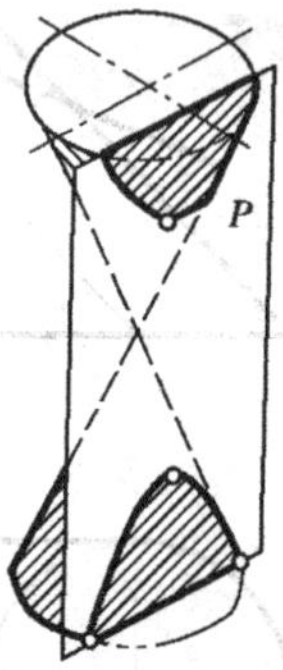
投影图	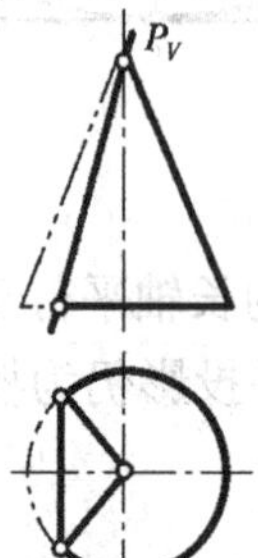	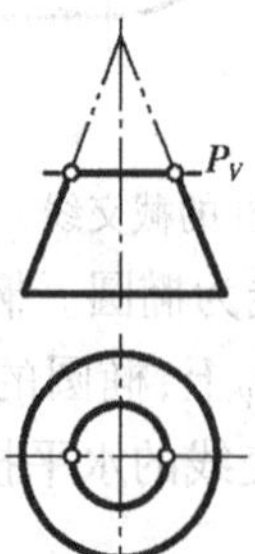	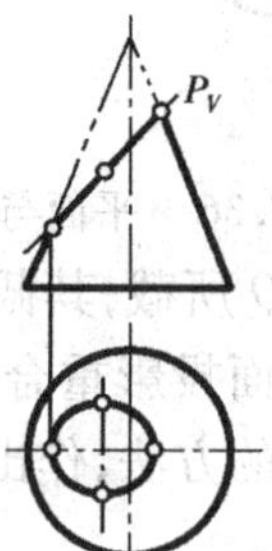	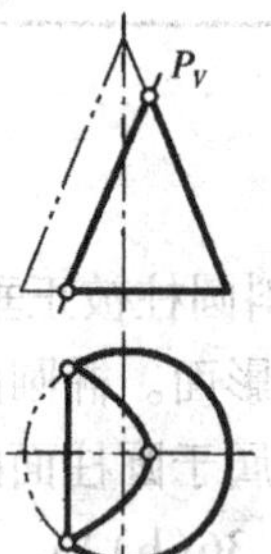	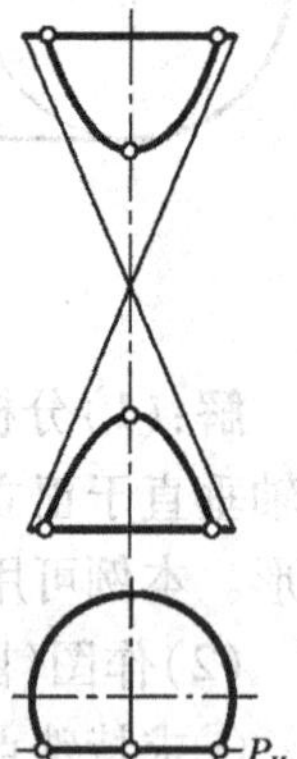

(4)当截平面倾斜于圆锥的回转轴线，并平行于圆锥面上的一条素线时，其截交线为抛物线(见表7.2(d))。

(5)当截平面平行于圆锥面上的两条素线时，其截交线为双曲线(见表7.2(e))。

平面与圆锥相交所得的截交线圆、椭圆、抛物线和双曲线，统称为圆锥曲线。当截平面与投影面倾斜时，椭圆、抛物线、双曲线的投影，一般仍分别为椭圆、抛物线和双曲线，但有变形。

作圆锥曲线的投影，实际上是定属于锥面的点的问题。不论它是什么圆锥曲线，作图方法都相同。即可用素线法或纬圆法或二者并用，求出截交线上若干点的投影，然后依次连接起来即可。

例7.6　作正垂面P与圆锥的截交线和截断面实形(图7.37(a))。

解:(1)分析:因截平面P与圆锥轴线倾斜，并与所有素线相交，故截交线是一个椭圆。它的长轴平行于正立投影面，短轴垂直于正立投影面，并垂直平分长轴。椭圆的正面投影积聚在P_V上。又因截平面P倾斜于水平投影面，椭圆的水平投影仍为椭圆，但不反映实形，椭圆长、短轴的水平投影仍为椭圆投影的长、短轴。本例以纬圆法作图。

(2)作图:

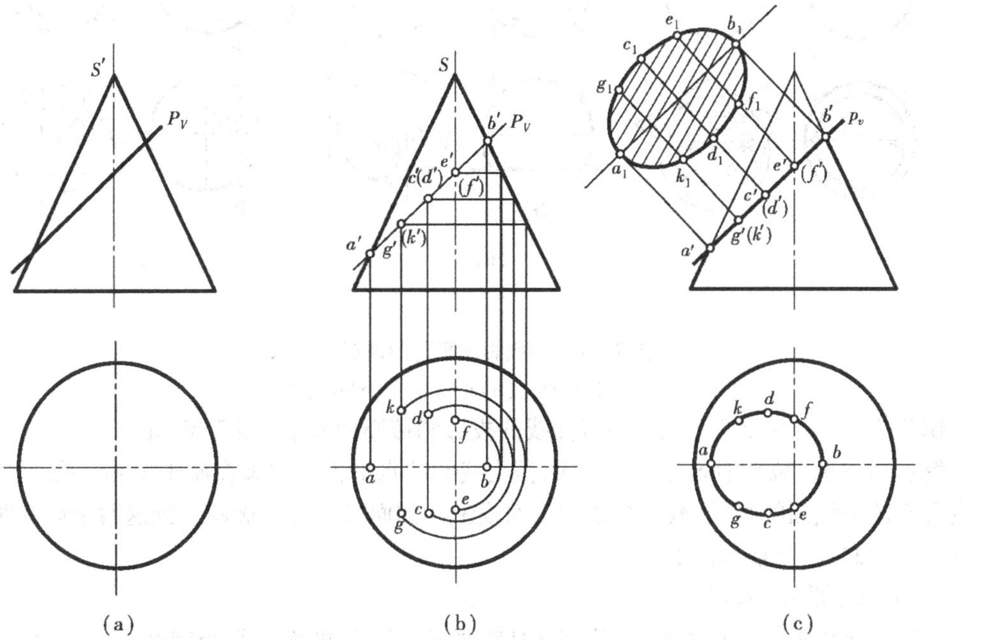

图7.37　纬圆法作圆锥的截交线

①求特殊点:在正面投影中，P_V与圆锥正面投影轮廓素线的交点，即为椭圆长轴AB两端点的正投影a'和b'，由此向下引铅垂线得A、B的水平投影a、b；线段$a'b'$的中点$c'(d')$，是椭圆短轴CD的两端点的正面投影，过CD作纬圆，即可求出CD的水平投影cd；P_V与圆锥最前、最后素线的正面投影的交点$e'(f')$，是圆锥面的最前、最后素线与P面的交点$E(F)$的正面投影，用纬圆法作出其水平投影e、f(图7.37(b))。

②用纬圆法求一般点G、K的水平投影g、k(图7.37(b))。

③在水平投影中，用光滑的曲线依次连接$a \to k \to d \to f \to b \to e \to c \to g \to a$各点，便得椭圆的水平投影(图7.37(c))。

④用换面法作出长、短轴端点 A、B、C、D 和中间点 E、F、G、K 等点的新投影，画出的椭圆即截断面的实形(图 7.37(c))。

7.4.3 平面和圆球相交

平面截割圆球体，不管截平面处在何种位置，截交线的空间形状总是圆。截平面距球心愈近，截得的圆就愈大，截平面通过球心，截出的圆为最大的圆。当截平面平行于投影面时，截交线圆在该投影面上的投影，反映圆的实形；当截平面倾斜于投影面时，其投影为椭圆。

图 7.38(a)，(b)，(c)分别表示水平面 P、正平面 Q、侧平面 R 与圆球体截交所得投影的作法。从图中可以看出，在截平面所平行的投影面上截交线圆的投影反映实形，其半径等于空间圆的半径，其余两个投影积聚成直线段，并分别平行于对应的投影轴，直线段的长度等于空间圆直径。

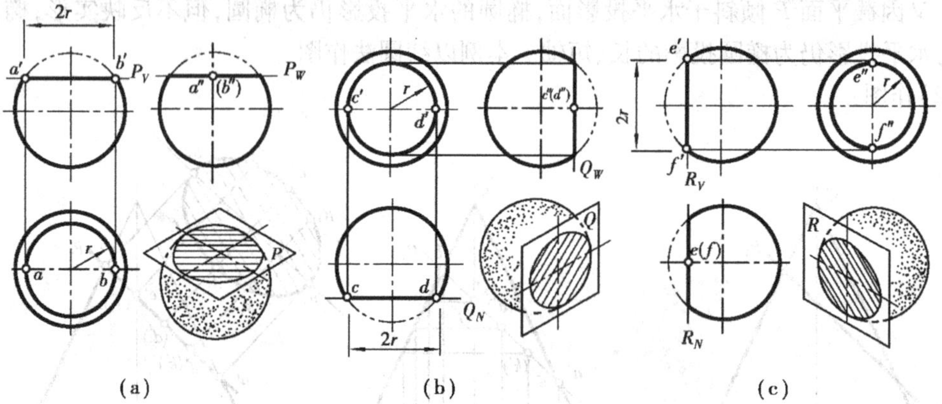

图 7.38 与投影面平行的面截割圆球

(a)水平面 (b)正平面 (c)侧平面

例 7.7 作铅垂面 S 与圆球的截交线的投影和截断面实形(图 7.39(a))。

解：(1)分析：截平面 S 为一铅垂面，截交线圆的水平投影积聚在属于 S_H 的一段直线上，其长度等于截交线圆的直径；截交线圆的正面投影和侧面投影变为椭圆。画这两个椭圆时，可分别求出它们的长、短轴后作出。

(2)作图(图 7.39(b))：

①取截交线圆的一直径 $CD /\!/ H$，则 CD 的水平投影为截平面 S_H 与圆球水平投影轮廓线的交点 c、d，cd 等于截交线圆的直径。由 cd 即可得 c'、d' 和 c''、d''，它们分别在圆球的赤道圆的正面投影和侧面投影上(与水平中心线重合)。

②取截交线圆的另一直径 $AB \perp CD$，则 AB 为铅垂线。AB 的水平投影 ab 积聚在 cd 的中点，$a'b' = a''b''$ = 截交线圆直径 cd。于是 $a'b'$、$c'd'$ 和 $a''b''$、$c''d''$ 分别是截交线圆的正面投影和侧面投影椭圆的长、短轴。

③作截平面 S 与圆球的正面投影轮廓线的交点 E、F 的各投影。水平投影中，S_H 与主子午圆水平投影(水平中心线)的交点便是 $e(f)$。由 $e(f)$ 引铅垂线与圆球正面轮廓线相交，即得 e'、f'；再由 $e(f)$ 和 e'、f' 即可求得 e''、f''。e'、f' 是截交线圆正面投影椭圆的可见与不可见的分界点。

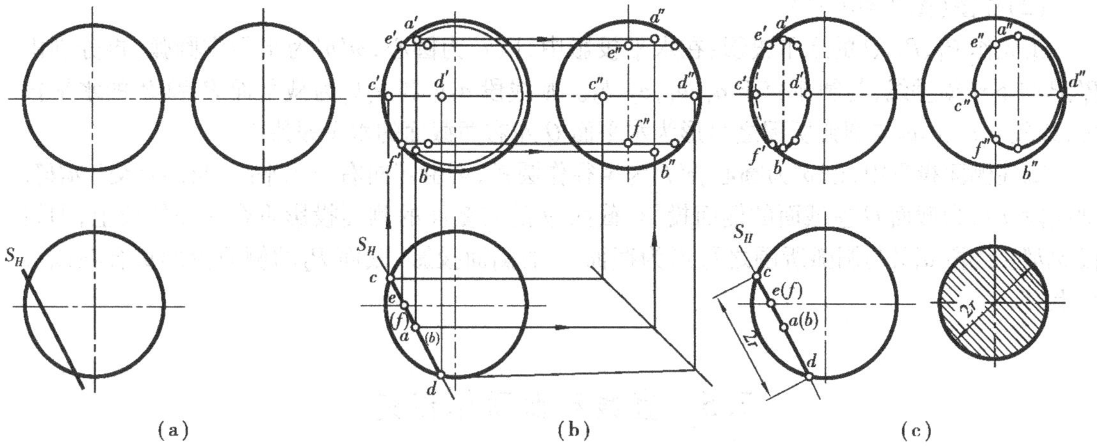

图 7.39　铅垂面与圆球的截交线

④还可以作正平面为辅助面,求出截交线圆的更多点的正、侧面投影。将这些点依次连接为椭圆或由长轴 $a'b'$、$a''b''$ 和短轴 $c'd'$、$c''d''$ 分别作椭圆,而得截交线圆的正面和侧面投影。

(3)判别可见性:对于正面投影,由于截交线圆 $\widehat{ECF}$ 属于后半球面,为不可见,故 $\widehat{e'c'f'}$ 应画为虚线,其余为实线。对于侧面投影,由于截交线圆都属于左半球面,故椭圆 $\widehat{a''b''c''d''}$ 都是实线(图 7.39(c))。

(4)截断面的实形为圆,圆的直径等于 cd(图 7.39(c))。

例 7.8　已知半球体被切割后的正面投影,求半球体被切割后的水平投影和侧投影(图 7.40(a))。

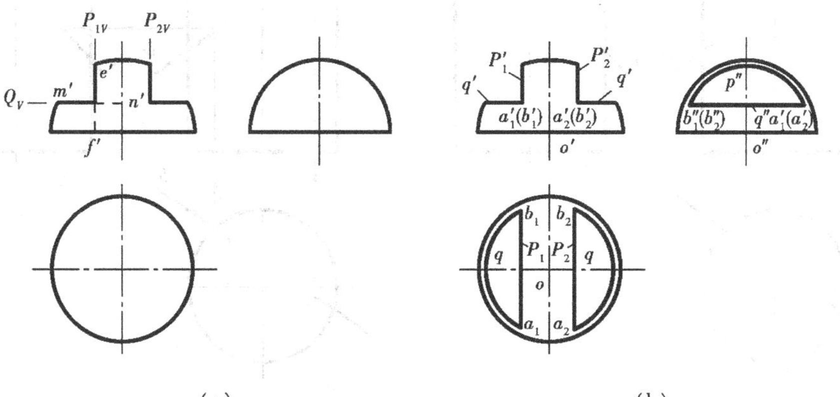

图 7.40　相交平面与半球体的截交线

解:(1)分析:从正面投影可以看出半球体的缺口是被左右对称的两侧平面 P_1、P_2 和水平面 Q 所截割而成。

由 P_1、P_2 截得的截交线的侧面投影反映圆弧的实形,因对称关系,两圆弧的侧投影重合;截交线的水平投影为两条铅直的线段。

由 Q 截得的截交线的水平投影反映圆弧实形。

(2)作图(图7.40(b)):

①先作 P_1、P_2、Q 的水平投影:在水平投影中,以 o 为圆心,$m'n'$为半径作圆弧,再分别由 P_1'、P_2'向下作铅垂线,与圆弧交于 a_1、b_1,a_2、b_2。则线段 a_1b_1 和 a_2b_2 为截平面 P_1 和 P_2 的水平投影;线段 a_1b_1、a_2b_2 与圆弧所围之弓形为水平面 Q 左右两截面的水平投影。

②在侧面投影中,以 o''为圆心,$e'f'$为半径作圆弧,再由 q' 向右作水平线,与圆弧交于$a_1''b_1''$,则线段 $a_1''b_1''$为截面 Q 左截面的侧面投影,截面 Q 的右截面的侧面投影重合在该线段上,即线段 $a_2''b_2''$。线段 $a_1''b_1''$与圆弧所围之弓形为截面 P_1 的侧面投影,截面 P_2 的侧面投影重合在该弓形上。

7.5 直线和曲面体相交

求直线和曲面体的表面交点(相贯点),也就是求直线与曲面体的共有点,其求法可分两种情况。

7.5.1 特殊情况

当曲面垂直于某一投影面或直线垂直于某一投影面时,可利用积聚性用曲面上取点的方法求出交点。

例 7.9 求直线 AB 与正圆柱体的贯穿点(图 7.41(a))。

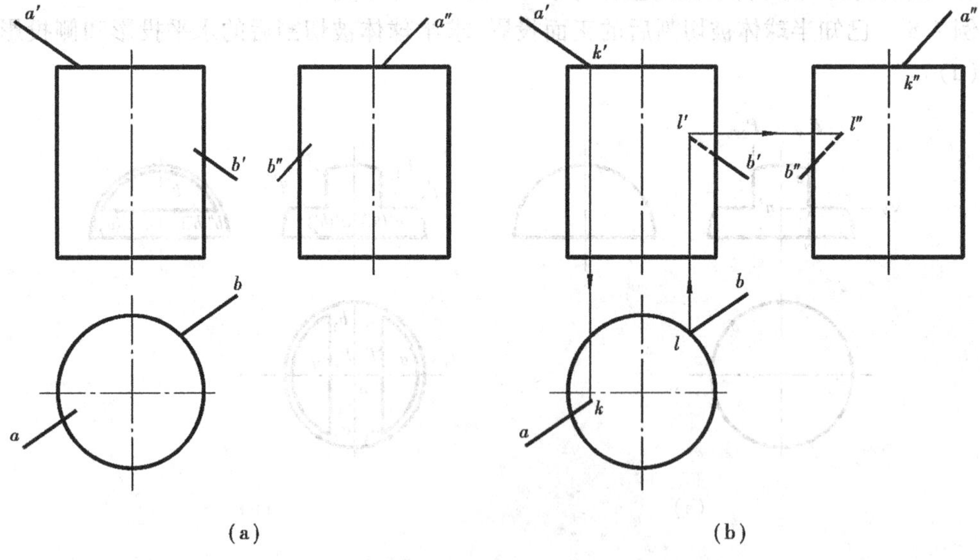

图 7.41 直线与圆柱的贯穿点

解:(1)分析:因圆柱顶面的正面投影和侧面投影都有积聚性。当直线 AB 与圆柱顶面相交时,交点的正面投影和侧面投影必属于圆柱顶面的积聚投影。又由于正圆柱面的水平投影有积聚性。当直线 AB 与圆柱面相交时,交点的水平投影必属于圆柱面的积聚投影。

(2)作图(图 7.41(b)):

①在正面投影和侧面投影中,$a'b'$ 与圆柱顶面的正面投影的交点 k'和 $a''b''$与圆柱顶面的

侧面投影交点 k''，即为贯穿点 K 的正面投影和侧面投影。由 k' 向下引铅垂线与 ab 交于 k，则 k 为贯穿点的水平投影。

②在水平投影中，ab 与圆周的交点 l，应为另一贯穿点 L 的水平投影，由 l 向上引铅垂线与 $a'b'$ 交于点 l'，再由 l' 向右引水平线与 $a''b''$ 交于点 l''，则点 l'、l'' 即为另一贯穿点 L 的正面投影和侧面投影。

(3)判别可见性：在正面投影中，因贯穿点 L 属于后半圆柱面，其正面投影 l' 为不可见，故自点 l' 到圆柱轮廓素线的那一段线为不可见。在侧面投影中，贯穿点 L 属于右半圆柱面，其侧面投影 l'' 为不可见，则自 l'' 到圆柱轮廓素线的那一段线亦为不可见。贯穿点 K 属于顶面，故在水平投影中 ka 为可见。

例 7.10 求直线 CD 和圆锥的贯穿点(图 7.42(a))。

解：(1)分析：由于直线 CD 垂直于 H 面，所以交点的 H 投影 m、n 与直线 CD 的积聚投影 cd 重合。故在 H 投影中经过积聚投影即 m 点在锥面上作一条素线 $s1$，便可求出 $s'1'$，再由 m 点向上作铅垂联系线与 $s'1'$ 交于 m'，由 m、m' 定出 m''。

(2)作图见图 7.42(b)所示。

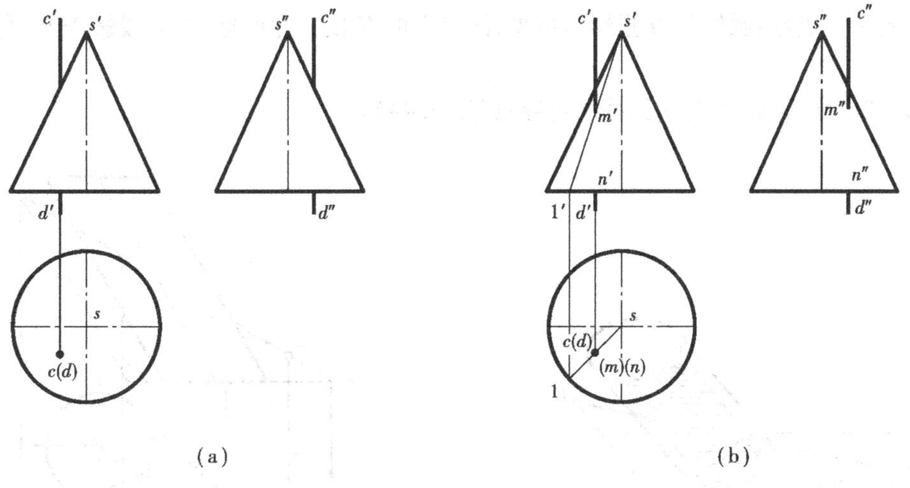

图 7.42 铅垂线与圆锥的贯穿点

7.5.2 一般情况

当直线和曲面体的投影都没有积聚性时，只能应用作辅助面的方法来解决，它的解题步骤与求直线与平面立体的交点相类似。即：

①包含已知直线作一辅助截平面；

②求出截平面与已知曲面体的截交线；

③截交线与直线的交点，即为所求直线与曲面体的交点(贯穿点)。

解题的关键是如何根据曲面体的性质来选取适当的辅助截平面，使它和已知曲面体的截交线的投影是简单易画的图形。

例 7.11 求直线 AB 与圆锥的贯穿点。

(1)分析：由于直线 AB 是水平线，故可包含直线 AB 作水平辅助截平面 P，P 平面与圆锥的截交线为水平圆，其 H 投影反映实形，它与直线 AB 的 H 投影 ab 的交点 k、l 即为所求交点的

H 投影，再对应求出 V 投影 k'、l'。

(2)作图：如图 7.43(b)：

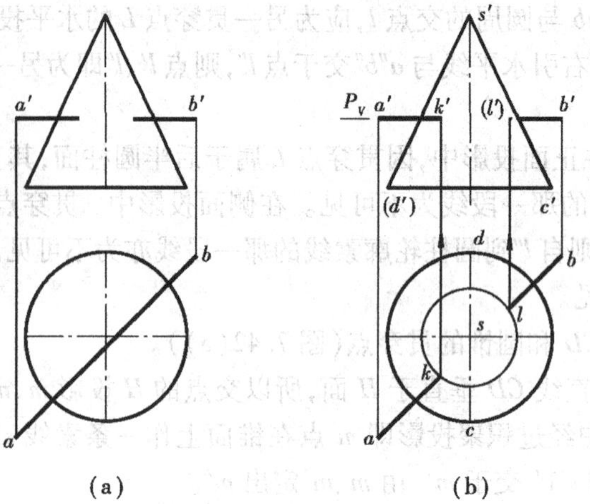

图 7.43　水平线与圆锥的贯穿点

(3)判断可见性：圆锥的 H 投影为可见，故交点的 H 投影为可见；在 V 投影中 k'可见，l'为不可见。

例 7.12　求直线 AB 与斜圆柱的贯穿点(图 7.44)。

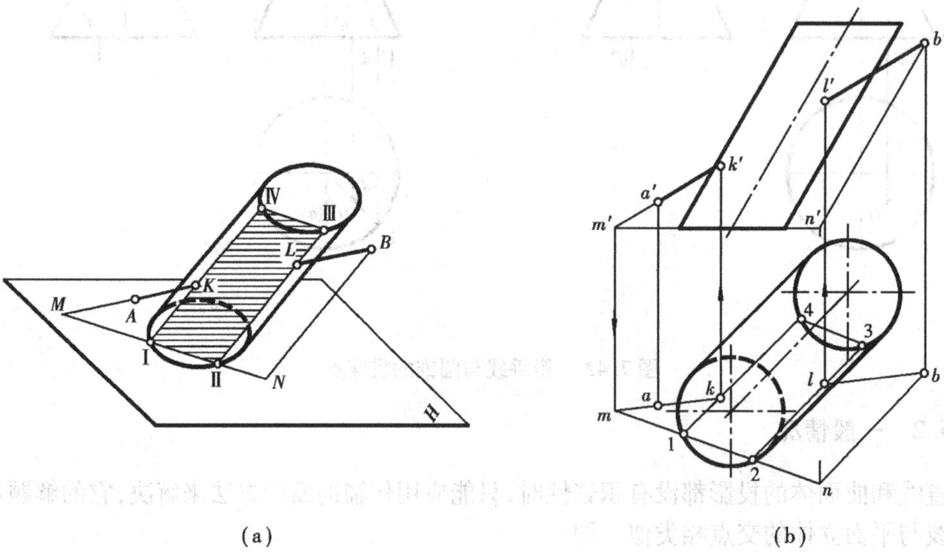

图 7.44　直线与斜圆柱的贯穿点

解：(1)分析　包含直线 AB 作平行于斜圆柱轴线的平面为辅助截平面，其截交线为平行四边形，故可通过 B 点作一直线 BN 平行于斜圆柱轴线，则由 AB 和 BN 所决定的辅助截平面，截斜圆柱所得的截交线为平行四边形ⅠⅡⅢ Ⅳ(图 7.44(a))。

(2)作图(图 7.44(b))：

①作直线 BN 平行于斜圆柱轴线，并求出 BN 与斜圆柱底面所在平面的交点 N。

②求出直线 AB 与斜圆柱底面所在平面的交点 M。连接 MN 交斜圆柱底圆于Ⅰ、Ⅱ；过Ⅰ、

Ⅱ作斜圆柱的素线ⅠⅣ和ⅡⅢ，则平行四边形ⅠⅡⅢⅣ为辅助截平面与斜圆柱的截交线。

③AB 与截交线ⅠⅡⅢⅣ的交点 K、L 即为所求的贯穿点。

(3)判别可见性：直线 AB 从前半斜圆柱面穿过，由其投影确定 k'、l'和 k、l 均为可见。

例 7.13　求一般线 AB 与圆锥的贯穿点(图 7.45)。

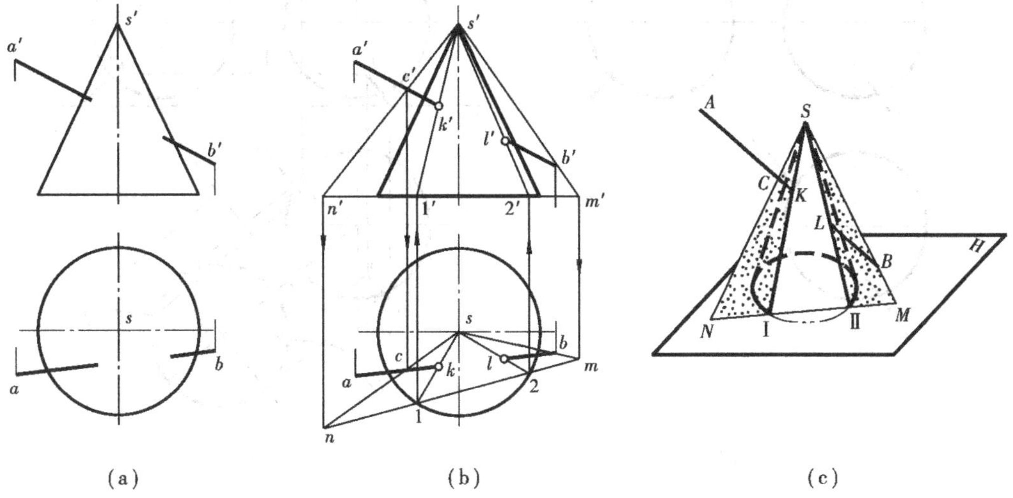

图 7.45　一般线与圆锥的贯穿点

解：(1)分析：如果包含直线 AB 作辅助正垂面或铅垂面，则截割圆锥所得截交线是椭圆或双曲线，作图较困难。但从表 7.2 可知，截平面通过锥顶时，截交线为一个三角形。因此，可以由锥顶和直线 AB 所决定的平面作为辅助面。

(2)作图(图 7.45(b)、(c))：

①求锥顶 S 和直线 AB 所确定的辅助平面与圆锥的截交线。为此，连接 SB，并延长使其与圆锥底面所在平面相交，其交点为 M；再取直线 AB 的任一点 C，连接 SC，并延长使它与圆锥底面所在平面相交，其交点为 N；连接 MN 交圆锥底圆于Ⅰ、Ⅱ；又连接 SⅠ、SⅡ，则△SⅠⅡ为辅助平面与圆锥的截交线。

②截交线与直线 AB 的交点 K、L 即为所求贯穿点。

(3)判别直线 AB 的可见性：直线 AB 从前半圆锥表面穿过，故其投影均为可见。

例 7.14　作直线 EF 与圆球的贯穿点(图 7.46(a))。

解：(1)分析：直线 EF 为一般位置直线，如果包含该直线作投影面垂直面为辅助平面，则辅助平面与圆球的截交线圆的另外两投影为椭圆，作图比较麻烦，而准确性又较差。于是，用一次换面法作出截交线圆的实形和直线 EF 的实长投影 $e_1'f_1'$。它们的交点 k_1'、l_1'即为所求贯穿点 K、L 的新投影。然后返回到 K、L 点的各个原投影上。

(2)作图(图 7.46(b))：

①过 EF 直线作铅垂面 Q，显然 Q_H与 ef 重合。

②取新投影面 $V_1 /\!/ Q$，用换面法在 V_1面上作出截交线圆的实形和直线 EF 的实长投影 $e_1'f_1'$，直线 $e_1'f_1'$与圆 o_1'的交点 k_1'、l_1'即为贯穿点的新投影。

③将属于 $e_1'f_1'$的点 k_1'、l_1'反投影到 ef，即得所求贯穿点的水平投影 k、l。根据属于直线的点的投影对应关系，求出贯穿点 K、L 的正面投影和侧面投影，如图 7.46(b)所示。

(3)判别可见性：直线 *EF* 由前、下、左半球穿入球体，从后、上、右半球穿出球体，则可见性如图 7.46(b)所示。

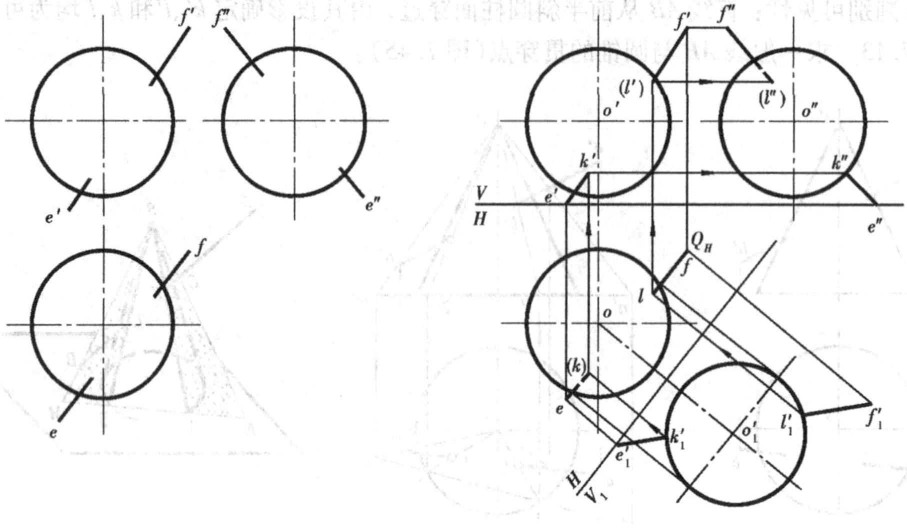

图 7.46　直线与圆球的贯穿点

7.6　平面体和曲面体相交

平面体和曲面体相交(相贯)，所得的交线是由若干段平面曲线或若干段平面曲线和直线段组成的空间闭合线。每段平面曲线是平面体的某一棱面与曲面体相交的截交线。两段平面曲线的交点叫转折点，它是平面体的棱线与曲面体的交点，由此可见，求平面体与曲面体的交线，可归结为求平面与曲面体的截交线和直线与曲面体的交点。

例 7.15　求一直立圆柱和一四棱柱的表面交线(相贯线)，(图 7.47)。

解：(1)分析：

①圆柱的水平投影有积聚性，四棱柱的侧面投影有积聚性，故相贯线的水平投影和侧面投影均为已知。

②四棱柱贯入、贯出圆柱，故相贯线为两组。

③根据水平投影图左右、前后对称，可知两组相贯线也左右、前后对称。各组均为上下两段水平弧和前后两段素线所组成。

(2)作图：只需根据水平投影画出 Ⅰ Ⅰ、Ⅱ Ⅱ 素线的正面投影 1′1′和 2′2′即成，其形象如轴测图所示。

如果将四棱柱沿棱线 *AA* 向抽出，则成为直立圆柱贯一矩形棱柱孔。其投影如图 7.48 所示。水平投影中的虚线是孔的前后两正平面的水平投影。该孔的两正平面的正面投影是上下两段水平虚线和左右两段素线围成的矩形。水平投影中的前后两段虚线和左右两段圆弧围成的图形，是孔的上下两水平面的投影，在正面投影中是两段水平线(两端为实线，中间为虚

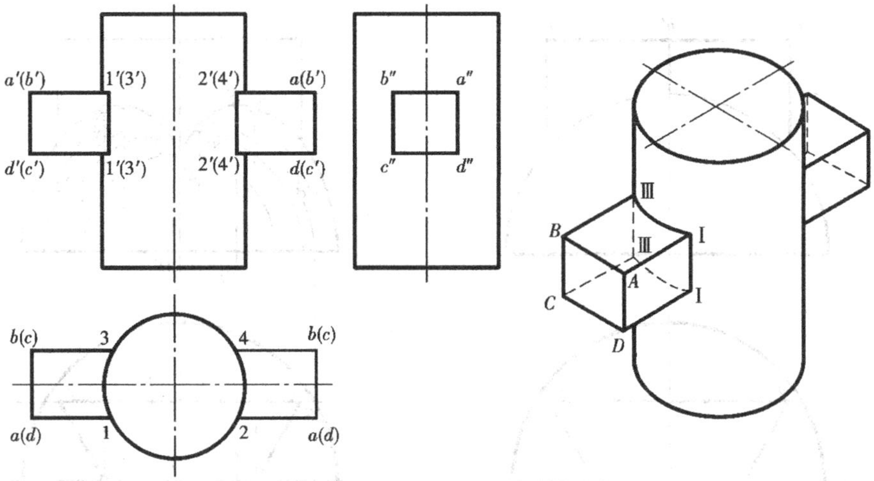

图 7.47　直立圆柱与四棱柱相贯

线)。

例 7.16　求三棱柱与半圆球的交线(图 7.49(a))。

解:(1)分析:

①观察投影图左右对称,故知相贯线也是左右对称的。

②平面和球的截交线为圆,故知相贯线由三段圆弧所组成,转折点属于三棱柱的三根棱线。

③三棱柱的 H 投影有积聚性,故相贯线的 H 投影为已知。

(2)求相贯线(图 7.49(b)):

①棱面 AC 为正平面 P_1。它交半球于半圆 K_1,其 V 投影反映实形为半圆 k_1'。A 棱的 V 投影 a', C 棱的 V 投影 c'和半圆 k_1' 的交点 1′、3′就是 A 棱和 C 棱与半球的相贯点Ⅰ、Ⅲ的 V 投影。

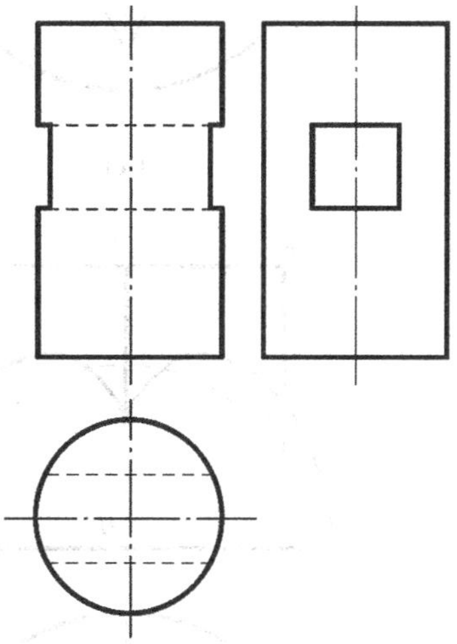

图 7.48　直立圆柱贯矩形棱柱孔

②AB 棱面 Q 倾斜于 V 面,故与半球的交线圆的 V 投影为椭圆弧。图中 B 棱与半球的相贯点Ⅱ的 V 投影 2′,由 B 棱的 V 投影与辅助正平面 P_2 和球的交线圆的 V 投影 k_2' 相交而得。点Ⅳ是 V 投影椭圆弧可见与不可见的分界点,由水平中心线(即球的 V 投影轮廓线的 H 投影)和 ab 的交点 4 引铅垂联系线到球的 V 投影轮廓线上即得 4′。在 H 投影图上由球心 o 引 ab 的垂线得垂足 6。由点 6 引 X 轴的垂线到 V 投影图上,取 $6_0'6'=6d$,6′就是 V 投影椭圆长半轴的端点,也是最高点。其余的点如点Ⅷ是用正平面 P_3 为辅助面求得的。连接 1′4′6′8′2′得棱面 AB 和球的交线圆的 V 投影。

③棱面 BC 和球的交线圆的 V 投影 3′5′7′9′2′与 1′4′6′8′2′对称,可同时求得。

(3)判别可见性:圆弧 1′3′属于不可见的棱面 AC 和球面,画为虚线。椭圆弧 1′4′和 3′5′属于不可见的球面, 画为虚线。椭圆弧 4′6′8′2′和 5′7′9′2′属于可见的棱面和球面,画为实线。还应注意,棱线 a'和 c'靠近 1′和 3′的一小段被球面遮住,应画为虚线。

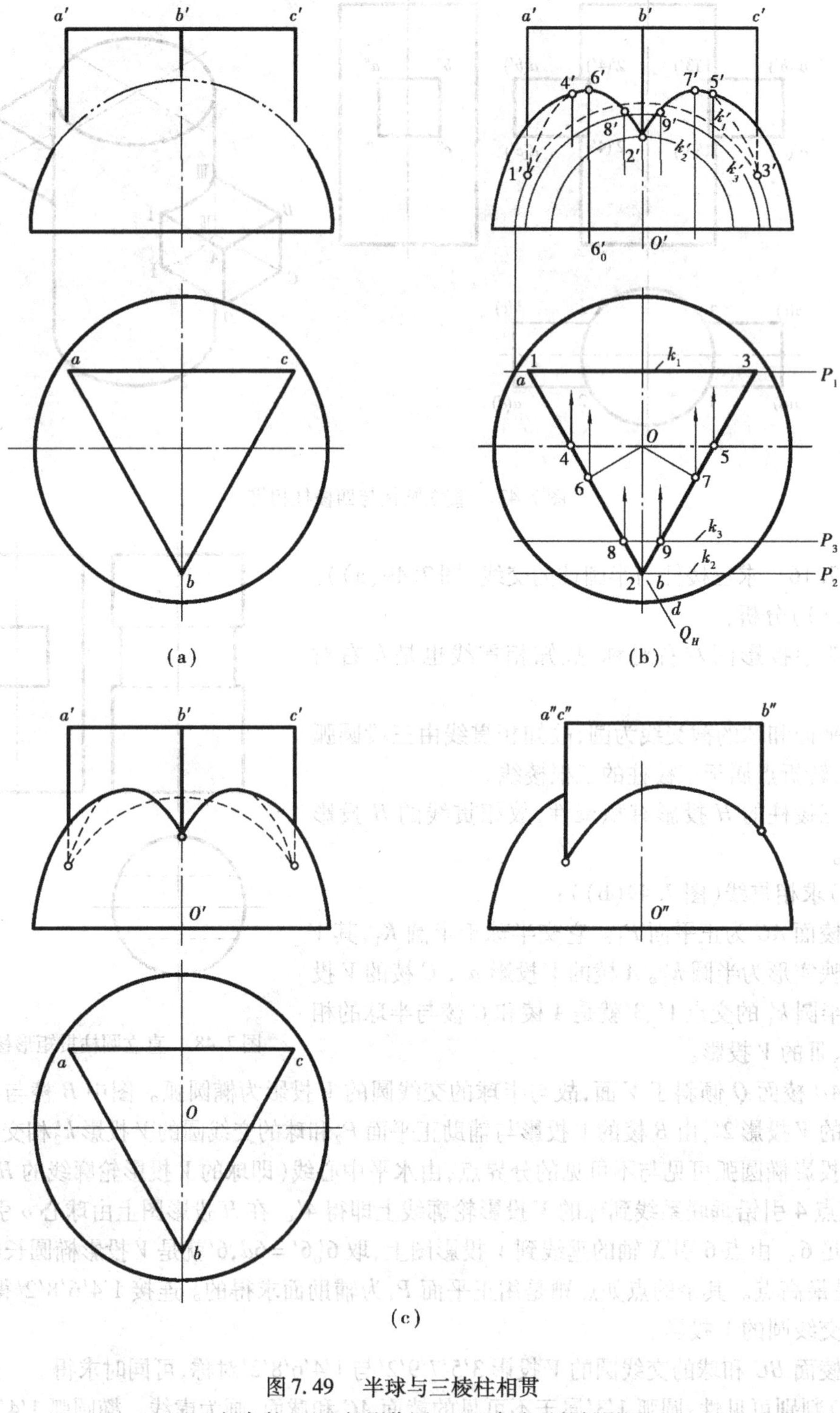

图 7.49　半球与三棱柱相贯

(a)已知条件　(b)投影作图　(c)完成后的投影图

经过整理后完成的三面投影见图7.49(c)。

如果将图7.49中的三棱柱抽出，则成为半球贯一三棱柱孔，其投影图如图7.50所示。作图方法并无不同，只虚实线有些更动。V投影图中的三根铅垂虚线是三个铅垂面交线的投影。W投影图中右边的铅垂虚线是左右两铅垂面交线的投影，左边上实下虚的铅垂线是后面的正平面的投影。

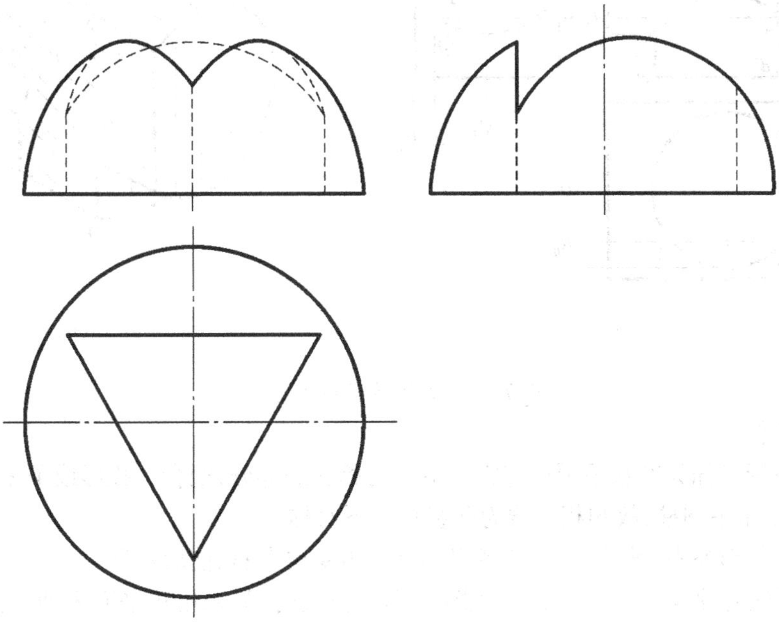

图7.50　半球贯一三棱柱孔

7.7　两曲面体相交

两曲面体相交的表面交线(相贯线)一般为光滑而闭合的空间曲线。曲线上每一点是两立体表面的共有点。因此求交线时，需先求出两立体表面的若干共有点，然后用光滑的曲线连接成相贯线。求共有点的基本方法是辅助面法，其具体步骤如下：

①作一辅助面P，使其与两已知曲面体相交；

②求出辅助面与两已知曲面体的交线；

③两交线的交点，便是两曲面体表面的共有点，就是所求交线上的点，如图7.51(b)所示。

辅助面可以是平面，也可以是球面，但应使辅助面与两曲面体相交所得交线的投影形状为简单易画的图形，如圆、矩形、三角形……等。究竟采用哪一种辅助面，应根据曲面的形状和相对位置来决定。

7.7.1　辅助平面法

当两曲面体能被一系列平面截出由直线或圆组成的截交线投影时，可用这种方法。

例7.17　已知一直立圆柱和一水平圆柱成正交，求作它们的相贯线，(图7.51(a))。

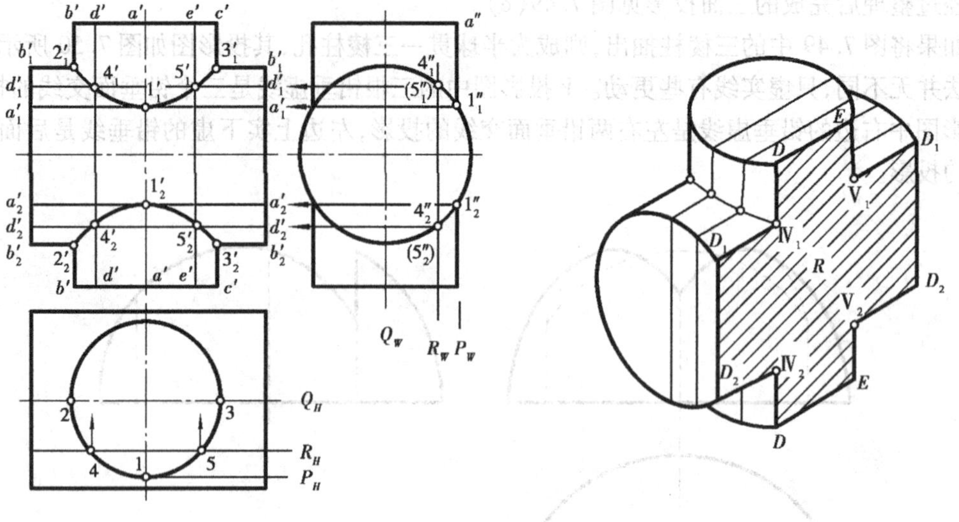

(a) (b)

图 7.51 两不等径圆柱正交

解:(1)分析:

①从 H 投影可知只有水平圆柱有完全不参与相交的部分,配合 V 投影或 W 投影看出直立圆柱贯进、贯出水平圆柱,故知相贯线为两组且上下对称。

②由于 H 投影左右、前后对称,故各组相贯线本身也左右、前后对称。

③因两圆柱的轴线均平行于正立投影面,作相贯线时,如采用正平面为辅助面,则辅助平面和两圆柱都交于素线,素线的交点便是属于相贯线的点(图 7.51(b))。

(2)求属于相贯线的点:

①作正平面 P 切直立圆柱于素线 AA,P 和水平圆柱交于两根侧垂素线 A_1A_1 和 A_2A_2。AA 和 A_1A_1 交于点 $\mathrm{I}_1(1_1,1_1')$,AA 和 A_2A_2 交于点 $\mathrm{I}_2(1_2,1_2')$。I_1 和 I_2 分别是上下两组相贯线的最低点和最高点,它们也都是最前点。

②正平面 Q 包含两柱的轴线。平面 Q 交直立圆柱于左右两素线 BB 和 CC,交水平圆柱于最高素线 B_1B_1 和最低素线 B_2B_2。B_1B_1 和 BB、CC 的交点 $\mathrm{II}_1(2_1,2_1')$ 和 $\mathrm{III}_1(3_1,3_1')$ 是上一组相贯线的最高点。B_2B_2 和 BB、CC 的交点 $\mathrm{II}_2(2_2,2_2')$ 和 $\mathrm{III}_2(3_2,3_2')$ 是下一组相贯线的最低点。II_1 和 II_2 是最左点,III_1 和 III_2 是最右点。

③在 P、Q 之间作一正平面 R。R 交直立圆柱于素线 $DD(d'd')$ 和 $EE(e'e')$,交水平圆柱于素线 D_1D_1 和 D_2D_2。D_1D_1 和 DD、EE 交于点 $\mathrm{IV}_1(4_1,4_1')$ 和点 $\mathrm{V}_1(5_1,5_1')$,D_2D_2 和 DD、EE 交于点 $\mathrm{IV}_2(4_2,4_2')$ 和点 $\mathrm{V}_2(5_2,5_2')$,它们分别是上、下两组相贯线的一般点。

④在 P、Q 之间还可作适当的正平面以求得属于相贯线适当的一般点。

(3) 连点成相贯线:将各点的 V 投影依次连成曲线 $2_1'\rightarrow4_1'\rightarrow1_1'\rightarrow5_1'\rightarrow3_1'$ 和 $2_2'\rightarrow4_2'\rightarrow1_2'\rightarrow5_2'\rightarrow3_2'$,它们都是可见的。相贯线的不可见部分和可见部分的 V 投影重合。相贯线的 H 投影积聚在直立圆柱的 H 投影上。W 投影积聚在直立圆柱和水平圆柱 W 投影相交的上下两段圆弧上。

假定将图 7.51(a)的直立圆柱抽出,则成为水平圆柱贯一直立圆柱孔。此时其投影图如图 7.52 所示。V 投影中的两段铅垂虚线是圆柱孔的左右轮廓素线,上下两段曲线和图 7.51 的相贯线完全一样。W 投影中的两段铅垂虚线是圆柱孔的最前和最后两素线。

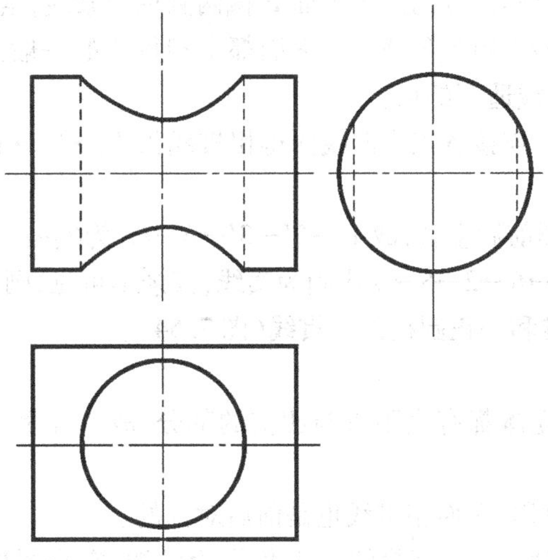

图7.52　水平圆柱贯一直立圆柱孔

例7.18　两不等径圆柱斜交,求其相贯线(图7.53)。

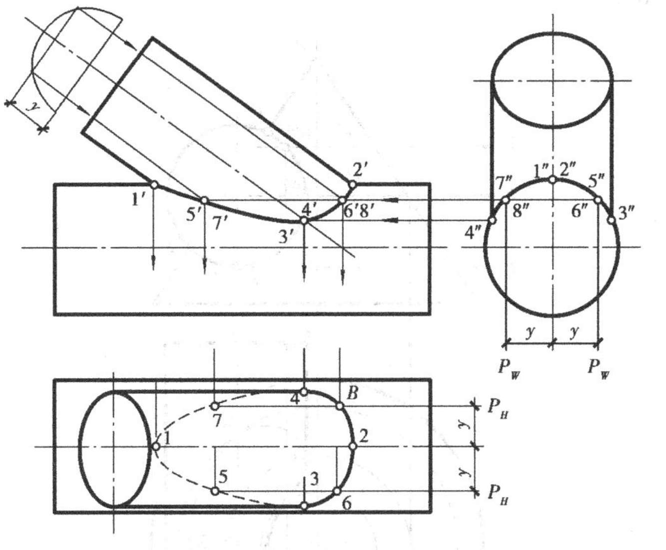

图7.53　两不等径圆柱斜交

解:(1)分析:

①从 *H* 投影或 *W* 投影知斜立圆柱全部贯入水平圆柱,再由 *V* 或 *W* 投影知斜立圆柱未贯出水平圆柱,故只求一组相贯线,它为一闭合的空间曲线,且前后对称。

②由于两圆柱的轴线均平行于 *V* 面,故采用正平面为辅助面来求属于相贯线的点。

③水平圆柱的 *W* 投影有积聚性,故相贯线的 *W* 投影为已知。

(2)求属于相贯线的点:

①特殊点:最高点Ⅰ和Ⅱ,属于水平圆柱的最高素线,可由 *V* 投影1′和2′而得 *H* 投影1和2,点Ⅰ也是最左点,点Ⅱ是最右点。最低点Ⅲ和Ⅳ,分别属于斜立圆柱的最前和最后素线,可由 *W* 投影3″和4″而得 *V* 投影3′和4′,最后定出 *H* 投影3和4。Ⅲ又是最前点,Ⅳ又是最后点。

②一般点：采用前后对称位置的两正平面 P 截两圆柱于素线，素线的交点为Ⅴ(5,5′,5″)、Ⅵ(6,6′,6″)，Ⅶ(7,7′,7″)和Ⅷ(8,8′,8″)。它们都是相贯线的一般点。还可作适当的正平面为辅助面以求得属于相贯线适当的点。

③连点成相贯线：依次连接各点为曲线而得相贯线为Ⅰ→Ⅴ→Ⅲ→Ⅵ→Ⅱ→Ⅷ→Ⅳ→Ⅶ→Ⅰ。

④判别可见性：V 投影前后重合，故1′→5′→3′→6′→2′为实线。H 投影中，属于两圆柱均为可见面的交线投影是3→6→2→8→4 应画为实线；其余不可见，画为虚线。

例 7.19 求一正圆锥和一正圆柱的相贯线(图 7.54)。

解：(1)分析：

①从 V 投影观察，两立体都有全不参与相贯的部分，故为互贯。其相贯线是一根闭合的空间曲线。

②由于 H 投影前后对称，因而相贯线也是前后对称的。

③圆柱的 V 投影有积聚性，故相贯线的 V 投影为已知，它是圆柱的圆投影在圆锥内的那部分圆弧。可用已知圆锥表面的曲线的 V 投影求其 H 投影的方法来作。下面我们仍用辅助平面法来求。以水平面为辅助面，它与圆柱交于素线，与圆锥交于纬线圆。该素线和纬线圆的交点，便是属于相贯线的点。

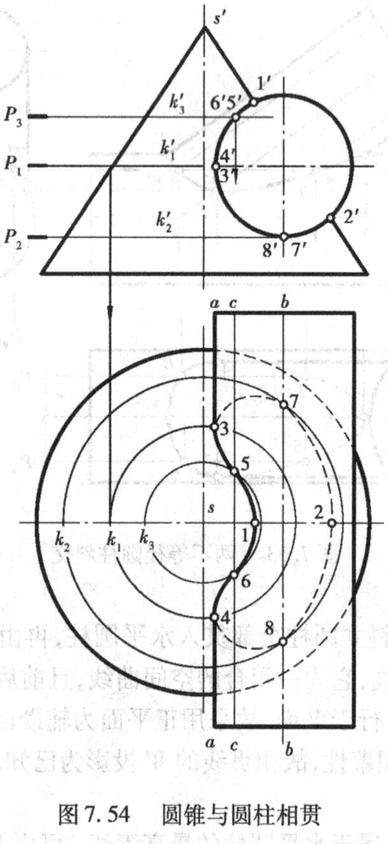

图 7.54　圆锥与圆柱相贯

(2)求属于相贯线的点：

①特殊点：最高点Ⅰ和最右点Ⅱ，由圆柱 V 投影的积聚圆和圆锥右轮廓素线的交点1′和

2′而得到1和2。

最左点Ⅳ和Ⅲ，属于圆柱最左素线 AA，过此素线引水平面 P_1，P_1交圆锥于水平圆 K_1，素线 AA 和 K_1的交点即为Ⅳ(4,4′)和Ⅲ(3,3′)。

最低点Ⅷ和Ⅶ位于圆柱的最低素线 BB 上。过 BB 引一水平面 P_2，P_2交圆锥于水平圆 K_2，BB 和 K_2的交点便是Ⅷ(8,8′)和Ⅶ(7,7′)。

②一般点：在最高点和最低点之间可作适当的水平辅助面，即可求得属于相贯线适当的点。图中示出了水平面 P_3，P_3交圆柱于素线 CC，交圆锥于水平圆 K_3。CC 和 K_3的交点便是一般点Ⅳ(6,6′)和Ⅴ(5,5′)。

(3)连点成相贯线：依次连接1→6→4→8→2→7→3→5→1 便得相贯线的 H 投影。

(4)判别可见性：对于 H 投影圆锥面全可见，圆柱面的上半表面可见，故属于圆柱上半表面的3-5-1-6-4 为可见，画为实线。属于圆柱下半表面的4→8→2→7→3 为不可见，画为虚线。

如果将圆柱抽出，则成为挖去圆柱形缺口的圆锥。作图方法与上图完全相同。完成后的图形如图7.55 所示。此时在 H 投影上1→6→4→8→2→7→3→5→1 都属于圆锥表面，故应画为实线。4→3 虚线是圆柱孔的轮廓素线。

综上所述：当两圆柱相贯时，如两圆柱的轴线都平行于某一投影面，则采用该投影面的平行面为辅助面(如例7.17、7.18)，因辅助平面与两圆柱都交于素线。

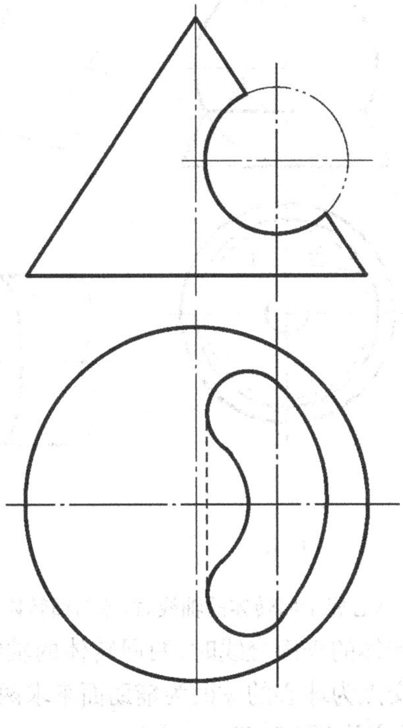

图7.55　挖去圆柱形缺口的圆锥

当回转体与圆柱相贯时，如回转体的轴线垂直于某一投影面，而圆柱的轴平行于该投影面，则采用该投影面的平行面为辅助平面(如例7.19)。这样，辅助面交回转体于圆，此圆在该投影面上的投影反映实形；而辅助平面交圆柱于素线。

当两回转体相贯时，如两回转体的轴均垂直于某一投影面，则选取该投影面的平行面为辅助面。此时辅助平面和两回转体交于各自的纬线圆,而两纬线圆在该投影面上的投影均为反映实形的圆。

7.7.2 辅助球面法

当球心位于回转体的轴线上时,球面和回转体表面的交线是垂直于回转轴的圆。若此时回转体的轴线又平行于某一投影面,则该圆在投影面上的投影积聚为一条垂直于回转轴的直线段。

图 7.56(a)所示球心位于直立圆柱的轴线上,它们的表面交线是两个等径的水平圆 K_1 和 K_2。

图 7.56(b)所示球心位于正圆锥的轴线上,它们的表面交线为大、小二水平圆 K_1 和 K_2。

图 7.56(c)所示球心位于斜圆柱的轴线上,斜圆柱的轴线平行于 V 面,此时它们的表面交线为两个等径的圆 K_1 和 K_2。二圆都垂直于 V 面,其 V 投影为垂直于圆柱轴线的两直线段,H 投影为两个相同的椭圆 k_1 和 k_2。

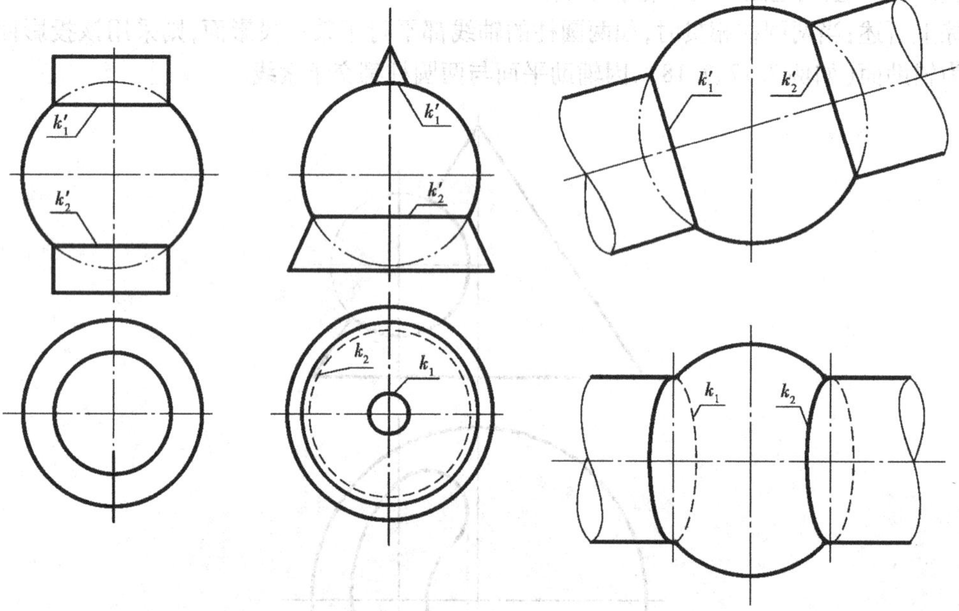

图 7.56 球心属于回转体的轴线时,球与回转体的相贯线

由上述现象可知,求两回转体的表面交线时,两回转体的轴线相交,且两轴线同时平行于某一投影面,则可用以两轴线交点为球心的球面为辅助面来求两回转体表面的共有点。

例 7.20 求圆锥和圆柱的交线(图 7.57)。

解:(1)分析:

①由于 H 投影前后对称,故相交线也前后对称。再由两投影观察,圆柱虽全贯入圆锥,但未贯出,故只求一组相交线。

②两立体都是回转体,且轴线都平行于 V 面并相交于一点,若以两轴线交点 O 为球心的球面为辅助面,则球与两回转体表面的交线都是圆。这些圆的 V 投影都是垂直于各自轴线的

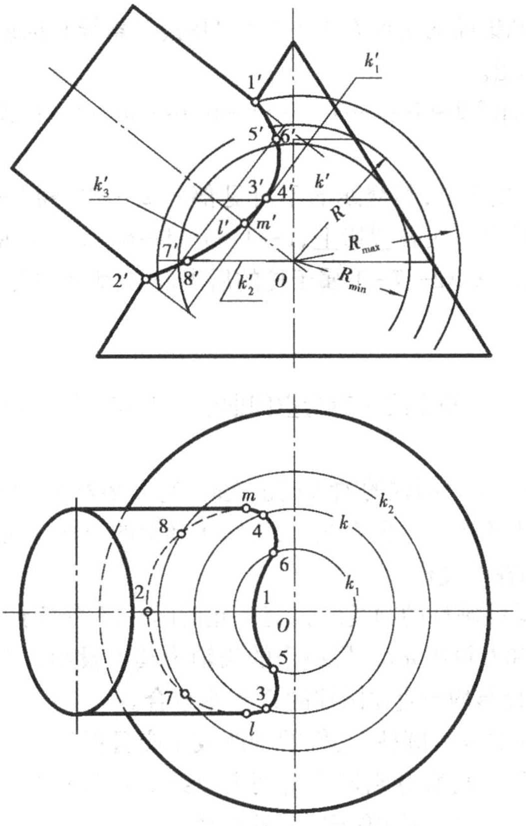

图7.57　以球面为辅助面求圆锥与圆柱的相贯线

直线段，它们的交点就是相交线上的点的 V 投影。

(2)求相交线上的点：

①最高点Ⅰ和最低点Ⅱ是圆柱的最高和最低素线与圆锥最左素线的交点。可先在 V 投影上直接定出点 $1'$ 和 $2'$，然后由 $1'$ 和 $2'$ 而得1和2。

②一般点：以两回转体轴线的交点 O 为球心，适当的长度 R 为半径作辅助球。此球与圆锥相交于水平圆 K_1 和 K_2，与圆柱相交于圆 K_3。它们的 V 投影都积聚为直线段 k'_1、k'_2 和 k'_3。k'_1、k'_2 和 k'_3 的交点 $5'$、$6'$ 和 $7'$、$8'$，便是属于相交线的点Ⅴ、Ⅵ、Ⅶ、Ⅷ的 V 投影。它们的 H 投影利用水平圆 K_1 和 K_2 的 H 投影 k_1 和 k_2 来求出。

辅助球的半径 R 应在最大半径 R_{max} 和最小半径 R_{min} 之间。从 V 投影可知 $R_{max}=0'1'$，因为半径大于 $0'1'$ 的球面与圆锥和圆柱的截交圆不能相交。最小半径 R_{min} 为与圆锥相切的球和与圆柱相切的球二者中半径较大者。在此应为与圆锥相切的球半径。如球半径比切于圆锥的球半径还小，则此球与圆锥无截交线。

图中的点Ⅲ(3,3′)和Ⅳ(4,4′)就是以与圆锥相切的球为辅助面而求得的。

在最大球和最小球之间还可作更多的球面为辅助面，以求得属于相交线足够数量的点。

③连点成相交线：先连 V 投影 $1'\to5'\to3'\to7'\to2'$ 为曲线，此曲线与圆柱最前和最后的素线交于 l' 和 m'(m' 和 l' 重合)，便是相交线的最前点 L 和最后点 M 的 V 投影；它们的 H 投影 l

和 m 由 $1'$ 和 m' 求出。

圆柱的最前素线和圆锥面的交点 $L(1,1')$ 还可用过此素线和锥顶的平面 P 与锥面交于素线的方法来作，图中未示出。

相交线的 H 投影为曲线 $2\to7\to1\to3\to5\to1\to6\to4\to m\to8\to2$，连此曲线时注意它对水平中心线的对称性。

④判别可见性：在 V 投影上，相交线的不可见部分 $2'\to8'\to m'\to4'\to6'\to1'$ 和可见部分 $2'\to7'\to1'\to3'\to5'\to1'$ 重合。在 H 投影上，$1\to3\to5\to1\to6\to4\to m$ 属于圆锥与圆柱的可见表面，故可见，画为实线。$m\to8\to2\to7\to1$ 属于柱的后半表面，为不可见，画成虚线。

7.7.3 特殊情况

两曲面体相交时，它们的相交线一般为空间曲线。但若它们外切于同一球面时，则其相交线为平面曲线。

图 7.58(a) 所示，两个等径圆柱的轴线成正交时，它们必外切于同一球面。其相交线为两个相同的椭圆。它们的 V 投影为两段直线，长度等于椭圆的长轴；H 投影与直立圆柱的积聚投影重合，椭圆短轴等于圆柱的直径。

图 7.58(b) 所示两等径圆柱的轴线成斜交。此两圆柱必外切于一球，其相交线亦为两椭圆。其中一个的长轴为其 V 投影 $a'b'$，另一个的长轴为其 V 投影 $c'd'$。二者的短轴都等于圆柱的直径。两椭圆的 H 投影均与直立圆柱的 H 投影重合。

图 7.58(c) 所示一圆锥与一圆柱，它们的轴线成正交且都外切于同一球面。它们的相交线是相同的两个椭圆。其 V 投影分别积聚为两段直线 $a'b'$ 和 $c'd'$。H 投影为两个相同的椭圆。椭圆的长轴等于其 V 投影，短轴等于圆柱的直径。

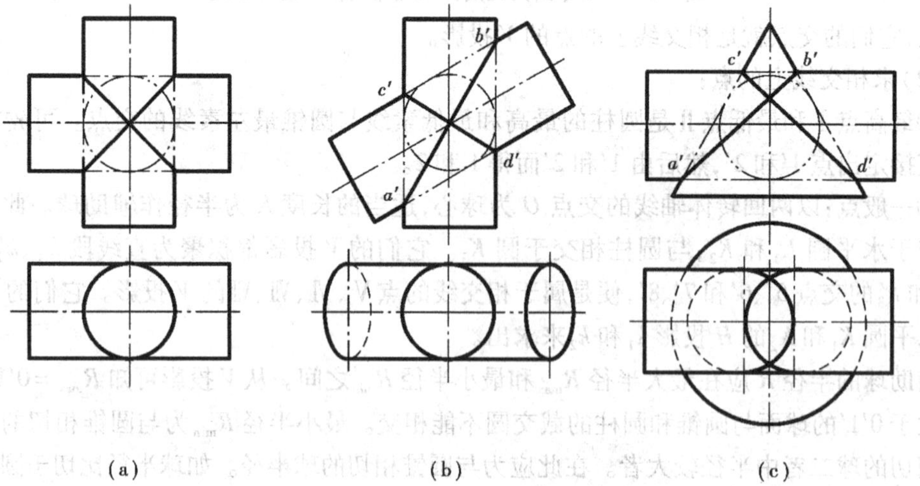

图 7.58 圆锥、圆柱共内切球时，其相贯线为平面曲线

第 8 章 轴测投影

8.1 概　述

8.1.1　轴测投影的作用与形成

1. 作用

图 8.1(a)是台阶的三面投影，它既能完整地反映台阶的真实形状，又便于标注尺寸，所以，在工程界被广泛地采用。但这种图形缺乏立体感，必须具有一定的投影知识才能看懂。如图 8.1(b)所示的这种图形，长、宽、高三个方向的尺度能在同一投影图上反映出来，立体感较强，多用于一般图书、资料中表现立体性的插图。在工程中用来作较难看懂的多面正投影的补充图、小区规划图以及管路、线路的空间系统布置图。

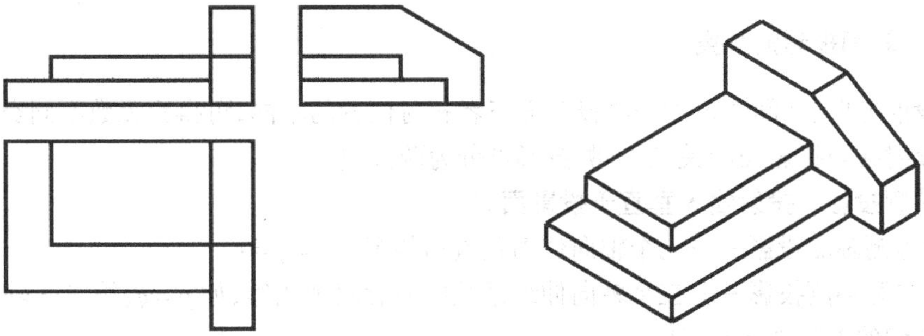

(a)　　　　(b)

图 8.1　台阶的三面投影图及轴测图
(a)台阶的三面正投影图　(b)台阶的轴测图

2. 形成

如图 8.2 所示，用平行投影法将空间形体及其直角坐标系按不平行于任一坐标面的方向 S 投射到一平面 P 上的图形，就称为轴测投影图，简称轴测图。

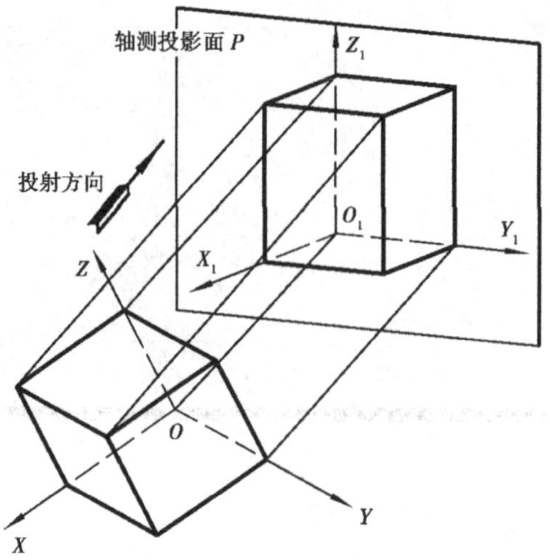

图 8.2　轴测图的形成

3. 轴测图的术语及符号

(1)轴测投影面——P

(2)轴测投射方向——S

(3)轴测轴:坐标轴在 P 面上的投影——O_1X_1、O_1Y_1、O_1Z_1

(4)轴间角:三个轴测轴两两之间的夹角——$\angle X_1O_1Y_1$、$X_1O_1Z_1$、$Y_1O_1Z_1$

(5)轴向伸缩系数:坐标轴上或者与坐标轴平行的线段,它们的轴测投影长度对线段本身长度之比,称为相应轴的轴向伸缩系数。

X 轴向伸缩系数称为 p　　$p = O_1X_1/OX$

Y 轴向伸缩系数称为 q　　$q = O_1Y_1/OY$

Z 轴向伸缩系数称为 r　　$r = O_1Z_1/OZ$

(4)及(5)两项是绘制轴测图时必须知道的参数。

8.1.2　轴测投影的分类

随着投射方向、空间物体和轴测投影面三者相对位置的不同,可得到无数不同类型的轴测投影。按投射线与投影面的关系,轴测投影可分为两大类:

1. 正轴测投影　投射线 S 垂直于投影面 P

(1)正等测轴测投影——三个轴向伸缩系数均相等　$p = q = r$

(2)正二测轴测投影——三个轴向伸缩系数中任意两个相等,如 $p = q$,第三个轴向伸缩系数通常取它们的 1/2,如 $r = 1/2$。

(3)正三测轴测投影——三个轴向伸缩系数均不相等　$p \neq q \neq r$

2. 斜轴测投影　投射线 S 倾斜于投影面 P

(1)斜等测轴测投影——三个轴向伸缩系数均相等　$p = q = r$

(2)斜二测轴测投影——三个轴向伸缩系数中任意两个相等,如 $p = q$,第三个轴向伸缩系数通常取它们的 1/2,如 $r = 1/2$。

(3)斜三测轴测投影——三个轴向伸缩系数均不相等　$p \neq q \neq r$

以上两大类六种轴测投影图中,工程界运用最广泛的是正等测轴测投影和斜二测轴测投影，后面我们将重点介绍。

8.1.3　轴测投影的特点

(1)因轴测投影是平行投影，所以空间一直线的轴测投影仍为直线；空间相互平行两直线的轴测投影仍相互平行；空间直线分段比例的轴测投影，其比值仍不变。

(2)空间直线若与坐标轴平行，则轴测投影可沿轴或沿轴方向量取；与坐标轴不平行的直线，需先确定它两端点的轴测投影，再得出该直线的轴测投影。

(3)由于投射方向 S 和空间物体的位置可以是任意的，所以可获得不同的轴间角和轴向伸缩系数，因此，同一物体可画出不同的轴测图。

8.2　正等测

如图8.3所示，使三条坐标轴对轴测投影面处于倾角都相等的位置，也就是将图中正方体的对角线 AO 放成垂直于轴测投影面的位置，且 AO 就为投射方向，所得到的投影图，就是正等测轴测投影图，简称正等测。

8.2.1　正等测的轴间角和轴向伸缩系数

1. 轴间角

根据正等测的形成原理，三个坐标轴与轴测投影面的倾角均相等，所以坐标轴在轴测投影面上的投影是互成120°，也就是正等测的轴间角均是120°，通常是将 O_1Z_1 轴竖直放置。如图8.3(b)所示。

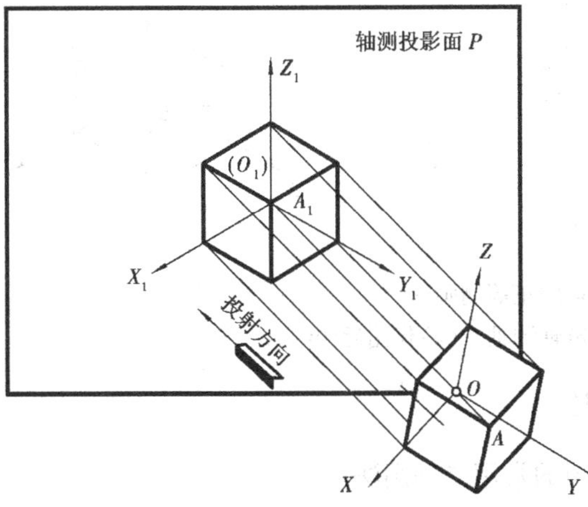

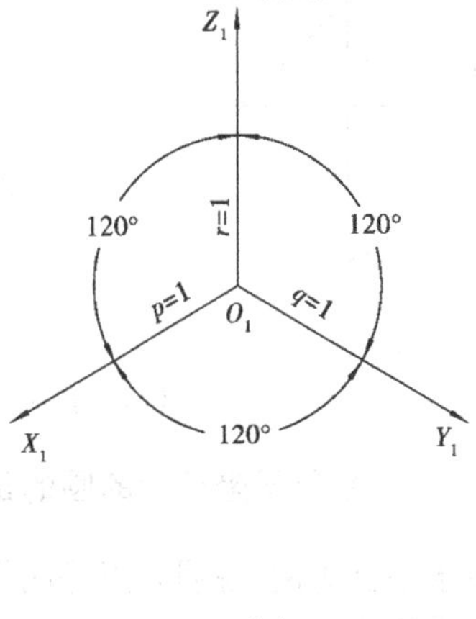

图8.3　正等测轴测图

(a)正等测图的形成　(b)轴间角和各轴向简化系数

2. 轴向伸缩系数

在正等测投影的条件下，三个坐标轴与轴测投影面的倾角均相等，所以，它们投影以后变短的程度也相等。经证明正等测轴向伸缩系数的理论值 $p=q=r\approx0.82$，为作图方便，近似取为简化值 $p=q=r=1$。如图 8.4(a)、(b)所示，分别为按理论值和简化值作长方体的正等测。从中可以看出用简化值作出的长方体比用理论值作出的长方体要大一些。

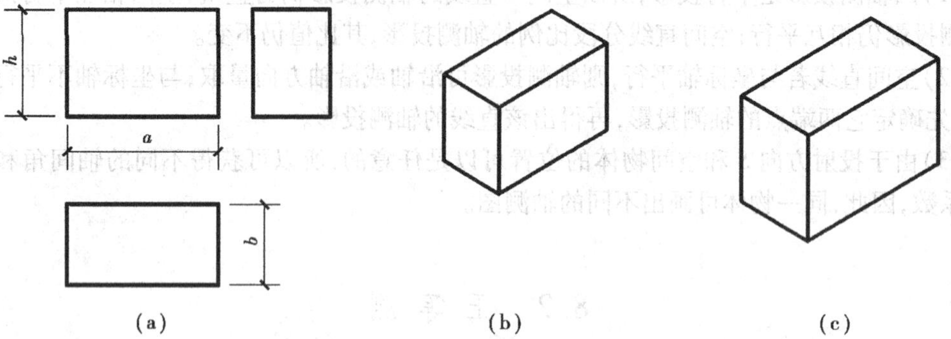

图 8.4 长方体的正等测图

(a)长方体三投影 (b) $p=q=r=0.82$ (c) $p=q=r=1$

8.2.2 正等测图的基本画法

正等测图的基本作图方法是坐标法。如图 8.5 所示，表示画出点 A 的正等测图的作图过程。根据正投影图，知点 A 的坐标值(x、y、z)。首先作出轴测轴 O_1X_1、O_1Y_1、O_1Z_1(互成120°且 O_1Z_1 竖直)，在轴测轴上，用轴向伸缩系数的简化值，量出 x、y、z 值，即可作出 A 点的正等测轴测图。

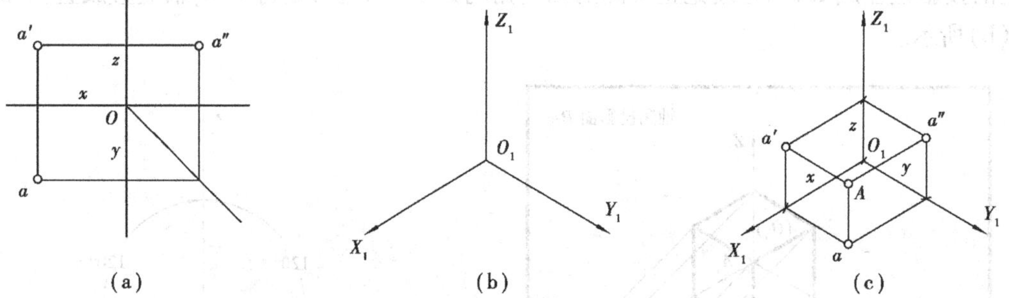

图 8.5 点的正等测画法

(a)正投影图 (b)确定轴测轴 (c)作图后的结果

8.2.3 平行于坐标面的圆的正等测画法

以水平圆为例，说明其正等测投影为椭圆的常用二种画法。

1. 坐标法

如图 8.6 所示，图(a)为水平圆的 H 面投影，其轴测投影的作图步骤如下：

(1)在圆的投影图中定坐标系并确定出若干点，如图 8.6(a)；

(2)按圆上各点的坐标，作出它们的正等测投影，如图 8.6(b)；

(3)依次光滑连成椭圆，即获得圆的正等测投影，如图 8.6(c)。

此法适用于作各坐标面上圆的各种轴测投影，也适合作一切平面曲线或空间曲线的轴测

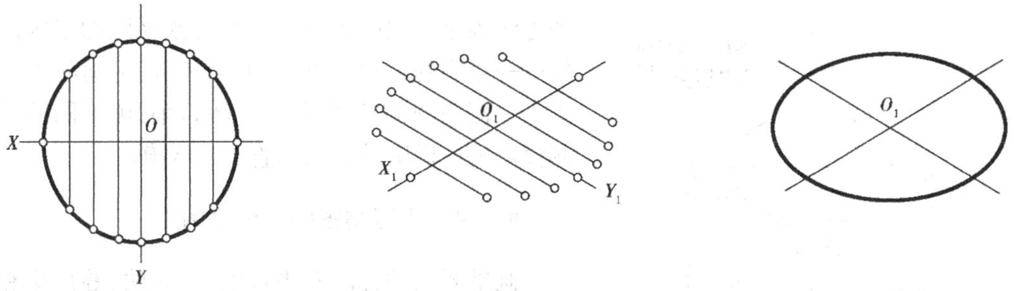

(a)　　(b)　　(c)

图 8.6　用坐标法画圆的正等测图

(a)正投影图　(b)作图过程　(c)作图结果

投影。

2. 四心近似法

如图 8.7(a)所示，图(a)为水平圆的 H 面投影，用四心近似法作圆的正等测投影——椭圆，其步骤如下：

(1)在圆的 H 投影中确定坐标轴 X、Y。它们与圆相交于 1、2、3、4 点，过这四点作圆的外切正方形 $abcd$，如图 8.7(a)所示；

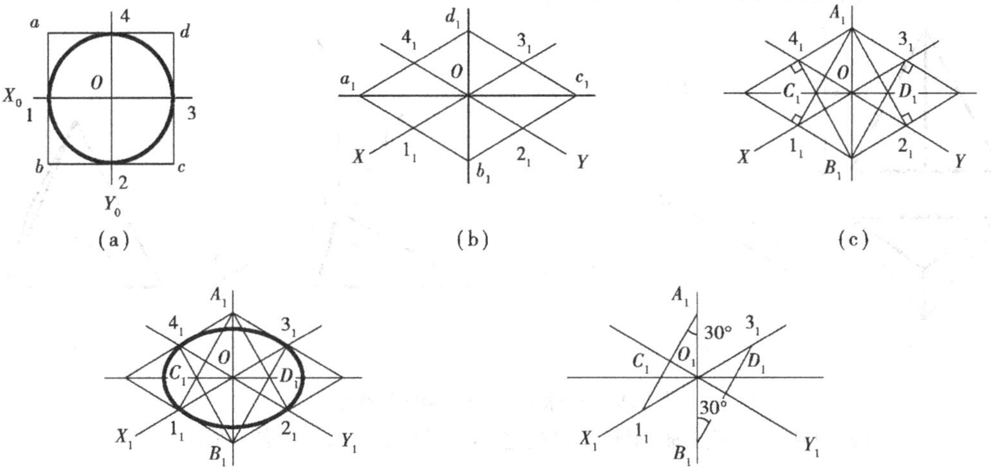

图 8.7　四心法画圆的正等测

(2)作轴测轴 X_1、Y_1，并相应作出 1、2、3、4 点及正方形 $abcd$ 的正等测投影：1_1、2_1、3_1、4_1 及 $a_1b_1c_1d_1$（为菱形），如图 8.7(b)所示；

(3)过切点 1_1、2_1、3_1、4_1 作菱形 $a_1b_1c_1d_1$ 各边垂线，四条垂线与对角线的交点即获得四个圆心 A_1、B_1、C_1、D_1，如图 8.7(c)所示；

(4)分别以这四个点为圆心，以到切点的距离为半径，可作四段圆弧。每段圆弧两两相交于切点，如图 8.7(d)所示。

在实际作图时，还可不画出外切正方形的轴测投影（即菱形），用过 1_1、3_1 作与竖直方向成 30°的直线的方法，也可求出四个圆心，如图 8.7(e)所示。

如图 8.8 所示，为处于各坐标面圆的正等测投影，每个面上的椭圆均采用图 8.7 所示的作

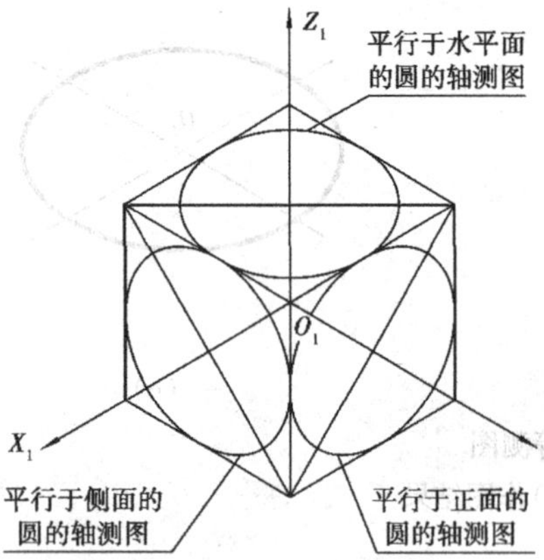

图 8.8　平行于坐标面的圆的正等测

图方法画出。在这里,必须注意:水平圆的正等测投影——椭圆的长轴垂直于 O_1Z_1 轴;正平圆的正等投影——侧椭圆的长轴垂直于 O_1Y_1 轴;侧平圆的正等测投影——椭圆的长轴垂直于 O_1X_1 轴。

8.2.4　正等测图的画法举例

画轴测图的方法有坐标法、切割法、叠加法和综合法。通常可按下列步骤作出物体的正等测:

①对物体进行形体分析,确定坐标轴;

②作轴测轴,按坐标关系画出物体上的点和线,从而连成物体的正等测。若物体上有平行于坐标面的圆时,常用图 8.7 的方法作近似椭圆。应当注意:在确定坐标轴和具体作图时,既要考虑作图的简便,同时也要考虑有利于坐标关系的定位和度量,尽可能地减少作图线。

1. 坐标法

例 8.1　作出图 8.9(a)所示三棱锥的正等测图。

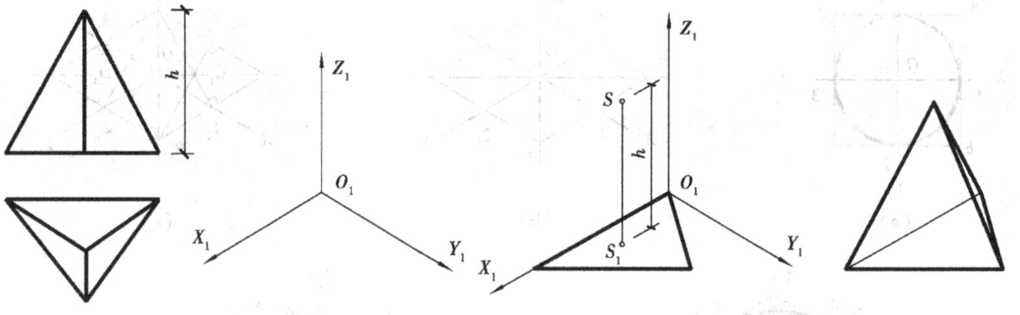

图 8.9　坐标法画三棱锥的正等测

(a)题目　(b)确定轴测轴　(c)确定锥底及锥顶　(d)连接各点加深图线

解:根据轴测图的作图步骤:

①在正投影图中选定坐标轴,如图 8.9(a);

②画出轴测轴,并由坐标关系确定出三棱锥底面上的三个点的轴测投影,如图 8.9(b);

③再由坐标关系,确定锥顶的轴测投影,如图 8.9(c);

④连接各点,加粗可见图线,即获得了三棱锥的正等测图,为了表达上的需要,保留了图形中的虚线,如图 8.9(d)。

例 8.2　画出如图 8.10(a)所示圆锥台的正等测图。

解:根据轴测图的画图步骤:

①定出圆锥台的坐标轴,如图 8.10(a);

②画出轴测轴,由坐标关系,用四心近似法画出上、下底圆的正等测投影——椭圆,作上、下椭圆的公切线,(注意:**此公切线不是该锥台的最左、最右轮廓线的轴测投影**)如图 8.10(b)

③检查无误,擦去多余图线,加粗可见图线,即完成圆锥台的正等测投影,如图 8.10(c)。

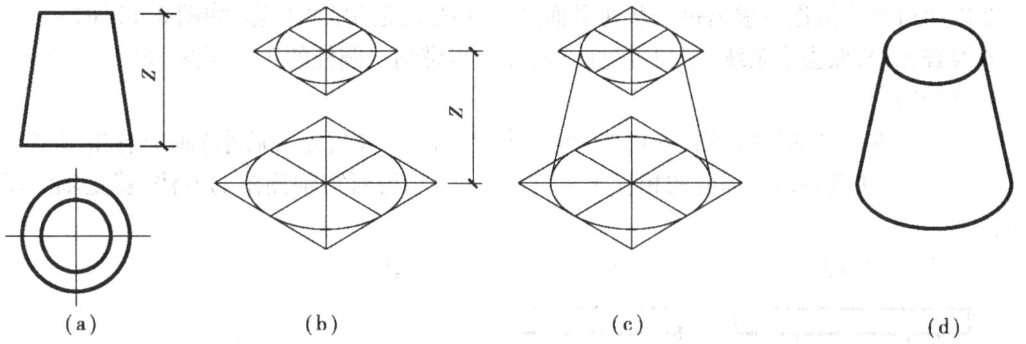

图8.10　坐标法画圆锥的正等测图

(a)题目　(b)画上下圆的正等测图　(c)画圆锥台的轮廓线　(d)作图结果

2. 切割法

对于由基本体切割后得到的物体,可先画出基本体的轴测投影,再在轴测投影中把应去掉的部分切去,从而获得所需轴测图的方法,就是轴测图的切割画法。

例8.3　画出图8.11(a)所示带切口的圆柱体的正等测图。

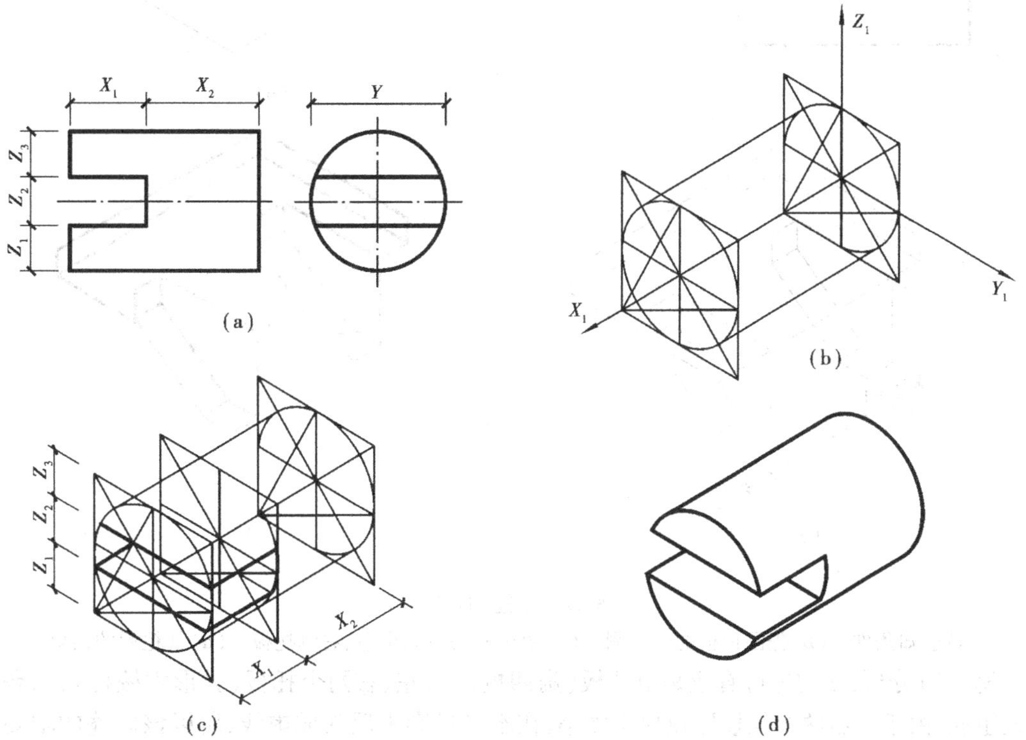

图8.11　圆柱切割体的轴测投影

(a)题目　(b)画圆柱的正等测　(c)画缺口的正等测　(d)作图结果

解:(1)分析:该物体为一个圆柱体被两个水平面及一个侧平面切割以后产生。

(2)作图:

①确定坐标轴,由坐标关系,确定切口坐标值,如图8.11(a);

②确定轴测轴,画出没切割前圆柱的轴测投影,如图8.11(b);

③以切口坐标值逐一求出每一截切平面产生的截交线的轴测投影,如图 8.11(c);

④检查无误,擦去多余线,加粗可见图线,即获得带切口圆柱的正等测图,如图 8.11(d)。

3. 叠加法

对于由基本体叠加以后得到的物体,可分先后(先主后次、先大后小)画出各组成部分的轴测图,此时应注意各组成部分的相互坐标关系,从而获得所需轴测图的方法,就是轴测图的叠加画法。

例 8.4 画出图 8.12(a)所示物体(雨篷)的正等测图。

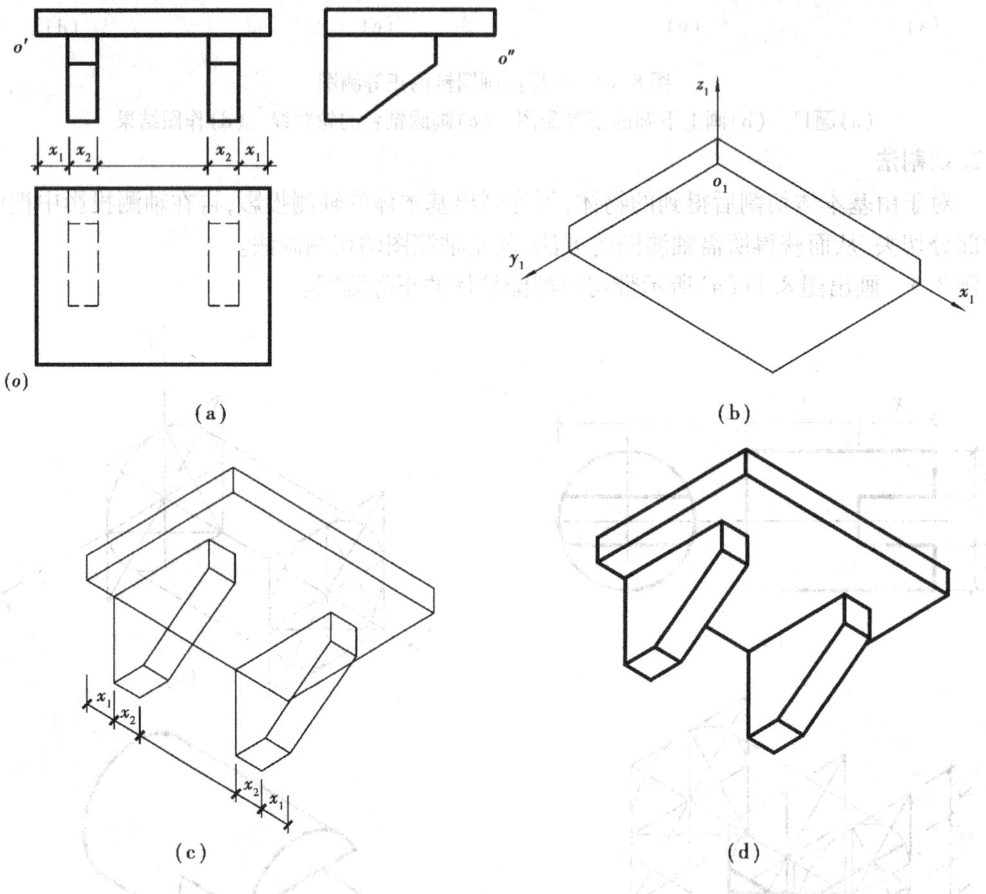

图 8.12 雨篷的正等测

(a)已知条件 (b)先画顶板的正等测 (c)由坐标关系画出左、右侧托板 (d)加粗后的结果

解:(1)分析:该物体可看成是由顶板(扁四棱柱),左、右两个托板(异形六棱柱),以叠加方式组成;由于左右两个托板比顶板尺寸小,在水平投影中反映成虚线,所以该雨篷的轴测图应采用仰视画出。

(2)作图:

①确定坐标关系,定出坐标轴或坐标原点,本例采用定出原点 O,如图 8.12(a);

②确定轴测轴并画出顶板在仰视下的正等测投影,如图 8.12(b);

③由各组成部分的相互坐标关系画出左、右两托板在仰视下的正等测投影,如图 8.12(c);

④检查无误,擦去多余图线,加粗可见图线,即得题目所需结果,如图 8.12(d)。

例 8.5　画出图 8.13(a)所示相交两圆柱的正等测图。

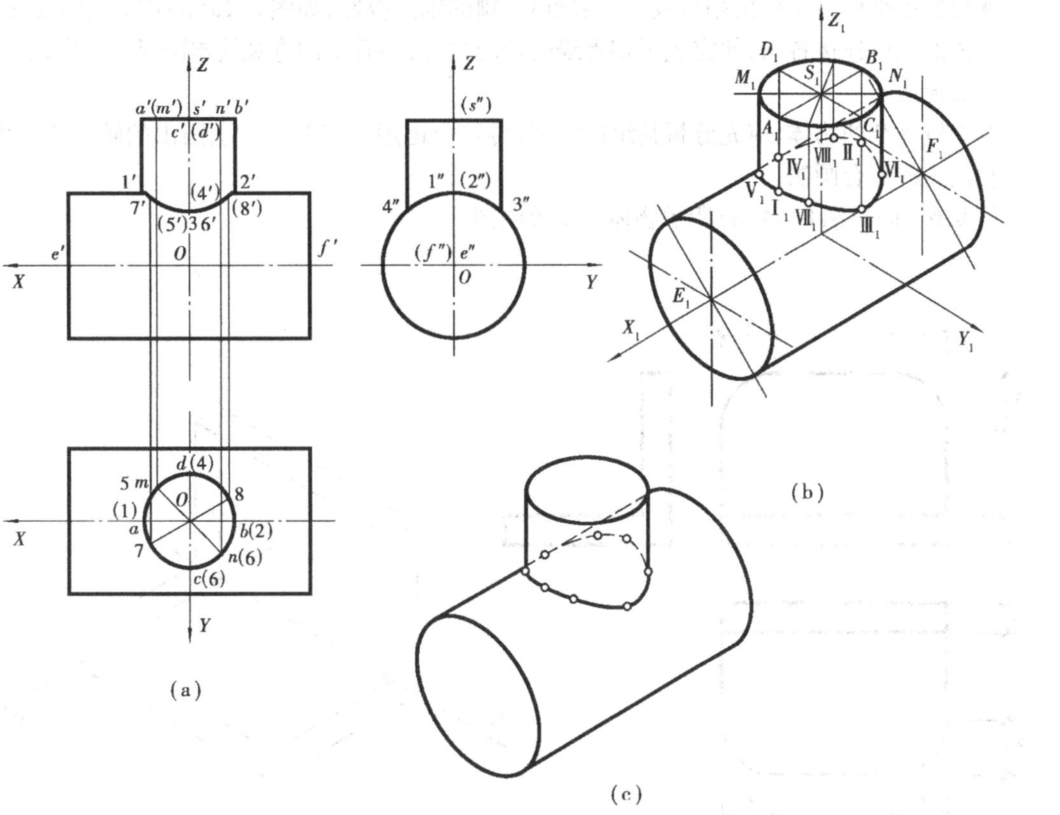

图 8.13　两圆柱垂直相交的正等测投影图

(a)题目　(b)作图过程　(c)作图结果

解:(1)分析:该物体是由一水平放置的圆柱与一竖直放置的圆柱相交(叠加)而成,作图时应先分别画出各自独立圆柱体,再根据坐标关系画出它们之间的相贯线。

(2)作图:

①在正投影中选择坐标系,确定坐标轴 OX、OY、OZ;

②画出轴测轴:O_1X_1、O_1Y_1、O_1Z_1;

③先画竖直圆柱的轴测投影图:在 O_1Z_1 轴上量取 $O_1S_1 = o's'$,得 S_1 点,由于竖直圆柱的上顶圆平行 XOY 坐标面,故该圆的轴测投影——椭圆的长轴垂直于 O_1Z_1 轴,用四心近似法,可以作出圆心 S_1 所在圆的轴测投影——椭圆及其圆柱;

④再画出水平圆柱的轴测投影图:在 O_1X_1 轴上量取 $O_1E_1 = o'e'$,$O_1F_1 = o'f'$,分别得 E_1、F_1 点,由于水平圆柱的左、右端面圆平行 YOZ 坐标面,故其轴测投影——椭圆的长轴垂直于 O_1X_1 轴,用四心近似法,可作出圆心 E_1、F_1 所在圆的轴测投影——椭圆及其圆柱;

⑤最后画出两圆柱相贯线的轴测投影:

- 先求出正投影图中相贯线的极值点(Ⅰ、Ⅱ、Ⅲ、Ⅳ)的轴测投影:根据坐标关系,过 A_1 点作直线平行于 O_1Z_1 轴,使 $A_1I_1 = a'1'$,即得Ⅰ点的轴测投影 Ⅰ_1。同理,可得相贯线上Ⅱ、Ⅲ、Ⅳ点的轴测投影 Ⅱ_1、Ⅲ_1、Ⅳ_1;
- 再求出竖直圆柱轮廓线上的点,使 $M_1\text{Ⅴ}_1 = m'5'$,得相贯线上Ⅴ点的轴测投影 Ⅴ_1 点。

同理，使 $N_1 \mathrm{VI}_1 = n'6'$ 可得相贯线上Ⅵ点的轴测投影 VI_1 点；

- 最后由坐标关系作出相贯线上一般点Ⅶ、Ⅷ的轴测投影，如图 8.13(b) 中 VII_1、VIII_1 点；
- 依次光滑连接各点，便完成了相贯线的轴测投影，为看图的直观性本图保留了虚线。

4. 综合法

对于较复杂的物体，应先分析其组成特征，再综合运用上述两种方法画出的轴测投影图，就是轴测图的综合画法。

例 8.6 画出图 8.14(a) 所示物体的正等测图

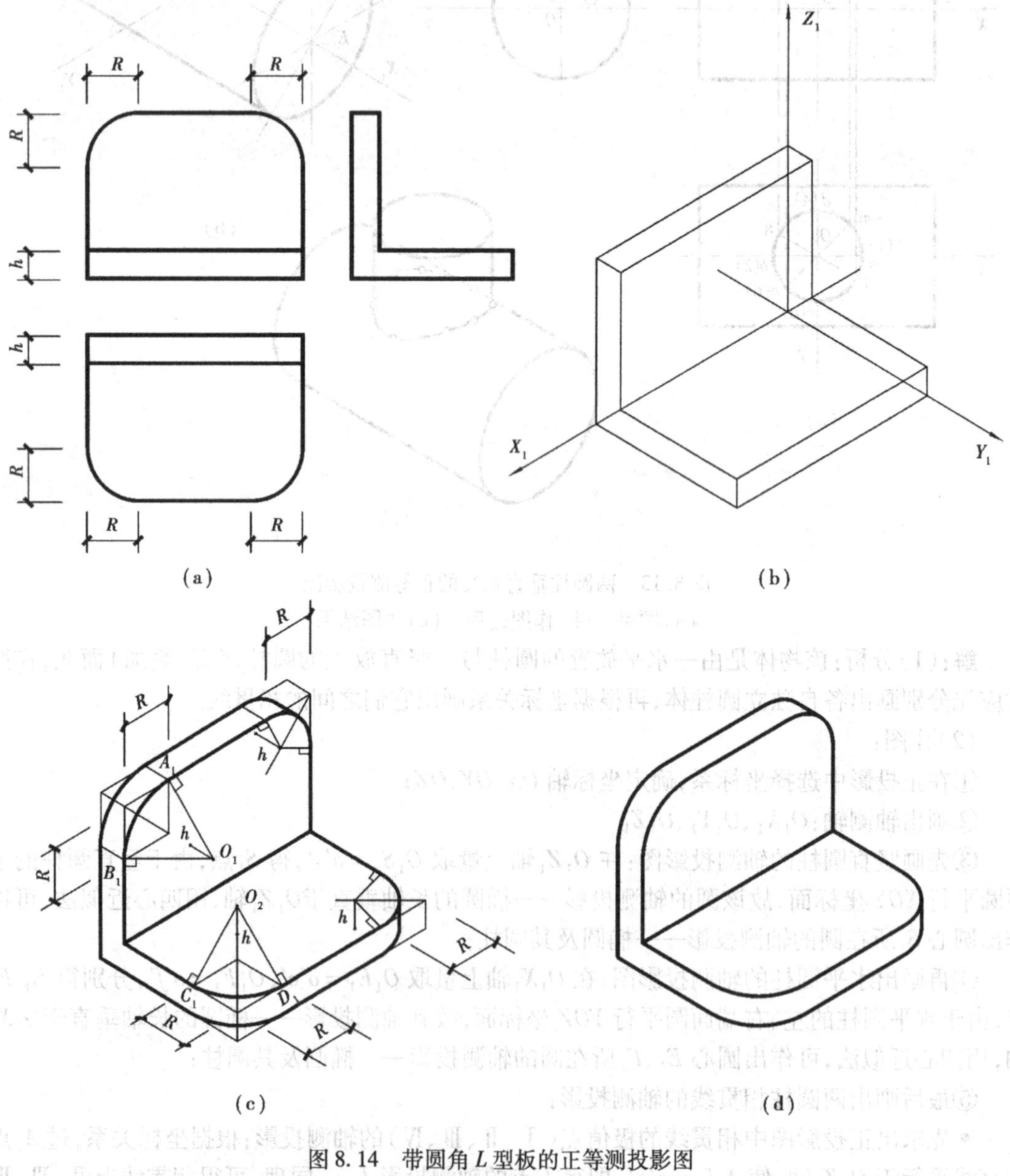

图 8.14 带圆角 L 型板的正等测投影图

(a) 题目 (b) 定轴测轴及未切圆角前的正等测 (c) 画 1/4 角的正等测图 (d) 最后结果

解：(1) 分析：该物体是由两块切割了圆角的扁四棱柱叠加而成。

(2)作图:

①确定出坐标关系,定出原点 O,如图8.14(a);

②画出轴测轴,先以叠加法画出该物体在未切圆角时的正等测图,如图8.14(b);

③再以四心近似法画出各段圆弧的正等测投影,最后用切割法去掉切去部分,如图8.14(c);

④检查无误、擦去多余图线,加粗可见图线,即可获得该物体的正等测图,如图8.14(d)。

注意:在画这种四分之一圆弧的正等测轴测图时,只需根据半径值便可确定轴测圆弧的圆心:将半径值量在需要画圆弧所在的边上,如图8.14(c)中所示的 R 值,过此处(图中所示为 A_1、B_1、C_1、D_1)作该边的垂线,两条垂线的交点就是所画轴测圆弧的圆心,轴测圆弧的半径就是圆心到垂足的距离。

5. 综合举例

例8.7 画出图8.15(a)所示物体的正等测轴测图。

解:(1)分析:从图8.15(a)的侧投影图可知,该物体的基本形体为一个 L 形的六棱柱,每条棱线均垂直于 W 面;从正投影图和水平投影图可知,该形体上方被挖切了一个倒梯形的缺口,而前下方又被挖切了一个方形缺口;所以,应先用坐标法画出 L 型基本体的正等测图,再用切割法画出两个缺口正等测图。

(2)作图:如图8.15(b)、(c)、(d)所示。

①确定坐标关系,定出原点;

②根据两处缺口的 X、X_1、Y、Z 值,作出形体缺口的正等测图,特别要注意的是,不能将题目中的斜线如 ab 或 $a'b'$ 或 $a''b''$ 的长度直接测量在轴测图中的 A_1B_1 处,如8.15(c)。

③检查无误、擦去多余图线,加粗可见图线,即可获得该物体的正等测图,如图8.15(d)。

例8.8 画出图8.16(a)所示同坡屋面房屋的正等测图。

解:(1)分析:该房屋是由一个 L 形的六棱柱与一个同为 L 形屋檐的同坡屋面相叠加而成。故应先用坐标法画出 L 形的六棱柱的正等测图,再用叠加法画出其上部的屋顶。

(2)作图:如图8.16(b)、(c)、(d)所示。

①确定坐标关系,定出原点,并画出房屋 L 形的六棱柱的正等测图,如图8.16(b);

②用叠加法画出房屋同坡屋面的正等测图。注意:应根据题目中的 X、Y_1、Y_2、Z_1、Z_2 值画出各屋面的交线(斜脊和平脊)的正等测投影。同样要注意的是:不能将题目中斜脊的投影长度直接测量在轴测图中,如图8.16(c)中 O_1A_1 的长度不等于 oa 或 $o'a'$ 或 $o''a''$ 的长度;

③检查无误、擦去多余图线,加粗可见图线,即可获得该房屋的正等测图,如图8.16(d)。

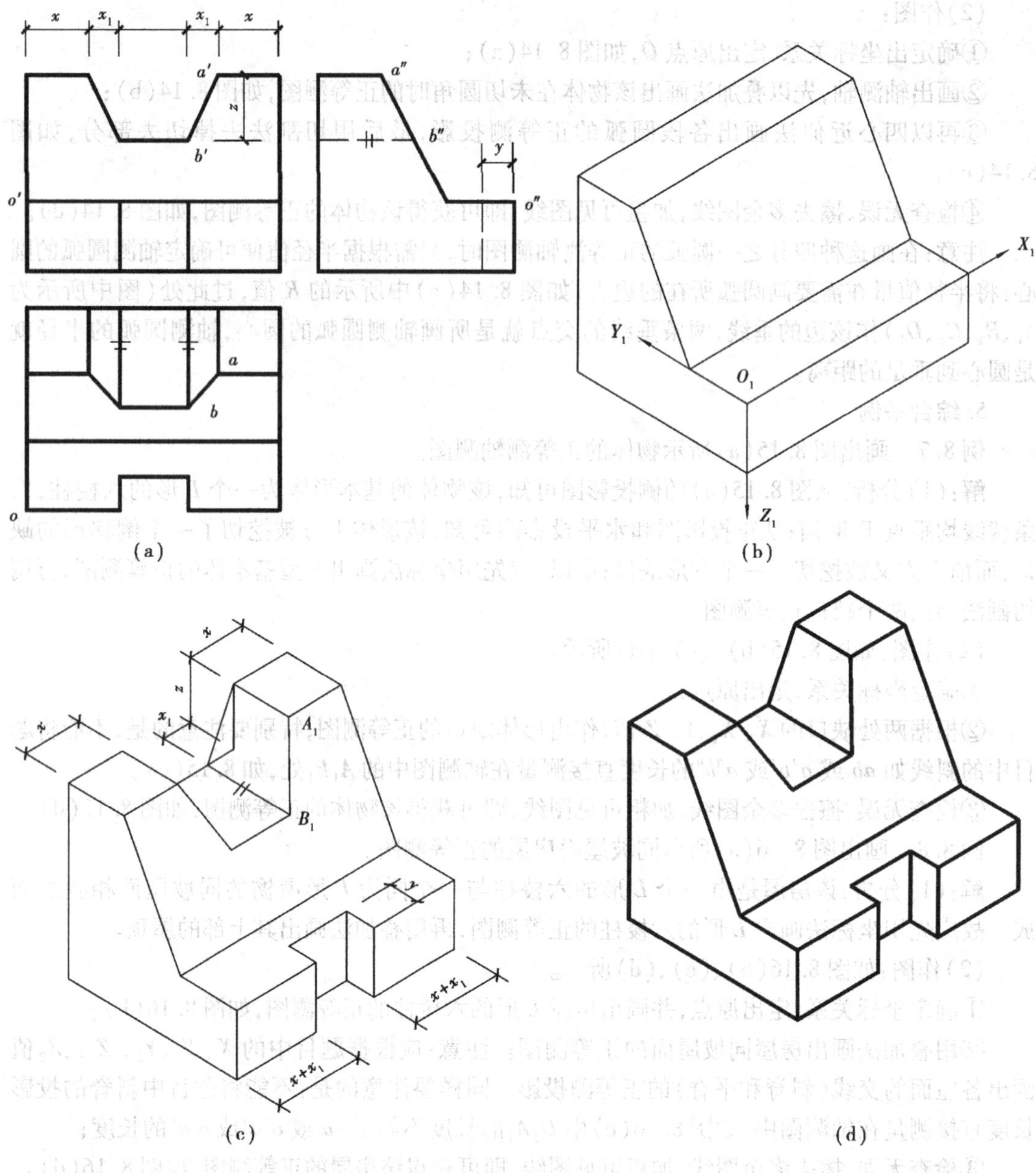

图 8.15　组合体的正等测投影图

(a)已知条件　(b)不带缺口时的 L 型立体　(c)用坐标法求出缺口的轴测投影　(d)作图结果

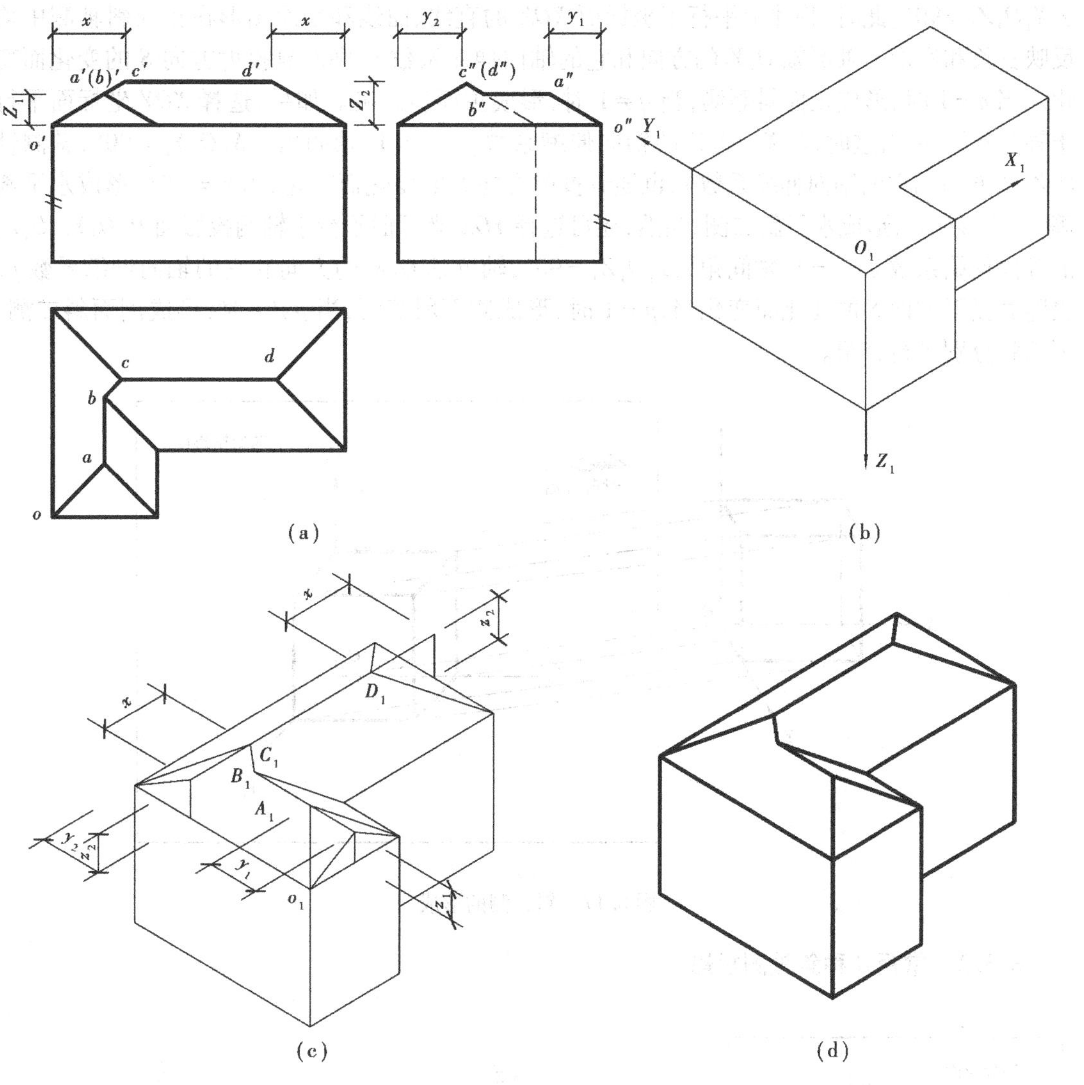

图 8.16　画出同坡屋面的正等测图

(a)已知条件　(b)先画出房屋部分的正等测　(c)由坐标关系画出同坡屋面交线　(d)作图结果

8.3　斜轴测

投射线 S 倾斜于轴测投影面 P,所获得的投影图,称为斜轴测图。为了方便绘图,通常选取轴测投影面 P 平行于一个坐标面。

8.3.1　斜轴测投影的轴间角和轴向伸缩系数

如图 8.17 所示,若将坐标面 XOZ 平行于轴测投影面 P,坐标轴 OZ 轴竖直放置,当投射方向 S 与三个坐标轴都不平行时,则形成正面斜轴测图。在这种情况下,由于轴测轴 O_1X_1 平行于坐标轴 OX,坐标轴 O_1Z_1 平行于坐标轴 OZ,所以,它们的轴向伸缩系数 $p=r=1$,轴间角

$\angle X_1O_1Z_1=90°$。此时，物体上平行于坐标面 XOZ 的直线、曲线和平面图形在正面斜轴测中均反映真长和实形。轴测轴 O_1Y_1 的方向和它的轴向伸缩系数 q，则随着投射方向 S 的变化而变化。当 $q=1$ 时，形成正面斜等测，当 $q\neq1$ 时，形成正面斜二测。如果，选择 XOY 坐标面平行于轴测投影面 P，这时，O_1X_1、O_1Y_1 的轴向伸缩系数 $p=q=1$、轴间角 $\angle X_1O_1Y_1=90°$，轴测轴 O_1Z_1 的方向和它的轴向伸缩系数 r，也随着投射方向 S 的变化而变化，当 $r=1$ 时，形成水平斜等测；当 $r\neq1$ 时，形成水平斜二测；当然，还可选择 YOZ 坐标面平行于轴测投影面 P，O_1Y_1、O_1Z_1 的轴向伸缩系数 $q=r=1$、轴间角 $\angle Y_1O_1Z_1=90°$，轴测轴 O_1X_1 的方向和它的轴向伸缩系数 p，也随着投射方向 S 的变化而变化当，$p=1$ 时，形成侧面斜等测，当 $p\neq1$ 时，形成侧面斜二测。下面将分别进行介绍。

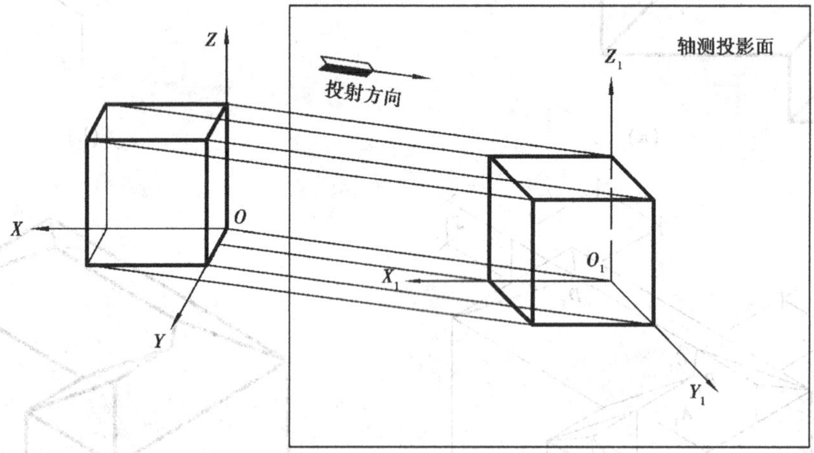

图 8.17　斜二测的形成

8.3.2　常用几种斜轴测投影

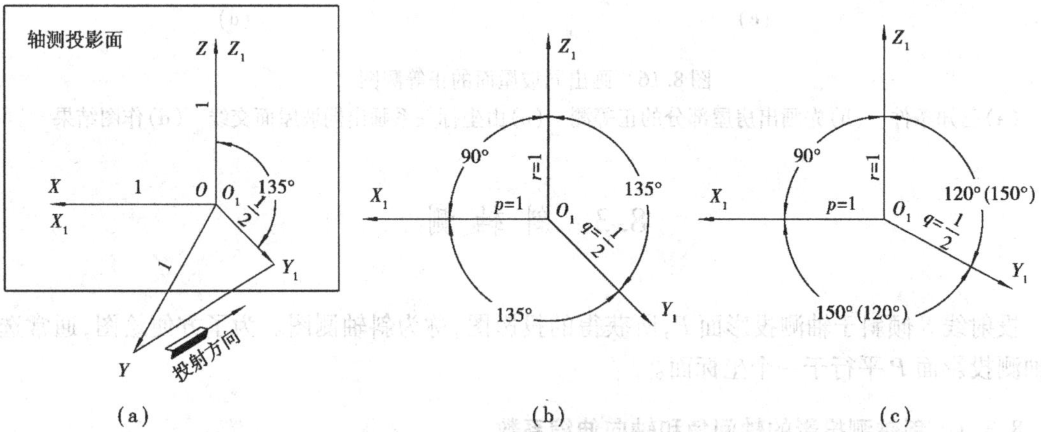

图 8.18　正面斜二测的轴测轴和轴向伸缩系数

(a)轴测轴的形成　(b)轴间角和各轴向伸缩系数　(c)轴间角和各轴向伸缩系数

1. 正面斜二测

如图8.18所示，将坐标轴 OX、OZ 放在轴测投影面上，OZ 轴竖直放置。这时，轴测轴 O_1X_1 和 O_1Z_1 分别与坐标轴垂合。通过轴测圆点 O_1 也是坐标原点 O，在轴测投影面上作与 O_1X_1 成45°(也可成30°、60°，通常选取45°)夹角的直线，并在其上取 OY 坐标轴的一半长度，以此作为轴测轴 O_1Y_1，用 YY_1 作为投射方向 S。图8.18(b)表示了这种正面斜二测的轴间角和各轴向伸缩系数，$\angle X_1O_1Z_1=90°$，$\angle X_1O_1Y_1=\angle Z_1O_1Y_1=135°$；$p=r=1$、$q=1/2$。也有采用图8.16(c)所示 Y_1 轴方向的形式。

例8.9 画出图8.19(a)所示物体的轴测图。

解：(1)分析：物体只在正投影中反映出较复杂的形状，且右侧有缺口，因此选用正面斜二测。

(2)作图：

①确定轴测轴，如图8.19(b)所示，选择这种 Y_1 方向为的是能表示出右侧缺口。由于 $p=r=1/2$，根据物体的 V 面投影，画出正面的轴测投影；

②由于 $q=1/2$，将 H 面投影中的宽(y 值)，减半画出，得主体的正面斜二测图，如图8.19(c)；

③再将 H 面投影中的 y_1、y_2 值，减半画出缺口的轴测投影，如图8.19(d)；

④在检查无误后，擦去多余图线，加粗可见图线，即获得该物体的轴测图，如图8.19(e)。

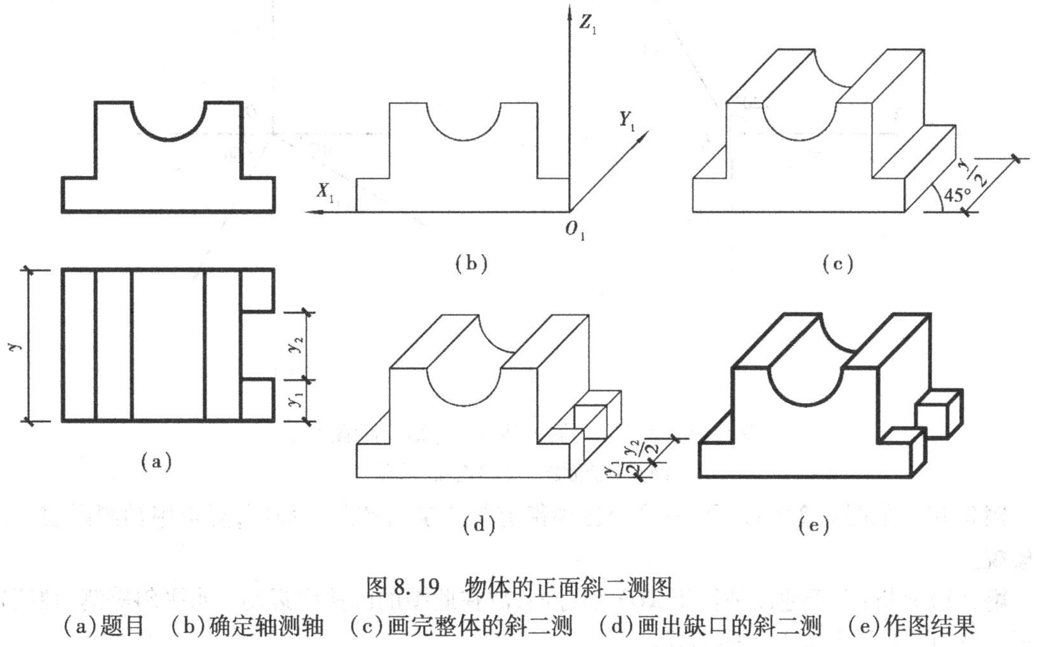

图8.19 物体的正面斜二测图

(a)题目 (b)确定轴测轴 (c)画完整体的斜二测 (d)画出缺口的斜二测 (e)作图结果

2. 侧面斜二测

侧面斜二测的形成原理与正面斜二测相同。此时，轴测投影面平行于 YOZ 坐标面，轴测轴 O_1Y_1 水平放置，O_1Z_1 竖直放置($O_1Y_1\perp O_1Z_1$)，它们的轴向伸缩系数 $q=r=1$，$p\neq1$(常取 $p=1/2$)，轴间角 $\angle X_1O_1Y_1=90°$，$\angle Z_1O_1X_1=\angle X_1O_1Y_1=135°$。如图8.20所示，表示一个 L 型构件的侧面斜二测。

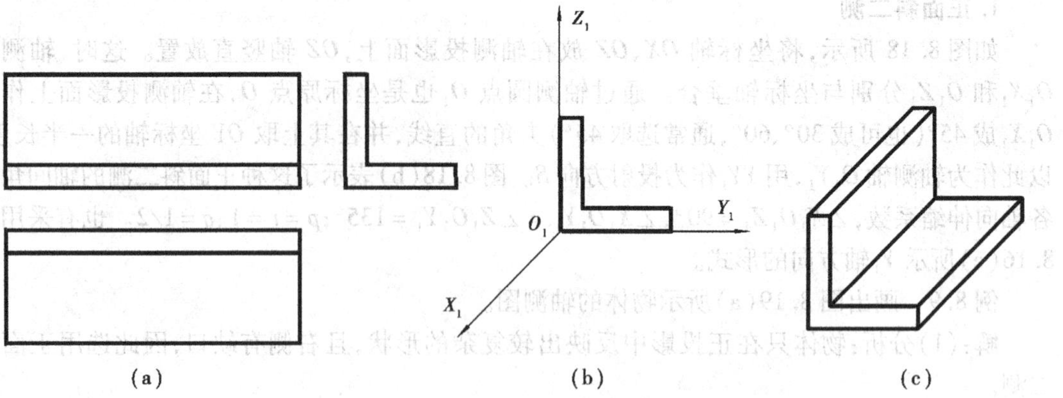

图 8.20　*L* 型构件的侧面斜二测

(a)题目　(b)确定轴测轴及画出侧面　(c)作图结果

3. 水平斜等测

水平斜等测的轴测投影面平行于 *XOY* 坐标面，O_1X_1 轴垂直于 O_1Y_1 轴。通常画成图 8.21 的形式，它们的轴向伸缩系数 $p = q = r = 1$。这种轴测图通常用来表示一个小区的概貌。

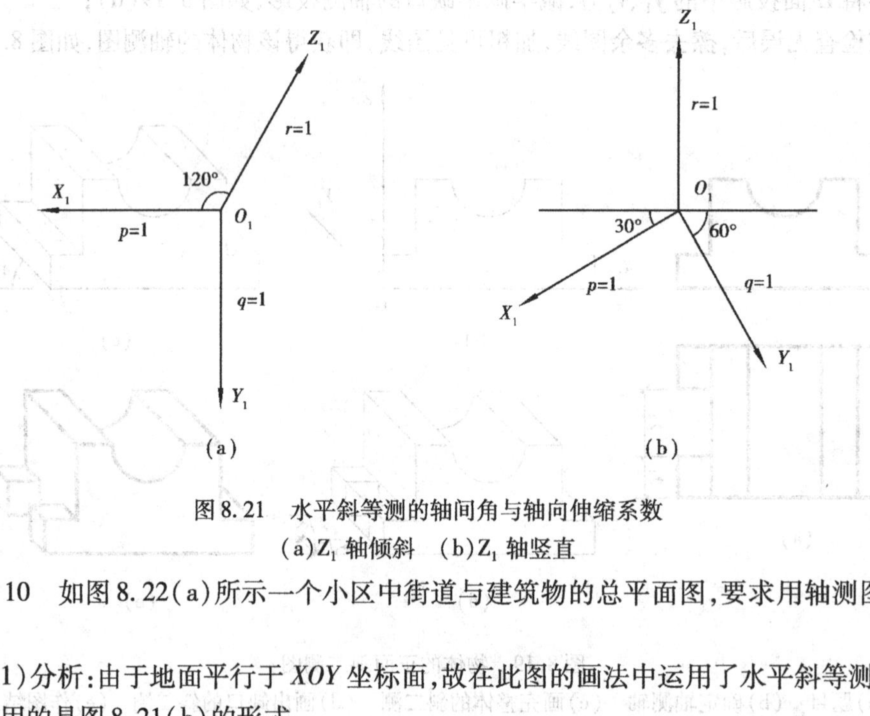

图 8.21　水平斜等测的轴间角与轴向伸缩系数

(a)Z_1 轴倾斜　(b)Z_1 轴竖直

例 8.10　如图 8.22(a)所示一个小区中街道与建筑物的总平面图，要求用轴测图表示小区概貌。

解：(1)分析：由于地面平行于 *XOY* 坐标面，故在此图的画法中运用了水平斜等测，轴测轴的画法采用的是图 8.21(b)的形式。

(2)作图：之所以选择这种 Z_1 方向，为的是所表达出的建筑物是竖直向上的。

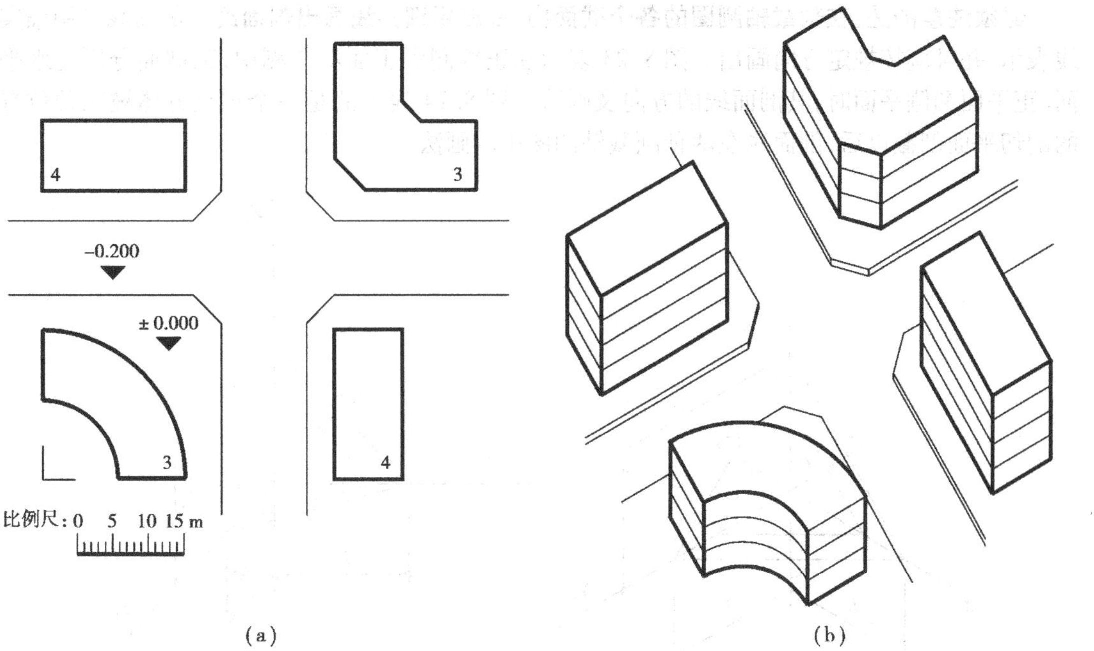

图8.22　小区街道的水平斜轴测图
(a)总平面图　(b)水平斜轴测图

8.4　剖截轴测图

在轴测图中，为了表达物体的内部形状，常假设用投影面的平行面来剖截物体，移去剖截平面与观察者之间的部分，将剩余部分物体画出的轴测图，称为剖截轴测图。剖截平面的位置、数量按需要而定。

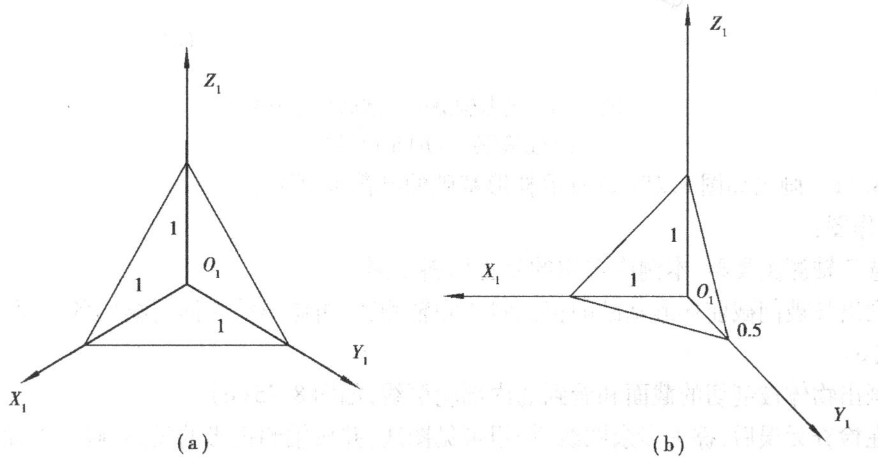

图8.23　剖切轴测图中剖面线的方向
(a)正等测　(b)正面斜二测

必须注意的是:在剖截轴测图的各个截面内,都应用细实线画出剖面线。剖面线是用细实线表示,并且应按规定方向画出。图 8.23 表示在正等测和正面斜二测中,剖截面分别是水平面、正平面和侧平面时,其剖面线的方向及画法。图 8.24 表示的是一个正立方体被三种位置的剖切平面剖截以后,剖面线在两种剖截轴测图中的画法。

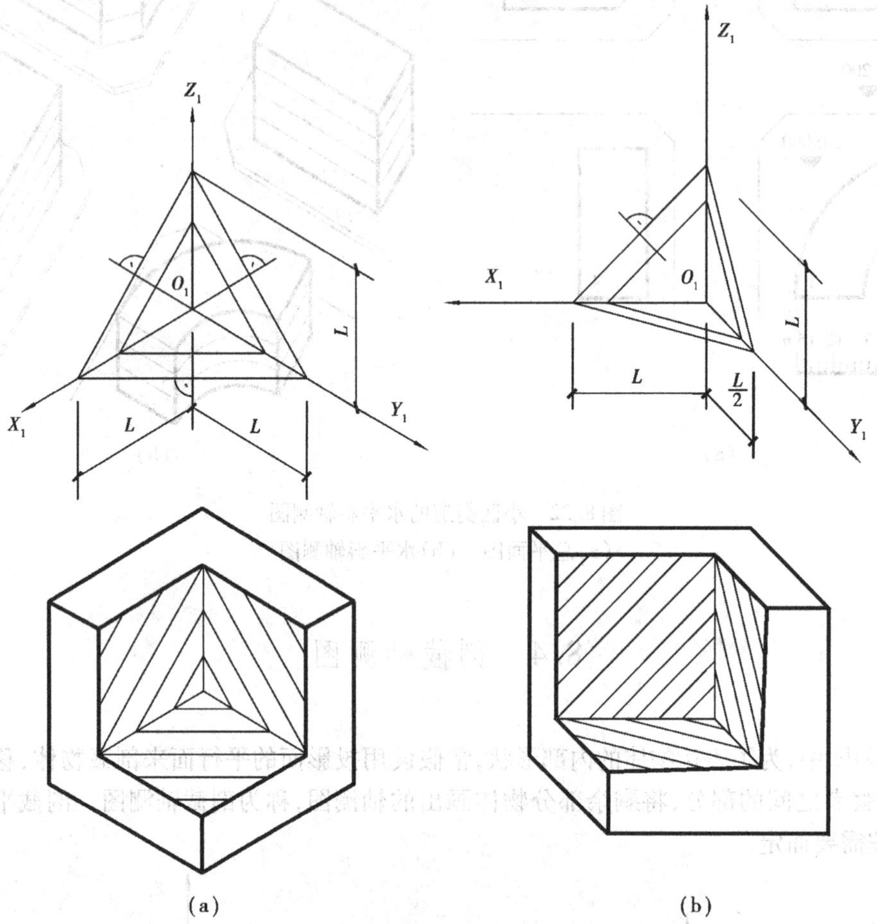

图 8.24 剖截轴测图中剖面线的画法
(a)正等测 (b)正面斜二测

例 8.11 画出如图 8.25(a)所示杯形基础的剖截轴测图。

解:作图:

①选定轴测图类型:本例中选用的是正面斜二测;

②画出没被剖截前杯形基础的正面斜二测轴测图,再画出截切面与物体各表面的交线,如图 8.25(b);

③画出物体被剖切的截面和看到的内部轮廓线,如图 8.25(c);

④在检查无误后,擦去多余图线,加粗可见图线,并按轴测投影的类型,画上剖面线。

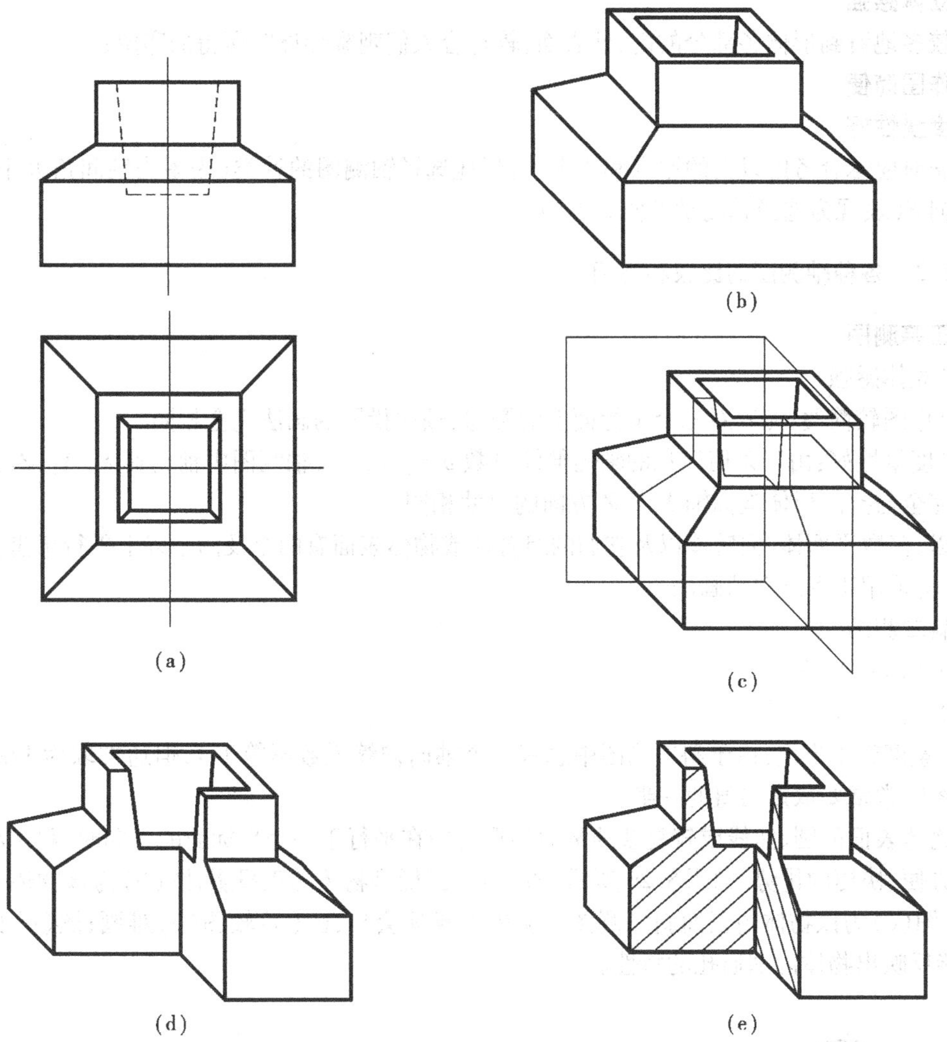

图8.25　杯形基础剖切后的正面斜二测

(a)杯形基础的正投影图　(b)选定轴测投影的类型(正面斜二测)　(c)用平面剖切物体　(d)画出物体被剖切的截面和看到的轮廓线　(e)加强截面轮廓线,按轴测投影的类型画上剖面线

8.5　轴测图的选择

8.5.1　测图的选择原则

画轴测图时,同一形体可选不同种类的轴测图,如正等测、斜等测、斜二测等。每种轴测图又可选不同的投射方向 S 来表达。其选择原则是:根据形体特征,考虑轴测图以下的三点要求:

1. 立体感强

能较多地看到形体各部分的内、外表面，较符合人们观察形体时所得的印象；

2. 作图简便

3. 度量性好

画图时应综合考虑以上的原则和要求，恰当地选择轴测图的种类(表现为轴间角大小)和投射方向 S(表现为选择轴测轴的倾斜方向)。

8.5.2 各种轴测图的比较和运用

1. 正等测图

(1)立体感强

(2)作图较简便：尤其对三个坐标面上的圆，其轴测投影的画法完全相同。

(3)度量性好：由于采用简化的轴向伸缩系数 $p=q=r=1$，轴测图中轴测轴 X_1、Y_1、Z_1 方向的尺寸完全与空间形体坐标轴 X、Y、Z 方向的尺寸相同。

所以，多数平面体，回转体以及它们的组合体或物体表面有两个及两个以上平行于坐标面的圆时，均采用正等测图的画法。

2. 斜二测图

(1)立体感较好

(2)作图简便

(3)量度较不方便：由于斜二测图中总有一个轴向伸缩系数不等于1，但通常取为1/2，所以在画图时常常要取量出值的一半。

当物体表面的圆、曲线或较复杂的平面图形集中在平行于一个坐标面的方向时，斜二测图有作图方便、快捷的优势，如图8.26所示，图(a)为圆桶型物体的正投影，图(b)为该物体的正等测图，图(c)为该物体的正面斜二测图。从中不难体会出：图(b)较图(c)难画；图(c)比图(b)更能反映出物体内部通孔的特性。

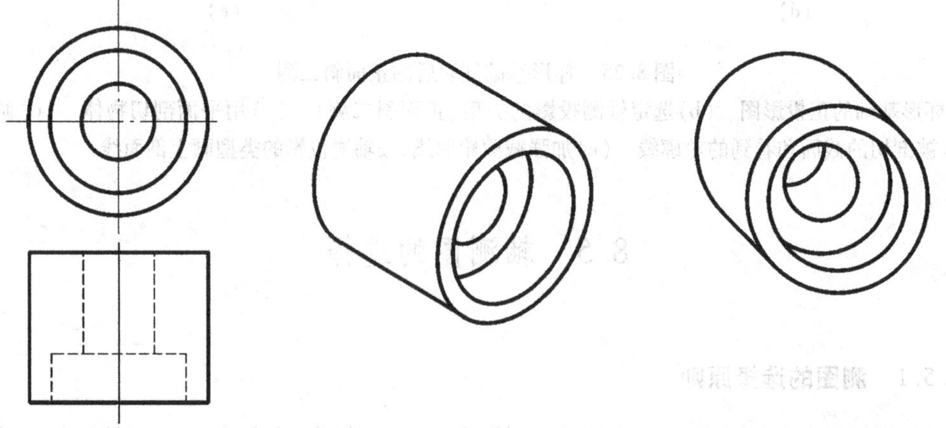

(a)　　(b)　　(c)

图8.26　要反映物体的特征

(a)正投影图　(b)正等测图　(c)正面斜二测图

3. 斜等测图

(1)立体感稍差:垂直于轴测投影面 P 方向的尺寸有变长的感觉,如图 8.27 所示。

(2)作图方便;

(3)量度性好:轴向伸缩系数 $p=q=r=1$

这种轴测图常运用于水、电、气等管线布置图以及小区规划图。

8.5.3　轴测图中观察方向的选择及注意事项

1. 观察方向(轴测投射方向 S)的选择

观察方向对于表达物体的形状,显示物体的特征具有十分重要的作用。如图 8.27 所示物体(雨篷)的轴测图,图(a)及图(b)均是用正等测投影画出的,但由于图(b)选择仰视的效果,就比图(a)选择俯视的效果要好。图 8.28 表示台阶的正等测,图(a)为从左前方向后看,图(b)为从右前方向后看,不难看出,图(a)比图(b)的效果要好。

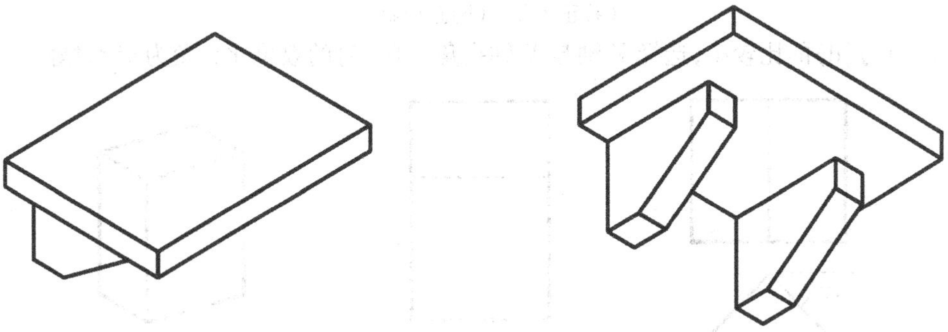

(a)　　(b)

图 8.27　雨篷仰视与俯视方向的比较

(a)俯视　(b)仰视

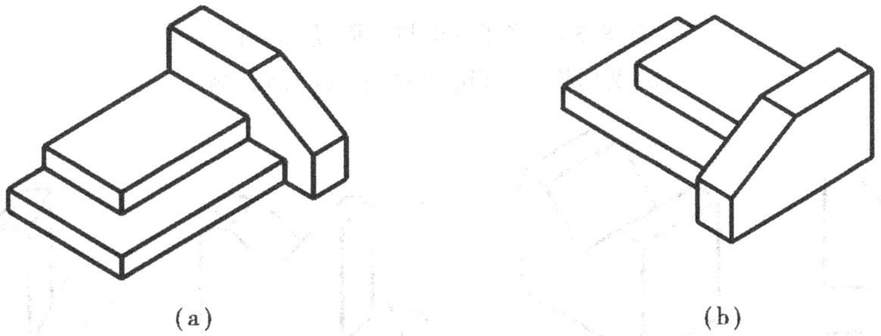

(a)　　(b)

图 8.28　台阶用不同方向画轴测图的比较

2. 应注意的问题

①要避免轴测图中两条棱线的投影形成一直线,如图 8.29 所示,图(a)为物体的正等测,图(b)为物体的正面斜二测,在正等测图中上面四棱柱棱线与中间四棱锥台棱线的轴测投影就形成了一条直线,而在正面斜二测图中就避免了这种现象的出现。

②当物体表面有与 V 面(或 H 面)成45°的铅垂面(或正垂面)时,不宜采用正等测图的画法来表达。如图 8.30 及图 8.31 中所表示出的:图(a)均是正投影图,图(b)均是正等测投影图,图(c)均是正面斜二测投影图。从效果上看正面斜二测图比正等测图效果要好,其中,在

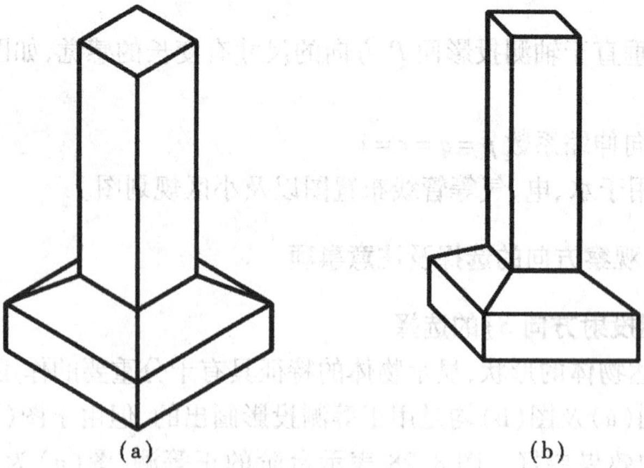

图 8.29　避免两条棱线的轴测投影成一条直线
(a)正等测　(b)正面斜二测

图 8.31(c)与(d)的比较中,选择 Y_1 轴与 X_1 轴夹角为 60°时的效果比夹角为 45°时好。

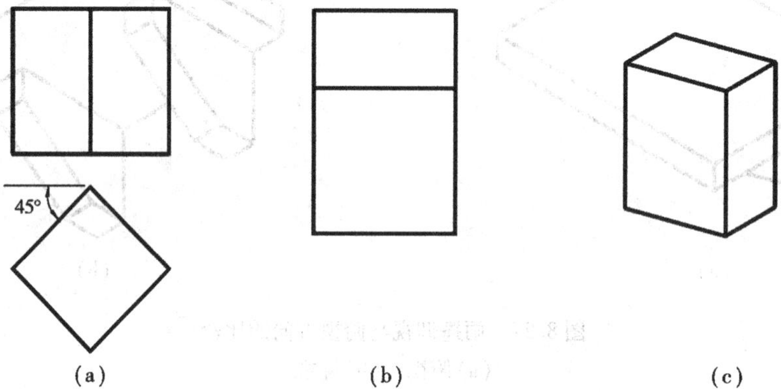

图 8.30　当铅垂面与 V 面成 45°时
(a)两面投影　(b)正等测　(c)斜二测

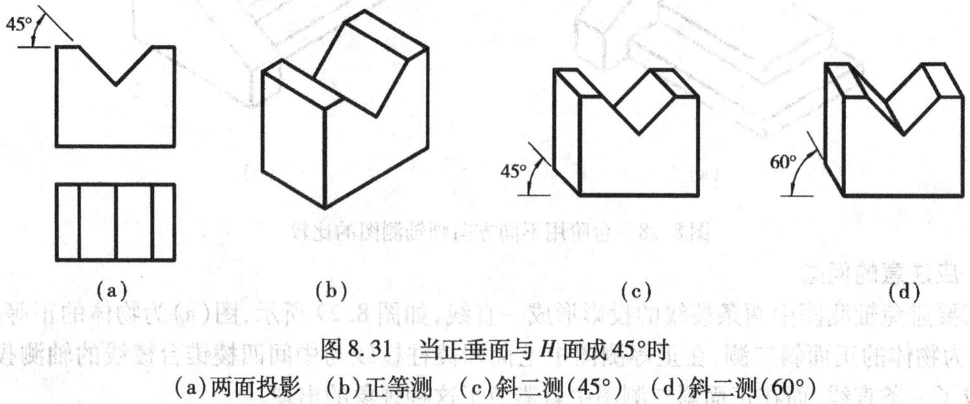

图 8.31　当正垂面与 H 面成 45°时
(a)两面投影　(b)正等测　(c)斜二测(45°)　(d)斜二测(60°)

复习思考题

1. 什么是轴测投影？如何分类？
2. 什么是轴间角？轴向伸缩系数？
3. 正等测的轴间角，轴向伸缩系数是多少？
4. 斜轴测的轴间角，轴向伸缩系数是多少？
5. 平行于坐标面的圆的正等测投影是椭圆，它的长轴方向怎样确定？
6. 试述正等测、斜轴测的应用范围。
7. 如何选择轴测图的种类和投影方向？

第 9 章 展开图

把围成立体的表面依次毫无皱褶地摊平在一个平面上,称为立体的表面展开。如图 9.1 所示。立体表面展开后所得的平面图形称作展开图。画立体的表面展开图,就是按立体表面的实际形状和大小依次毗连地画在同一个平面上,其实质是求作立体表面的实形。

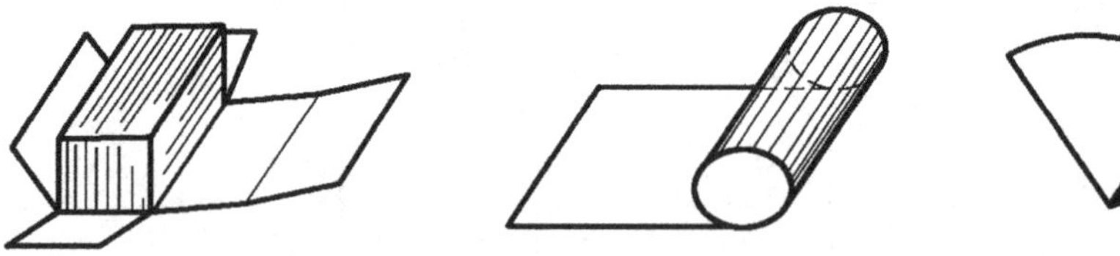

图 9.1 立体的表面展开

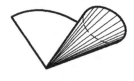

围成立体的表面不是平面即为曲面,平表面的实形较易求出,而曲表面则有可展曲面和不可展曲面之分,凡在理论上能够完全准确地展开成平面图形的曲面称为可展曲面。以曲线为母线的曲面和相邻两素线互相交叉的直纹曲面都是不可展曲面;而相邻两素线互相平行、相交的直纹曲面则为可展曲面。

立体表面展开后,必有一个接口,也叫撕开线,其位置选择应按照节约材料、容易加工、便于安装等原则。本章不述及有关手册中可查阅的接口形式、板材厚度及咬口余量等。为突出立体表面展开这个重点,本章涉及水管、弯管、管接头、等空心管的问题,投影图中均未画出管内壁虚线。

9.1 平面立体的表面展开

平面立体无论是棱锥、棱柱还是棱台,其表面都是多边形。因此,画平面立体表面的展开图可归结为求作围成平面立体表面的所有多边形的实形,然后将它们按相关棱线画在一起,依次摊平在一个平面上,即得平面立体表面的展开图。习惯上一般将展开图外轮廓和制作时需断开的轮廓线画成粗实线,图形内的相关棱线画成中实线,曲面素线及作图线画细线。

例 9.1 求作截头三棱锥 *S-ABC* 的表面展开图(图 9.2(a))

解:(1)分析:假如三棱锥未被切割,只要把该三棱锥的各个棱面(四个三角形)的实形依

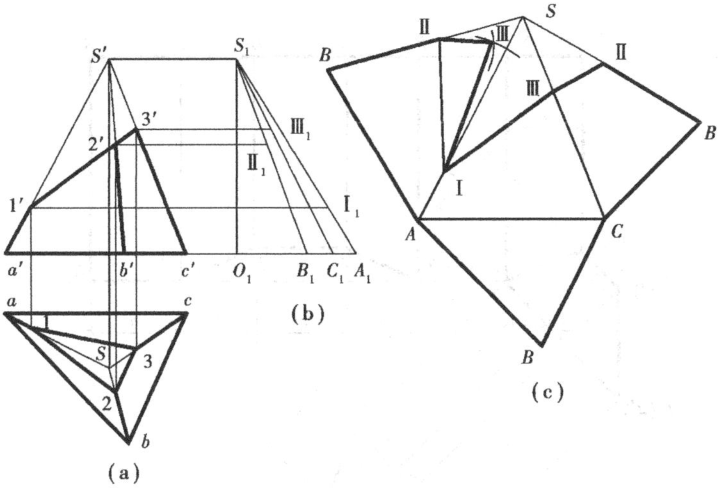

图9.2 截头三棱锥的表面展开

(a)三棱锥投影图 (b)用直角三角形法求实长 (c)展开图

次画在同一平面上，其展开图即得。分析三棱锥投影图可知，锥底△*ABC* 平行于 *H* 面，其 *H* 面投影反映实形。而三侧棱均为一般位置线，所以只要求出各侧棱的实长，就可以作出三个侧面的实形，再与锥底连接起来即为此三棱锥未被切割时的表面展开图。确定截面三角形各边在展开图上的位置，截头三棱锥 *S-ABC* 的表面展开图为所求。

(2)作图：先用直角三角形法，求各侧棱的实长。因为三条侧棱两个端点高度差均等于锥高，故此锥高为三个实长三角形共同的一条直角边，如图 9.2(b)所示。再运用已知三边作三角形的几何作图方法，作出锥底△*ABC* = △*abc*，然后，分别以 *A*、*C* 为圆心，以 *SA*、*SC* 的实长为半径作弧，相交于 *S*，连 *SA*、*SC*，就得到侧面△*SAC* 的实形。又分别以 *SA*、*SC* 为边作出△*SAB* 和△*SBC*，这样依次摊平在一个平面上的四个三角形，即为未被切割的三棱锥 *S-ABC* 的表面展开图，见图 9.2(c)。切割后的截头三棱锥不过是用一截平面切割三棱锥，可以根据定比关系求得截交线(ⅠⅡ、ⅡⅢ、ⅠⅢ)在展开图中的位置，如图 9.2(b)、(c)所示。

例 9.2 作出图 9.3(a)所示的两节雨水管的展开图。

解：(1)分析：由其投影图可知立管和斜管均为截头棱柱，棱柱的侧面都是四边形，只要求出这些四边形的实形，并依次画在同一个平面上，即得棱柱侧面的展开图。其作图常采用滚翻法(即侧滚法)，即将棱柱的任一侧棱面置于一平面上，顺序绕各侧棱将相应侧面向同一侧滚翻，每滚翻一次，就在该平面上得出一个侧棱面的实形，将棱柱滚翻一周，连续得出各个侧棱面的实形，在此平面上即得棱柱侧面的展开图。

从图 9.3(a)可知，立管和斜管都是法截面(与柱棱垂直的面)的形状、大小相等的四棱柱，均可用滚翻法分别展开。

(2)作图：

①立管表面的展开 立管的上口为矩形，并垂直于立管(棱柱)的侧棱，所以上口矩形即为立管(棱柱)的法断面，即法断面与立管表面的截交线。首先用滚翻法展开此法断面的周边，即一条垂直于各侧棱的直线段，属于该直线段的 *A*、*B*、*C*、*D*、*A* 诸点为法断面矩形顶点，即各侧棱与法断面的交点。

过 *A*、*B*、*C*、*D*、*A* 各点，依次截取相应侧棱的实长。由于各侧棱平行于 *V* 面。它们的长度

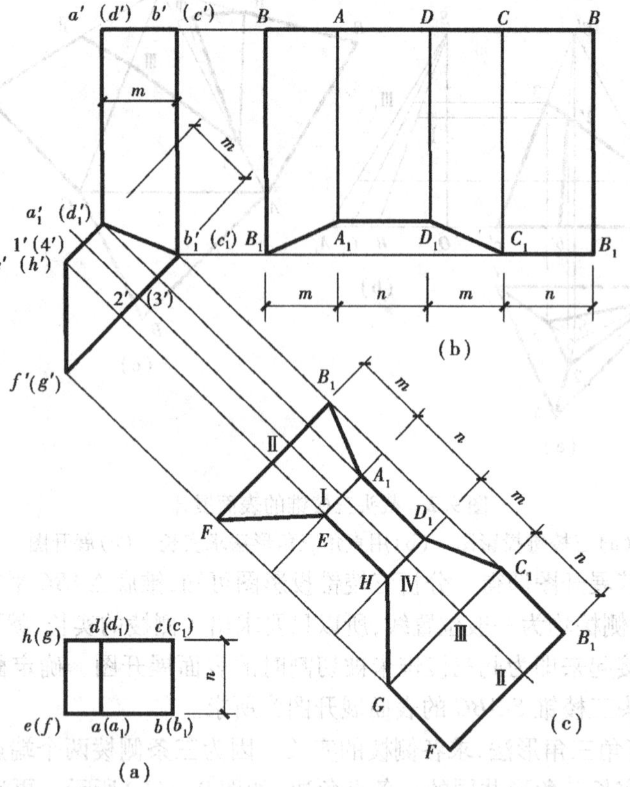

图9.3　雨水管的展开(一)

(a)投影图　(b)立管的展开　(c)斜管的展开

可从立管的 V 面投影直接量取。也可将各侧棱的实长，直接从 V 面投影平移到展开图上，如图9.3(b)所示。

顺次连接各侧棱下端点 A、B、C、D、A，完成立管表面的展开图。

②斜管的展开　在斜管中间的任意位置作一垂直于侧棱的辅助截平面，即获斜管的法断面，则该法断面与斜管上、下口分别构成的两段，与前述的立管情况相同。将该法断面的周边展开为与斜管侧棱垂直的直线段，在此断面展开线的两侧，像前述展开立管一样，如图9.3(c)所示，即得斜管的展开图。

上面分别作出两管的展开图，图形布置零乱，下料时板材耗费也较大。

由于立、斜两管法断面相等，并且法断面是中心对称图形，所以可将下方斜管扳直成竖直位置，再使竖直的下管旋转180°即左右换位，与上方立管连接成一根直管，如图9.4(a)、(b)所示。这样又与前述的立管表面展开情况一样，用滚翻法将其表面及属于表面的两管连线一次展开，即得两节雨水管的展开图，如图9.4(c)所示。这种方法叫做转身法，它的适用条件是相连二者的法断面必须要相等，而且法断面必须是中心对称图形。

前面述及的侧面三角形、四边形皆是可以直接作出其实形的，但是有时围成平面立体表面的多边形却不能直接作出其实形，通常需要将多边形划分成几个三角形，找出或求出各边的实长，运用已知三边作三角形的方法逐一作出，从而画出侧面多边形的实形。

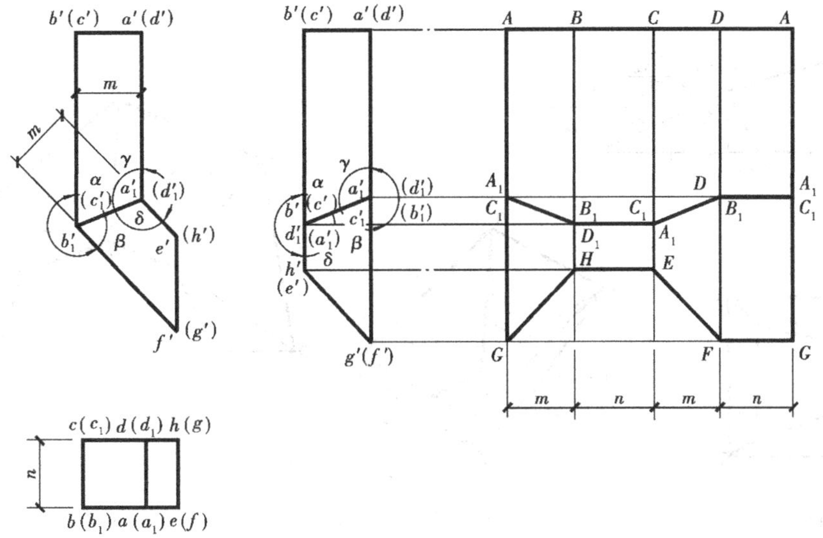

(a) (b) (c)

图 9.4 雨水管的展开(二)

(a)投影图 (b)用转身法转为直管 (c)展开图

例 9.3 作出图 9.5(a)所示水斗侧面的展开图。

解:(1)分析:由图 9.5(a)可知水斗为前后对称形体,其左右侧面是垂直于 V 面的等腰梯形,V 投影四边形的左右两边分别是左、右侧面等腰梯形高的实长。前后两侧面是垂直于 W 面的两个相等的四边形,两上口前后边线是相互平行的正平线,其 V 投影反映实长;下口前后边线是水平线,其 H 投影反映实长。各侧棱皆为一般线,投影图不反映实长。斗上口四边在同一正垂面上,左右两边是正垂线,其 H 投影反映实长。下口四边在同一水平面上,其 H 投影反映实形。若选右侧最短棱线 BF 或 CG 为撕开线,则只需要求出 BF 或 CG 和相等的前后两侧面四边形任一对角线如 BE 或 CH 的实长。图 9.5(b)为水斗的立体示意图。

(2)作图:先用直角三角形法求出侧棱 CG 及对角线 CH 的实长,如图 9.5(a)所示。然后作上下底分别等于 eh、ad,高为 $a'e'$ 的等腰梯形 $ADHE$,即左侧面等腰梯形的实形。继而分别以其两腰 AE 和 $DH(AE=DH)$、$a'b'$ 和 $c'd'(a'b'=c'd')$、CH 和 $BE(BE=CH)$ 为边,作出△ABE 和△CDH。随后分别以 BE 和 CH、CG 和 $BF(BF=CG)$、ef 和 $hg(ef=hg)$ 为边,作出△BEF 和△CHG。再以 CG 为直径画半圆弧,又以 G 为圆心,$b'f'$ 为半径画圆弧,交半圆弧于 K,连接 CK 并延长,截取 $CB=cb$;过 G 作 $GF/\!/CB$,且 $GF=gf$。最后连接 FB,完成全图,即得该雨水斗以最短的棱 BF(或 CG)为接口的侧面展开图,如图 9.5(c)所示。

综上所述,作立体表面展开图时,首先要进行分析,对投影图所表达的立体表面及其棱线逐一分析,确定投影图中能反映的实长、实形,尽量利用几何作图,只求作必须的实长。然后作图,从作必须的实长开始,利用图中反映的相应实长、实形,运用几何作图的方法,完成展开图。

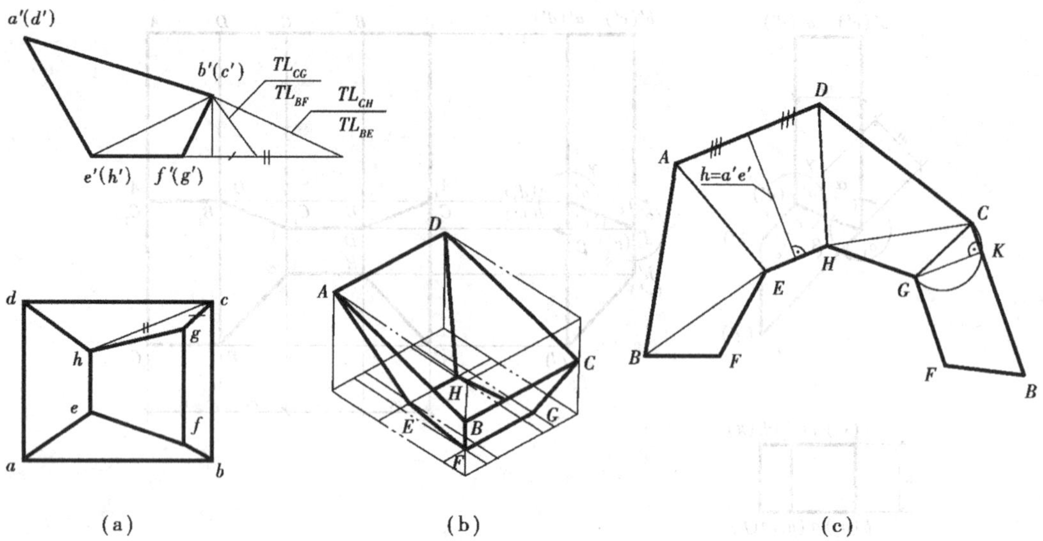

图 9.5 水斗侧面的展开
(a)投影图 (b)立体图 (c)展开图

9.2 曲面立体的表面展开

如前所述,曲面分直线曲面和曲线曲面。在直线曲面中,只有曲面上相邻二素线相交或平行,即相邻二素线属于同一平面的直线曲面才可以展开。因为可将相邻二素线间所夹的很小一部分曲面当作平面,整个曲面便可看成是由无限多个这种小平面所组成。故柱面、锥面等都是可展直线曲面。而扭面,例如柱状面、锥状面等,由于相邻二素线相互交叉不属于同一平面,则为不可展直线曲面。所有曲线曲面,如球面、环面等,都是不可展曲面。

对于曲线曲面及扭面,在理论上是不能展开的。但是生产实际的需要,也经常需要画出它们的展开图,为此常采用近似展开的方法作图。即将不可展曲面分成若干较小部分,使每一部分的形状接近于某一可展曲面,如柱面或锥面(同一曲面可有几种不同的分法),然后按可展曲面展开的方法,分别画出每一部分的展开图,从而完成整个不可展曲面的近似展开。

本节讲述常用的可展曲面的展开,不可展曲面中只介绍球面和环面的近似展开。

9.2.1 可展曲面的展开

1. 圆柱面的展开

圆柱可以看成是具有无穷多棱线的棱柱。因此,圆柱面的展开,实质上与棱柱侧面的展开相同。对于正圆柱来说,其圆柱面的展开图是矩形,其宽度等于圆柱的高(H),长度为底圆周长 $2\pi R$(R 为圆柱半径)。

例 9.4 作出图 9.6(a)所示截头正圆柱的圆柱面展开图。

解:(1)分析:圆柱面的展开图是矩形,对于截头圆柱的圆柱面展开,应定出截交线在展开图的位置。

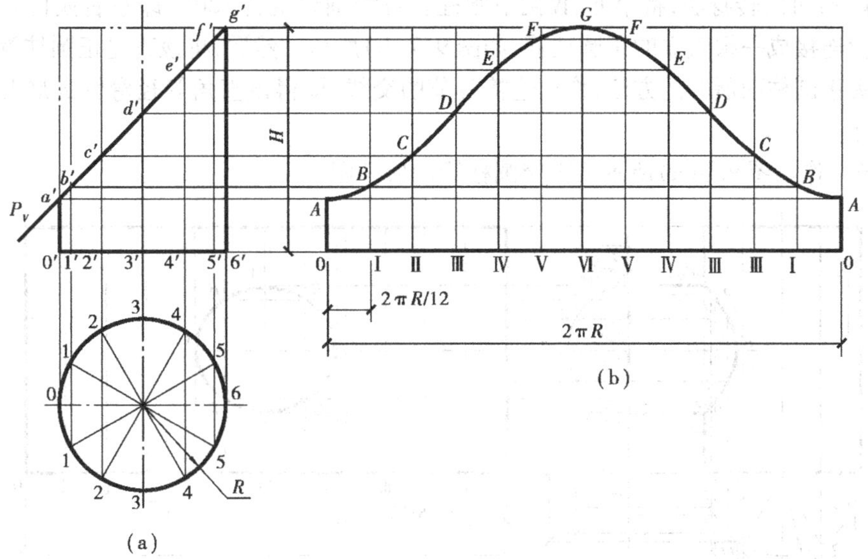

图9.6 截头正圆柱的圆柱面展开

(a)投影图 (b)展开图

(2)作图:把该正圆柱面分成若干个等分(习惯分为十二等分),并在展开图上依次截取被截平面截取所余素线的实长,得 A、B、C、…等点,光滑地连接起来,即得该截头正圆柱面的展开图,如图 9.6(b)所示。

例 9.5 作出图 9.7(a)所示等径直角弯管的展开图。

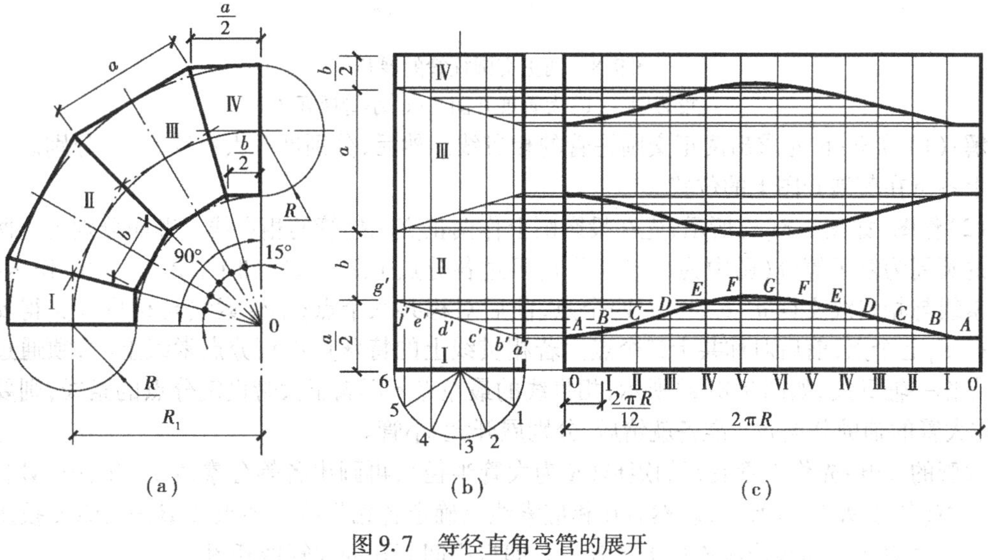

图9.7 等径直角弯管的展开

(a)投影图 (b)用转身法接成直立正圆柱 (c)展开图

解:(1)分析:等径圆柱弯管俗称"虾米弯",它由几节等径的圆柱管连接而成。图 9.7(a)所示"虾米弯"由四节等径圆柱管组成,用来连接与之等径的两正交圆柱管,该弯管各节圆柱管斜口与该圆柱法断面的倾斜角度相同,相邻两接管法断面相等且为中心对称图形,满足前述的转身法条件。

(2)作图:可用转身法,将第Ⅱ、Ⅳ两节圆柱管绕管轴线旋转180°(即左右换位),与Ⅰ、Ⅲ两节圆柱管连接成一根直立的正圆柱管,如图9.7(b)所示。然后,将该直立正圆柱管展开,再按上述截头正圆柱面展开的方法,作出连接各节的交线,即得该直角等径弯管的展开图,如图9.7(c)所示。

例9.6 作出图9.8(a)所示两正交圆柱管的展开图。

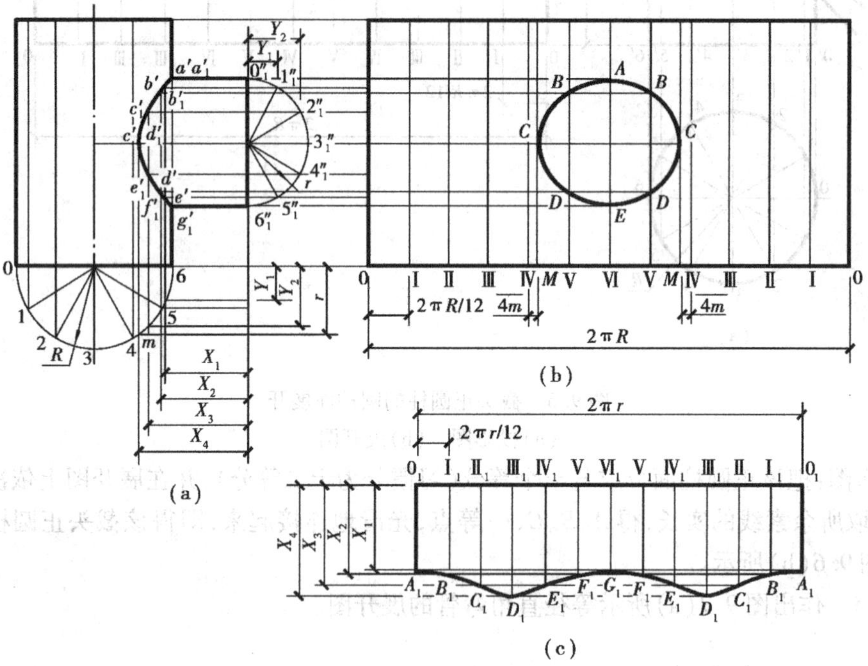

图9.8 两正交圆柱管的展开

(a)投影图 (b)大管展开图 (c)小管展开图

解:(1)分析:首先求出两正交圆柱管的相贯线。然后,分别展开大小管,并且分别确定相贯线上各点在其展开图上的位置。

(2)作图:如图9.8(a)所示,先在投影图上作两正交圆柱管的相贯线。继而分别划分两管底圆的圆周为若干等分(图中为十二等分),再过各分点1、2、…、6、和$1'_1$、$2'_1$、…、$6'_1$作素线。大管素线与相贯线交得a'、b'、…、e'四个点,前后对称共八个点;小管素线与相贯线交得a'_1、b'_1、…、g'_1七个点,前后对称共十二个点。若相贯线上的特殊点不在分点素线上时,须通过该特殊点作一辅助线,如图9.8(a)所示,相贯线的最左点c'不属于大管设定分点的素线,则要过c'点作大管的辅助分点m。准备就绪后,分别展开大、小管。

大管的展开:先作大管展开的矩形(R为大管半径),再画出各等分素线Ⅰ、Ⅱ、…、Ⅵ和辅助素线M(如图9.8(b)所示)。然后在相应素线上确定各相贯线上各点A、B、…、G(V投影反映实长),并以光滑曲线依次连接上述各点。即得中间开孔的大管展开图。

小管的展开:先作小管展开的矩形(r为小管半径),再画出各等分素线$Ⅰ_1$、$Ⅱ_1$、…、$Ⅵ_1$(如图9.8(c)所示)。然后在相应素线上确定各相贯线上各点A_1、B_1、…、G_1(V投影反映实长),并以光滑曲线依次连接上述各点。即得小管的展开图。

2. 圆锥面的展开

与研究圆柱体表面展开一样,可视圆锥体为具有无数棱线的棱锥体。所以圆锥面展开和棱锥体侧面展开的作图相似，可把圆锥面划分成若干个小三角形，求其实形并将其实形依次摊平在同一平面上，获圆锥面的展开图。对于未被切割的正圆锥面展开，这些小三角形是等腰三角形，腰长皆等于圆锥素线实长；而若展开未被切割的斜圆锥面（法截面是椭圆），这些小三角形就不是等腰三角形，因为未被切割的斜圆锥面素线实长不相等。

例9.7 求作图9.9(a)所示截头正圆锥锥面的展开图。

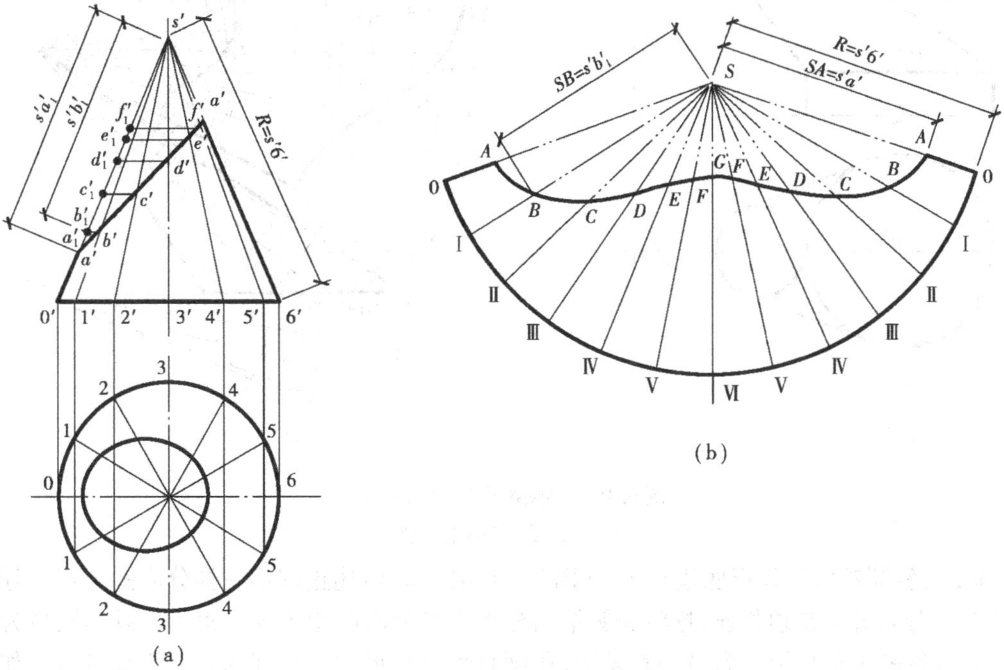

图9.9 截头正圆锥锥面的展开

(a)投影图 (b)展开图

解：(1)分析：未截头正圆锥锥面的展开图是以圆锥素线实长 L 为半径，圆锥底圆周长 πD（D 为底圆直径）为弧长或者说圆心角等于 $\theta\left(\theta=\dfrac{\pi D}{L}\right)$ 的扇形。正圆锥被一正垂面截头，利用定比求截余或截断的素线实长。在此展开的扇形上确定截交线各点并光滑连线。

(2)作图：首先在投影图上将圆锥底圆周分成若干等分（如前后各六等分，共十二等分），连锥顶与各分点0′、1′、2′、…、6′作锥素线。因为未被切割的正圆锥面左右轮廓线长等于其素线实长，故可用定比关系在左或右轮廓线上，求得一般位置素线截余或截断的素线实长，如图9.9(a)。然后在合适的位置画出正圆锥面展开的扇形，可用十二分之一弦长代替十二分之一弧长截取扇形的弧长。最后依各素线截余或截断的素线实长，在此展开的扇形对应素线上，确定截交线各点的位置，以光滑曲线连接各点，扇形下侧部分即为所求的展开图，见图9.9(b)。

例9.8 求作图9.10(a)所示斜圆锥台锥面的展开图。

斜圆锥台变形接头通常用来连接管轴不在同一直线上且管径不等的两圆管。

解：(1)分析：如前所述，斜圆锥面可以看作由若干个相邻而不相等的三角形依次拼接而成。斜圆锥台锥面的展开图无非是从大斜圆锥面的展开图中截去小斜圆锥面的展开图。

(2)作图：首先求素线实长。因图中斜圆锥面前后对称，H 投影只画出一半，为作图方便，

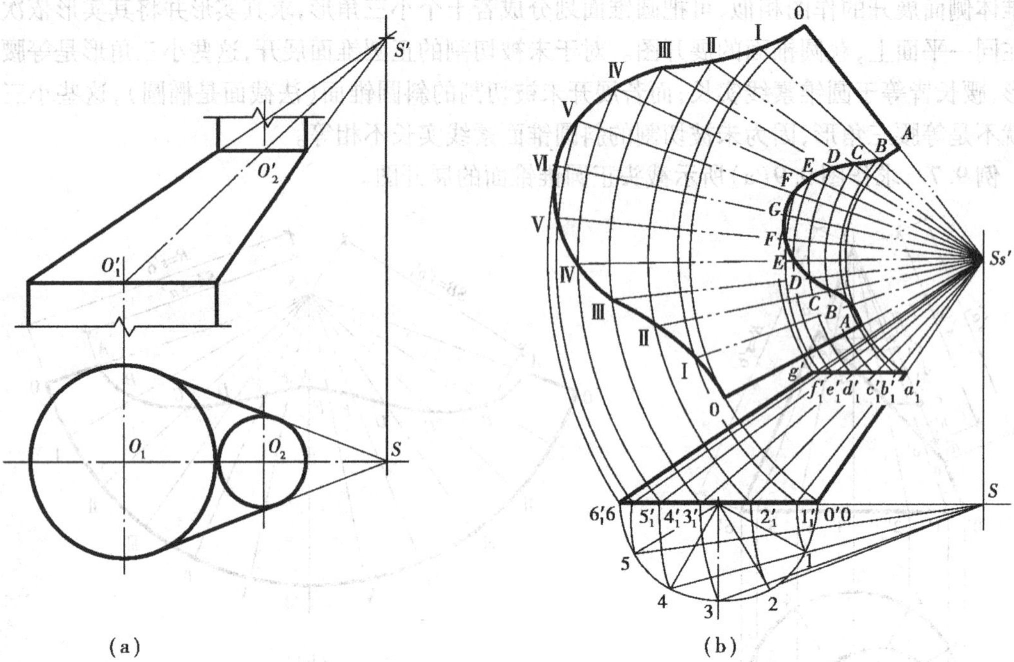

图 9.10　斜圆锥台锥面的展开
(a)投影图　(b)展开图

将其移至与斜圆锥面 V 投影底边相接,如图 9.10(b)。和前述正圆锥一样分底圆为若干等分(如十二等分),并与锥顶相连,遂将斜圆锥面分为十二个两两相等的三角形。以其锥高为公共直角边,各素线 H 投影长为另一直角边,所画直角三角形的斜边即为相应素线实长。如 $s'3'_1$ 是大斜圆锥面素线 SⅢ的实长,按定比关系,则 $s'd'_1$ 为属于小斜圆锥面相应的素线实长。然后利用对称依次定出十二个两两相等的三角形顶点。如图,过 s' 于合适位置画 SⅥ $= s'6'$($S \equiv s'$ 仅为作图简明),分别以Ⅵ、S 为圆心,以线段 5 6(以弦代弧)和 $s'5'_1$ 为半径,在 SⅥ两侧相交于Ⅴ、Ⅴ两点,用同样的方法作出大斜圆锥底圆的其他各点Ⅳ、Ⅲ、…、0,以光滑曲线顺序连接上述各点,即获大斜圆锥面的展开图。最后以 S 为圆心,分别以 $s'g'_1$、$s'f'_1$、…、$s'a'_1$ 的长度为半径画圆弧与大斜圆锥面展开图对应素线 SⅥ、SⅤ、…、$S0$ 相交于 G、F、…、A 各点,也以光滑曲线顺序连接诸点。则此二曲线之间图形就是大斜圆锥面的展开图截去小斜圆锥面的展开图,即为图 9.10所示斜圆锥台锥面展开图。

例 9.9　求作图 9.11(a)所示方接圆变形接头的展开图。

解:(1)分析:图 9.11(a)所示方接圆变形接头连接圆柱管或圆锥管和矩形管,其表面是由四个两两相等的等腰三角形和四个相等的部分倒斜圆锥面所组成,如图 9.11(b)。那么此变形接头的展开就是将上述四个等腰三角形和四个相等的部分倒斜圆锥面展开,依次相连并摊平在同一平面上。由投影图可知左右两相等的等腰三角形是正垂面,其 V 投影长为其高的实长,底边为正垂线,可直接作出其实形。由于所示管接头前后左右均对称,故只需要求作三条素线实长。接口选在较短的高 $0E$ 处。

(2)作图:首先分上管口为若干等分(如十二等分),作出四个部分倒斜圆锥面的素线。再用直角三角形法求出三条素线的实长。图 9.11(c)中,$o_1O = ao$、Ⅰ$o_1 = 1a$、Ⅱ$o_1 = 2a$,则 AO、

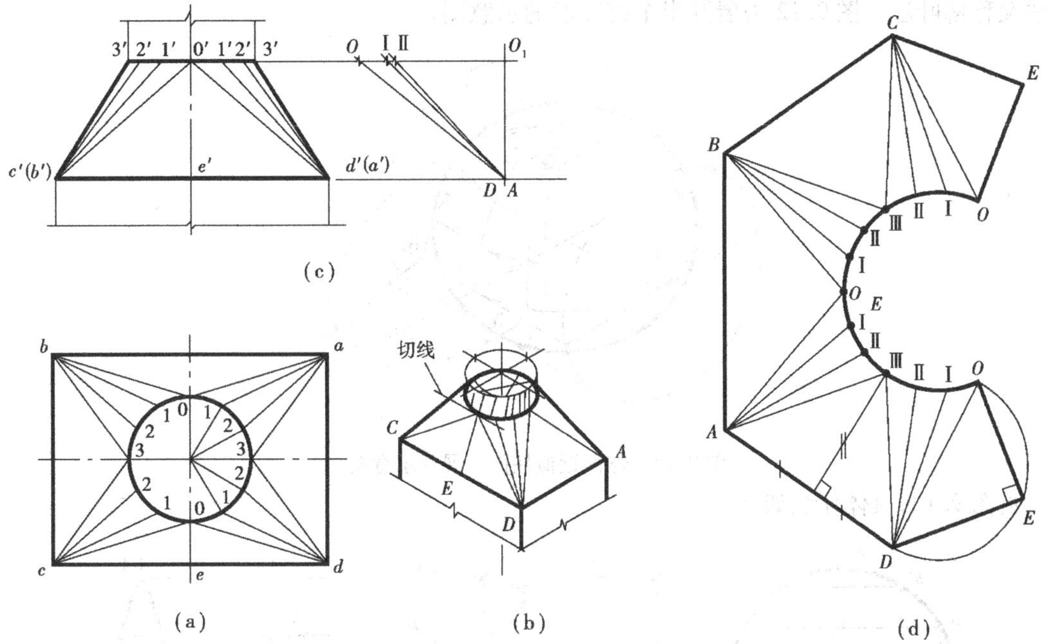

图9.11　方接圆变形接头的展开

(a)投影图　(b)立体图　(c)用直角三角形法求实长　(d)展开图

AⅠ、AⅡ即为图示倒斜圆锥面相应素线的实长。然后开始画展开图，见图9.11(d)。先以$AD=ad$为底，以$3'a'$为高作等腰三角形ⅢAD，再分别以A、D为圆心，以$A0$、AⅠ、AⅡ为半径画圆弧，随后以Ⅲ为圆心，分别在Ⅲ的两侧，用上管口十二分之一弧长为半径（弦代弧）与AⅡ为半径的圆弧相交于Ⅱ；又以Ⅱ为圆心，同样的弦长为半径与AⅠ为半径的圆弧相交于Ⅰ；再以Ⅰ为圆心，同样的弦长为半径与AO为半径的圆弧相交于O。以DO为直径画半圆弧，以D为圆心，de长度为半径，交该半圆弧于E，即作出直角三角形$0ED$。又以AO为腰，以$AB=ab$为底画等腰三角形ABO。用同样的方法依次定出属于倒斜圆锥面上点、等腰三角形BCⅢ、再定属于倒斜圆锥面上点和直角三角形OEC，最后以光滑曲线连接上述各点，完成展开图。

由此可见，前述斜圆锥台锥面展开也可以S为圆心，各素线实长为半径画圆弧，先把这些圆弧都画出来，然后用底圆十二分之一弧长为半径（弦代弧）依次截交各圆弧即得斜圆锥台底圆展开线上各点。

9.2.2　不可展曲面的近似展开

如前所述，曲线曲面如球面、环面、螺旋面等均属不可展曲面，画不可展开曲面的展开图，只能采用近似展开的方法。通常将不可展曲面分为若干接近于某一可展曲面的小部分，如柱面或锥面，把每一部分视为可展曲面，作出其展开图。

1. 圆球面的展开

球面可用近似柱面法和近似锥面法展开，也可将二者结合起来使用。

(1)近似柱面法

过铅垂轴用一系列铅垂面把圆球切割为若干等分，这每一等分圆球的表面可近似地当作圆柱面摊平在一个平面上，均呈柳叶状，将这些柳叶连接起来，即得球面的近似展开图，所以此方法又称柳叶法。图 9.12 为展开半个柳叶面的示意图。

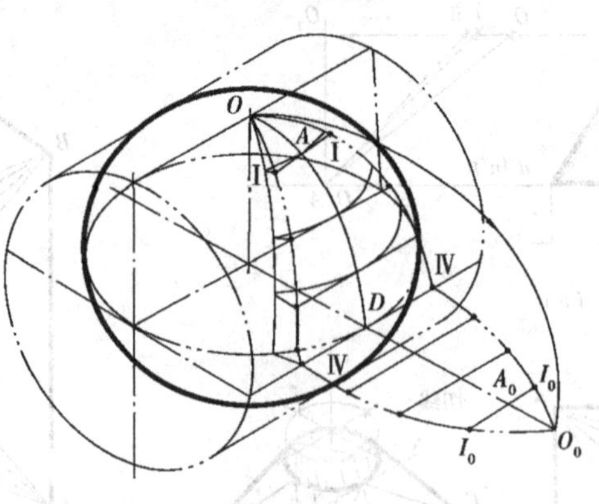

图 9.12　球面近似柱面法展开示意图

见图 9.13,具体作法如下:

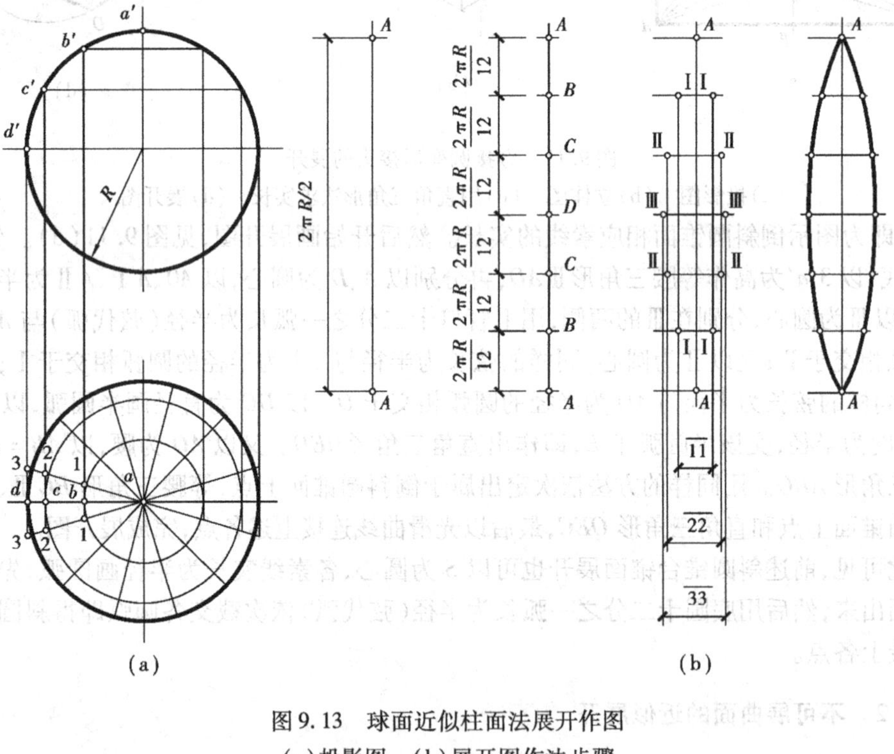

图 9.13　球面近似柱面法展开作图
(a)投影图　(b)展开图作法步骤

①分别将球的 V、H 投影圆周各分为若干(例如 12)等分。在 H 投影中通过圆心 o 和圆周各分点,把球面分成若干等分,每一等分就是一片柳叶;由 V 投影圆周等分点 b'、c'、d' 作 b、c、d 及相应纬圆的 H 投影,并过 b、c、d 作纬圆 H 投影的切线,交柳叶两边线的 H 投影于 1、2、3 点(图 9.13(a))。

②作柳叶片展开图的对称线 AA,其长度等于 $2\pi R/2$(R 为球的半径),将其分为六等分,上下各得 B、C 及 D 分点,如图 9.13(b)所示(或者以 V 投影圆周的一等分弦长 $a'b'$ 在对称线上截取六等分)。

③过各分点作对称线 AA 的垂直线，并在垂直线上截取柳叶片的宽度即相应的切线长（图9.13(b)），用光滑曲线连接 A Ⅰ Ⅱ Ⅲ Ⅱ Ⅰ A 点，便获一片柳叶的展开图。以此柳叶片实形为样板，依次连续画十二片即球面近似柱面法展开图。

(2)近似锥面法

用垂直于铅垂轴的水平剖切面将球面切割成两个球冠和若干球带，把球冠近似展开为一圆，将各球带作为正圆锥台面近似展开。图9.14 画出二分之一球面的近似锥面法展开图，作图步骤如下：

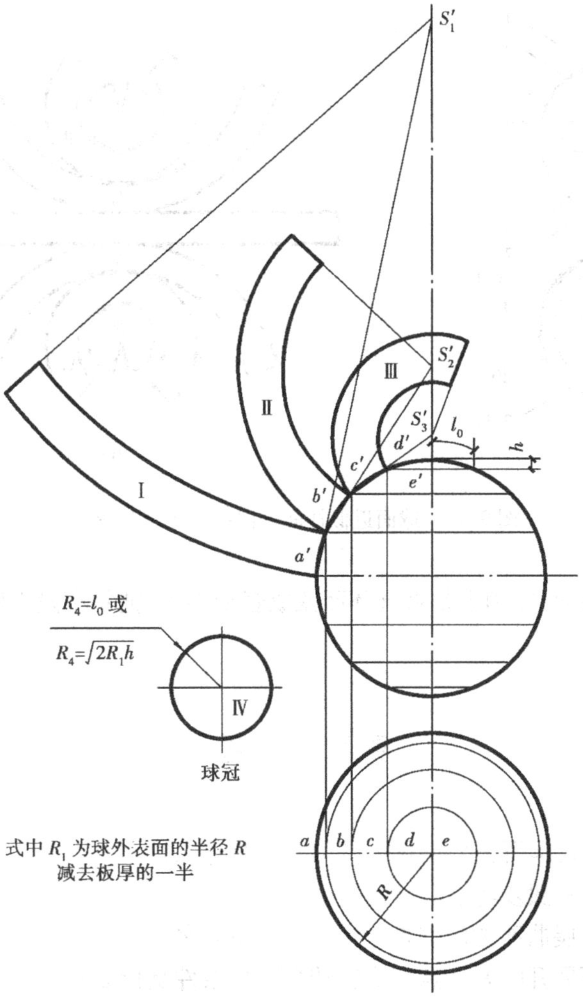

图9.14 球面近似锥面法展开图

①球面的球冠（Ⅳ）近似展开为一个圆，其半径 R_4 根据加工成形的方法确定。当加热成形时，R_4 等于弧 $d'e'$ 之长 l_0；当用锤击成形时，R_4 按公式计算，见图9.14。

②球带Ⅰ、Ⅱ、Ⅲ作为正圆锥台表面近似展开。分别以直线连接各球带 V 投影轮廓线的端点，并延长与回转轴相交，得锥顶 V 投影 s_1'、s_2'、s_3'；各圆锥台的上下底分别为过 a'、b'、c' 及 d' 点的纬圆；各素线实长分别为 $s_1'a'$、$s_2'b'$ 和 $s_3'c'$。按正圆锥台表面展开图的作图方法分别近似展开各球带，如图9.14 所示。

实际生产中往往把上述近似柱面法和近似锥面法结合起来，既用近似柱面法，又用近似锥面法。

如图 9.15 所示，与上述近似锥面法不同的是将球面用 6 条纬线分成 7 个部分。把当中部分Ⅳ近似地当作圆柱面来展开；把Ⅱ、Ⅲ、Ⅴ、Ⅵ这 4 部分当作正圆锥台表面展开；把Ⅰ、Ⅶ两部分当作正圆锥面近似展开。各个锥面部分的锥顶作图同前述近似锥面法，参考图 9.14。其中Ⅰ与Ⅶ、Ⅱ与Ⅵ、Ⅲ与Ⅴ形状分别相同，把各部分分别画出，便完成球面这种近似展开的作图。

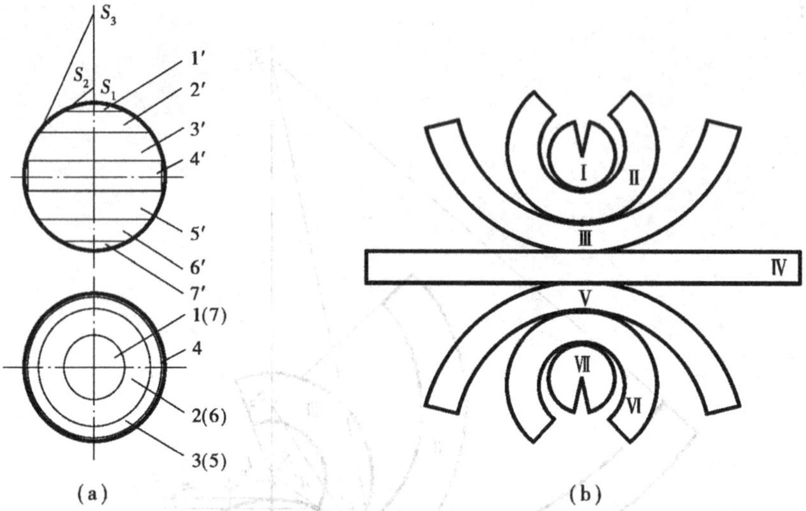

图 9.15　球面近似柱面近似锥面法展开图

2. 圆环面的展开

圆环面是不可展曲面，实用上是将圆环面截成若干小段，把每小段当作一个近似的圆柱面来展开，如图 9.7 所示。

复习思考题

1. 什么是立体表面的展开图？画展开图的实质是什么？
2. 简述作展开图的一般步骤。
3. 可展曲面与不可展曲面的区别是什么？举例说明之。
4. 截头正圆锥表面展开时要注意什么？转身法的条件是什么？
5. 近似展开法的要点是什么？以球面的展开为例说明之。

第 10 章 标高投影

建筑物通常是建造在地面上的，地面的形状对建筑的布局、造型、施工、环境布置等都要产生很大的影响。由于地面的形状很复杂且高度与长度之比相差很大，如仍采用三面投影图来表达会感到复杂且不方便，难以表达清楚，因此，为便于在图纸上解决有关问题，人们就创造了一种新的图示方法，称为标高投影法。

标高投影法，就是用一个带有高度数字标记的水平投影来表示物体的方法，也就是在水平投影图上用数字标注出物体各处距水平投影面的高度，这些高度数字就代替了立面图的作用。

标高投影仍是正投影，只不过它仅用一个水平投影面。

10.1 点和直线的标高投影

10.1.1 点的标高投影

如图 10.1(a)所示，空间有三个点 A、B、C，A 点位于水平面 H 上方 4 个单位，B 点位于 H 面上，C 点位于 H 面下方 3 个单位。通常将水平面 H 设为基准面，其高度为零，当一点高于 H 面时，标高为正；位于 H 面上时标高为零；低于 H 面时标高为负。这时在 A、B、C 的水平投影 a、b、c 的右下角标注上各点距离 H 面的高度值 a_4、b_0、c_{-3}，即得 A、B、C 三点的标高投影。4、0、-3 这些高度值即为点的标高。

在标高投影图上要确定上述点的空间位置，可过点作基准面 H 的垂线，然后在该垂线上按一定比例尺和长度单位来确定点的空间位置。所以，在标高投影图上必须附有比例尺及其长度单位，长度单位通常为米(m)。否则是无法确定点的空间位置的。如图 10.1(b)，即为 A、B、C 三点的标高投影，如要确定 A 点的空间位置可由 a_4 作垂直于 H 面的投射线，并在该线上自 a_4 起向上量 4 m 即得 A 点。

10.1.2 直线的标高投影

1. 直线的表示法

(1)直线由它的水平投影并加注直线上两端点的标高来表示，如图 10.2(b)中 AB、CD，它

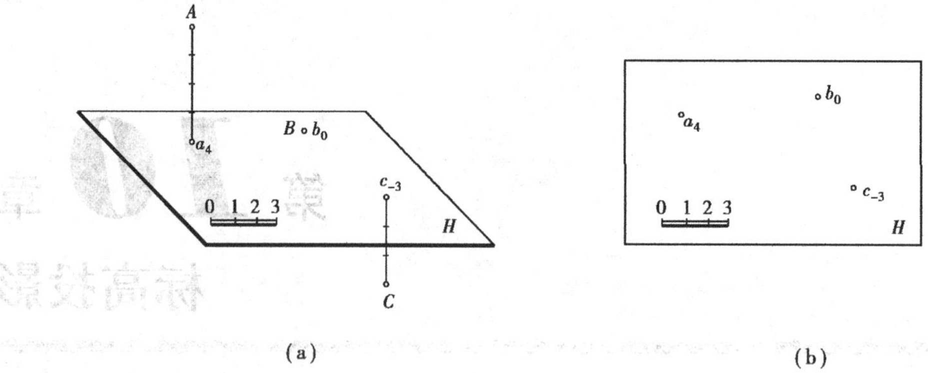

图 10.1　点的标高投影

(a)立体图　(b)投影图

们的投影分别为 a_7b_2 和 c_6d_4，根据各点标高可确定出直线两端点空间的位置，由水平投影可知，AB 为一般位置直线，CD 为铅垂线，如图 10.2(a)所示。当直线上两端点的标高相等时，如 e_4f_4，表明直线 e_4f_4 为水平线，即直线上各点距 H 面的距离相等，这样的直线称为等高线。

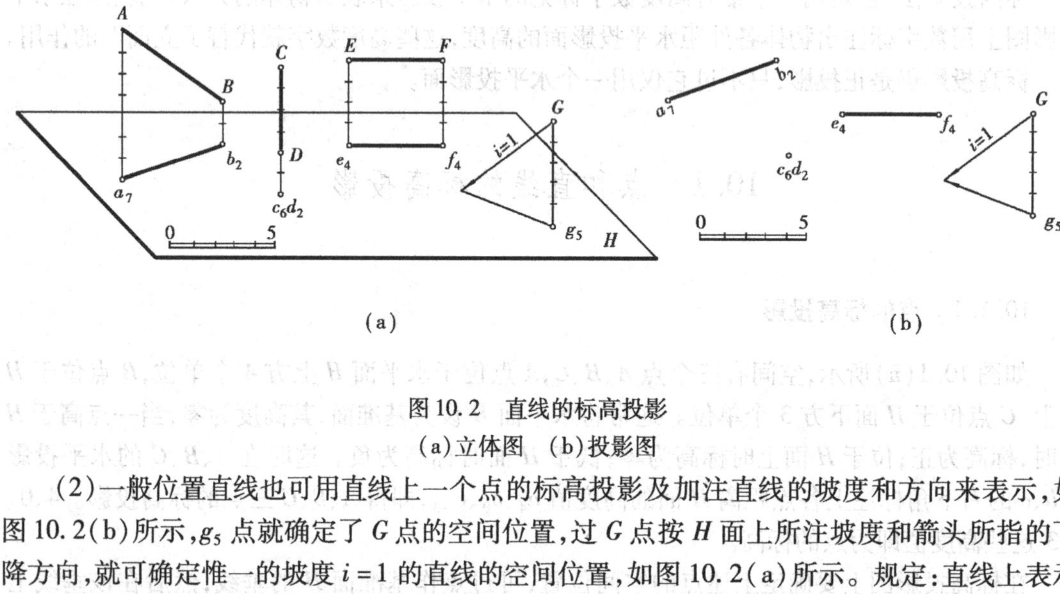

图 10.2　直线的标高投影

(a)立体图　(b)投影图

(2)一般位置直线也可用直线上一个点的标高投影及加注直线的坡度和方向来表示，如图 10.2(b)所示，g_5 点就确定了 G 点的空间位置，过 G 点按 H 面上所注坡度和箭头所指的下降方向，就可确定惟一的坡度 $i=1$ 的直线的空间位置，如图 10.2(a)所示。规定：直线上表示坡度方向的箭头指向下坡。

2. 直线的实长及整数标高点的确定

求直线的实长及与基准面的倾角，可采用正投影中的直角三角形法，如图 10.3 所示。以直线的标高投影 a_6b_2 为直角三角形的一边，以直线两端点距 H 面的高度差为直角三角形的另一边作直角三角形，其斜边就是实长，直线与基准面的倾角就为 α。

在标高投影中，直线两端点的标高并不都是整数，而常常需要知道其整数标高点。在直线的标高投影上确定出各整数标高点，就称为刻度。其作图过程如图 10.4 所示，已知直线 AB 的标高投影 $a_{3.2}b_{6.5}$，求 AB 直线上的整数标高点。先在 $a_{3.2}b_{6.5}$ 的附近作一组任意等距的 $a_{3.2}b_{6.5}$

的平行线，使最下一条标高为3个单位，即恰好低于A点的标高；最上一条标高为7个单位，即恰好高于B点的标高，于是得到五条标高依次为3、4、5、6、7的平行线，然后由$a_{3.2}b_{6.5}$作直线垂直于$a_{3.2}b_{6.5}$，并在其垂线上根据标高定出A点和B点，连接AB，它与各平行线的交点Ⅳ、Ⅴ、Ⅵ即为直线上的整数标高点，再过这些点向$a_{3.2}b_{6.5}$直线引垂线，就得到$a_{3.2}b_{6.5}$上的整数标高点4、5、6。这些点之间的距离是相等的。若这一组平行线之间的距离采用单位长度，则可得到AB的实长及其对H面的倾角α。

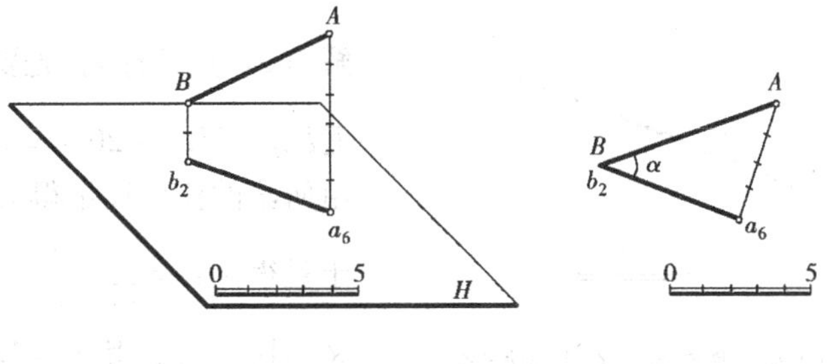

(a)　　(b)

图10.3　求直线的实长及倾角
(a)立体图　(b)投影图

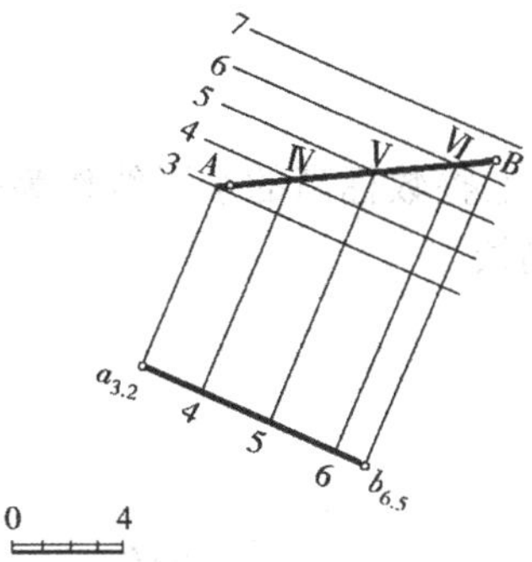

图10.4　确定直线上的整数标高点

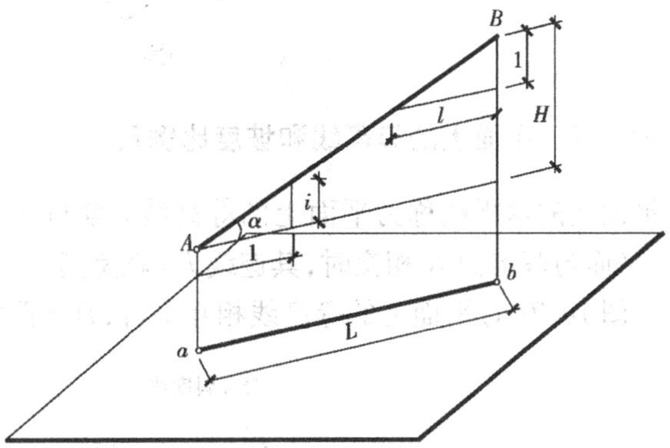

图10.5　直线的坡度和平距

3. 直线的坡度和平距

直线上两点之间的高度差和它们的水平距离之比，称为直线的坡度，用符号i表示，如图10.5所示。该直线上两点A、B的高差为H，其水平投影为L，直线对H面的倾角为α，则$i=\dfrac{\text{高度差}}{\text{水平距离}}=\dfrac{H}{L}=\tan\alpha$。

坡度的大小是指直线对水平面倾角的大小。

由上式可知，当两点间的水平距离L为1单位(m)时，两点间的高度差即等于坡度。

当两点间的高度差为1单位(m)时，两点间的水平距离称为平距，此时，用符号l表示，即$l=\dfrac{\text{水平距离}}{\text{高度差}}=\dfrac{L}{H}=\cot\alpha$。

很明显，直线的坡度和平距是互为倒数的，即$i=\dfrac{1}{l}$，坡度愈大，平距愈小；坡度愈小，平距愈大。

例 10.1 求图 10.6 中所示直线上 C 点的标高。

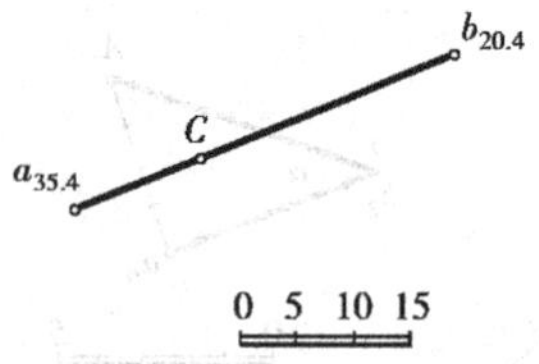

图 10.6 求直线上 C 点的标高

解:求 C 点的标高,先要求出直线的坡度。$i=\dfrac{H_{AB}}{L_{AB}}$

而 $H_{AB}=35.4-20.4=15$

由所给的比例尺量得 $L_{AB}=45$

于是得到:$i=\dfrac{15}{45}=\dfrac{1}{3}$

又由比例尺量得 $ac=12$

所以 $i=\dfrac{H_{AC}}{12}$ $\quad H_{AC}=12\times\dfrac{1}{3}=4$

故 C 点的标高为 $35.4-4=31.4$

该题还可用图 10.4 所示的图解法求得。

10.2 平面的标高投影

10.2.1 平面上的等高线和坡度比例尺

平面上的水平线称为平面上的等高线。实际上常将平面上整数标高的水平线作为等高线,当平面与基准面 H 相交时,其迹线 P_H 就是高程为零的等高线。

如图 10.7(a)平面上的等高线相互平行,且平距相等。

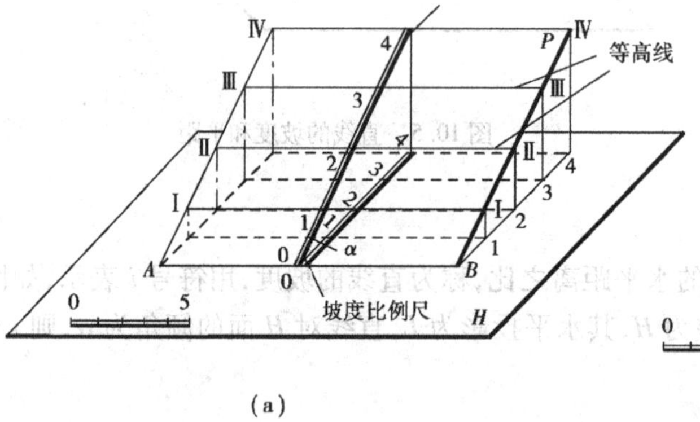

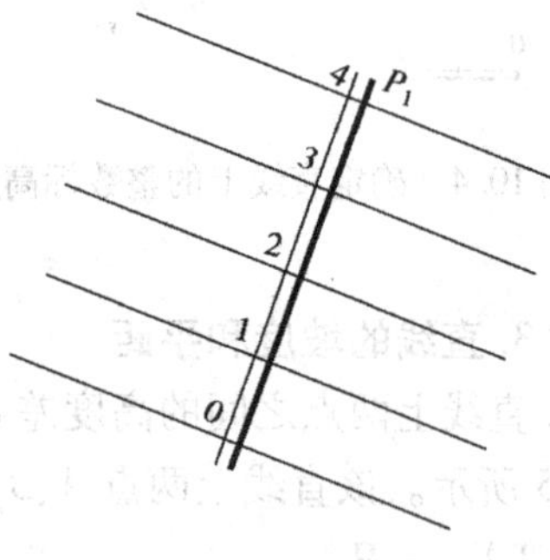

图 10.7 平面上的等高线和坡度比例尺

(a)立体图 (b)投影图

平面上与 P_H 垂直的直线,就是平面的最大斜度线,该最大斜度线与基准面 H 的倾角 α 就代表了平面对基准面的倾角,最大斜度线的坡度就代表了平面的坡度。

将平面上的最大斜度线的投影附以整数标高并画成一粗一细的双线,这种表示法称为平面的坡度比例尺,用符号 P_i 代表。

由于平面上的最大斜度线垂直于迹线 P_H 及其与 P_H 相平行的水平线,所以坡度比例尺就垂直于平面上的等高线的投影。最大斜度线的平距就是等高线的平距,如图10.7(b)所示。

10.2.2　平面的常用表示法

1. 用几何元素表示平面

可用不在同一直线上的三点;一直线及线外一点、相交二直线、平行二直线、平面图形等方法来表示平面。这在前面已介绍过,在标高投影中,这些仍然适用。

2. 用坡度比例尺表示平面

由于坡度比例尺的坡度代表了平面的坡度,所以坡度比例尺的位置和方向一经确定,平面的方向位置也就随之确定,如图10.8所示。

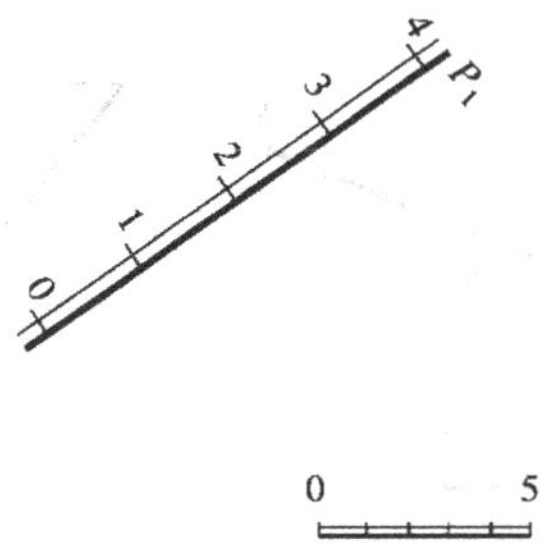

图10.8　用坡度比例尺表示平面

坡度比例尺的平距,就是平面的平距。

3. 用一条等高线(或平面的迹线)和平面的坡度表示平面

如图10.9(a)、(b)所示,就是用平面上的一条等高线和平面的坡度表示平面。平面上的一条等高线确定了,其平面上最大斜度线的方向就确定了,即平面的方向就确定了。由于平面的坡度为已知,所以平面的位置就确定了。

图10.9(c)表示了该平面上等高线的作法。先根据坡度算出平距,然后由其平距作出已知等高线的一组平行线即可。

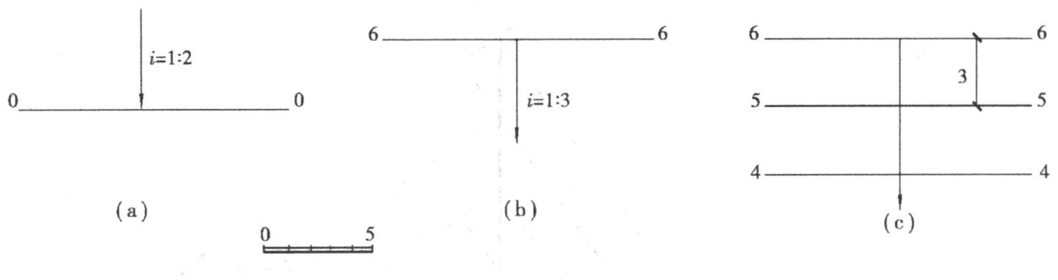

图10.9　用一条等高线和平面的坡度表示平面

4. 用一条非等高线和平面的坡度表示平面

当一个平面包含了一条非等高线,且已知平面的坡度和倾斜方向,则该平面就确定了,如图10.10(a)所示,图中带箭头的虚线仅表示平面向直线的某一侧倾斜,而不表示平面的坡度方向。

平面上等高线的作法如图10.10(b)所示。

由于平面包含了a_3b_6,而a_3、b_6两点的高差为3(单位);又因为坡度为已知$i=2:3$,所以,在空间过点A_3和点B_6的二条等高线间的水平距离可得到$l_{AB}=\dfrac{H}{i}=\dfrac{3}{\frac{2}{3}}=4.5$(单位),该距离也等于$b_6$点到过$a_3$点的等高线的距离。另外,等高线的方向,可由如下方法确定:以高等于3(单位)的铅垂线B_6b_6为轴线,以b_6为圆心,半径等于4.5(单位)为底圆组成一圆锥,过a_3点

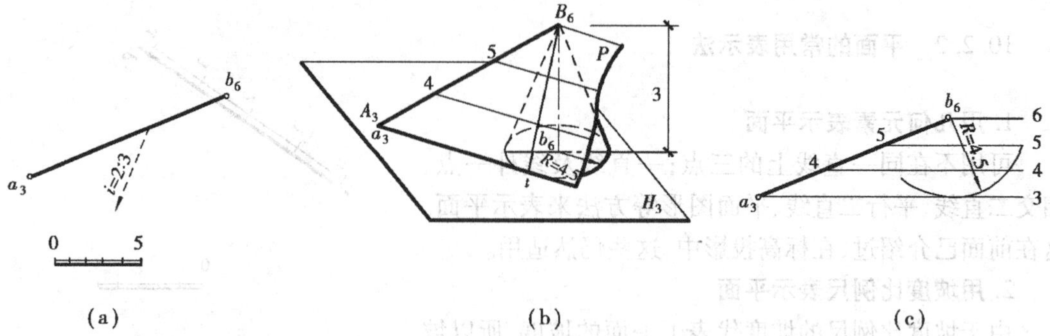

图 10.10　用一条非等高线和平面的坡度表示平面

(a)已知条件　(b)立体图　(c)等高线的作法

作该圆锥底圆的切线 a_3t，即为平面的等高线。于是得到在投影图上等高线的作法，见图 10.10(c)，以 b_6 为圆心，以 $R=4.5$(单位)为半径，在平面的倾斜方向作一圆弧，过 a_3 点作该圆弧的切线，就得到标高为 3 的等高线，再三等分 a_3b_6 得 4、5 两点，过 4、5、b_6 三点作直线平行于等高线 3，就得到平面上的一组等高线。

图 10.10(b)中，B_6t 为平面与圆锥的切线，也是平面的最大斜度线。

例 10.2　已知一平面 P，由 $a_{2.5}$、$b_{4.8}$、c_7 三点所给定，如图 10.11(a)所示。试求平面上的等高线，坡度比例尺及平面对基准面的倾角 α。

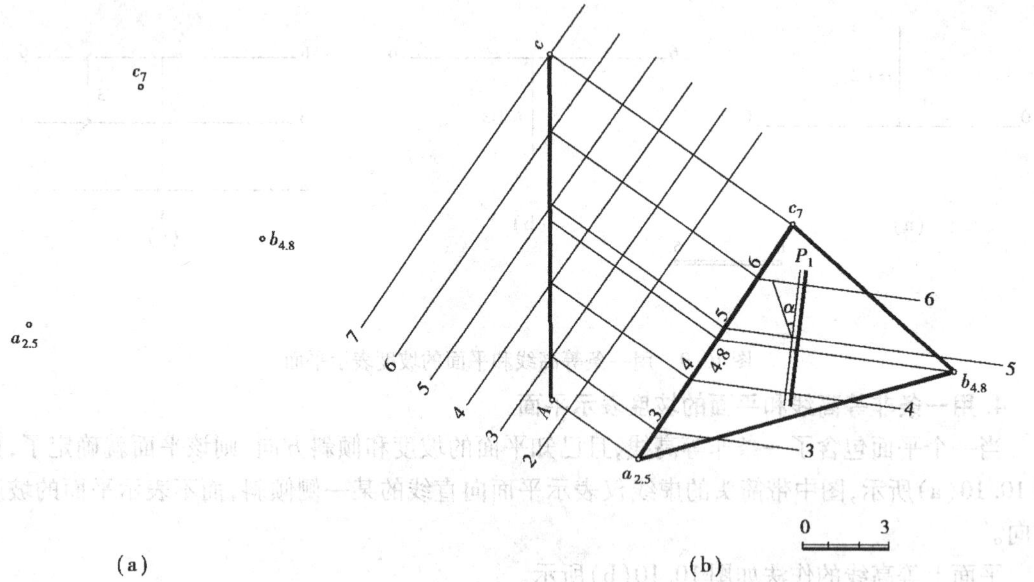

图 10.11　求平面上的等高线，坡度比例尺及倾角

(a)已知条件　(b)平面上的等高线，坡度比例尺及倾角的作法

解：如图 10.11(b)所示。先连接 $a_{2.5}$、$b_{4.8}$、c_7 三点，然后作一组 $a_{2.5}c_7$ 的平行线，求出 $a_{2.5}c_7$ 上的整数标高点，其中特别要求出此直线上标高为 4.8 的这个点，使其与 $b_{4.8}$ 点相连来确定平面上等高线的方向；再过直线 $a_{2.5}c_7$ 上的整数标高点 3、4、5、6 作直线平行于标高为 4.8 的等

高线即得平面上的等高线。

也可用与求直线 $a_{2.5}c_7$ 上的整数标高点相同的方法求 $a_{2.5}b_{4.8}$ 或 $b_{4.8}c_7$ 直线上的整数标高点，然后将其与 $a_{2.5}c_7$ 直线上标高相同的点连接起来，求得平面上的等高线。

在平面上又作等高线的垂线，并用一粗一细的双线表示，即得平面的坡度比例尺。以坡度比例尺的平距（即等高线的平距）为直角三角形的一条直角边，按图中所给比例取一单位长为直角三角形的另一条直角边，作直角三角形，其斜边与坡度比例尺的夹角，即为平面 P 对基准面的倾角 α。

10.2.3　两平面的相对位置

两平面的相对位置为平行或相交。

1. 两平面平行

当两平面 P 和 Q 相互平行时，它们的坡度比例尺 P_i 和 Q_i 平行，平距相等且标高数字的增减方向一致，如图10.12所示。

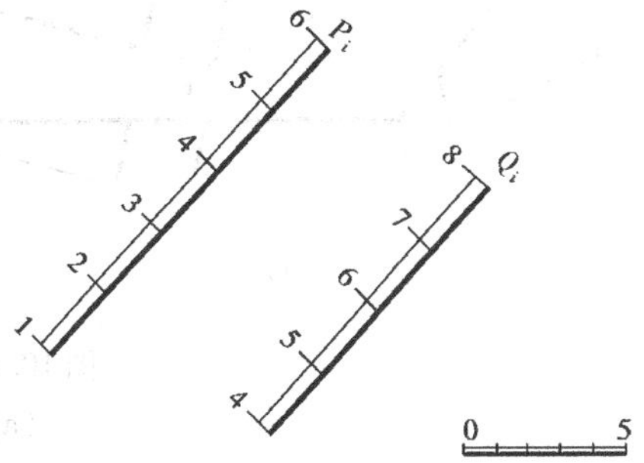

图10.12　两平面平行

2. 两平面相交

在标高投影中，仍采用辅助平面的方法求两平面的交线，不过辅助平面一般都是采用整数标高的水平面，因为这样作最方便、准确，如图10.13(a)所示。辅助面 H_3、H_6 都是水平面，它们与已知二平面 P、Q 的交线都是水平线，显然，P、Q 平面上的交线标高分别都相等，即都是等高线，它们分别在辅助面上都交于一点，将这样求得的二个交点连接起来，就求得 P、Q 两平面相交的交线。图10.13(b)就表示了具体的作图方法。已知两平面 P_i、Q_i，求它们相交的交线。用标高为3和6的两对等高线相交（相当于作出了标高为3和6的两个辅助水平面与两平面 P、Q 相交），分别求得两个交点 M、N，连接 M、N 二点，即为所求交线。

例10.3　在地面上要堆砌一个平台，使平台上表面标高为4，各边坡的坡度及平台顶的大小如图10.14(a)所示。设地面是标高为零的水平面，试作出该平台的平面图。

解：由于平台各面及地面都是平面，所以本题实际上是要求出各平面相交的交线（坡面之间和坡面与地面的交线）。先根据已知的各斜面的坡度，得到各斜面的平距，然后根据平台上表面距地面的高差为4（单位）算出平台上表面各边与各坡面和地面交线之间的水平距离：$L_1=4$（单位）；$L_3=8$（单位）；$L_2=6$（单位）。按算出的水平距离作出各坡面与地面的交线，该交线平行于平台上表面相应的边。最后连接地面上交线的交点和平台上表面相应的点，就得到各坡面间的交线，完成所求的平面图，如图10.14(b)所示。

以上解法为数解法。也可用图解法，即各斜坡的水平距离可用图解法求得，如图10.14(c)所示。在由水平距离和高差表示的直角坐标中，按已知坡度作出各坡度线，再按已知高差从图中直接找到相应的水平距离。用此法对较复杂的题较为方便。

例10.4　已知一斜平面 $ABCD$ 由标高为0的地面升到标高为3的平台面，如图10.15(a)所示。斜平面两侧的坡度为 $\frac{1}{1}$；平台边坡的坡度为 $\frac{3}{2}$，试作出平台边坡和斜平面两侧与地面的

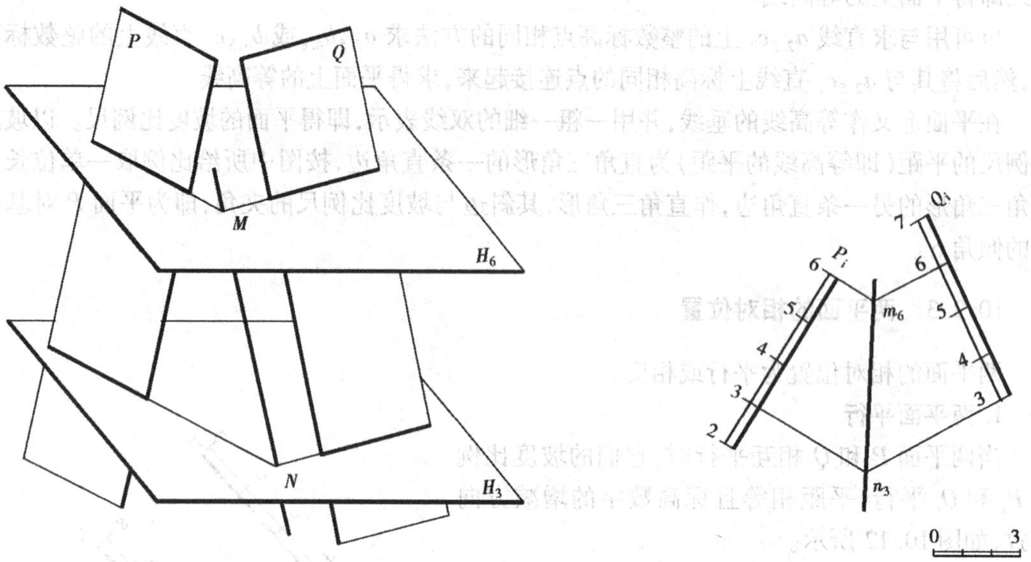

（a）　　　　　　　　　　　　　　（b）

图 10.13　求两平面相交的交线

（a）立体图　（b）投影图

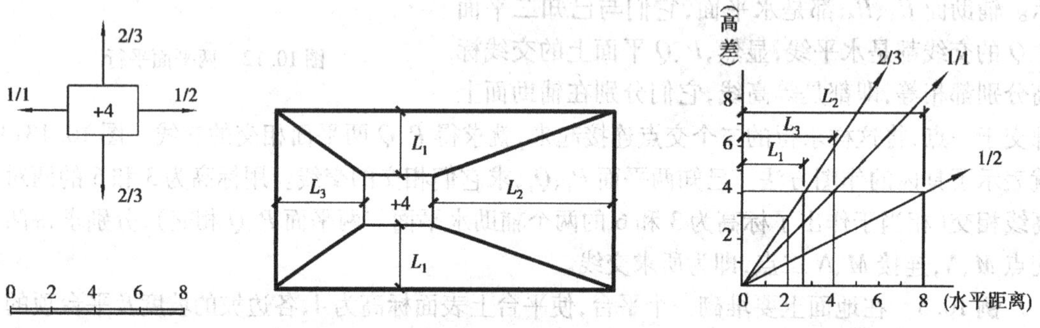

（a）　　　　　　　　（b）　　　　　　　　（c）

图 10.14　求作平台的标高投影

（a）已知条件　（b）所求平台平面图　（c）图解法求水平距离

交线以及它们之间的交线。

解：由于已知斜平面两端高差为3（单位），坡度为$\frac{1}{1}$，于是得到斜平面顶端c_3或d_3点到标高为0的等高线的水平距离为3（单位）；分别以c_3和d_3为圆心、以3（单位）为半径在斜平面两侧画圆弧，又过a_0、b_0二点分别作圆弧的切线，即得斜平面两侧与地面的交线。

当用图解法时，在直角坐标中，先作各坡面的坡度线，如图10.15（c）所示。然后根据高差（3个单位）查得水平距离为L_2和L_3，最后作交线，交线作法同数解法。

当把斜平面和平台边坡三等分后，可作出等高线。斜平面两侧与平台边坡同标高的等高线相交，各交点的连线即是两坡面的交线。

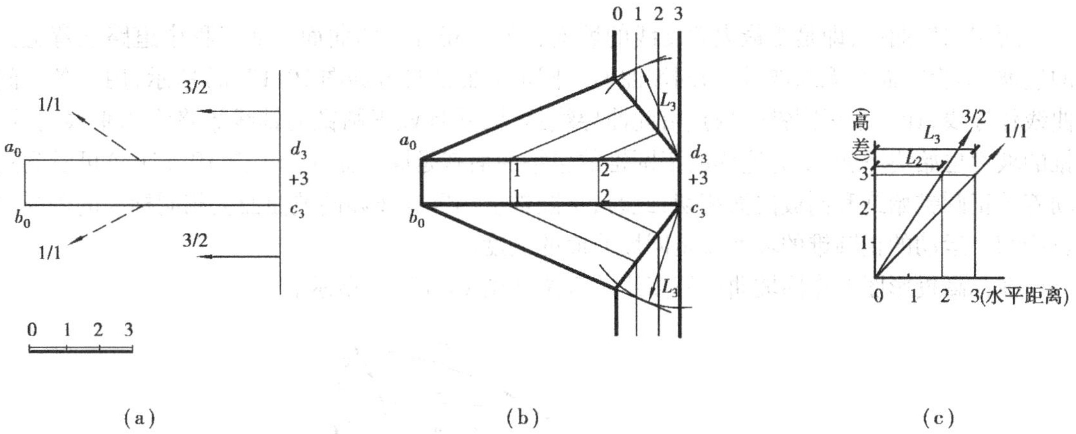

图10.15　求斜平面和平台的标高投影

(a)已知条件

(b)斜平面两侧和平台边坡与地面的交线及它们之间的交线

(c)图解法

10.3　曲面的标高投影

10.3.1　圆锥的标高投影

在标高投影中，曲面是由一系列的水平面与曲面相截，所得到的截交线的标高投影表示的。这些截交线也是曲面体上的等高线。

如图10.16所示一正圆锥，现用一系列的水平面 P_1、P_2、…和它相截，其截交线都是等高线。如设圆锥底面标高为零，由下而上的一系列水平截面间的距离相等且都为整数标高，则所得等高线也为整数标高，平距也相等。在圆锥的等高线得到后，要标出相应的标高，注意，要标出圆锥顶点的标高，否则易与锥台相混淆。标高数字的字头规定朝向高处。

另从本图的等高线看，由于标高数字由外到内是从小到大，所以它是逐渐升高的，是正锥；相反，若标高数字由外到内是从大到小，是逐渐降低的，则是倒锥。

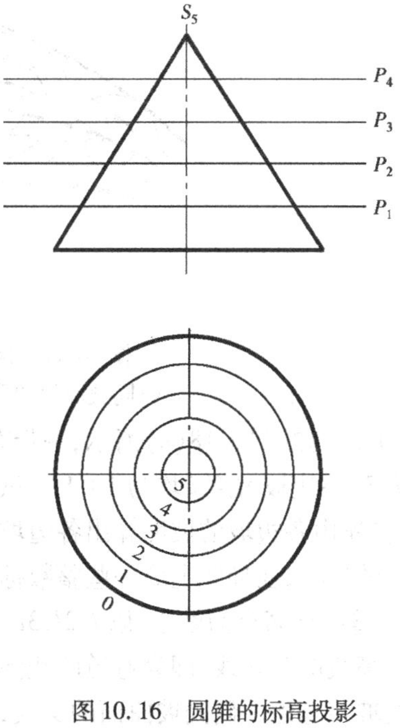

图10.16　圆锥的标高投影

10.3.2 同坡曲面

所谓同坡曲面，即是指最大斜度线的坡度各处都相等时的曲面。如工程中道路在弯道处的边坡，不管路面有无纵坡，均为同坡曲面。同坡曲面的形成如图 10.17(a)所示，用一条空间曲线作导线，让一个正圆锥的顶点沿此曲导线运动，并且该正圆锥的轴线始终为铅垂线，正圆锥的坡度也始终不变，所有这样的正圆锥的包络曲面就是同坡曲面。由图 10.17(a)可看到运动着的正圆锥始终和同坡曲面相切，此时，正圆锥上的等高线和同坡曲面上相同标高的等高线也相切。运动的正圆锥的坡度就是同坡曲面的坡度。

在标高投影图上作同坡曲面等高线的方法如图 10.17(b)所示。

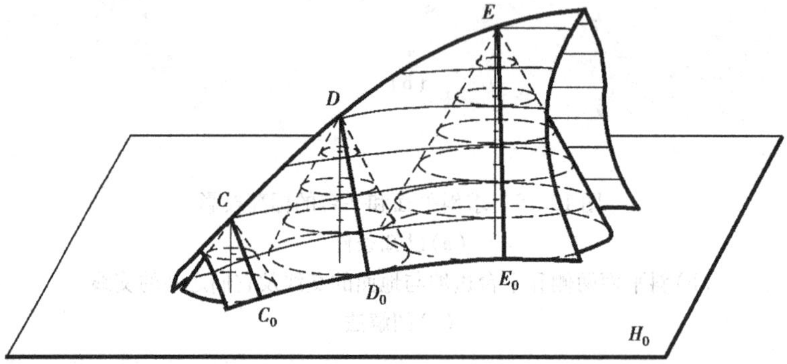

(a)

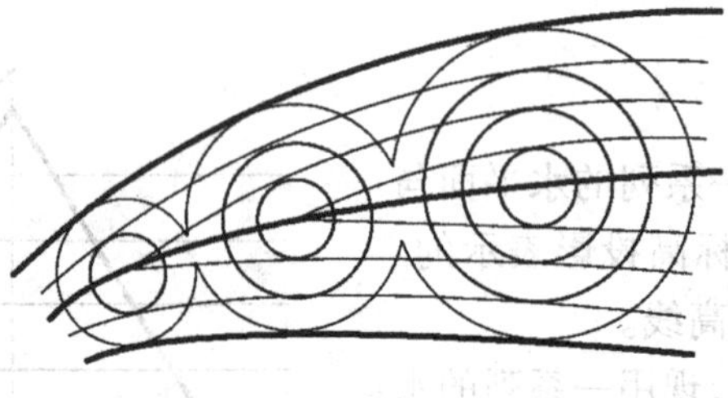

(b)

图 10.17 同坡曲面的形成及标高投影

(a)同坡曲面的形成 (b)同坡曲面的标高投影

例 10.5 如图 10.18(a)所示，一带有纵坡的弯曲道路与干道相连，地面标高为零；干道顶面标高为 3；各边坡坡度 i 均为 1∶1 。试作出各边坡与地面及各边坡间的交线。

解：首先由各边坡的坡度算出各边坡的平距 l，它们均为 1；然后将弯道的两条路边线作为同坡曲面的导线，在导线上取一些整数标高点，如 0、1、2、3 点，作为锥顶的位置，参照图 10.17(b)，以各整数标高点为圆心，以 l,$2l$,$3l$ 为半径画圆弧即得各锥面的等高线，作各锥面上的相同标高等高线的公切线，即为弯道两侧同坡曲面的等高线，如图 10.18(b)所示。图中还作出了干道边坡与弯道两侧同坡曲面的交线，它们是两坡面相同标高等高线相交的交点的连线。

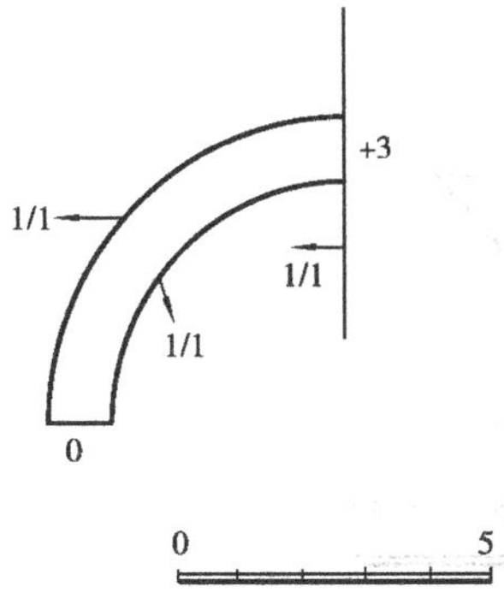

(a)

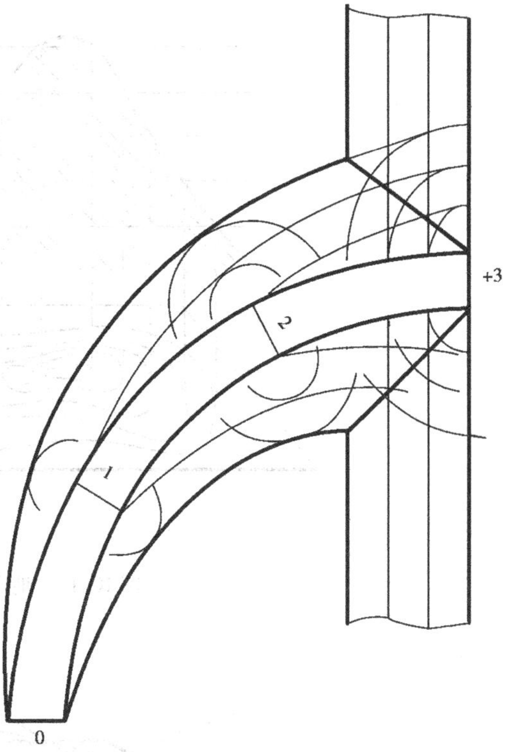

(b)

图10.18 有纵坡的弯曲道路标高投影的作法
(a)已知条件 (b)作图结果

10.4 地形面的标高投影

10.4.1 地形面的标高

山地地形面的表示方法与曲面相同,仍是用等高线来表示。由于地形面通常是不规则的曲面,所以其等高线也是不规则的曲线,如图10.19所示,就是地形面的标高投影,称为地形图。其特性是地形图上等高线一般是封闭曲线,且一般不相交(除悬崖绝壁的地方外)。等高线愈密,其地势愈陡,相反,地势愈平坦。

10.4.2 平面与地形面的交线

平面与地形面的交线,即是平面上与地形面上标高相同的等高线的交点的连线。

例10.6 已知一平直道路通过一山谷,道路标高为30,道路两侧边坡坡度均为$\frac{3}{2}$。试求出边坡与地面的交线。

解:道路边坡与地面的交线,实质就是平面与地形面的交线,求法与平面和曲面的交线一

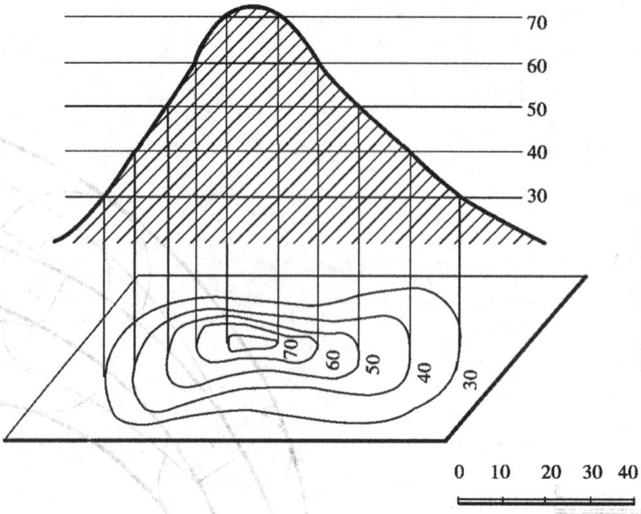

图 10.19　地形面的标高投影

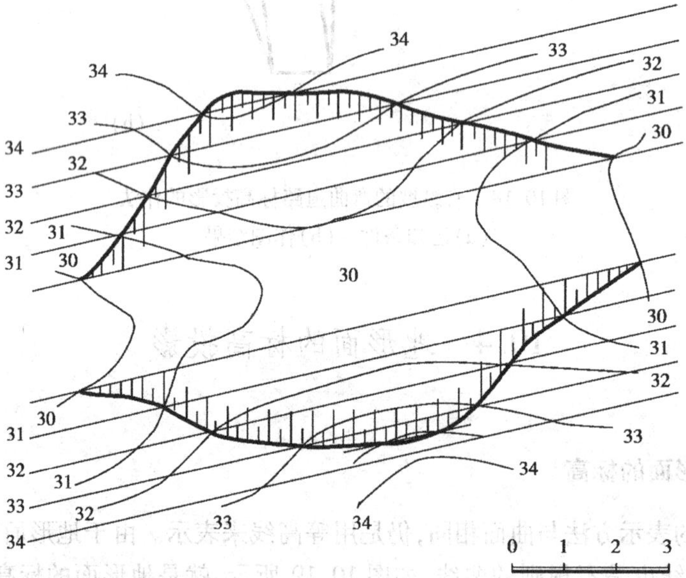

图 10.20　求道路两侧边坡与地面的交线

样。由于地形面是不规则的曲面,所以开挖边界线也是不规则的曲线。

首先根据坡度 $i=\dfrac{3}{2}$,求出平距 $l=\dfrac{2}{3}$,根据比例尺画出挖方坡面的等高线;然后求出这些等高线与地形面相同标高的等高线相交的交点;最后用曲线依次连接各交点,即得所求边坡与地面的交线。注意,在南面由于边坡标高为 34 的等高线与地面同标高的等高线不相交,且标高为 33 的两交点相隔距离较远,为求出等高线 33、34 间的交线,可采用内插法,即分别在平面和地面上用加密等高线的方法,求出更多的交点,再连线即可。

例 10.7　已知直线管道的标高投影 $a_{31.7}b_{29.1}$，求管道与地面的交点。

解：(1)分析：求直线与地形面的交点，如同求直线与曲面的贯穿点一样，也采用辅助平面法，即包含直线作一辅助平面(铅垂面)，求出辅助平面与地面的交线，得到直线及所处位置的地形断面图，在该图上求到直线与断面图的交点，即为直线与地形面的交点。

(2)作图：在图 10.21 的上方作一组平行线与 $a_{31.8}b_{29.1}$平行，并标出平行线各线的标高；另包含直线 $a_{31.8}b_{29.1}$作一铅垂面，它与地形图上 $a_{31.8}b_{29.1}$重合，于是就得到铅垂面与等高线的交点；根据各等高线的标高在图上方对应地定出其标高点，用曲线连接这些点，就得到管线所处位置的地形断面图的轮廓线，该线与根据标高画出的 AB 直线相交，得到四个交点 K_1、K_2、K_3 和 K_4，即为管线与地形面的交点；再由这些交点往下引垂线，在地形图上得到交点的标高投影 k_1、k_2、k_3 和 k_4。图上未标出交点的标高，管线 $a_{31.8}k_1$、k_2k_3、$k_4b_{29.1}$各段为可见，k_1k_2、k_3k_4 段为不可见。

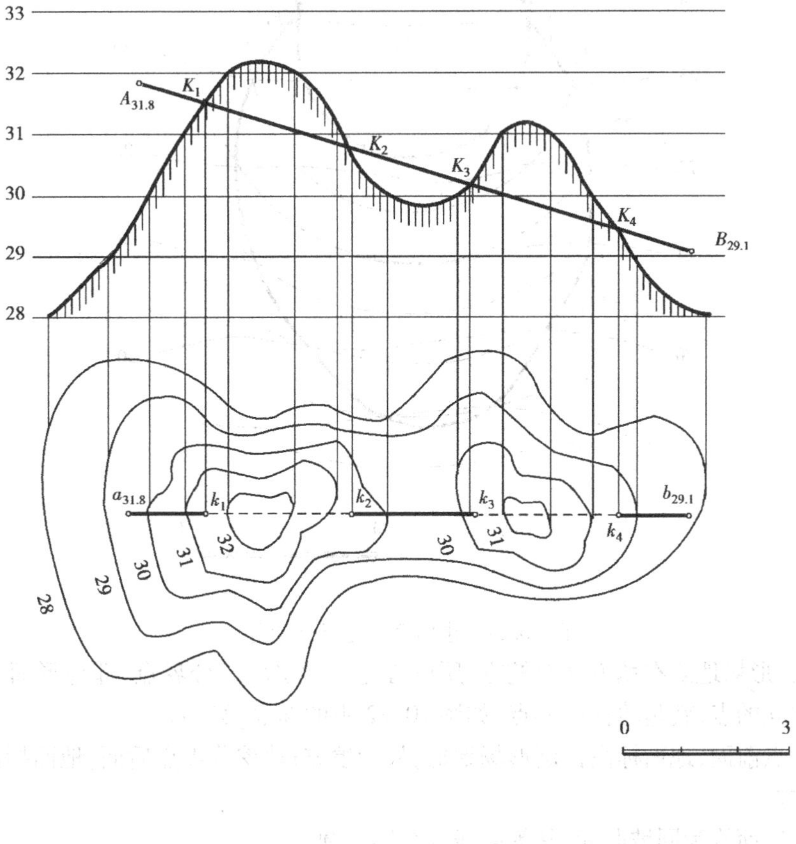

图 10.21　求管道与地面的交点

若在地形图上方所作一组平行线(按比例作且间距相等)，则画出的 AB 直线和断面图均反映实形。

10.4.3　曲面与地形面的交线

曲面与地形面的交线，即是曲面上与地形面标高相同的等高线的交点的连线。

例 10.8 如图 10.22 所示,在所给的地形面上修建一圆形场地,其场地面标高为 24,场地填方坡度 $i=\frac{1}{1}$,挖方坡度 $i=\frac{3}{2}$,求填挖边界线。

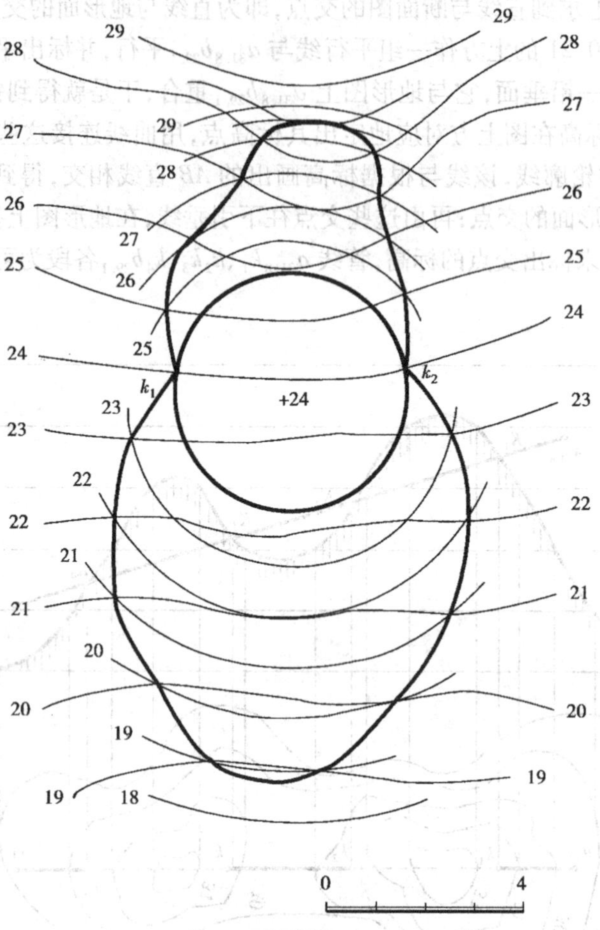

图 10.22 求曲面与地面的交线

解:由于圆形场地既有填方又有挖方,所以首先应找出填挖分界点,即地形面上与圆形场地面上标高相同的点,就是填挖分界点,如图 10.22 中的 k_1、k_2 两点。

填挖分界点前面,地面标高比圆形场地低,故为填方;填挖分界点后面,地面标高比圆形场地高,故为挖方。

圆形场地侧面均为同坡曲面,其等高线都是同心圆。

根据填挖方的坡度算出同坡曲面上等高线的平距,作出同坡曲面上圆弧形等高线,它们与地面上同标高的等高线相交,得到一系列交点,用曲线连接这些交点,即求到填挖边界线。

复习思考题

1. 标高投影图是如何形成的？
2. 什么是直线的坡度和平距？两者有什么关系？
3. 什么是平面的标高投影？如何用其平面？
4. 三个平面相交时，如何求出其交线？
5. 什么是同坡曲面？怎样形成？如何求出同坡曲面上的等高线？
6. 什么是地形面？如何求出平面与地形面的交线？
7. 如何求出曲面与地形面的交线？

参考文献

1　廖远明. 建筑图示上册. 中国建筑工业出版社出版,1996 年一版

2　朱育万. 画法几何及土木工程制图. 高等教育出版社出版,2000 年二版

3　朱建国,徐建国. 建筑制图. 重庆大学出版社出版,1997 年一版

4　[俄]H. C. KyзHeцOB 著. 画法几何学. 杜少岚译. 四川教育出版社出版,2000 年